CULTURE ET EXPLOITATION

DES BOIS.

IMPRIMERIE DE L. BOUCHARD-HUZARD,
RUE DE L'ÉPERON, 7.

TRAITÉ GÉNÉRAL

DE

STATISTIQUE, CULTURE ET EXPLOITATION

DES BOIS,

PAR

JEAN-BAZILE THOMAS,

ANCIEN MARCHAND DE BOIS EXPLOITANT.

TOME DEUXIÈME.

Paris,

CHEZ L. BOUCHARD-HUZARD

(SUCCESSEUR DE Mme VEUVE HUZARD, née VALLAT LA CHAPELLE),

IMPRIMEUR-LIBRAIRE, 7, RUE DE L'ÉPERON

1840

TRAITÉ GÉNÉRAL
DE
LA STATISTIQUE,
CULTURE ET EXPLOITATION DES BOIS.

CHAPITRE PREMIER.

DE L'EXPLOITATION DES BOIS EN FRANCE.

CONSIDÉRATIONS GÉNÉRALES.

Dans le premier volume de cet ouvrage nous avons traité de la statistique et de la culture des bois, dans celui-ci nous allons indiquer la manière de les exploiter soi-même, de les évaluer, quel que soit l'âge qu'ils puissent avoir, et sans qu'on soit obligé de recourir aux marchands, dont les intérêts opposés à ceux du propriétaire sont un obstacle invincible à la *conservation et à l'amélioration* des propriétés forestières.

Cet avertissement, qui soulèvera, sans doute, tous les hommes à préjugés et à routines, est le fruit d'une longue expérience; nous prions ceux dont il pourrait contrarier les idées de nous pardonner cette franche excursion, qui est dirigée uniquement contre le charlatanisme des marchands de bois présomptueux ou intéressés à faire naître des obstacles où il n'y en a pas, et à faire surtout parade de leur amour pour l'administration des bois qu'ils exploitent: c'est un rôle qu'ils parviennent souvent à jouer, non sans quelque succès, en prétendant hautement que nos forêts ne peuvent être mieux exploitées que par eux ou leurs facteurs; comme nous avons la conviction du contraire, et que c'est en outre contre la nature des choses, nous croyons utile d'en avertir nos lecteurs, et nous ajouterons même que nous plaignons sincèrement les personnes qui ne voient leurs propriétés que par les yeux de ceux qui en achètent les produits, et qui, par conséquent, s'ingénuent pour leur destruction; nous serons facilement compris en rappelant ce vieil adage forestier, qui dit que de confier la coupe de ses bois à celui qui en fait l'acquisition, c'est donner ses brebis à garder au loup. La culture et l'exploitation des bois procurent, au surplus, des jouissances continuelles, sans donner aucun souci, quand toutefois on a un garde actif et surveillant. M. Delamarre, dans son ouvrage sur la création d'une richesse millionnaire, a dit, page 217, que c'est une école de bonnes habitudes, de mœurs douces et de bons sentiments.

C'est pourquoi nous voulons que tous les propriétaires de bois fassent leurs coupes par eux-mêmes ou par leurs gardes (*), en ayant soin d'éloigner les intermédiaires intéressés à un produit quelconque, devant exclusivement tourner à leur profit.

(*) Se procurer un garde exploitant; voir ce que nous disons, article *des devoirs des agents forestiers*, page 339, Ier volume.

Dans cette vue, pour prévenir les dilapidations et toute espèce de contrariétés d'exploitation ; en un mot, pour que les propriétaires soient maîtres sur leur terrain, nous leur conseillons donc, comme *la meilleure opération forestière*, de ne vendre les superficies de bois que lorsqu'elles sont exploitées, mises en bon ordre et comptées sur les routes, chemins, places vides du bois, en chantiers, sur les ports des ruisseaux ou rivières flottables.

Pour en procurer tous les moyens aux propriétaires exploitants et même avec plus de succès que les marchands, qui, en leur qualité de nomades, ne sont pas aussi favorablement placés et ne peuvent, par conséquent, obtenir aussi facilement qu'eux de rabais sur les façons, ni commander aux ouvriers avec autant d'avantage, et ne sont pas, au surplus, en position d'apprécier aussi bien les besoins de la localité, ni de se fixer sur le choix des acquéreurs de leurs marchandises ; enfin, pour qu'on puisse éviter les écueils que l'on redoute dans une exploitation de bois, nous ne craindrons pas, dussions-nous un peu fatiguer nos lecteurs, de multiplier les exemples et les instructions, dans l'intention que les propriétaires se rendent à nos conseils et se mettent notamment à l'abri des abus infinis que l'on est forcé de tolérer dans les coupes faites par le commerce : car, pour avoir un fagot de plus, de la misérable valeur de 10 centimes, les marchands n'hésiteront pas à causer pour 100 francs de préjudice au sol forestier, quand ils n'en sont pas responsables ; nous allons donner la preuve de cette assertion, qui, aux yeux de beaucoup de personnes, semblera exagérée.

Un fagot peut contenir 150 tiges ou brins bien vifs, venus sur souches ou de semis, *sans valeur lors de la coupe*, et qui, à la révolution suivante (20 ou 30 ans après), donneraient à la superficie une plus-value de 100 francs par arpent, sans avoir fait aucun tort au fond. Eh bien! le marchand rase impitoyablement tout ce qui n'est pas frappé du marteau du propriétaire; c'est à l'occasion de ces brins qu'il faudrait un peu de discernement ou moins d'avidité, afin de les réserver; mais comment marquer de jeunes plants d'une grosseur moindre que celle d'un pouce (27 mil.)? Il n'y a donc que le propriétaire qui puisse efficacement conserver les jeunes lances appelées *volières*, qui forment la beauté et la richesse des taillis par leur avenir. En définitive, ces soins à donner plus ou moins aux exploitations de bois, et cette rivalité d'intérêt entre le propriétaire et le marchand, proviennent de la position des parties.

Le propriétaire vend ses superficies le plus cher qu'il peut; le marchand, pour y trouver du bénéfice ou amoindrir les pertes d'un mauvais marché, coupe et taille autant que cela lui est possible, et arracherait la dernière racine du bois qu'il a acquis, s'il pouvait se le permettre sans danger : cela arrive tous les jours, et arrivera toujours, malgré toutes les ordonnances, tous les codes.

Propriétaires qui désirez la conservation et l'amélioration de vos bois, mettez-vous en position de faire couper vos superficies par vos gardes ; nous ne saurions trop vous y engager, et rien n'est plus facile, nous vous le garantissons. Ne vous effrayez pas notamment de ce que cet avis salutaire peut exiger de soins ; avec de la volonté, du courage, et spécialement de la persévérance, ces soins finiront par devenir des jouissances : vous trouverez, nous nous en flattons, dans nos instructions, la solution prompte et efficace de toutes les difficultés qui se présenteront au début de vos exploitations ; et vous remarquerez surtout l'attention que nous avons eue, afin de vous ôter l'ennui de toutes recherches et calculs en réunissant ici jusqu'à cinq tarifs très-abréviatifs et à la portée de ceux qui ont le moins de connaissance du cubage des bois en grume et équarris ; même la célèbre Ordonnance de 1669, suivie du Code forestier : nous préviendrons, toutefois, que ce code, qui a remplacé l'ordonnance de 1669, est encore bien imparfait ; il aura besoin surtout d'être revisé par des *hommes d'une expérience éclairée*, pour être mis plus en harmonie avec nos usages, nos mœurs et notre régime constitutionnel.

L'ordonnance de 1669 était excellente pour le temps où elle a été conçue, mais ses bases ne conviennent plus de nos jours, parce qu'elles sont empreintes d'un esprit de féodalité, dont nos législateurs auraient dû s'éloigner beaucoup plus qu'ils ne l'ont fait ; ce qu'il y a de certain et de reconnu dans le commerce aujourd'hui, c'est que pas un marchand de bois ne pourrait tenir à l'exécution rigoureuse des lois forestières actuelles, non plus que les usagers et autres ayant droit aux bois gouvernés par l'administration générale des forêts ; pour marcher avec elles, il faut constamment éluder, admettre sans cesse des circonstances atténuantes ou fermer les yeux sur des délits qu'on hésite à réprimer, parce que les amendes et les emprisonnements sont souvent inexécutables, ils perdraient ceux qui s'en rendent coupables journellement : le temps amènera bientôt, nous l'espérons, un changement dans la législation forestière; qu'il nous soit permis, à nous qui voyons les intérêts de tous, qui sommes comme une sentinelle avancée sur le sol forestier, d'exprimer ici ce vœu, quoique s'écartant un peu de notre sujet; mais seulement, afin de prouver que nous ne négligeons rien pour arriver à compléter une bonne et avantageuse administration forestière.

SECTION PREMIÈRE.

SUR LES MOYENS D'EXPLOITER LES BOIS, SANS L'INTERMÉDIAIRE D'UN MARCHAND ET D'EN TIRER TOUT LE PRODUIT POSSIBLE.

Nous avons indiqué dans notre premier volume, page 250, l'époque la plus favorable pour commencer les coupes de bois ; ici, nous n'avons qu'à présenter le tableau des diverses natures de marchandises, qu'une superficie de bois peut produire ; nous ne pouvons cependant donner des bases d'une exactitude parfaite sur son rapport, attendu qu'elles varient en raison de la qualité du fond, des localités, de l'âge et du débit.

En Corse, dans les Landes, sur les Alpes et les Pyrénées, en Bretagne, dans la Creuse, la Lozère, la Dordogne, le Cantal, la Corrèze, l'Indre, le Cher, Loir-et-Cher, et autres contrées où les bois ont peu d'écoulement; enfin où l'on n'en tire pas de produit autant que de ceux qui s'exploitent pour Paris ou autres grandes villes, telle faible valeur qu'ils puissent avoir, et quoique leur culture n'exige presque d'autres soins que *de les oublier;* il est presque indispensable néanmoins de les avoir constamment sous les yeux, *et comme il n'en coûte pas plus*, il faut toujours suivre, dans les exploitations de bois même de la plus mince valeur, les mêmes règles, les mêmes principes que pour ceux près de Paris, à cause de l'avenir qui, nous l'assurons, donnera, à la coupe suivante, un grand prix, sans excepter ceux qui, aujourd'hui, pourrissent sur pied, faute de débouchés. Nous voulons, en conséquence, qu'on suive pour tous les bois l'ordre et le mode de coupe qui leur conviennent, comme s'ils étaient d'un riche produit, d'autant qu'il n'y a d'autre sacrifice à faire, nous le répétons, que celui d'un peu d'intelligence; il est donc nécessaire, à cet égard, de suivre régulièrement nos instructions sur l'exploitation, garantissant de nouveau qu'elles ne réclament qu'une surveillance légère et même très-récréative, *si on se détermine à s'y livrer franchement.* Dans cette confiance et pour premier mot d'ordre, nous débuterons par prévenir les propriétaires et marchands de bois d'avoir grand soin, avant de mettre les ouvriers dans un bois et pour mieux assurer le succès de l'exploitation, de commencer par se fixer sur la marchandise qu'on y fabriquera, en consultant non pas précisément celle qui présentera en calcul un plus haut prix, mais un débit avantageux et certain; qu'on fasse bien attention à ce premier avertissement, par exemple :

Avec une corde de charbonnage de 16 pieds de couche sur 30 pouces de hauteur, 22 pouces de large (5 mètres 197 millimètres sur 812 millimètres de hauteur, 596 millimètres en largeur), d'une valeur de 10 francs, on fera 42 bottes de cercle à feuillettes auxerroises (135 litres), 24 à la botte, qui, dans une bonne année, vaudront jusqu'à 1 fr. la botte; ne les portons qu'à 75 c., façon déduite, ci 31 fr. 50 c.

Déduire la valeur de charbonnage. 10

Bénéfice par corde. 21 50

Dans les environs de Paris, 50 gaules ou lances en châtaignier, bouleau, chêne ou frêne de 9 pieds de long (2 mètres 924 mil.), 10 pouces (271 mil.) de rotondité au gros bout, 6 pouces (162 mil.) au petit bout représentant un huitième de corde à charbon, produiront 4 bottes de cercle à pièces de 230 litres ou 300 bouteilles à 1 fr. 25 c. par botte, façon déduite, ci. 5 fr.

Déduire la valeur du charbonnage à 16 fr. la corde pour 1/8 ou 6 décistères, ci. 2

Bénéfice pour un huitième de corde. 3 fr.

24 francs pour chaque corde.

On voit par ces calculs qu'il y a alors un grand avantage à faire des cercles dans un bois qui y est propre, mais l'important est d'en assurer la vente à l'avance, et il se rencontre des années où on ne peut s'en défaire à aucun prix; ensuite, après les avoir gardés deux ou trois ans, ils ne sont plus bons qu'à brûler; c'est une grande perte, dans ce cas, car un millier de ce cercle qui a coûté 8 à 10 fr. à façonner vaut à peine, comme bois à brûler, 3 fr. 50 c. (le quart de ses frais); il ne faut, par conséquent, se livrer à l'industrie de toutes marchandises qui se perdent en peu d'années, même à couvert, que lorsque *la vente en est assurée*.

L'influence des bonnes ou mauvaises récoltes se faisant moins sentir sur les échalas, lattes et perches pour treillages, il y a plus de chances favorables de ne pas tout perdre; on peut donc s'y livrer un peu plus largement, comme pour tout ce qui se fabrique en cœur de chêne pur, c'est-à-dire dégagé de tout son aubier, qu'on peut, en outre, mettre à couvert et conserver nombre d'années sans aucune altération de qualité, en un mot, qui ne craint que des pertes d'intérêts, chances qu'il est bon de calculer néanmoins, et auxquelles on doit toutefois s'attendre dans le commerce des bois.

Ranger notamment, dans cette seconde catégorie, le merrain ou bois propre à faire des tonneaux, les bois pour la marine et constructions civiles, et de même les plateaux et madriers qui doivent être dégagés entièrement d'aubier; enfin les planches, le treillage pour les jardins et le pesseau de cœur pur, etc.

Les bois de charpente en général, quoique bien

équarris, conservant toujours un peu d'aubier, exposés au contact de l'air, de la chaleur et de l'humidité, au bout de trois ans se détériorent, ils ne peuvent donc bien se conserver longtemps que purs d'aubier ou à couvert dans le fond de l'eau, ou dans la vase; là, ils acquièrent de la dureté; mais, s'ils ne sont pas constamment sous l'eau, l'aubier se ronge d'abord, et les meilleurs bois, même sans aucun aubier, soumis aux impressions atmosphériques, sont bientôt gâtés. Ils commencent par se fendre et se pourrissent ensuite; il est alors nécessaire d'abriter les bois équarris, ou que l'eau les couvre totalement jusqu'au moment d'en faire la vente.

En résumé, ne pouvant ici préciser le choix des marchandises à faire, il faut, dans ce cas, se régler d'après la nature des produits de l'exploitation, leur abondance plus ou moins grande, enfin sur les besoins du pays et sur le cours plus ou moins élevé de chaque nature de bois. Comme guide, au surplus, nous allons donner le moyen de se déterminer par un tableau comparatif des produits ordinaires d'un bois et de ce que chaque espèce peut produire à la spéculation de l'exploitant, par arpent ou hectare.

Un bois, communément de l'âge de 18 à 22 ans, qui n'est pas dégarni par des circonstances extraordinaires, comme par le vol, les bestiaux ou le feu, rend trois, six, neuf cordes, suivant son sol, terme moyen, six cordes de vente (*) ou trois décastères et autant

(*) La corde de vente équivaut généralement à un demi-décastère ou cinq stères.

de cordes ou demi-décastères environ que les lances donnent de bûches de 42 pouces (114 centimètres).

SAVOIR :

Trois bûches.	3 cordes.	1 décastère. .	5 stères.
Six idem. . . .	6 idem. .	3 idem. . . .	0
Douze idem.	12 idem. .	6 idem. . . .	0
Quinze idem.	15 idem. .	7 idem. . . .	5

Ensuite on peut établir une commune de produits en quatre classes, suivant les localités, savoir :

PREMIÈRE CLASSE.

1/3 à	6	décastères ou	12 cordes.
1/3 à	5	*id.*	10
1/3 à	4	*id.*	8
	15		30

Terme moyen, 5 décastères ou 10 cordes.

DEUXIÈME CLASSE.

1/3 à	5	décastères ou	10 cordes.
1/3 à	4	*id.*	8
1/3 à	3	*id.*	6
	12		24

Terme moyen, 4 décastères ou 8 cordes.

TROISIÈME CLASSE.

1/3 à	4 décastères	5 stères	ou 9 cordes.
1/3 à	3	»	6
1/3 à	1	5	3
	9	»	18

Terme moyen, 3 décastères ou 6 cordes.

QUATRIÈME CLASSE.

1/3 à 2 1/2 décastères ou	5 cordes.
1/3 à 1 1/2	3
1/3 à 3/4	1 1/2
4 3/4	9 1/2

Terme moyen, 1 décast. 583 mil., 3 cordes 1/8, 1/32.

Nous pourrions ajouter une cinquième classe pour les bois d'un décastère (2 cordes), une sixième pour ceux de $\frac{3}{4}$ de décastère (1 corde $\frac{1}{2}$); mais ces classes ne présentant aucune industrie, nous ne les mentionnons ici que pour mémoire, et nous resterons dans notre terme moyen le plus connu pour les produits des bois en France à vingt ans, de six cordes (3 décastères) et de 5 décastères, 10 cordes, pour la première classe.

Le produit du charbonnage, comme celui des bourrées, peut difficilement s'évaluer, parce que cela dépend particulièrement de l'essence du bois, en outre, s'il a été élagué ou s'il est plus ou moins garni de jeunes brins.

On estime ordinairement deux cordes de charbonnage par demi-décastère de moulée ou corde, et 75 bourrées de trois pieds quatre pouces de tour sur quatre pieds de long par corde de charbonnage, ce qui varie néanmoins suivant l'essence et que le taillis est plus ou moins fourré et branchu.

Voilà, autant que nous pouvons le faire, l'aperçu du produit des bois taillis en France, sauf les différences que peuvent présenter les réserves dont ils sont plus ou moins chargés et qu'il n'y a moyen d'apprécier qu'après les avoir comptées ou visitées avec une attention suivie.

Toutefois, avant d'entrer dans le détail des exploitations par classes, nous devons faire connaître les diverses industries qu'on peut en tirer, leurs dépenses et les moyens convenables d'atteindre facilement au but qu'un propriétaire se propose, quand il se détermine à mettre la cognée dans ses bois pour en faire la coupe à son compte.

Assurément il s'effrayera d'abord, redoutera surtout les soucis et les embarras d'une exploitation minutieuse; mais, qu'il se rassure, nous lui promettons que ce qu'il aura à craindre sous ce rapport n'arrivera que dans les premières années, une fois au courant de la marche de l'exploitation, et en voyant ses produits, son amour-propre de propriétaire sera satisfait et ses intérêts, notamment, y gagneront beaucoup; il aura, de plus, le plaisir de tenir en bon ordre ses coupes de bois et de s'en faire un jardin anglais dont la nature fera grandement et généreusement les frais d'entretien : en dernière analyse, les soins qu'il y mettra ne seront nullement pénibles, beaucoup de propriétaires à la campagne s'en font, en diverses localités, un sujet de récréations, d'autant que ces soins, nous ne saurions trop le dire, ne consistent qu'en une promenade d'une heure ou deux par semaine et même par mois, seulement quand il fait beau, et que l'on peut encore s'en dispenser, quand on a un garde exploitant à ses ordres, ou un chef d'ouvrier, à défaut de garde, à qui on confie la surveillance des autres ouvriers, en lui donnant la bagatelle de cinq ou dix francs par mois en sus de ses travaux comme bûcheron, ce qui n'a lieu ordinairement que dans la petite exploitation d'un buisson ou d'une lisière.

SECTION II.

DE L'ESTIMATION DES PRODUITS D'UNE EXPLOITATION ET DE LEUR VALEUR D'APRÈS LEURS NATURE ET GROSSEUR.

Les divers usages auxquels on emploie les bois varient suivant les localités, ils changent avec les temps, sont soumis à beaucoup d'autres influences : ainsi, dans une année où les récoltes des vignobles sont très-abondantes, on destinera une grande quantité de chêne à fabriquer du merrain; dans les années, au contraire, où les vignes sont stériles, les arbres sont débités en planches ou même en bois de moule pour le chauffage.

Le degré de rareté d'une espèce d'arbres en augmente nécessairement le prix ; ce prix, en outre, s'élève en raison de son plus ou moins d'utilité ; il ne peut plus se comparer à la valeur d'une essence comprise dans le terme moyen du bois ordinaire.

Le hêtre est inférieur au chêne sous tous les rapports d'utilité ; cependant il se vend aussi cher que ce dernier bois dans quelques localités où celui-ci est très-commun et le hêtre très-rare.

Le charme, l'érable et les arbres fruitiers se vendent assez bien dans le voisinage des villes où ils sont employés à faire des objets d'industrie ou meubles ; mais, dans les campagnes, ils sont placés au dernier rang des bois d'œuvre, ils ne sont considérés que comme bois de chauffage, faute de débouchés.

TABLEAU REPRÉSENTANT LA DÉGRADATION DE PIED CUBE DU CHÊNE, PRIS POUR UNITÉ.

CLASSES.	CIRCONFÉRENCE moyenne des arbres.	HAUTEUR de la tige.	VALEUR du pied cube.	
1	9 pieds.	36	3 50	Courbes pour la marine, bois d'escaliers ou charpentes de choix, lattes, merrains et sciages.
2	6	33	2 50	
3	5	30	1 75	
4	4	27	1 60	Charpentes ordinaires.
5	3	24	1 50	
6	2	20	1 30	
7	1 6 pouces.	20	1 20	Brindelles et chevrons.
8	1 »	»	1 »	
9	» 9	»	» 20	Bois de chauffage et charbon.
10	» 6	»	» 15	

Ces prix sont fixés d'après les cours du jour sur les ports de la Basse-Marne, de la Seine, de l'Oise, des canaux de Briare, d'Orléans et la rivière d'Yonne; depuis Joigny et au-dessous; plus éloignés, ils diminueront d'autant que les flottages et difficultés de jouissances augmenteront.

Une plus grande extension à cette table serait superflue; il suffit de faire voir que plus les dimensions du bois sont faibles, moins le pied cube est cher, et d'indiquer le terme moyen de la progression décroissante.

Nota. Il faut trois pieds cubes pour faire un décistère, ou une solive, et deux pour une marque.

SECTION III.

POUR APPRÉCIER ET SE FIXER SUR UNE EXPLOITATION INDUSTRIELLE.

Des arbres avec leurs écorces qui, réduits en bois de chauffage, produiraient deux cordes de bois de 42 pouces de long (114 centimètres), à l'ancienne mesure des ventes, ou un décastère, nouvelle mesure, dont la valeur la plus commune en France est de 50 à 60 fr. la corde de vente, ou 100 à 120 fr. le décastère, convertis en charpente, rendraient, à six pouces d'équarrissage et *au-dessus*, environ 45 solives par décastère.

De 6 pouces et *au-dessous*, 38 à 40 solives. Il est nécessaire de faire attention que le petit bois cubant très-peu, il y a une différence souvent de 6 à 8 solives par décastère, suivant que les arbres sont gros ou plus ou moins réguliers : le tout toisé au quart, c'est-à-dire sans aucune réduction.

Avec réduction du sixième, de 6 pouces d'équarrissage et *au-dessous*, 28 solives par décastère; idem de 6 pouces et *au-dessus*, 32 solives et avec réduction d'un cinquième équarrissage pour la marine et de choix; 6 pouces et *au-dessus*, 29 solives par décastère.

L'exploitant peut établir ses calculs de comparaison et appréciation sur ces bases et fixer ses prix en observant toutefois que les bois pour charpente, lattes, merrain et de toute autre industrie se choisissent toujours dans les plus beaux arbres et les essences les plus recherchées, considérant, en outre, qu'une fois ouvrés et mis en magasin ils se trouvent la plupart du temps sans acheteurs ; nous croyons donc pouvoir, comme type, en élever le prix sur feuille à 5 francs la solive au quart brut, ou 200 francs le décastère.

Au 6e réduit à 7 fr. 50 cent. la solive ou le décist.

Au 5e *idem* à 8 fr. *idem*.

Ainsi, d'après les exemples qui vont suivre, on pourra faire ou ne pas faire d'industrie, ou au moins dans une proportion que les localités toutefois pourront débiter et en tenant compte des difficultés de transport, ainsi que des distances des ports flottables, chantiers ou dépôts.

SECTION IV.

LATTES.

PREMIER EXEMPLE.

A trois au pouce, c'est-à-dire que dans un pouce (ou 27 mil.) on tirera 3 lattes de trois lignes et demie (8 millim.) d'épaisseur, ensemble 10 lignes (23 millimètres).

Perte par le déchet de la fente, 1 ligne (2 millimètres).

Quantité égale au pouce, 12 lignes (27 mil.).

Ayant en longueur 4 pieds à 4 pieds 2 pouces (1 mètre 299 mil. à 1 mètre 353 mil.);

Largeur, 15 à 16 lignes (34 à 36 mil.).

Dans ces dimensions, on aura, par solive ou décistère,

4 bottes de lattes en cœur à 1 fr. 25 c.	5 fr.
2 bottes en aubier à. . . . 0 75 c.	1 fr. 50 c.
6 bottes (de 50 lattes, chaque). . . .	6 fr. 50 c.
A déduire prix de la solive un quart brut.	5
Bénéfice par solive.	1 50

DEUXIÈME EXEMPLE.

A quatre au pouce, même longueur que pour le premier exemple, 14 à 15 lignes (32 à 34 mil.) de largeur.

6 bottes en cœur à 80 c. . .	4 f. 80 c.
3 *id.* aubier à 60 c. . .	1 80
	6 60
La solive à. 5 f. »» / Bénéfice. . . 1 60	6 60

TROISIÈME EXEMPLE.

A cinq au pouce, 4 pieds de long, de large 13 à 14 lignes (1 mètre 299 mil. sur 29 à 32 millimètres).

En cœur, 6 bottes à 75 c. . . .	4 f. 50 c.
Aubier, 4 *id.* à 50 c. . . .	2
10 bottes.	6 55

Bénéfice. . . . . 1 fr. 55 c. par solive.

On s'étonnera qu'il y ait plus d'aubier dans les derniers échantillons que dans les premiers : c'est que, d'une part, ils se prennent dans de plus petits bois et, par conséquent, où il y a plus d'aubier; que, de l'autre, nous n'avons pas fait, au surplus, le calcul de ce produit à la rigueur et par lattes.

Les derniers échantillons présentent, en apparence il est vrai, un peu moins d'avantage que le premier; on en fait, cependant, et même beaucoup plus, quand on en a le débit, parce qu'il arrive souvent qu'on les vend au même prix, et qu'on livre aux acheteurs, peu connaisseurs, de l'aubier pour du cœur et du 4 à 5 au pouce pour du 3 au pouce.

Le 5 au pouce s'emploie généralement pour les entrevous, les plafonds et servir d'appui au vin en bouteilles; c'est un échantillon trop faible pour les couvertures, surtout en aubier; le plus en usage, à Paris, est cependant cet échantillon de 2 lignes (5 mil.) d'épaisseur, même sur les couvertures; en province, on ne connaît que le 3 1/2 au pouce; c'est aussi le plus solide et le plus durable.

Toutes ces diverses qualités et appréciations de produits en lattes (comme tout ce que nous indiquerons pour les autres marchandises en bois) ne sont pas calculées mathématiquement, ainsi que nous venons de le dire, et on en concevra, comme nous, l'impossibilité; par exemple :

Sur tel terrain un chêne sera filandreux, alors il fendra mal, sa qualité sera médiocre, et un tiers du cœur tombera en faux bois ou en résidus appelés éclats.

Sur un autre terrain, au premier coup de la doloire, il se fendra comme un gland et tout tournera en produit ; en outre, les marchandises qui se fabriquent à la serpe et à la doloire même ne peuvent avoir la même régularité de celles qui se jettent en moule, même de celles qui se font à la scie mécanique.

Au surplus, dans une exploitation de bois, il faut de la marge, et nous pouvons, à cet égard, garantir que nous nous sommes attaché à ne pas franchir celle que la prudence prescrit ; nous croyons donc qu'on peut se livrer sans crainte à nos évaluations, d'autant qu'elles sont le fruit d'une longue expérience pratique, et que nous les avons faites en conscience et plutôt au-dessous qu'au-dessus de la réalité.

La façon de la latte est de 3 à 5 fr. le millier (les 20 bottes) ; une voiture à deux chevaux portera facilement 150 à 160 bottes de lattes, représentant environ 12 solives, 36 pieds cubes, équivalant à 12 décistères et demi ou la charge ordinaire de deux chevaux dans les bois ; sur une route, le double et plus : cet aperçu met le prix du charroi de lattes, d'un voyage par jour, à environ un franc le millier, ou un sou la botte ; à deux voyages, 50 à 60 c. le millier.

L'octroi, pour l'entrée dans Paris, est de 11 fr. par 100 bottes ou 2 fr. 20 c. le millier.

SECTION V.

PLANCHES.

Le sciage en planches est avantageux et d'un facile débit, quand il est fait avec des chênes bien filés, plutôt sur futaies qu'en taillis, parce que le bois, alors, est plus poreux et, par conséquent, plus facile à travailler; en outre, il faut préférer le chêne pédonculé au chêne rouvre.

Un exploitant qui, cependant, ferait des planches ou du parquet pour lui doit, au contraire, faire son sciage sur taillis et en chêne rouvre bien venant : il aura de plus belles veinures et beaucoup plus de solidité; de même pour la charpente.

Un arbre de 30 pieds de long (9 m. 745 mil.), 60 pouces de rotondité au milieu (1 m. 624 mil), *au quart*, c'est-à-dire sans réduction pour l'équarrissage, est un 15 à 15 donnant 15 solives, 45 pouces (15 décistères 3/4), à 5 francs la solive.	78 fr. 12 c.
Au *cinquième* réduit, ce ne serait que 10 solives (10 décistères), à 8 fr. la solive.	80 -
Ou bien au *sixième* 10 solives, 60 pouces (10 décistères 810 mil.), à 7 francs 50 centimes, ci.	79 70

Qui rendra vingt planches de 15 pieds de long (4 m. 872 mil.).

Largeur, 12 pouces (325 mil.); épaisseur, 13 lignes; 12 lignes, sèches (27 mil.), ci. . . . 260 lig.

Trait de scie, une ligne par planche. 20

Perte sur le tout par le retrait. 8

288 lig. (650 mil.).

Ou 2 pieds, 1 pied (325 mil.) pour chaque morceau ou planche de 15 pieds (4 m. 872 mil.), ci. . . . . 12 pouces.

En membrures et copeaux le cinquième. . . . . 3 idem.

Quantité égale en bois, en graine. 15 p. (406 m.)

Produit.

1° Vingt planches de 15 p. 2 t. 1/2, chaque, ensemble 50 toises à 1 f. 75 c. la toise. . . . . 87 fr. 50 c.

2° Cette quantité représente encore 300 pieds courants à 30 c. le pied. . 90

3° Ou 8 toises carrées et un tiers à 10 fr. la toise. 83 35

En résumé, l'avantage du sciage sur la charpente est d'environ 80 cent. par pied cube, 2 fr. 40 c. par solive ou décistère, mais en comptant la solive en grume toisée au quart à 5 fr., tandis que dans beaucoup de localités, en France, elle n'est sur feuille qu'à 3 et 3 fr. 50 c.

Les bois blancs vulgairement passent pour perdre en traits de scie plus que les bois durs, nons pensons que c'est une erreur ; la scie, quoique ayant un peu plus de voie, ne prend juste que le trait, qui est, dans le peuplier comme dans le chêne, d'une ligne ; seulement, dans le premier, il éraille davantage le bois et il est alors plus apparent.

Le sciage et l'équarrissage des bois étant une partie importante de l'exploitation forestière, nous allons donner les échantillons le plus en usage à Paris, qui peuvent convenir à tous les pays, comme guide aux exploitants; en outre, nous y joindrons leur valeur approximative hors barrière et les prix de façons puisés et vérifiés aux meilleures sources.

SECTION VI.

SCIAGE, CHÊNE, ÉCHANTILLON (*).

1° *Planche de chêne échantillon* (ou bois billard); épaisseur : verte, 17 à 19 lignes ; sèche, 16 à 18 (36 à 41 mil.); largeur, 9 à 10 pouces (244 à 271 mil.); prix hors barrière, 1 f. 75 c. à 2 f. la toise ; façon sur feuille, 30 c. la toise ; — à Paris, 35 c. ; copeaux pour les ouvriers (**).

(*) On nomme échantillon le sciage assorti de planches de 16 à 18 lignes, de membrure, doublette et chevrons de 4 pouces carrés.

(**) Il faut, autant que possible, éviter de donner tous les copeaux à l'ouvrier, parce qu'il en fait souvent trop ; s'en réserver au moins la moitié, le tout serait encore mieux.

2° *La planche*, 21 *lignes* (47 mil.), ou bois billard à cuves : épaisseur, 21 à 23 lignes; sèche, 20 à 22 (45 à 50 mil.); largeur, 8 à 9 pouces (217 à 244 mil.); prix, 1 fr. 75 à 2 fr.; façon sur feuille, 30 c.; — à Paris, 35 c.

3° *Membrure ou solive* (*) : épaisseur, 37 lignes; sèche, 36 (81 mil.); largeur, 6 pouces (162 mil.); prix, 1 fr. 75; façon sur feuille, 20 c.; — à Paris, 25 c.

4° *La doublette* (**) : épaisseur, 28 à 31 lignes, verte; sèche, 27 lignes (61 m.); largeur, 12 pouces (325 m.); prix, 3 f. 40 c. à 4 fr.; façon simple, 35 à 40 c.; — à Paris, 50 c.

5° *Le battant* : épaisseur, 4 pouces 1/4 à 4 p. 2/4 (115 à 122 mil.); largeur, 12 pouces (325 mil.); prix, 7 à 8 fr. la toise; façon sur feuille, 45 c. ou un sou le pouce compté sur la largeur; — à Paris, 55 c. la toise ou à la solive.

Nota. — En planches, en membrures et doublettes, les longueurs sont de 6, 7, 8, 9, 10, 11 et 12 pieds (1 mètre 949 mil. à 3 mètres 898 mil.); les battants de 12 à 18 pieds (3 mètres 898 mil. à 5 mèt. 847 mil.). Ces bois, réduits ainsi, sont additionnés ensemble; leur total est appelé toise, échantillon, et se comptent, savoir :

(*) La membrure livrée isolément, et non comme garniture, se vend 50 francs de plus par 100 toises que le sciage-échantillon; aussi il est d'usage de donner 10 toises de membrure par 100 de planches.

(**) La doublette doit avoir, au moins, 6 pieds en longueur. En général, plus le sciage a de longueur, plus il est recherché et plus la vente en est certaine.

Une planche de 21 lignes (47 mil.) pour une toise, une membrure, une toise; une doublette, 2 toises; un battant, 4 toises.

SCIAGE, CHÊNE, ENTREVOUS.

L'entrevous doit porter en épaisseur 14 lignes; sèche, 13 lignes (29 mil.); largeur, 9 à 10 pouces (244 à 271 mil.); prix, 1 f. 40 c. la toise à 1 fr. 50 c.; façon sur feuille, 25 c.; — à Paris, 35 c.

Le chevron; épaisseur, 36 lignes (81 mil.); largeur, 4 pouces (108 mil.); prix, 1 fr. 30 c. à 1 fr. 40 c.; façon sur feuille, 15 c.; — à Paris, 20 c.

Le feuillet: épaisseur, 9 lignes (20 mil.); largeur, 9 à 10 pouces (244 à 271 mil.); prix, 1 fr. 30 c. à 1 fr. 40 c.; façon sur feuille, 20 c.; — à Paris, 30 c.

On fait ordinairement peu de feuillet, en ce qu'il n'est pas favorable à l'exploitant, et qu'à Paris on n'aime que les forts échantillons, qu'on peut ensuite réduire suivant les besoins; en outre, que le feuillet ne se prend que dans les plus belles piles des arbres.

Les longueurs de l'entrevous et du feuillet sont les mêmes que pour le sciage, chêne, l'échantillon, de 6 à 12 pieds (1 mètre 949 mil. à 3 mètres 898 mil.).

L'entrevous de 6 pieds (1 mètre 949 mil.) compte pour une toise; chevron, *idem*; feuillet, *idem*; ces bois, réduits ainsi, sont additionnés ensemble; leur total est appelé toises, entrevous.

SCIAGE, HÊTRE ET CHARME (*).

La membrure doit porter en épaisseur 40 à 43 lignes; sèche, 39 à 42 lignes (88 à 95 mil.); largeur, 6 pouces 1/4 à 6 p. 1/2 (169 à 176 mil.); prix, 1 fr. 50 c.; façon sur feuille, 20 à 25 c.; — à Paris, 25 c.

La planche ou plateau : épaisseur, sèche, 24 à 25 lig. (54 à 56 mil.); largeur, 9 à 10 pouces (244 à 271 m.); prix, 1 fr. 40 c.; façon, sur feuille 45 c.; — à Paris, 45 c.

Doublette : épaisseur, 37 lignes; sèche, 36 (81 mil.); largeur, 12 à 13 pouces (325 à 352 mil.); prix, 2 fr. 80 c.; façon sur feuille, 40 à 45 c.; — à Paris, 45 à 50 c.

L'entrevous : épaisseur, 15 à 16 lignes; sèche, 14 à 15 (32 à 34 mil.); largeur, 9 à 10 pouces (244 à 271 mil.); prix, 1 f.; façon sur feuille, 30 c.; — à Paris, 35 c.

La dosse-échantillon : épaisseur, 22 à 25 lignes; sèche, 21 à 24 (47 à 54 mil.); largeur, 8 pouces (217 mil.) et au-dessus; prix, 90 c.; façon sur feuille, 40 à 45 c.; — à Paris, 50 c. ou un sou le pouce en largeur.

La dosse-entrevous : épaisseur, 15 à 16 lignes; sèche, 14 à 15 (32 à 34 mil.); largeur, 8 pouces (217 mil.) et au-dessus; prix, 60 c.; façon sur feuille, 30 c.; — à Paris, 40 c.

(*) La membrure de charme doit avoir en largeur 7 pouces (189 mil.), et en épaisseur 3 pouces et demi ou 42 lignes, sèche (95 mil.); au-dessous de ces dimensions, elle n'est pas vendable à Paris; avec cette essence on ne fait que de la membrure.

Étaux : épaisseur, 6 pouces 2/4 ; secs, 6 pouces (162 mil.) ; largeur, 24 à 36 pouces (650 à 975 mil.) ; prix, 16 à 25 fr. la toise, ou 2 à 3 fr. le pied courant ; façon sur feuille, 10 c. le pied de même ; — à Paris, toisé sur la largeur.

SCIAGE, BOIS BLANC.

Peuplier. — *La planche* doit porter : épaisseur, 16 lignes ; sèche, 15 (34 mil.) ; largeur, 8 à 10 pouces (217 à 271 mil.) ; prix, 65 f. le cent ; façon sur feuille, 14 c. ; — à Paris, 25 c.

La volige : épaisseur, 10 lignes 1/2 ; sèche, 9 (20 m.) ; largeur, 7, 8, 9 à 10 pouces (189, 217, 244 à 271 m.) ; prix, 30 à 45 fr. le cent ; façon sur feuille, 9 à 10 c. ; — à Paris, 15 c.

Volige de Champagne : épaisseur, 9 lignes ; sèche, 8 (18 mil.) ; largeur, 5 à 6 pouces (135 à 162 mil.) ; prix, 20 à 30 fr. ; façon sur feuille, 9 cent. ; — à Paris, 12 centimes.

Volige à ardoise : épaisseur, 7 lignes ; sèche, 6 (14 mil.) ; largeur, 5 à 6 pouces (135 à 162 mil.) ; prix, 18 à 25 fr. ; façon sur feuille, 6 c. ; — à Paris, 10 c.

Grisard (*). — *La dosse-planche* doit porter : épaisseur, 16 lignes ; sèche, 15 (34 mil.) ; largeur, 8 à 9 pouces (217 à 224 mil.) ; prix, 70 à 80 fr. le cent ; façon sur feuille, 14 c. ; — à Paris, 15 c.

(*) Le sciage-grisard se vend très-bien ou fort mal, suivant les circonstances ; mais il est toujours plus recherché que le peuplier par sa supériorité en qualité.

Faire peu de sciage en bois blanc pour Paris, à moins d'une vente assurée, et en grisard seulement, plutôt du cartelain de 24 à 25 lignes, sec (54 à 56 mil.), sur 9-10 pouces (244 à 271 mil.), pour doublage de voitures, pianos, et de 21 lignes (47 m.), pour pied de lit qu'on plaque en acajou; ces deux échantillons se payent de 20 à 25 fr. de sciage, ou 20 à 25 centimes la toise.

Tremble.—La dosse-volige : épaisseur, 10 lignes; sèche, 9 (20 mil.); largeur, 8 à 9 pouces (217 à 244 mil.); prix, 35 à 40 francs le cent de toises; façon sur feuille, 10 à 12 c.; — à Paris, 15.

Cette essence étant très-peu estimée en menuiserie, n'en faire que pour soi ou sur commande.

SECTION VII.

BOIS DE CHARRONNAGE, DE MENUISERIE ET POUR PLACAGES.

Quant aux panneaux ou feuilles de placage, la façon se règle au-dessus de 12 pouces (325 mil.) de large à un sou le pouce, au-dessous dans les proportions des prix de la planchette et de la volige, relativement encore à la valeur de ces panneaux et feuilles de placage. En définitive, sur ce genre d'industrie il n'y a pas de cours; c'est la beauté du bois, assez ordinairement, qui fait fixer ce cours. Les chefs d'ateliers en menuiserie, qu'on le sache bien, achètent, au surplus, peu de bois en feuilles; ils préfèrent de forts madriers, afin de les faire débiter dans leurs

ateliers à leur convenance au fur et à mesure de leurs besoins.

Pour le charronnage, au surplus, la grande variété des échantillons ne permet qu'aux charrons de débiter eux-mêmes leurs bois sur feuille ou dans leurs chantiers ; encore le font-ils rarement, attendu qu'il y a des jantes pour voitures légères et pour des rouliers de Paris, depuis 25 lignes d'épaisseur jusqu'à 96; des limons de toute grandeur, depuis 6 pieds jusqu'à 30.

Quant à cette industrie, le mieux est de vendre en grume, c'est-à-dire l'arbre avec son écorce, notamment l'orme, le chêne, le frêne, hêtre, érable, platane, sycomore, cormier, poirier, merisier et noyer.

S'il y avait toutefois impossibilité d'extraire les arbres dans leur entier, alors on les convertit en plateau, assortis depuis 30 lignes d'épaisseur (68 mil.) jusqu'à 48 (108 mil.), dans leur largeur 10 à 12 pouces (271 à 325 mil.), au moins, et, dans la longueur des planches, depuis 2 mètres jusqu'à 8, même au-dessus, d'autant que les grandes dimensions, en général, sont toujours recherchées, parce que qui peut plus peut moins.

En 1838 et 1839, la pièce ou la solive d'orme, hors barrière, se vendait au quart. . 6 fr.

Tilleul.	5
Platane.	5
Sycomore. . . .	5
Cormier. . . .	12
Poirier.	6
Merisier. . . .	5

Noyer. . . de 8 à 10
Le frêne. . . . 8

L'octroi, pour l'entrée, dans Paris, de tous ces bois, est de 11 fr. le stère, ou environ 1 fr. 10 c. la solive, décime compris comme pour la charpente.

SECTION VIII.

ÉQUARRISSAGE.

Pour charpentes et sciages, et beaucoup d'autres industries, on équarrit le bois plus ou moins fortement et suivant sa destination.

Un équarrissage se fait à la hache ou à la scie :

A la hache, c'est-à-dire avec une cognée appelée, en certaines localités, cognée à blanchir ou épaule de mouton ;

A la scie, en divisant le bois en plateaux ou planches, avec la scie carrée à trois mains (*).

Le premier mode convient pour la marine, les charpentes et chevrons ; le second pour les sciages, en général, et particulièrement pour les menuisiers et les charrons.

Relativement à l'équarrissage à la scie, on emploie d'abord la hache; c'est avec cet instrument qu'on commence par enlever les nœuds, protubérances ou chicots, et une partie de l'écorce, seulement ce qui est nécessaire pour dresser l'arbre sur son carré et y

(*) Voir, à la planche d'instruments forestiers, le n° 30.

tendre la ligne qui donne au sciage une largeur et une épaisseur égales, moins les dosses, qui sont plus ou moins irrégulières, selon que le bois présente plus ou moins de flaches et a été ménagé.

Cette méthode d'équarrir économise plus de bois que celle à la hache et est plus profitable à l'exploitant en ce qu'une dosse, telle faible valeur qu'elle puisse avoir, est plus estimée que des copeaux, qui souvent sont brûlés par les ouvriers ou perdus dans la boue ; en outre, le bois est plus beau, ou au moins plus régulier, cependant, dans les bois blancs, qui, généralement, sont d'un très-petit prix. A moins qu'on n'ait un emploi spécial des dosses, il n'en faut faire que de qualité *valant au moins la façon*, attendu qu'elles comptent pour l'ouvrier comme planches; aussi l'exploitant souvent les défend et n'en souffre pas.

Le chevron s'équarrit très-légèrement; la hache sert à le dresser seulement et doit, au moins, enlever l'écorce qui sert de pâture aux coléoptères ou vers, et attire la vermoulure.

La charpente, commune dans la province, s'équarrit au septième réduit; celle pour les constructions en ville, comme pour Paris, au sixième.

Pour la marine et constructions de choix, au cinquième.

C'est-à-dire que, sur un arbre de 30 pieds de long, portant dans son milieu 5 pieds de tour, à 15 pieds, ôtez le cinquième, restera 4 pieds; ce sera, dans son carré, un douze à douze de 30 pieds cubes ou 10 solives.

Au sixième, un douze à treize, 35 pieds cubes, 10 solives 5 pieds.

Un arbre, réduit au cinquième par un ouvrier habile, ayant une doloire bien tranchante, on le croira équarri à la varlope sur ses quatre côtés ; aussi, dans les exploitations de bois, un chef équarrisseur, sachant bien son métier, ne fait que doler ou blanchir, et finit chaque arbre ; c'est un ouvrier fort utile, notamment pour les courbes destinées à la marine, les escaliers, et toutes les autres constructions où il faut des bois de choix et dans toutes leurs natures et leurs qualités ; qui, par un seul coup de hache donné mal à propos sur un arbre important, peut le mettre de première espèce en quatrième et faire perdre bien au delà du prix de son travail.

La contrée où on équarrit les bois avec le plus de perfection, c'est la Champagne ; nous ne saurions donc trop recommander son mode, qui consiste, d'abord, à détacher tous les redans, et ensuite à placer chaque morceau sur son *roide,* c'est-à-dire le dos en l'air, et à l'équarrir sur deux côtés très-fortement, environ au cinquième; quant aux deux autres côtés, le dessus et le dessous, les ménager autant qu'on aura intérêt à le bien ou mal équarrir : de cette manière, il est vrai, le bois tire un méplat, mais c'est précisément ce qui lui donne de l'apparence et devient très-avantageux à l'exp loitant.

En Bourgogne, cet exemple n'est point imité ; car

on a encore la mauvaise habitude de laisser équarrir les arbres tels qu'ils tombent, sans en détacher les redans et sans même prendre la peine de leur donner quartier pour les placer sur le côté le plus avantageux à leur équarrissage.

Par ce défaut de prévoyance, l'exploitant perd facilement sur chaque face 1 ou 2 pouces ; et, en résumé, quoique son bois soit plus fourni que celui de Champagne, il a moins de tournure et, par conséquent, ne se vend pas aussi bien ni aussi promptement.

Un équarrisseur doit toujours s'attacher à équarrir un arbre dans le sens où il produira le plus; alors, dans cette vue, il est important de faire des redans chaque fois qu'ils peuvent être admis ; enfin veiller constamment à donner le pouce plein et ménager son bois ; en conséquence, en n'oubliant jamais que 11 lignes 11 douzièmes de ligne, n'étant pas comptés sur le pourtour, et 11 pouces 11 lignes sur la longueur, ne figurent pas au toisé ancien et au nouveau, pas moins de 2 centimètres sur les carrés et 250 millimètres sur la longueur; c'est donc au propriétaire, ou garde-vente, à devenir habile pour marquer la détache des arbres, c'est-à-dire les endroits où le bûcheron doit les rogner pour avoir un plus grand produit ou moins de perte. (Voir nos instructions sur les *Tarifs de toisé.*)

Indiquer par un trait de rouanne le redan à faire, surtout dans les dimensions les plus favorables à l'équarrissage ou au produit en pieds cubes comme à la vente; savoir-faire que l'expérience procure. (Voir la contexture d'une pièce de bois portant plusieurs redans (n° 44).

On fait quelquefois sur un même arbre jusqu'à trois redans et, quand on toise, s'ils ne sont pas sciés, on les compte pour leur valeur et comme s'ils étaient détachés, en donnant un numéro particulier à chacun.

Par ce procédé, un arbre de 30 pieds, en queue de rat, aura souvent plus de produit, rogné à 23, tout en détachant deux bûches, ensemble 7 pieds.

SECTION IX.

SCIAGES MÉCANIQUES ET A BRAS.

Le sciage tient le premier rang dans les travaux de menuiserie, ébénisterie, des charrons, tourneurs, charpentiers, et particulièrement pour les constructions maritimes ; aussi, depuis quelques années, s'est-il établi des scieries mécaniques et à eau sur presque tous les points de la France; mais ces mécaniques n'ont point encore atteint un point assez élevé de perfection pour détruire la concurrence *du sciage à bras*, on pourra en juger par les détails qui vont suivre.

Une scierie à eau, à un seul tournant, ayant douze heures de travail par jour, peut fabriquer 144 planches en bois blanc de 12 pieds de long (3 m. 898 mil.) sur 8, 9 et 10 pouces de largeur (217, 244 à 271 mil.), 10 lignes d'épaisseur (23 mil.), ou 288 toises (555 m. 730 mil.), deux tiers environ de moins en *bois dur*.

Dépenses.

1° Pour le cours d'eau, magasins et réparations du moulin par jour, ci. .	6 fr.
2° Huile, *idem*.	1
3° Trois hommes à 3 fr. par jour, à cause des jours de chômage par grandes eaux, sécheresses, réparations et jours fériés.	9
(Ces ouvriers se louent au mois ou à l'année.)	
4° Voitures et chevaux pour approvisionnement et service de l'usine, par jour.	15
TOTAL. . . .	31 fr.

Produits.

Sciage de 288 toises (555 mètres 730 millimètres) de volige en bois blanc de 8, 9 et 10 pouces (217, 244 à 271 millimètres) de largeur sur 16 lignes (36 mil.) d'épaisseur, à 12 fr., les 104 toises.	33 fr.
Dépenses. . . .	31
Bénéfice par jour. .	2 fr.

SCIAGE A BRAS.

Trois hommes, à 4 fr. par jour, feront 120 toises de bois blanc, même jusqu'à 150, garnies des 4 au cent, non payables, et au même prix des scieries mécaniques et à eau ; ne portons, toutefois, leur travail qu'à 120 toises, à 12 fr. 14 fr. 40 c.

Dépense de trois journées à 4 f. 12

Bénéfice par jour. . . 2 fr. 40 c.

Avec ce bénéfice quotidien, et sur l'économie des journées, le chef de l'atelier peut encore aisément gagner 5 f. par jour sur deux ouvriers, seulement, ne les payant ordinairement que 1 fr. 50 c., 2 fr. 50 au plus, et au *mois*, 30 fr. avec nourriture et blanchissage ; en portant même somme pour ces deux articles, le maître peut alors avoir sur eux au moins 1 f. 50 c. à 2 f. par homme, compris même les jours fériés et ceux où le temps est mauvais.

D'après ces calculs que nous garantissons, les scies à bras n'ont donc encore rien à craindre de la concurrence des scies à eau ; nous allons de nouveau le prouver en donnant plusieurs exemples de ce qu'elles peuvent fabriquer, chaque jour, en bois dur et bois blanc, savoir :

EN BOIS DUR.

1° 12 à 16 lignes (27 à 36 mil.) d'épaisseur, 6 à 7 p. (162 à 189 mil.) de largeur, à *deux* hommes 35 toises, à *trois* 50 ;

2° Même épaisseur que le n° 1, 7 à 9 pouces (189 à 244 mil.) de largeur, à *deux* hommes 30 toises, à *trois* 42 ;

3° Même épaisseur que le n° 3, 9 à 12 pouces

(244 à 325 mil.) de largeur, à *deux* hommes 20 toises, à *trois* 30.

EN BOIS BLANC.

1° Volige à ardoise, 7 lignes (16 mil.) d'épaisseur, 5 à 6 pouces (135 à 162 mil.) de largeur, à *deux* hommes 120 toises, à trois 180 ;

2° Volige de Champagne, 9 lignes (20 mil.) d'épaisseur, 5 à 6 pouces (135 à 162 mil.) de largeur, à *deux* hommes 100 toises, à *trois* 150 ;

3° Grande volige, 9 à 10 lignes (20 à 23 mil.) d'épaisseur, 7, 8 à 9 pouces (189, 217 à 244 mil.) de largeur, à *deux* hommes 80 toises, à *trois* 120 ;

4° Planches, 16 lignes (36 mil.) d'épaisseur, 8 à 10 pouces (217 à 271 mil.) de largeur, à *deux* hommes 70 toises, à *trois* 110.

Nous sommes entré à regret dans ces fastidieux détails, mais c'est afin de prémunir nos lecteurs contre les préventions trop favorables qu'ils pourraient avoir des scieries à eaux sur celles à bras, et en vue notamment de les empêcher de se livrer, sans y réfléchir, à de grandes dépenses, dans l'espoir d'obtenir des bénéfices qui deviendraient, peut-être, chimériques ; qu'ils se basent, au surplus, sans hésiter, sur les calculs ci-dessus, et ils éviteront les écueils que nous allons encore leur signaler.

Le côté faible et les inconvénients des scieries à eau ou par tout autre moteur sont :

1° Le transport des bois sur leurs chantiers ;

2° La mise de fonds pour la construction de l'usine et hangars ;

3° L'obligation de se faire marchand de planches et sciages, malgré soi, *et souvent à perte*.

Or, avec de pareils établissements, il faudrait ne fabriquer qu'à façon ou être en position d'employer tous les sciages qu'on veut y faire, à moins, toutefois, que les menuisiers, charpentiers et autres grands consommateurs de sciage se trouvassent dans la nécessité d'y conduire leurs bois en grume, et d'y ramener chez eux, *par leurs voitures*, tous les produits; autrement, c'est selon nous, une entreprise fort hasardeuse. Cela tient uniquement à la simplicité du matériel des scies à bras, et à ce que celui des scieries mécaniques ou à eau est toujours très-considérable. Beaucoup de personnes ignorent peut-être que tout le bagage d'un atelier de scieur de long (3 à 4 hommes) est fort mince et se compose seulement :

1° D'un passe-partout du poids de 3 kilogrammes, ci	3 kilog.
2° Deux haches,	10
3° Pinces et lignes,	1
4° Chaînes en fer,	8
5° Grande scie,	9
6° Marmite en fonte,	3
	34 kilog.

Pour trois à quatre hommes, à fortes épaules, 8 à 10 kilogrammes chacun. La charge est légère.

L'habitation, les hangars et magasins se font avec des copeaux et des premières planches façonnées sans même les endommager; il est difficile de l'emporter sur un concurrent qui, comme le colimaçon, porte tout son matériel, ses magasins et même son gîte avec lui.

Les scieurs de long, semblables, en outre, aux troupes légères, campent partout; ils peuvent, sans frais et en peu d'instants, se fixer avec tous leurs outils, ustensiles de ménage, sur les plus hautes montagnes, dans les marais, sur des îles, traces et buissons, en un mot dans toutes les positions et en aussi grand nombre qu'on le désire, sans aucun dommage ni aucune dépense pour l'exploitant.

Le sciage des scieries mécaniques et à l'eau est plus uni et plus régulier qu'à bras, sans doute; mais la différence est si légère, que, dans le commerce, on n'en tient aucun compte; d'ailleurs ne faut-il pas que la varlope ou le rabot ait aussi de l'emploi dans cette partie importante de la petite industrie?

On prétend ensuite qu'il y a moins de perte dans les scieries mécaniques et à eau que dans les scieries à bras. Nous ne partageons pas cette opinion, parce qu'il faut que le fer de la scie mécanique et à eau soit plus fort, attendu qu'on ne peut en modifier les mouvements aussi facilement, étant soumis à une action impérieuse qui ne cède pas aux obstacles comme la main de l'homme (*); le fer de scie mécanique, étant plus fort, prend alors plus de bois, et c'est donc toujours la perte de 3/4 à une ligne par trait, comme aux scieries à bras.

(*) Dans le tronc d'un arbre on y trouve quelquefois des cailloux, du fer et jusqu'à des instruments de guerre.

Dans le nord, et particulièrement en Hollande, on ne fait usage que des scieries à eau, et, à cet égard, nous devons reconnaître les Hollandais comme nos maîtres.

Dans tous les marchés de l'Europe et de l'Amérique même, on recherche les bois dits de Hollande, et cependant le pays n'a plus de forêts depuis une tempête qui amoncela une si grande quantité de sable à l'embouchure du Rhin, que les eaux en furent refoulées au point d'inonder et d'engloutir plusieurs villages et entièrement les forêts de cette contrée; on trouve encore, sous les eaux, des troncs d'arbres et jusqu'à des chênes entiers dont les cimes sont ostensibles; ils restent comme les témoins de cette grande catastrophe; et, toutefois, *quoique sans forêts*, les Hollandais sont les premiers marchands de bois de l'Europe, ils nous vendent leurs sciages, à Paris, un tiers de plus que ceux dits de Champagne, ou plutôt des Vosges et de la Haute-Marne, bois de sciage les plus recherchés en France, après celui de Hollande, particulièrement par les menuisiers, et valant, à Paris, un cinquième de moins que le faux Hollande, provenant des forêts de Guise (Aisne).

Les Hollandais conduisent leurs sciages partout où ils en trouvent le débit, même dans les climats où l'on brûle les forêts pour en faire des cendres et s'en débarrasser; il est vrai que le sciage de Hollande véritable est un bois de luxe pour la menuiserie et l'ébénisterie; les plus beaux meubles en acajou sont presque toujours doublés *en chêne de Hollande*.

Ce qui étonnera nos lecteurs, c'est que ces bois

proviennent de France, notamment des bords de la Meuse, du Rhin et des forêts des Ardennes, de Guise (Aisne), et du Charme en Lorraine; nous leur fournissons donc la matière, mais qu'ils savent parfaitement travailler.

Tout le secret de la beauté et de la qualité de ce bois, qui a la propriété de ne se gercer ni déjeter, consiste spécialement dans son sciage par cartelage et *sur maille*, et, en termes de bûcheron, sur son droit.

On ne prend pour ce mode de sciage, il est vrai, que des arbres séculaires de première qualité, portant au moins 26 pouces de diamètre (704 millimètres), cartelés sur place, c'est-à-dire sciés provisoirement en quatre parties égales, ou convertis en gros madriers convenablement échantillonnés; ces arbres sont ensuite conduits sur les rivières flottables aboutissant aux ateliers de scieries, où ils sont débités avec le plus grand soin dans des épaisseurs et dimensions propres à la menuiserie; toutefois ils doivent être purgés de malandres, roulures, nœuds viciés et aubier.

La forêt de *Nouvion*, près Guise, et les forêts environnant cette riche contrée forestière, produisent ce sciage de luxe, colporté par les Hollandais sous le nom de chêne de Hollande, ainsi que nous venons de le dire, et qui pourrait nous arriver promptement par le canal de Saint-Quentin.

Dans l'espoir qu'on cherchera à imiter l'industrie hollandaise, nous allons essayer de faire comprendre ce genre de sciage.

Pour connaître et apprécier les mailles d'un arbre,

si vous l'examinez abattu hors séve, proprement tronçonné et ensuite cartelé, enfin dont les couches annulaires seraient très-visibles, vous y apercevrez fort distinctement deux sortes de lignes : les unes concentriques, les autres perpendiculaires.

Les premières en marquent plus ou moins régulièrement les années.

Les autres sont les fibres ou veines ressemblant à des fils de trame ou tuyaux aplatis qui servent à la circulation de la séve et qui, en conséquence, ont, de la racine à la cime, des conduits cellulaires appelés mailles.

Ces veines s'ouvrent en séchant, même à y mettre le poing, quand elles sont exposées au contact de la pluie et du chaud, spécialement dans les essences poreuses, comme le hêtre, les bois blancs et le châtaignier.

Les fendeurs ne parviendraient jamais à diviser en feuillets leurs marchandises par parties égales et aussi minces qu'ils le désirent, même à les détacher souvent d'un seul coup, s'ils n'introduisaient pas leur coutre ou fendoir précisément dans la *maille* et en la suivant jusqu'au bout.

Voyez un fendeur en travail, il place toujours sa bille de bois sur le côté, pour mieux trouver la jointure de la *maille;* de même un scieur de long doit tracer ses lignes dessus et, autant que possible, dans leur direction.

Fendre sur *maille* est un usage bien connu, notamment dans la fabrication de la latte et du merrain ; il serait à désirer qu'il le fût aussi bien pour le sciage.

Le bois scié sur maille, après deux ans de coupe, nous le répétons, a le précieux avantage de ne se gercer ni de se déjeter; en outre, ses facettes intérieures, appelées miroirs, sont si brillantes et ses veinures ondulées si variées, qu'on les imite maintenant sur les portes des riches, même dans les plus somptueux salons, particulièrement dans les églises, châteaux, et pour les meubles à la renaissance : naturelles, elles gagnent, comme l'acajou, avec le temps; en peinture, au contraire, elles disparaissent chaque jour, surtout à l'air; il faut donc souvent renouveler cette dépense.

Le *sciage sur maille* perd un peu plus de bois, nous en conviendrons, en ce qu'il faut que la scie suive sa maille et ne travaille que dans le plein cœur du bois, ce qui occasionne plus de cantiberts ou déchets en dosses et copeaux pour le mettre sur son carré; mais, en suivant le mode Moreau, il y en a très-peu, tout s'utilisant au profit de l'exploitant. (Voir n°s 24 et 25.)

Le sciage Moreau, fruit d'une expérience éclairée, consiste, notamment, à diviser en trois, quatre ou six parties un arbre en grume dont la hache aura seulement enlevé très-légèrement l'écorce, pour scier ensuite ces diverses parties dans le sens le plus productif, et sur un tracé fait au compas et à la ligne; par ce mode, beaucoup de planches sont irrégulières, mais on les assortit ensuite, et rien n'est perdu.

Chaque fois qu'on tire d'un arbre en grume des dosses et membrures pour arriver à former des planches, madriers ou chevrons sur leurs carrés, on appelle ce mode équarrissage à la scie. Toutefois le sciage sur maille et l'équarrissage à la scie ne sont très-avantageux, nous devons le dire encore, que sur les bois d'au moins 6 pieds (1 mètre 949 millimètres) de tour qu'on peut carteler, et dans lesquels quartiers on peut, en outre, tirer des planches à l'usage du commerce; en résumé, avant de clore notre article sur les sciages, qu'il nous soit permis d'exprimer ici notre désir de voir bientôt paraître *une scie mécanique à bras* pour l'abatage des taillis, au moins des tiges ou lances qu'une cognée ne peut mettre à terre qu'en plusieurs coups; on l'étendrait même aux futaies et gros arbres en multipliant sa puissance; pour nous faire mieux comprendre à cet égard, nous allons essayer de détailler nos idées sur ce nouvel outil; mais, avant toute chose, nous croyons devoir dire que, contre l'opinion vulgaire, nous soutenons qu'un abatage à la scie n'est pas mortel pour les souches; au surplus, rien ne serait plus facile, en cas de doute, qu'un ravalement à la cognée sur toute la couronne du tronc.

Il nous semble qu'un fer de scie, encaissé comme des scies à main de jardinier ou boucher, dans un bois allongé ou circulaire, qui se détacherait à volonté pour le limer ou le changer suivant l'importance de l'abatage, mû par un rouage dont la base serait liée et cramponnée à l'arbre qui en deviendrait le point d'appui, pourrait coucher par terre beaucoup de bois en un jour et à peu de frais, sans perdre autre chose qu'une ligne de bois pour le trait de scie.

Le rouage qui donnerait le mouvement à la scie,

comme un va-et-vient, soit comme celui d'une navette de tisserand, ou circulairement, comme la roue d'un potier; qui, en même temps, prêterait une partie de son action à des vis qui presseraient la scie sur l'arbre jusqu'à la fin de la coupe, pourrait compléter le mécanisme de cette nouvelle scie.

Il serait également possible, nous le pensons, de lui donner les facultés d'une grande scie appelée passe-partout, en la plaçant dans un sens inverse, et de parvenir, dans ce cas, à lui faire détacher les troncs d'arbre, les billes pour les scieurs de long et fendeurs, les bois de chauffage et même le charbonnage; ce dernier, et les troncs notamment, gagneraient beaucoup à une détache nette et régulière; mais le grand avantage de la scie mécanique serait, surtout, de couper rez terre ou à la hauteur qu'on croirait utile pour la reproduction des taillis; enfin de produire six ou neuf pouces de marchandise de plus sur les jeunes brins et même jusqu'à dix-huit sur les gros arbres que la coupe emporte dans la partie la plus belle et la meilleure du bois.

Quant au sciage des moulées, du brigot et des charbonnages, nous n'avons que trois choses à recommander : 1° de scier droit; — 2° de se servir d'une scie bien tranchante; — 3° de scier le bois autant que possible peu de temps après son abatage.

Avec une franche scie bien trempée et acérée, on fera trois fois plus d'ouvrage qu'avec une mauvaise.

Un ouvrier actif, dans une journée de douze heures, peut scier un décastère (bûches de 114 c.).

Le scieur de Paris, pourvu, presque toujours, d'une bonne scie bien trempée et montée (*), tranche ordinairement 10 à 12 voies en un jour à un seul trait.

Le sciage du bois de foyer, à Paris, se compte par trait, ainsi une voie sciée en deux traits compte pour deux voies.

Le prix du sciage d'une voie de bois est de 75 cent.

Le montage au premier ou la descente à la cave, même prix de 75 cent.

Ensuite, pour le montage au-dessus du premier, il y a un excédant de prix de 25 cent. par étage.

SECTION X.

ÉCHALAS ET TREILLAGES EN CHATAIGNIER.

Une corde de bois de châtaignier, mesure des environs de Paris, 8 pieds (2 mètres 599 mil.) de couche, 4 idem (1 mètre 299 mil.) de hauteur, 5 idem (1 mètre 624 mil.) de largeur, ou longueur du grand échalas, 160 pieds cubes ou environ 5 stères 4 décistères, produirait 40 bottes d'échalas (40 à la botte); à 3 fr. la botte, 120 fr.

A 4 pieds et demi (1 mètre 461 mil.) de longueur; 50 bottes à 2 fr. 25 c., 112 fr. 50 c.

A 4 pieds 2 pouces (1 mètre 353 mil.); 55 bottes à 1 fr. 80 c., 99 fr.

A 3 pieds 6 pouces (1 mètre 140 mil.); 70 bottes (50 à la botte) à 1 fr. 50 cent., 105 fr.

C'est donc le 4 pieds 2 pouces qui produit en

(*) Une bonne scie, bien montée, revient à 6 francs.

proportion le moins, à cause des 2 pouces en sus des 4 pieds qui souvent ne se donnent pas.

Le treillage se vend 3 fr. 50 cent. la botte composée de 216 pieds (70 mètres 165 mil.) de long, correspondant à une botte d'échalas.

En admettant la valeur commune des échalas produits par une corde ou 54 décistères, façons déduites, à cent francs, ci 100 fr.

Cette quantité en chêne, charme et orme même, prise sur feuille, ne pouvant pas être évaluée au delà de soixante-dix francs la corde, ci 70 fr.

Le bénéfice et l'industrie sur la moulée seraient encore de 30 fr.

Au plus bas par corde de 5 pieds de large, ou 50 fr. par décastère.

En châtaignier au moins quarante francs par corde, cette essence pour chauffage valant un tiers moins que les autres bois durs.

Il y a, on le voit, un grand intérêt à convertir le châtaignier en industrie, d'autant plus que l'échalas et le treillage en chêne se vendent ordinairement trente ou trente-cinq centimes environ par botte au-dessous du châtaignier ; en l'établissant, au surplus, à un cinquième de moins en prix, même à un quart, il y aurait encore avantage à en faire des échalas, cercles, treillages, *quand on a le débit assuré ;* nous ne saurions trop le dire, il n'y a pas, au résumé, quand le terrain lui est propice, de bois qui rapporte autant que le châtaignier. (Voir, vol. Ier, page 75, notre notice sur *le Châtaignier.)*

La façon de l'échalas varie suivant les lieux, la dimension et la qualité du bois plus ou moins propre à la fente; c'est depuis deux centimes et demi la botte jusqu'à six centimes.

La voiture, à un voyage par jour, est de 3 fr. 50 cent. à 4 fr.; à deux voyages, 2 francs à 2 francs 50 cent. le millier ou les vingt bottes.

SECTION XI.

ÉCHALAS EN COEUR DE CHÊNE.

L'échalas de cœur se fabrique comme le merrain, entièrement purgé d'aubier, à la mesure auxerroise (Yonne); sa hauteur est de quatre pieds deux pouces, un pouce carré (1 m. 353 mil. sur 0 m. 027 mil.); sa tête doit être carrée et aussi régulière qu'un dé.

Dans une pièce ou solive on compte soixante échalas, en fixant la valeur de la pièce sur feuille à 4 fr. seulement, ci. . . . . 4 francs.

Et le prix du millier d'échalas à 50 fr., ou 1 fr. 25 cent. la botte (25 à la botte) et 5 cent. l'échalas.	3	4 francs.
60 échalas en aubier à 1 cent. 3/4 environ.	1	

Il n'y aurait, d'après le calcul ci-dessus, aucun bénéfice; il est vrai qu'on ne fait des échalas de cœur que dans les localités où la charpente n'est qu'à 3 fr. la solive, ou que la voiture en est très-difficile, et qu'on ne peut la vendre sur feuille à moindre prix que l'échalas.

La façon d'un millier d'échalas de cœur est de 4 à 5 fr. le millier; cet échalas étant très-pesant, la voiture, à un voyage par jour, est de 4 à 6 francs.

SECTION XII.

ÉCHALAS COMMUNS.

Cette espèce se fait ordinairement après l'écorce (d'avril à juillet), dans les modernes ou baliveaux de deux âges et les jeunes tiges propres au chevron et au bois de chauffage.

C'est un échalas très en usage dans lequel l'aubier et le cœur se mélangent; il doit avoir, comme l'échalas de cœur, en hauteur 4 pieds 2 pouces (un mètre 353 mil.), épaisseur 12 à 13 lignes (27 à 29 mil.); il est plus régulier dans toute sa forme que l'échalas de cœur. Une botte façonnée par un habile fendeur est curieuse à voir; c'est au point que, lorsqu'on en fait dans une forte tige de taillis ou dans une moderne de 40 à 50 ans, la botte ne présente qu'un seul morceau cylindrique, qui, à quelque distance de l'œil, paraît être dans son entier ou semble n'avoir pas été fendu.

L'échalas commun se vend de 18 à 24 francs le millier, mélangé de cœur.

Celui qui se fait avec du bois de moule et qui n'a que 42 pouces de long (114 centimètres), 30 lignes (68 mil.) de rotondité, se livre ordinairement dans les prix de 15 à 16 francs.

L'équivalent en nature d'un décastère de bois de valeur sur feuille de 120 à 130 fr. produit 8 milliers de 4 pieds 2 pouces à 16 fr., façon déduite... 128 fr.

Échalas de 42 pouces, 10 milliers à 13 fr. 130 fr.

Ainsi, quand le bois sur feuille est à 130 francs le décastère, même à 110 francs, il n'y a pas avantage à faire de l'échalas, parce qu'on en obtiendrait presque autant en bois de chauffage, qu'on peut toujours vendre en masse et à volonté, et dont on sera mieux payé; en outre, l'échalas ne se prenant que dans les tiges les plus droites et les plus belles, cela ôte toute la qualité du bois de moule, et par conséquent prive le marchand de pouvoir s'aider de ce beau bois pour faire passer les faibles et crochus provenant des branches ou d'arbres gâtés, ainsi que les essences peu recherchées qui, souvent, sans ce parement obligé aux grillons et dans l'intérieur des piles, seraient d'un placement très-difficile.

Nous appelons donc toute l'attention de l'exploitant à cet égard.

On fait aussi de l'échalas commun dans les exploitations d'hiver, mais qui a moins de qualité que celui d'écorce; on obtient cet échalas en pelant l'écorce à la serpe, qui se trouve perdue ou au moins dont on tire très-peu de profit. Cette pelure d'écorce n'est bonne qu'à allumer le feu lorsqu'elle est bien sèche, les tanneurs, dans beaucoup de localités, n'en voulant à aucun prix; ce ne sont, il est vrai, que les petits propriétaires qui en font pour eux, notamment dans les vignobles où il y a des bois communaux en coupe réglée ; ils se plaisent, dans les longues soirées d'hiver, à les fabriquer, et comptent la façon pour rien, puisqu'ils s'en occupent ordinairement au coin de leur feu et à leur temps perdu (*).

Dans le commerce, on préfère, et avec raison, l'échalas fait en séve, parce que le vernis qu'il acquiert par l'épanchement de la séve lui assure une plus longue durée et lui donne même presque autant de qualité que celui de châtaignier.

La façon des échalas communs est depuis 1 franc 50 cent. le millier jusqu'à 3 fr., suivant les localités et la dimension.

La voiture, à un voyage par jour, est de 2 à 3 fr. le millier.

SECTION XIII.

CERCLES.

Dans une corde de charbonnage de 8 pieds de couche, 5 de hauteur, 22 pouces de large, 73 pieds 4 pouces cubes, environ 4 stères 5 décistères, on fera un millier de cercles à feuillettes (135 litres), mesure auxerroise, 42 bottes de 24 cercles chaque, à 1 franc, ci | 42 fr.

Prix d'une corde de charbonnage, 10 fr. Façon d'un millier de cercles, faux frais compris, 10 fr. 50 c.	20 50
Bénéfice par corde...	21 50

(*) Le gentilhomme des contrées vignobles, l'épée au côté, aiguisait, autrefois, ses échalas.

La façon du cercle à feuillette est ordinairement de 8 à 10 francs par millier, et de 12 à 16 fr. pour celui à tonneaux ou poinçons de 226 à 230 litres.

Le cercle est d'un grand produit quand il est recherché et se vend bien ; mais il y a tant à perdre, *façon et bois*, quand, trop vieux, il n'est plus bon qu'à allumer le feu : or il est d'une sage prévoyance de s'assurer du débit avant d'en faire.

Les perches à cercle pour feuillettes et muids doivent avoir en rotondité, au gros bout, au moins de quatre à six pouces (108 m. à 162 mil.), et au petit trois pouces (81 millimètres); quant aux longueurs, la perche à cercle pour feuillettes doit avoir de 7 à 8 pieds (2 mètres 274 millimètres à 2 mètres 599 millimètres), celle à muids ou tonnes 8 ou 9 pieds (2 mètres 599 millimètres à 2 mètres 924 millimètres).

Celle pour grosses tonnes et petits cuviers (12 cercles à la botte), 10 à 12 pieds (3 mètres 248 millimètres à 3 mètres 898 millimètres), même jusqu'à 12 à 13 pieds (4 mètres 223 millimètres) ; pour le muid ou double feuillette à sept ou huit pieds (2 mètres 274 millimètres à 2 mètres 599 millimètres), on s'en servirait encore ; mais il convient mieux de lui donner six pouces de plus (162 millimètres), attendu qu'il est bien plus facile d'en rogner que d'en ajouter, et que six pouces de ce bois au petit bout sont bien peu de chose; en outre, il y a toujours avantage à fabriquer de la bonne marchandise. Le meilleur cercle se fait avec le châtaignier et le noisetier ; ce dernier a un brillant qui orne parfaitement une feuillette neuve destinée à mettre du vin blanc.

SECTION XIV.

CHARPENTES.

Un décastère de bois de chauffage de 42 pouces de long (114 centimètres représente environ de 44 à 46 solives ou décistères de bois au-*dessous* de 6 pouces et de 38 à 40 solives en bois au-*dessus* de 6 pouces, toisés en grume *au quart*, c'est-à-dire avec leur écorce et sans réduction pour équarrissage.

Par cette donnée on peut se fixer dans une exploitation sur l'avantage ou la perte à faire du bois de charpente, ainsi que sur le bois de moule, pour le chauffage (voir notre tableau, page 15, sur la valeur de la charpente).

L'industrie de la fente ou du sciage, on ne doit pas l'oublier, est généralement plus productive que celle des bois pour charpente, même du bois pour la marine ; aussi le propriétaire, souvent, ne fait-il équarrir ses bois qu'en cas de commande ou d'une vente assurée et avantageuse, si ce n'est la pointe ou queue des arbres ou ceux qui généralement ne sont pas propres à la fente et ne produisent qu'un sciage que le commerce rebuterait. Aussi, quand on a des arbres destinés aux constructions navales, il faut, d'abord, commencer par les faire reconnaître par le contre-maître de la marine, et nous conseillons alors d'en traiter pendant qu'ils sont en grume, attendu que ce service est assez ordinairement fort difficile à contenter; une fois équarri, s'il est rebuté, il n'est plus temps de le convertir en industrie.

La façon de l'équarrissage se paye au pied courant ou à la solive.

De 6 pouces et au-dessus 35 à 40 francs les 104 solives ou décistéres; au-dessous de six pouces, cela se règle comme chevron, 6 à 7 francs les 104 pieds courants; en bois blanc, de 2 fr. 50 c. à 3 fr. idem.

La voiture, à un voyage par jour, 40 à 60 centimes la solive.

PRIX DE PARIS ET HORS BARRIÈRE DE LA CHARPENTE EN CHÊNE.

De six pouces et au-dessus, 6 à 7 francs la solive ou le décistère.

Au-dessous, 4 fr. 50 c. à 6 fr. la solive.

(En sapin, un tiers de moins.)

A trente lieues aux environs de Paris, sur feuille :

De six pouces et au-dessus, 5 à 6 francs ;

Au-dessous de six pouces, 3 fr. 50 c. à 5 fr.

Le chevron de 3 à 4 toises (5 mètres 847 à 7 mètres 796 millim.), en chêne, de 1 fr. 50 c. à 2 fr. le chevron ;

En bois blanc, 1 fr. 25 c. à 1 fr. 50 c.

Chaque chevron cubant 30 pouces au plus

(428 millistères), il y a avantage à le vendre au morceau plutôt qu'à la pièce ou solive; de même tous les bois au-dessous de 4 à 5.

Le transport, par eau, d'une solive se paye suivant l'abondance des eaux, l'éloignement de Paris et les difficultés des rivières; quant au prix du flottage et aux frais de l'octroi, voir notre article *Flottage en train*.

On n'emploie ordinairement pour charpente que le chêne et pour auxiliaires le sapin et le peuplier; ces deux derniers, exposés à l'air ou placés dans le plâtre et à l'humidité, sont bientôt gâtés; mais, en lieu sec et à couvert, lorsqu'ils ont été abattus *hors séve* de novembre au 1er janvier, ils durent presque autant que le chêne, et sont beaucoup plus légers; on en fait maintenant un grand usage dans les campagnes.

SECTION XV.

MERRAIN.

FAÇON AUXERROISE.

150 feuillettes par millier de merrain.

150 ou 160 bouteilles par feuillette, ou 135 à 140 litres.

60 pouces (1 mètre 624 millimétres) de tour au milieu.

NOMS DES PIÈCES.	LONGUEUR.	LARGEUR.	ÉPAISSEUR.	OBSERVATIONS.
Douves. .	30 pou. (*)	3 à 5 (***)	8 à 9 l.(*****)	En tenant les mesures bien fournies, le merrain ne s'en vendra que mieux.
Fonds. .	20 (**)	2 à 8(****)	7 à 8 (******)	

Le millier de merrain se compose, 1° de six quarts de douves empilées sur un carré de 30 pouces (812 millimètres), 6 à 9 par rang, 60 rangs, ou 30 flèches par quart, composées de 2 rangs (*******).

Dans le Morvan et le Bazois (Nièvre), le millier de merrain se compose de 9/4 de 40 rangs ou 20 flèches chaque, et 8/4 de fonds également de 20 flèches, en tout 17 piles ou quarts.

La mesure la plus convenable, selon nous, est celle de l'Auxerrois.

Chaque pile présente une superficie de 60 pouces (1 mètre 624 mil.) par flèche en douves, qui équivalent par flèche à la circonférence d'une feuillette garnie de ses fonds, admettant une perte d'un sixième en déchet pour le travail intérieur et l'ajustage des pièces.

Cela fait mieux comprendre l'emploi des bois que

(*) 812 millimètres.

(**) 541 millimètres.

(***) 081 à 135 millimètres.

(****) 054 à 217 millimètres.

(*****) 217 à 244 millimètres.

(******) 189 à 217 millimètres.

(*******) Deux rangs l'un sur l'autre, placés transversalement, forment une flèche.

chaque feuillette exige, et réduit le produit à environ 150 feuillettes, suivant que le merrain est plus ou moins étoffé.

La façon d'un millier de merrain varie suivant les localités et la qualité du bois depuis 55 francs jusqu'à 75, et même plus en régalage d'arbres isolés.

La voiture de 4 à 5 fr. le millier par lieue (4 kilom.).

Dans la fabrication du merrain, la moitié et quelquefois les deux tiers de l'arbre tombent en copeaux, éclats, rebuts et faux bois, parce qu'il faut qu'il soit tout en cœur, très-sain et sans tache.

Un millier de merrain, au surplus, est assez ordinairement la représentation de 6 cordes de vente, ou 3 décastères de bois de moule de 42 pouces de long (114 centimètres), et de 120 solives ou décistères de charpente; d'après cette base de produit, en fixant la valeur d'un décastère de bois de chauffage, valant communément, en premier choix, environ 100 fr. sur feuille, à ce prix, ci 300 f., et le merrain à 450 fr. le millier; façon déduite, il y aurait bénéfice de plus d'un quart en faveur du merrain sur le bois de moule.

En admettant, seulement, le prix de 400 fr. le millier, façon déduite, la valeur de la corde sur feuille

	fr.	c.
serait alors de.	66 fr.	66 c.
Du stère.	13	33
De la solive ou décistère. . .	3	33
De la marque.	2	21
Par velte.		15
Par litre.		2
Par feuillette.	2	67

Ainsi, avec le résumé ci-dessus, nous avons la confiance qu'on pourra, avec sécurité, se régler sur la préférence à donner, d'après la situation des forêts, au merrain sur la charpente, échalas, lattes ou toute autre industrie.

FAÇON MACONNAISE ET HAUTE BOURGOGNE.

228 à 230 litres.

NOMS DES PIÈCES.	LONGUEUR.	LARGEUR.	ÉPAISSEUR.
Douves.....	33 et 35 p. (*).	4 à 6 (***)	11 lignes (*****).
Fonds......	24 » (**)	4 à 8 (****)	12 » (******).

Dans un millier de merrain de cet échantillon on fait 96 tonneaux.

Chaque millier se compose de, ci. 1717 douves.
858 fonds.

TOTAL. . . . 2575 pieds.

Au-dessous de 4 pouces (68 millimètres), c'est du tricage qu'on livre à 3 pour 2.

La façon du merrain de haute Bourgogne et Mâconnais coûte de 66 à 72 fr. le millier; prix du transport, 4 à 5 fr. par lieue. Sa valeur est variable

(*) 893 à 947 millimètres.
(**) 650 millimètres.
(***) 108 à 162 millimètres.
(****) 108 à 217 millimètres.
(*****) 25 millimètres.
(******) 27 millimètres.

suivant les bonnes ou mauvaises récoltes de vin; mais sa plus faible est toujours de 4 à 500 fr. le millier, terme moyen. . . . . . 450 fr.

En 1838, le merrain auxerrois se vendait, sur la place d'Avallon, 600 fr.; celui de haute Bourgogne, même prix, à Mâcon : ces deux espèces, qui se balancent en prix, emploient à peu près la même quantité de bois, si ce n'est que l'auxerrois, étant plus court et moins épais, peut se prendre dans de plus jeune bois et moins beau, qu'enfin on peut en faire où il serait impossible d'en tirer à l'usage de la haute Bourgogne; ainsi, à prix égal, il y a avantage à faire du merrain auxerrois.

Frais.

Façon à déduire. . . .	70	450
Voiture, 5 lieues, à 4 f. .	20	
Empilage et magasin. .	10	
Reste en produit net. .	350	

Cette quantité de merrain est environ la représentation en solidité de 8 stères, ci 8 stères.

Déchet,	16
Total,	2 décast. 4 stères.

A 10 fr. sur feuille,	240 fr.
Bénéfice sur le bois de chauffage, 110 fr., ci	110
Somme égale,	350 fr.

A 350 fr. de produit net par millier, cela porte le stère de bois à 14 fr. 58 c. 1/3

La corde de vente à	58	33	
La pièce à	3	65	
La marque à	2	42	
La velte à		11	
Le litre à		1	1/2
Le tonneau à	3	65	

Il se fabrique, en outre, dans la haute Bourgogne, du merrain à feuillette ou demi-tonneau (113 litres), mais en petite quantité; il en faut 3,750 pièces au millier, qui, au-dessous de 4 pouces, se livrent à 3 pour 2.

Ce merrain se vend un tiers au-dessous du prix de celui à tonneau.

FAÇON BORDELAISE.

Le merrain de la barrique bordelaise a en longueur, pour les douves, de 34 à 36 pouces (929 à 975 mil.); les fonds 24 (650 mil.); épaisseur, 11 à 14 lignes (25 à 32 mil.); elles contiennent 228 à 230 litres.

Dans 300 douves et 150 pièces de fonds on obtient environ 12 barriques qui se vendent de 75 à 100 fr.; en détail, le prix de la barrique seule est de 8 à 12 f., suivant que la récolte est plus ou moins abondante.

Les tonneaux orléanais et normands ont en hauteur 30 pouces (812 centim.); largeur ou diamètre, 28 (758 cent.); épaisseur, 10 à 11 lignes (23 à 25 m.); 228 à 230 litres.

Pour 100 tonneaux, dans ces dimensions, il faut en douves, ci 2,200 pièces.

Fonds,	1,000
Total,	3,200 pièces.

Les 3,200 pièces de merrain sont la représentation de 2 décastères 5 stères; ils prennent autant de bois environ que les tonneaux mâconnais, en ce qu'ils ont moins de longueur, il est vrai, mais plus de circonférence; ainsi nous porterons la valeur du bois pour 100 tonneaux à 300 f.

Ce qui fixe celui du stère à	12		
La corde de vente de 5 stères à	60		
La solive à	3		
La marque à	2		
Le tonneau à	3		
La velte à		10 c.	
Le litre à		1	1/3

Ce sont les barriques de la Charente et du Bordelais qui sont les mieux fournies en bois, en plus belle qualité et plus solidement fabriquées, quand elles sont en chêne.

La façon d'une feuillette et tonneau s'élève depuis 75 cent. jusqu'à 3 fr.; on fabrique, à Saulieu (Yonne), des feuillettes de 75 cent.; à ce prix, elles ne sont que moulées en quelque sorte : il n'y aurait pas de sûreté à y mettre du vin ou d'autres liquides avant qu'on ne les ait retouchées.

La valeur du merrain doit communément se calculer sur les bases ci-dessus ou sur le poids du tonneau quand il est neuf, et encore mieux par sa contenance en velte et litres, ce qu'on peut connaître dans toutes les localités par la régie des droits réunis et les données suivantes, savoir :

150 feuillettes de 136 litres chaque représentent, nous le répéterons, 3 décastères de bois de chauffage de 114 centimètres de long et environ 40 solives par décastère, ci 120 solives; 96 tonneaux mâconnais (228 litres); 2 décastères 4 stères, 96 solives; 100 tonneaux orléanais et normands (230 litres); 2 décastères 5 stères, 100 solives; 100 tonneaux bordelais (230 litres); 2 décastères 6 stères, 104 solives.

Au surplus, les mesures du merrain étant extrêmement variées pour les comparaisons et pour se fixer notamment sur la valeur des bois qu'on doit y employer, il faut se régler spécialement sur l'épaisseur à donner au merrain, en outre sur le contenant des tonneaux en veltes et litres, à 7 litres et demi par velte et 100 litres pour un hectolitre, en ayant toujours soin de fabriquer le merrain, précisément pour les localités et usages auxquels il est destiné; toutefois, d'après renseignements pris auprès des marchands de vin de Paris, nous allons faire connaître, aussi exactement que possible, la capacité des tonneaux le plus en usage dans le commerce. (Voir, pour les dimensions des merrains de la haute et de la basse Bourgogne, pages 56 et 58.)

Le merrain du Limousin, pour Libourne, Bordeaux et environs, a les dimensions suivantes :

Douelles : longueur, 34 pouces (920 mil.) ; largeur, 4 à 8 pouces (108 à 217 mil.) ; épaisseur, 12 à 13 lignes (27 à 32 mil.). Fonds : longueur, 18 à 24 pouces (487 à 650 mil.) ; largeur, 3 à 10 pouces (81 à 271 mil.) ; épaisseur, 12 à 14 lignes (27 à 36 mil.).

Un millier garni se compose, sur feuille ou dans les chantiers du Limousin, de 1260 douelles ; rendu à Libourne, 1200 ; fonds, 600 ; en 1839, prix sur feuille, 200 à 250 ; à Libourne, 300 à 350.

Suivant la qualité et la pesanteur : d'Ussel et environs (Corrèze), le prix de la voiture est de 90 à 100 fr. le millier, la façon de 40 à 50 ; un millier rend de 66 à 72 tonneaux.

Pour les barriques à eau-de-vie de 43 veltes (3 hectolitres 25 litres), la longueur de la douelle est de 3 pieds 2 pouces (1 mètre 029 mil.), celle du fond ou diamétre, 2 pieds un pouce (704 millimètres) ; épaisseur, 11 à 13 lignes (025 à 036 mil.).

Particulièrement, à Montpellier et Bordeaux même, pour les huiles, il y a des tonneaux qui ont jusqu'à 52 pouces (1 mètre 407 millimètres) en longueur.

TOURAINE ET VOUVRAY.

34 veltes, 245 litres : longueur de la douelle, 2 pieds 6 pouces (812 mil.) ; diamétre du tonneau, 21 à 24 pouces (568 à 650 mil.) ; épaisseur du merrain, 9 à 10 lignes (020 à 023 mil.).

MACONNAIS.

28 veltes, 212 à 215 litres : longueur de la douelle,

32 pouces (866 mil.); diamètre du tonneau, 21 à 22 pouces (568 à 596 mil.); épaisseur du merrain, 9 à 10 lignes (020 à 023 mil.).

NANTAIS ET ANJOU.

30 veltes, 225 à 250 litres : longueur, 3 pieds 1 pouce (1 mètre 002 mil.); diamètre du tonneau, 21 à 22 pouces (568 à 596 mil.); épaisseur du merrain, 9 à 10 lignes (020 à 023 millimètres).

Beaunois : 29 veltes, 225 litres ;

Champagne : 24 veltes ;

Reims : 26 à 27 veltes.

Dans le midi, notamment à Marseille, on voit, dans les caves, des tonneaux tenant 4 barriques de 228 litres et plus ; ces pièces n'étant prises que dans des arbres de la plus grande dimension et de première qualité, et n'étant pas d'un débit ordinaire, sont toujours d'un prix très-élevé; cependant l'exploitant ne doit alors faire de merrain sur cet échantillon que sur commande, ou que s'il a la certitude de le vendre à volonté ; de même pour celui de marine destiné à la construction des coches et bateaux : ces deux qualités de merrain offrent plus d'avantage que le merrain ordinaire, il est vrai, mais ont un emploi spécial et de localité ; il faut, avant de fabriquer, être certain du placement.

Le merrain fait à la doloire a beaucoup plus de qualité que celui fait à la scie mécanique, parce qu'il est fendu sur maille, c'est-à-dire dans son adroit, en termes de fendeur. (Voir notre article de *Sciage sur maille*, pages 41 et 42.)

Nous recommandons, toutefois, aux exploitants de merrain d'avoir grand soin, avant de donner leurs mesures aux fendeurs, de s'assurer très-exactement de celles en usage dans les localités auxquelles ils les destinent; cela est très-important pour eux, car chaque pays a une jauge admise, en les priant de faire attention que, le vin ne se vendant pas au poids, il y a toujours plus d'avantage et de sécurité à tenir les mesures fortes plutôt que trop faibles, encore bien qu'il y ait, sur ce point comme en tout autre, plus d'acheteurs que de connaisseurs, et que même le propriétaire qui vend son vin préférera naturellement une pièce qui contiendra 2 litres de moins qu'une autre, 10 litres de plus que la jauge ordinaire, cette différence étant presque insensible à la vue; mais le propriétaire consommateur et le fabricant de tonneaux doivent toujours craindre, au contraire, de se charger de merrains qui n'auraient pas leur mesure, et que par suite ils ne pourraient vendre, attendu, en outre, qu'il est plus facile d'en rogner que d'en ajouter.

Or le mieux est d'être précis sur les mesures admises; nous engageons donc les exploitants à vérifier eux-mêmes ou à faire vérifier *très-sévèrement* celles que nous donnons; les avertissant qu'ils ne doivent les considérer que comme des aperçus, attendu qu'il n'y a pas pour les tonneaux d'étalons comme pour le mètre, et que nous n'avons pu nous assurer assez précisément et *positivement* de la mesure de chaque localité.

Nous les inviterons, en conséquence, à surveiller attentivement le fendeur, pour qu'il donne au merrain la longueur, la largeur et l'épaisseur convenables, même une ligne en sus de l'usage; ils doivent tenir encore à ce qu'il soit entièrement purgé d'aubier, et notamment éviter qu'on ne mette dans le merrain du bois roulé, gélivé ou cadrané; un seul morceau taré, aperçu par le marchand débitant, lui ferait croire qu'il y en a beaucoup, et à aucun prix il n'en voudrait; un tonneau où il est entré une douve ou un fond en bois gâté est à refaire, le vin n'étant en sûreté qu'avec du bois sain et pris entièrement dans le cœur.

Au surplus, c'est un fait constant que la marchandise bien étoffée se vend toujours bien; il n'y a de chance pour la médiocre que dans les années de disette; nous ajouterons qu'on doit d'autant plus craindre de faire de la mauvaise marchandise en merrain, qu'elle se détériore beaucoup plus vite que celle de bonne qualité.

Le merrain se fabrique particulièrement dans les contrées éloignées des grandes populations où le bois de charpente a peu de valeur, ou dans des masses de forêts encore vierges, attendu qu'il peut s'exporter, à peu de frais, à de grandes distances par le flottage et même par voiture.

Les immenses forêts de chêne des bords de la Baltique étant presque épuisées, le midi de la France s'approvisionnait, il y a 20 ans, des merrains d'Amérique, venant de Norfolk; maintenant on en tire du royaume de Naples, particulièrement de la Calabre; on en reçoit aussi de la Dalmatie par Fiume sur l'Adriatique et à des prix si modérés par la concurrence, que la haute et basse Bourgogne pourraient en obtenir avec avantage de Marseille et du Havre; à Montpellier, le merrain de 52 pouces (1 m. 408 mil.), en première qualité, est à peu près au même prix que celui auxerrois, de 812 mil., lequel, en outre, est beaucoup moins épais.

Nous croyons devoir terminer nos observations sur la fabrication et l'emploi du merrain en ajoutant encore:

Qu'un millier de merrain à feuillette, résidu de plus de 300 pieds cubes de bois en grume, après un an d'exploitation, ne pèse que 2,540 kilogrammes; on peut donc admettre que le merrain, du prix sur feuille de 350 fr., seulement le millier, dans les localités où la solive est à 3 fr., présente au moins un bénéfice d'un tiers sur la charpente, et peut encore entrer en concurrence avec elle lorsqu'elle est même à 5 fr., parce que le prix s'élève en raison de celui de la charpente, excepté aux environs de Paris, où le tonneau est à vil prix par l'immense quantité de futailles vides que la consommation de cette ville met chaque jour sur le marché.

En résumé, on pourra aisément, nous nous en flattons au moins, vérifier les faits que nous venons d'exposer et se convaincre, avec nos calculs et nos renseignements, que le merrain est d'un très-bon produit.

Pour l'huile, comme corps gras, on préfère le merrain de bois blanc, et ensuite celui de frêne et de hêtre ; pour tous les spiritueux, en général, on n'emploie que le merrain de chêne, et avec raison, car c'est le meilleur de tous ; le châtaignier, qui vient après lui, est loin d'en avoir le nerf et la solidité, et, comme il est bien plus poreux, il absorbe beaucoup. A l'exception du charme, de l'orme, de l'érable, du poirier et autres arbres fruitiers, tous les autres bois susceptibles de se fendre peuvent faire du merrain ; dans le Midi, on en fait plus en saule, sapin, aune et peuplier qu'en chêne : presque toutes leurs marchandises s'expédiant en tonneaux, même jusqu'aux chardons destinés à carder les draps, on est dans la nécessité d'en fabriquer de toutes essences.

SECTION XVI.

SABOTAGE.

Une grosse de sabots assortis se compose de 13 douzaines ou 156 paires, savoir :

Pour hommes	3	douzaines.
Pour femmes	8	*id.*
Pour enfants	2	*id.*
	13	*id.*

Dimension : sabots d'homme ; — longueur, 12 pouces (325 mil.) ; — circonférence, 18 pouces (487 mil.).

Sabots de femme;—longueur, 9 pouces (244 mil.); — circonférence, 15 pouces (406 mil.).

Sabots d'enfant;—longueur, 5 pouces (135 mil.); —circonférence, 8 pouces (217 mil.).

Le prix de la façon est de 18 à 22 fr. la grosse.

Un ouvrier d'une habileté ordinaire fait de 10 à 15 paires de sabots par jour, en hêtre et bouleau, et un peu plus encore en tremble et aune.

Dans beaucoup de localités, l'ouvrier partage la moitié de sa fabrication avec le maître sabotier ou le propriétaire de l'exploitation; le prix de la grosse de sabots, prise dans le bois, est de 36 à 40 fr.

Il entre dans une grosse environ un stère de bois en grume, à 100 fr. le décastère, ci. 10 fr.

Façon.	20
Bénéfice par stère.	6
	36 fr.

Ce qui fixerait la valeur du décastère à 160 fr., bénéfice compris; prix qui tenterait beaucoup d'exploitants et pourrait les porter même à convertir tous leurs bois en sabotage, à l'exemple d'un propriétaire champenois qui avait cultivé une terre de 500 arpents tout en artichauts, et qui se ruina en persistant à suivre cette singulière opération; mais nous prévenons de nouveau que, pour les objets de détail et beaucoup d'autres industries, il y a souvent des années à attendre pour gagner fort peu, en s'exposant, en outre, à perdre beaucoup, quelquefois même la marchandise et la façon; le cercle, par exemple, en calcul, produit immensément, ainsi que nous l'avons déjà dit et établi, et, en réalité, c'est assez ordinairement, pour un exploitant en gros, d'un très-faible produit; il en est à peu près de même pour les sabots, quoique pourtant d'un usage moins éventuel que le cercle.

Le rapport d'une grosse de sabots étant de 16 fr. par stère, cela porte le prix de la solive à 4 fr.

La marque,	2	66 c.
Le pied cube,	1	33
La corde de vente,	80	

On fait des sabots

1° En noyer,
2° En sycomore,
3° En platane,
4° En bouleau,
5° En orme,
6° En aune,
7° En hêtre,
8° En frêne,
9° En tremble,
10° En marseau,
11° En peuplier,
12° En érable et autres bois.

SECTION XVII.

PERCHES A FLOTTER, APPELÉES CHANTIERS POUR LE FLOTTAGE (*) DES TRAINS OU RADEAUX, ET PERCHES A HOUBLON.

Un chantier bien fourni doit avoir en longueur au moins 15 pieds (4 mètres 872 mil.) et en rotondité, au gros bout, de 7 à 10 pouces (189 à 271 mil.), 3 à 4 pouces (81 à 108 mil.) au petit bout.

Un millier de chantiers, à une journée du port flottable, se vend sur feuille de 100 à 120 fr. le millier garni ; nous prendrons pour base le dernier prix, ci 120 fr.

Auquel nous aurons à ajouter les voitures à 7 fr. 50 par lieue, 4 lieues, 30

TOTAL, 150

Depuis 10 ans, il se vend, rendu sur les ports flottables, de 150 à 160 fr., en convertissant un millier de chantiers en bois de moule pour chauffage, ou pour en faire du charbon : si les chantiers étaient bien fournis, et non en queue de rat, avec une longueur ordinaire jusqu'à 17 pieds, on aurait 3 cordes ou un décastère et demi, savoir :

(*) C'est dans ces perches, dressées comme des montants d'échelles, qu'on place le bois de moule pour former un train.

Moitié en grosse menuise, rondin, ci	7 st. 5 décist.	
A 8 fr. le stère,		60 f.
Autant en petite menuise,	7 st. 5 décist.	
A 6 fr.		45 f.
Totaux,	15 stères	105 f.
Bénéfice du chantier sur le bois de chauffage, au moins		45 f.
		150 f.

Avec des chantiers qui n'auraient rigoureusement que 14 p. 1/2, qui seraient en queue de rat, c'est-à-dire peu fournis au petit bout, on obtiendrait au plus un décastère un quart par millier de chantiers et, au lieu de 80 et 60 fr. qu'on vendrait le décastère de menuise, on aurait au plus, savoir :

Moitié 6 st. 1/8, à 70 f. le décast., 42 f. 88 c.	150 f.
Moitié 6 st. 1/8, à 53 f. le décast., 32 f. 46 c.	
Bénéfice pour le chantier, 74 f. 66 c.	

Un exploitant, il est vrai, ferait conduire au port du ruisseau flottable à bûches perdues, ou à celui flottable en train, son décastère et demi ou un décastère un quart, à 10 fr. au plus le décastère ; ce serait une économie de même somme, au moins, par décastère et 15 fr. à diminuer sur les bénéfices de 45 et 74 fr. ; il resterait encore de 30 à 60 fr. par millier, profit assez grand pour qu'on fasse du chantier dans les bois situés près des ports flottables en train, *tant qu'on peut en vendre*.

Le chantier, n'ayant au plus que 2 à 3 pouces de diamètre au gros bout (54 à 81 millimètres), n'est qu'une moulée de la plus médiocre qualité, qui se perd dans le gros bois; il en résulte, en outre, que ce genre d'exploitation purge les autres bois; aussi, chaque fois qu'on tire fortement au chantier et au charbonnage, même dans un mauvais fonds, on fait toujours du beau bois.

Les forêts, qui sont à deux ou trois voyages par jour des ports flottables en train, offrent donc beaucoup d'avantages pour les chantiers; il en résulte souvent qu'on y tire trop et aux dépens de la qualité.

Les plus mauvais chantiers sont fabriqués ordinairement par les flotteurs (qui, l'hiver, deviennent bûcherons), parce qu'ils savent toujours les employer bons ou mauvais, ne fût-ce que pour appondures, c'est-à-dire comme auxiliaires, ou bouts qu'on ajoute à ceux qui sont trop courts.

On fait des chantiers de tout bois; l'essence ne compte pour rien; on ne considère particulièrement que leurs dimensions, et s'ils sont bien fournis et droits (*).

Les meilleurs sont en charme, bouleau et chêne.

La façon d'un cent de chantier garni de ses quatre au cent non payables est de 75 c. à 1 fr. 25 c.; ils sont

(*) Les chantiers cassants doivent être employés verts; plus tard, ils ne sont bons qu'à brûler, en hêtre surtout.

ordinairement au même prix que la corde à charbon.

On se sert aussi des chantiers pour faire des séparations d'héritage, des divisions dans les prés et pâturages, et pour former des haies sèches, ainsi que pour faire des tuteurs aux arbres.

C'est avec des chantiers coupés en longueur de bûche, 42 pouces (114 centimètres), qu'on fabrique à Paris la falourde de harts.

PERCHES A HOUBLON.

Dans les provinces du nord où l'on cultive le houblon, il y a grand avantage à faire des perches pour le soutenir et le faire grimper jusqu'à leurs extrémités; ces perches ont presque toutes les formes et dimensions du chantier de flottage et se font avec d'autant plus de profit qu'on y emploie le verne, le marseau, le tremble, et autres bois légers et de faible valeur; on en fait même en tout bois, mais particulièrement dans ces dernières essences.

Des perches à houblon ayant depuis 18 pieds jusqu'à 30 (5 mètres 847 millimètres à 9 mètres 745 mil.) s'achètent de 45 à 55 fr. le cent, pris dans le bois; cette perche, il est vrai, qui a souvent le double en longueur et le tiers en grosseur du chantier de flottage, se vend, dans beaucoup de localités, bien plus cher en proportion; et lorsqu'on porterait le prix du chantier de flottage à 200 fr. le millier, il y aurait toujours une différence de 20 à 35 fr. par cent de perches, en faveur de celle à houblon et en évaluant encore qu'il faudrait 300 perches à houblon pour former un décastère (bûches de 42 pouces de long ou 114 centimètres) sur cette base : en maintenant le prix de la perche à 50 francs le cent, celui du décastère de menuise ou petite moulée serait de 150 fr., équivalant à 750 chantiers du prix de 20 fr. le cent, au plus; en admettant même qu'il y a deux fois plus de bois dans une perche à houblon que dans un chantier, ce que nous ne pensons pas, les deux tiers, ce serait assez; il y aurait alors un tiers de bénéfice sur le chantier de flottage, tout en portant le bois propre à faire des perches à houblon à 15 fr. le stère, pareil prix que dans Paris, octroi compris; cette valeur est, en outre, bien supérieure à celle de 4 cordes de charbonnage qui, dans le nord et dans les pays à perche à houblon, comportent environ 10 stères et se vendent 2 fr. 50 c. à 5 fr. le stère : il y a donc, en définitive, un plus grand profit, sous tous les rapports, à faire de la perche à houblon, et même préférablement au chantier de flottage et à toutes autres marchandises. Cette opération, néanmoins, doit être faite sous la condition du débit; toutefois, en cas de non-vente, on peut cependant, à peu de frais, les scier en bois pour poêle ou bois à charbon.

SECTION XVIII.

PERCHES D'AVALLAN ET BATONS POUR DIRIGER LES TRAINS ET BATEAUX.

On ne peut trouver les perches et bâtons que dans les taillis bien venants de l'âge de 20 à 40 ans.

Pour un cent de perches à train il en faut

50 de 10 à 12 pieds de long (3 m. 248 mil. à 3 m. 898 mil.) ;

25 de 12 à 13 pieds de long (3 m. 898 mil. à 4 m. 223 mil.) ;

25 de 14 à 18 pieds de long (4 m. 548 mil. à 5 m. 847 mil.) ;

100

ayant à la poignée au moins 3 pouces 2/3 (99 mil.) de diamètre;

Au milieu, 4 à 4 pouces 1/3 (108 à 117 millim.);

A la pointe, 3 p. 1/3 à 3 p. 2/3 (90 à 99 millim.).
(Voir la figure d'une perche, n. 18.)

Avec ces dimensions, les 104 perches valent, sur les ports flottables en train, 120 fr.

Déduire coupe et façon,	25	37 fr.
Voiture à une journée du port,	12	
Net		83 fr.

Dans un bois propre à produire un cent de perches d'Avallan, on ferait 6 stères (3/4 de corde ancienne,

mesure de vente), à 12 fr. le stère.	72 fr.
Bénéfice par cent,	11
Somme égale au produit,	83 fr.

Nous avons porté le bois à 12 f. le stère dans la vente, au lieu de 10 fr., parce que les perches ne peuvent être prises qu'en chêne de choix, c'est-à-dire dans tout ce qu'il y a de plus droit et de plus beau en lances de jeunes taillis.

Les perches d'Avallan sont employées non-seulement au flottage des trains, mais encore à former des arrêts pour le tirage des bois flottés et des échafaudages pour les maçons.

Les bâtons pour les bateaux sont plus gros et ne se prennent que dans les bois de 35 à 40 ans; ils sont, pour la longueur, à peu près dans la même proportion que les perches d'Avallan, mais ils ont le double en rotondité, jusqu'à 24 pouces (650 mil.); aussi ils se payent de 3 f. à 5 f. le bâton; les plus forts portent jusqu'à 60 pouces cubes (environ 5 sixièmes de décistère), ils offrent à l'exploitant autant de profit au moins que les perches d'Avallan.

SECTION XIX.

ÉCORCES.

(Voir ce que nous disons à l'article *Coupes à l'écorce*, volume 1er, page 267.)

L'écorce prend du quart au cinquième du bois et non le huitième, comme on le croit vulgairement, c'est-à-dire que, dans une exploitation faite d'octobre à janvier, on aura cinq décastères, tandis qu'en la faisant à l'écorce d'avril à juillet on n'en aura au plus que quatre.

Cette exploitation, nous ne saurions trop le répéter, fait beaucoup de mal au fonds; le dixième des souches meurt, même *en terrains propices*, tels que les sablonneux ou de gravier et chauds; sur les fonds froids et en pleine forêt, c'est un cinquième au moins.

Dans les localités où l'on ne fait pas d'échalas, à moins que le prix de l'écorce ne passe 8 centimes le kilog. ou 100 francs environ les 104 bottes, de 114 centimètres de long et du poids de 13 à 15 kilogrammes la botte de 1 mètre 29 millimètres de tour (3 pieds 2 pouces), il n'y a pas d'avantage à en faire.

L'échalas, pour être conservé, doit être sans écorce; et comme c'est, en outre, un produit industriel qui, en certaines localités, rapporte plus que le bois de chauffage, alors le besoin et l'habitude d'en faire déterminent souvent les exploitants à couper en séve: usage meurtrier, auquel tout bon propriétaire doit répugner, parce qu'on coupe le bois précisément au moment de la plus belle végétation, et quand on désire vivement et avec raison tout détourner de lui pour le laisser pousser librement.

Beaucoup de propriétaires cependant, quoique très-versés dans la culture forestière, mais sans y avoir bien réfléchi sans doute, ou probablement dans une disposition d'esprit favorable à l'écorcement, prétendent, au contraire, avoir obtenu de très-belles renaissances dans des taillis exploités du 1er avril au 31 mai, tandis que, dans d'autres abattus du 15 janvier au 1er mars, la végétation en était lente et souffreteuse.

Or, de ces observations faites isolément, ils en augurent, contrairement à tous principes sur la physiologie des arbres et à notre opinion, « qu'une ex-« ploitation à l'écorce est doublement avantageuse, « d'abord sous le rapport de la végétation et ensuite « sous celui des produits. » A quoi nous répondrons qu'on peut rencontrer en pleine forêt, particulièrement dans des vallées, combes ou endroits bas et froids, des taillis bien vivaces, quoique exploités en mai, parce qu'à cette époque même la végétation était sans action, attendu que l'influence du retour de la séve ne s'était point encore fait sentir.

Que l'on sache bien, surtout, que les abatages du 1er janvier au 1er mars font périr une énorme quantité de souches ; notamment dans les intermittences du chaud et du froid, très-fréquentes dans ces deux mois.

Lorsque, par exemple, après un dégel subit occasionué par un vent chaud, qui force le bûcheron à travailler presque nu dans cette saison rigoureuse, et que la végétation en est tellement frappée qu'elle se met aussitôt à marcher; dans cette position de transpiration, si dans la nuit il vient à geler de 3 à 4 degrés seulement, presque tous les troncs fraîchement coupés et ceux particulièrement imprégnés de leur séve, par suite du mouvement imprimé à la végétation, succomberont, notamment ceux d'essences poreuses, comme le châtaignier, le bouleau, le tremble et le hêtre.

Dans ce cas, il est certain, nous en conviendrons, que la coupe à l'écorce du 15 avril au 15 juin serait moins funeste aux renaissances des bois en vallées ou froids que celle du 15 janvier à la fin de février; aussi prescrivons-nous sans restriction qu'on abatte toutes superficies de bois du 15 octobre au 15 janvier, sauf à les façonner jusqu'au 30 avril. Selon nous, du 1er janvier au 1er avril, il ne faut s'occuper que d'achever la façon de toutes marchandises, pour les sortir hors du bois, sur les chemins et places vides, avant le 1er mai. Si cependant, par force majeure, fortuite, ou autrement, on n'a pu tout abattre, même au 15 janvier, et qu'il faille en continuer l'exploitation jusqu'en février, dans cette nécessité il convient mieux de cesser toutes coupes, pour reprendre l'abatage au 1er mars, en ne négligeant rien pour l'achever au plus tard au 15 avril; toutefois, qu'on s'abstienne de faire une exploitation à l'écorce du 1er mai au 1er juillet, à moins d'un avantage de 25 p. 0/0, ainsi que nous l'avons dit au 1er vol., page 276.

Il est d'autant plus facile, au surplus, de se conformer au régime salutaire que nous souhaitons pour la prospérité des renaissances, qu'en une semaine 25 ouvriers peuvent abattre aisément vingt-cinq arpents de bois; car ce n'est pas à ce travail que les bûcherons sont longtemps occupés, mais c'est aux diverses industries, souvent très-minutieuses, qui s'exécutent dans une exploitation forestière, et surtout quand on y fait de l'écorce.

L'ordonnance de 1669, titre 27, article 28, défendait, sous des peines graves, de peler ou écorcer le bois étant debout et sur pied.

(Voir, au 1er vol., notre article *Coupe du Châtaignier*, page 78, et celui *Vidange*, page 288.)

La façon de l'écorce est de 16 à 20 francs pour les bottes de 42 pouces (114 centimètres de long); en Normandie on donne jusqu'à 30 fr., en Bourgogne et en Nivernois de 30 à 36 fr. pour celles de 6 pieds 2 pouces de long appelées *grandes bottes*.

SECTION XX.

PLANCHES A BATEAUX.

Les bateaux sur la haute Seine, l'Yonne et la Cure, pour le service du flottage en train, ont en longueur 26 à 28 pieds (8 m. 446 mil. à 9 m. 96 mil.).

Largeur, 4 pieds (1 m. 299 mil.).

Aux deux extrémités, 2 pieds 1 pouce (677 mil.); profondeur, 1 pied 4 pouces à 1 pied 6 pouces (433 à 487 mil.).

L'épaisseur des planches de 19 à 21 lignes (43 à 48 mil.).

La chaîne en fer de 10 à 12 pieds (3 m. 248 mil. à 3 m. 898 mil.).

Pour le flottage à bûches perdues sur les ruisseaux, ils sont d'une plus faible dimension et suivant l'importance du ruisseau, néanmoins beaucoup plus forts que ceux de nos grands fleuves et ports de mer; ces bateaux servant plutôt à transporter les étoffes de flottage et à la direction des flots de bois qu'à conduire des passagers ou voyageurs.

Un arbre propre à faire des planches à bateaux est de premier choix; il faut qu'il soit très-sain, sa tige sans nœuds jusqu'à 30 pieds (9 m. 745 mil.), et qu'il porte au moins 16 pouces (433 mil.) d'équarrissage.

Étant de cet échantillon, ils sont recherchés et se payent le double de la valeur des bois de charpente ordinaires : ainsi, quand ce dernier est à 5 francs la pièce, on vend un arbre à planches à bateau 10 et 12 francs la solive ou le décistère, 3 et 4 francs le pied cube; comme il a ordinairement 28 à 30 pieds de long (9 m. 96 mil. à 9 m. 745 mil.), à ce dernier chiffre sur 20 pouces (541 mil.) d'équarrissage, il contient 27 solives 56 pouces, à 10 francs, seulement, revient, brut, à 277 francs 60 cent.

Dans un pareil arbre on trouvera 11 planches de 20 lignes (45 mil.), d'épaisseur chaque, sur 5 toises de long (9 m. 745 mil.), qui, avec les frais de sciage, reviendront à 300 francs; ce sera donc environ 5 fr. 50 c. la toise (1 m. 949 mil.), mais on aura de quoi fabriquer deux bateaux dont les prix sont communément, pour la première classe, de 350 francs,—2e classe, 300 francs,—3e classe, 240 francs, garnis, en outre, de leurs chaînes en fer et cadenas.

Ces bateaux peuvent aisément durer dix ans, et, bien entretenus, jusqu'à 15 et 18 ans; les réparations sont évaluées de 10 à 15 francs par an.

Les grands bâtiments marchands sur les chantiers maritimes, même les marnois et ceux de Seine ne reviennent pas en proportion si chers, parce qu'on n'emploie pas de planches d'un échantillon aussi rare que celui des bateaux de flottage; on ne pourrait, au surplus, s'en procurer assez : il faut dire aussi que, dans les ports où les grandes constructions s'exécutent, les chênes de la plus forte dimension y abondent et à bien plus bas prix que sur l'Yonne et la Cure.

Dans un bateau de flottage, outre les cinq planches qui le composent, il entre 80 à 100 pièces de merrain qu'on cloue sur les jointures des planches imprégnées de mousse, pour empêcher l'eau de s'y introduire. On emploie, encore, à cette opération 12 à 16 livres de clous, à 50 cent. la livre, et, pour réunir les planches de côté à celles du fond, 50 à 60 grands clous de couture du prix de 25 cent. pièce.

SECTION XXI.

ROULONS EN ORME.

Dans les bois où l'orme abonde et particulièrement dans les environs de Paris, à défaut de cornouiller on y fabrique des roulons en orme pour la garniture des charrettes et échelles : ils ont en longueur 4 pieds (un mètre 299 mil.) ;

Rotondité, 3 à 4 pouces (81 à 108 mil.).

Quand ils en ont six à huit, ils comptent double; ou, lorsqu'on peut seulement les fendre sans en altérer la qualité, une botte qui serait entièrement de cette qualité ne se composerait que de 20 rouleaux au lieu de 40 qu'elle doit contenir.

Dans deux cordes de charbonnage on fait environ 40 bottes de roulons à 1 franc — 40 fr., ci 40 fr.

Admettant le prix du charbonnage à 15 francs la corde, 2 cordes, 30 fr. } 40 fr.
Bénéfice, 10 fr.

En détail, on les vend aux particuliers 1 franc 50 c. la botte.

Aux charrons, 1 fr. 25 c., il est vrai; mais, quand on en fait au delà de ce qu'on en a demandé, dans l'incertitude de les placer, on est quelquefois obligé de les laisser au-dessous de 50 à 60 centimes la botte, enfin à vil prix, comme les vieux cercles ; et souvent, après trois ou quatre ans d'attente, on n'en retire pas même la façon et les frais de magasin.

Les meilleurs roulons pour charrettes et les échelles particulièrement sont en cornouiller, ou courgelier, arbrisseau qui porte un fruit à amande ayant la forme de l'olive et la couleur de la cerise.

On nomme ce fruit communément courgelle.

Cet arbuste, qui est l'indice d'un terrain aride et pierreux, est très-commun dans le département de l'Yonne.

SECTION XXII.

MOULÉE OU BOIS DE CHAUFFAGE.

Les bois pour les foyers, notamment ceux destinés à l'approvisionnement de Paris, s'empilent encore dans les ventes aux anciennes mesures, qui varient suivant les localités. (Voir notre article sur les *Mesures du bois de chauffage.*)

La mesure qui peut profiter le plus à un marchand exploitant, c'est par la largeur : plus une bûche est longue, plus elle est profitable à celui qui vend à la membrure, ou en cordes, parce qu'une grande bûche présente plus de courbes et, par conséquent, s'empile plus mal.

Avec un cercle on ferait des morceaux droits, en le coupant en assez petites parties.

La corde de bois dont la bûche a 4 pieds de long est d'un huitième plus forte en apparence qu'une autre corde de même dimension en hauteur et longueur qui n'a que 3 pieds et demi de largeur (114 centimèt.).

Cependant, en les pesant, au grand étonnement de beaucoup de consommateurs, elles seraient à peu près égales en poids ; alors il y a perte évidente pour l'acquéreur sur une corde de 64 francs de 6 fr., et ce bénéfice est tout gain pour l'exploitant, le prix de la façon étant le même.

C'est une preuve que plus le bois est rogné court, plus il est droit, mieux il s'empile et plus il est avantageux aux consommateurs. Un arbre étant un cône allongé, même le mieux filé (comme les chevrons les plus droits et les plus réguliers à la vue) s'empile fort mal : des expériences faites prouvent, au surplus, qu'un stère de bois ordinaire diminue d'un quart de son volume, scié en deux ; en trois, d'un tiers ; en quatre, un peu plus d'un tiers.

Pour ne pas être trompé, au surplus, c'est au poids qu'il faut acheter le bois, particulièrement le charbon, qui offre plus de perte encore pour le consommateur, par la différence qui existe entre celui des bois durs et celui des bois tendres (*).

Le bois pour Paris a 42 pouces de long, pied ancien (114 cent.); il se livre dans les chantiers au double stère représentant l'ancienne voie.

Le prix actuel d'une voie en bois neuf et brossé est depuis 36 jusqu'à 45 fr.; les bois lavés valent (**) de 34 à 38 fr.

Le bois flotté mélangé de tout bois, le blanc excepté, de 32 à 34 fr.; la traverse en bois de hêtre fendu et flotté, de 28 à 32; le bois blanc, de 25 à 30.

La menuise, 24 à 26 francs; le tout pris au chantier et tous droits compris.

La façon du bois de chauffage, pour la coupe, est de 3 fr. à 6 fr. le décastère, suivant la nature du bois et les localités, même jusqu'à 7 et 8 fr. en gros bois de régale, selon qu'il est difficile à scier et à fendre.

L'empilage depuis 60 cent. jusqu'à 1 fr., suivant les saisons et les ports. (Voir notre article *Empilage*.)

Le transport en bateau, pour Paris, sur la Loire, est de 55 à 80 francs le décastère;

(*) Voir nos instructions sur les livraisons de bois au poids, à notre chapitre *Mesure des bois de chauffage*.

(**) L'égalité en valeur du bois neuf et du bois lavé n'est que relative, car le bois lavé qui a trop séjourné dans l'eau ne le vaut pas.

Sur les canaux de Briare et d'Orléans, de 26 à 38;

Sur la Seine, depuis Montereau, de 18 à 20;

De Valvin, Samois et Barbeau, de 12 à 16;

Sur l'Oise, depuis la Motte et le port de la Joyette (rivière d'Aisne), de 30 à 40;

Au-dessous de Compiègne et à Pont-Sainte-Maxence (*), 20 à 36;

En train ou radeau, de Clamecy (Nièvre), 52 lieues de Paris, 18 à 20;

De Vermanton sur la Cure (Yonne), 16 à 18;

De Joigny (Yonne), 36 lieues de Paris, 13 à 14.

Mais, en déduction des transports en train, on a les étoffes qui ont servi à la construction des trains, valant environ 50 à 60 francs par train de 18 à 20 décastères.

Le flottage à bûches perdues sur les ruisseaux, pour un trajet de quinze ou vingt lieues, est d'environ 50 centimes par lieue, pour flottage, mise en état et tous autres frais.

Le bois de chauffage est, comme le charbonnage, ce qui rend le moins aux exploitants de bois; aussi on n'en fait que comme résidus des produits industriels, si ce n'est dans la contrée où il n'a pas d'autre destination.

Le bois de chauffage ou moulée doit avoir au moins huit pouces de tour (217 millimètres) au petit bout; au-dessous, c'est de la menuise, rondin première

(*) Les prix sont susceptibles de variation, suivant les saisons et l'abondance des eaux.

qualité jusqu'à six pouces (162 millimètres); ensuite c'est de la menuise ordinaire, puis du charbonnage ou charbonnette jusqu'à quatre pouces (108 millimètres); au-dessous de cette dimension, c'est de la ramille avec laquelle on fabrique les fagots et bourrées.

La menuise, arrivée à Paris, coûte, décime compris, 11 fr. d'octroi par décastère, le bois blanc 21 fr. 45 centimes, la moulée 29 fr. 15 centimes (loi du 17 août 1832).

La menuise flotte plus mal sur les ruisseaux et en train que les gros bois; aussi elle coûte, par décastère, environ deux francs de plus de flottage; on en achète beaucoup, sur les ports de l'Yonne et de la Nièvre, pour Paris, que l'on carbonise à Bercy et à la Gare, par des procédés chimiques à l'aide desquels on tire des vinaigres, goudron, etc.

Les bois en chêne, charme, orme, érable, autres enfin que le hêtre et les bois blancs, destinés à être flottés sur les ruisseaux, doivent se fendre de cinq à sept pouces (135 à 189 millimètres) de diamètre et au-dessus, pour en faciliter l'arrivage sur les ports flottables; toutefois il est d'usage, pour mieux parer les piles, qu'on en laisse non fendus de neuf à dix pouces (224 à 271 millimètres) seulement quand ils sont en rondins bien droits et filés, mais jamais en pied ou avec leur souche dans cette dimension.

Un beau rondin de huit à neuf pouces orne magnifiquement une pile; on perd le produit de la fente, il est vrai, mais ce qu'on perd en quantité on le gagne en qualité; cette remarque est pour les bois durs seulement, que nous venons de citer; quant aux bois blancs spécialement, on doit, de toute nécessité, les fendre même à trois pouces de diamètre et au-dessous; il suffit uniquement qu'ils puissent se fendre.

En outre, un exploitant soigneux de ses intérêts doit ne pas souffrir que l'empileur mélange la menuise avec le gros bois, parce qu'elle remplit les interstices ou vides entre les grosses bûches et en pure perte, tout en donnant au bois une apparence de mauvaise qualité; il y a donc un grand intérêt à la séparer, comme cela se fait sur les ports de l'Yonne, pour la vendre à part, ou en couronner les piles.

Quand le bois de moule est à 120 fr. le décastère, la menuise des bois flottés, première qualité, est à 75 fr.; la seconde, à 60 francs.

Le bois le plus convenable, pour le flottage sur les ruisseaux et en trains, est celui de 42 pouces de long (114 centimètres), qui sert de base à tous nos calculs; au-dessus on ne pourrait le flotter sur les rivières d'Yonne et de Cure; car les pertuis ou portes n'ayant été construits que pour la largeur nécessaire au passage des bois de cette dimension, au delà on serait forcé de composer le train d'une branche de moins ou d'une de plus; dans ce dernier cas, on courrait le risque de voir les couplages endommagés dans le passage des premiers pertuis.

SECTION XXIII.

COUPE ET FAÇON DES ROUETTES OU HARTS POUR LE FLOTTAGE EN TRAIN OU RADEAU, ET LIAGE DES PRODUITS DES EXPLOITATIONS DE BOIS (*).

Mal renseigné sur la garniture en rouettes à coupler et sur le prix des petites rouettes, nous devons commencer par prévenir 1° que la garniture des rouettes à coupler doit être *du quart* et non du cinquième, comme nous l'avons établi (vol. 1er, p. 203); ainsi un millier de rouettes pour flottages doit se composer de

15 bottes à flotter, chaque botte de 52 r.,		780
5 idem à coupler,	idem,	360
20 bottes.	Total,	1040

Les 40 en sus du millier sont la représentation du 4 *au cent non payable*, dont chaque millier doit être pourvu.

2° La petite rouette, portée seulement pour le prix de 3 f. 50 c. à 4 f. le millier (vol. 1er, p. 203), est, aujourd'hui, du double plus chère, se vendant maintenant 7 à 8 f., et la rouette à flotter, avec la garniture du quart en rouettes à coupler, de 20 à 22 f., rendue sur les ports flottables, ou dans les dépôts des entrepreneurs de flottages de l'Yonne et de la Cure.

(*) Voir, vol. 1, p. 202, notre article *Rouettage*.

Instructions préliminaires.

Un rouettier intelligent et sachant bien son métier trouve des rouettes ou harts où l'on n'en voit aucune, et en fait même de bonne qualité quelquefois dans des branches et bois traînants que des rouettiers moins expérimentés rebuteraient ou n'apercevraient pas; or un bon rouettier, pour un propriétaire et, encore mieux, pour un entrepreneur de flottage, est un ouvrier fort utile, et tellement important à nos yeux, qu'il ne faut pas craindre de le bien payer.

Coupe et façon.

Le millier de rouettes à flotter, garni de son quart en rouettes à coupler. . . . . 4 à 4 fr. 50 c.

La petite rouette. . . . . 2 à 2 50

Les rouettes ou harts à bourrées. 2 à 2 50

Idem, id. pour fagots et écorces. 3 à 3 50

Les harts à bourrées et fagots et pour le liage des écorces sont brutes ordinairement et pas aussi proprement façonnées que les rouettes de flottage; aussi le premier bûcheron peut en faire sans l'intermédiaire du rouettier, tandis que pour les harts destinées au flottage des trains il faut un homme expert dans la partie pour les exploiter convenablement.

Voiture.

Le millier de rouettes flotté à un voyage par jour, 2 fr. à 2 fr. 50 c.;

A deux idem, 1 fr. 25 c. à 1 fr. 50 c.;

A trois idem, 75 c. à 1 fr.;

A 8 ou 10 lieues des ports flottables, 3 à 4 fr.

La petite rouette à un voyage par jour, 1 f. à 1 f. 50 c.;

A deux voyages, idem, 60 c. à 80 c.;

A trois voyages, idem, 40 c. à 50 c.

Les harts à bourrées, fagots et écorces à un voyage par jour, 1 fr.;

A deux voyages par jour, 60 c.;

A trois voyages par jour, 40 c.

Une voiture à deux bons chevaux peut conduire cinq à six milliers de rouettes à flotter;

En petites rouettes, neuf à dix milliers;

En harts à bourrées, fagots et liens pour écorces, 12 à 15 milliers.

Ces harts sont, d'après l'usage, fournies par les propriétaires à leurs marchands exploitants, quand ils n'ont pas de taillis propres à en produire; les marchands se les procurent comme ils peuvent, quelquefois ils sont forcés d'acheter de l'osier 10 à 12 francs le mille; tandis que les harts des forêts ne se vendent que 5 fr. 50 c. à 6 fr. prises sur feuille, et sont meilleures (*). Un arrêté du ministre des finances du 4 frimaire an XI (25 novembre 1802) autorisait les agents forestiers à délivrer, dans les forêts voisines de la Seine et rivières qui y affluent, les rouettes et chantiers que l'inspecteur de la navigation jugerait convenable d'accorder aux entrepreneurs de flottage.

(*) A Paris, les marchands de balais et maraudeurs vendent dans les chantiers le millier de harts en branches de bouleau 3 fr. 50 c.

SECTION XXIV.

BOURRÉES, FAGOTS ET COTRETS.

Les bourrées sont le résidu de la moulée, des chantiers, perches à houblon et du charbonnage, dans lesquels on place tout ce qui ne peut pas même faire de charbonnage, comme ronces, épines, bruyères, genêts, bois traînants et rabougris; enfin brindilles et feuilles.

Dans de certaines localités, elles ont si peu de valeur, qu'on les abandonne au bûcheron; ou on les vend en masse, à bas prix (de 6 à 10 francs l'arpent), à un chaulier ou tuilier : dans ce cas, c'est un mauvais système d'exploitation; lors même que les résidus d'une coupe ne seraient propres qu'à faire des cendres, on devrait toujours les faire façonner, au risque de les perdre ou plutôt de les brûler sur place : ce serait, dans ces localités, une dépense de 4 à 6 fr. l'arpent qu'on y gagnerait, d'une part en se chauffant à loisir et de l'autre en s'approvisionnant, à bon marché, de cendres pour les cultures; mais, ce qui en résulterait de plus avantageux, ce serait de tenir propre son exploitation.

Quand on ne fait pas façonner les bourrées, on ne peut s'introduire dans la vente à travers tous les produits; il en résulte aussi qu'il est souvent impossible de voir si un bûcheron exécute la coupe, suivant le sol et comme on a dû le lui prescrire; enfin s'il extirpe ou rase nettement les bois traînants, rabougris et chicots, en un mot comme si on devait s'y promener en pantoufles : pour cela, il faut exiger rigoureusement qu'un bûcheron commence, avant d'abattre une seule lance de son atelier, par le nettoyer de tous les genêts, bruyères et bois parasites qui l'entourent, l'obliger ensuite à les mettre en bourrées, de manière qu'il soit à son aise pour le maniement de la cognée ; alors il peut travailler avec plus de liberté et de propreté.

Les bourrées faites en été valent un tiers de moins que celles d'hiver, parce qu'elles sont exploitées en séve, moment où le bois a moins de qualité, et attendu, en outre, que, dans cette saison, les feuilles gonflent les bourrées ; elles ont, par conséquent, moins de durée au foyer, et le feu qu'elles produisent est presque comme un feu de paille.

Les bourrées ont ordinairement de quatre à sept pieds (1 mètre 229 mil. à 2 mètres 274 mil.) de long, et depuis vingt-deux pouces jusqu'à trente pouces de tour au lien (596 mil. à 812 mil.).

La façon coûte depuis 75 centimes le cent jusqu'à 3 francs, selon qu'il y a de difficultés à vaincre.

Le prix est de 1 fr. 50 cent. jusqu'à 25 fr., suivant les localités.

Dans la campagne, on n'a presque pas d'autres bois pour tout ce qui a rapport au chauffage ; les tuiliers, chauliers et boulangers sont, presque partout, les principaux consommateurs de cette marchandise ; on s'en sert encore pour faire des barrages contre le poisson et pour en former des haies sèches.

C'est à tort, nous ne saurions trop le dire, qu'on abandonne en partie ou en totalité les bourrées au bûcheron, de même en les vendant en masse à un chaufournier ou autres, avant qu'elles ne soient entièrement façonnées, parce que le bûcheron, soit pour son compte ou pour celui qui en a fait l'acquisition, est intéressé à travailler contre l'exploitant et, par conséquent, à mettre le charbonnage dans la bourrée; elles sont, dans ces cas, très-avantageuses pour celui qui les a obtenues au prix des bourrées ordinaires. Dans un élagage de taillis, qu'on le retienne bien, lorsque les bourrées ou résidus sont vendus par avance pour en grossir les produits et bénéfices, cette opération, déjà fort dangereuse, devient meurtrière pour le fonds.

SECTION XXV.

FAGOTS.

Les fagots ont des dimensions infinies, suivant les contrées.

Celle qui est le plus en usage se compose de bois de 8 à 10 pouces (217 à 271 mil.) de tour, garnis, extérieurement et comme parade, de gros bois de quatre pieds de hauteur (1 mètre 299 mil.), appelés triques, avec ramille et ramillon intérieurement et ayant de quatre à sept pieds de haut (1 mètre 299 mil. à 2 mètres 274 mil.) sur 26 à 30 pouces (704 à 812 mil.) de tour au lien.

Les fagots plus ou moins bien fournis de fortes triques se vendent depuis 18 francs le cent jusqu'à

40 francs ; on fait, dans les environs de Paris, particulièrement pour les plâtriers, de forts fagots, presque tous en jeunes lances de taillis, garnis intérieurement de branches et menus bois ayant trois pieds de tour au lien (975 mil.) et sept pieds de haut (2 mètres 274 millimètres), qu'on vend, suivant les temps et lieux, de 60 à 75 francs le cent.

Les fagots, de cette forte dimension, sont les moins chers, quand ils sont en bois durs.

SECTION XXVI.

COTRETS ET COTRILLONS.

Le cotret picard, le plus en crédit à Paris, a 66 centimètres de long sur 50 centimètres de rotondité au lien ; il pèse, après un an de coupe, de 6 à 7 kilogrammes en bois dur, de 4 à 5 kilogrammes en bois blanc. (Voir ce que nous en disons, vol. I, page 29.)

C'est le bois du pauvre et le plus cher pour le consommateur ; il se vend à Paris : en bois dur, 30 à 35 centimes ; le cotret en bois blanc, 20 à 25 cent.

Sur l'Oise, l'Yonne, depuis Montereau, et sur les canaux de Briare et d'Orléans, les mesures varient à l'infini ; chaque port a presque son fagot et son cotret particuliers ; mais, en définitive, il y a plus d'avantage à en faire, quelle qu'en soit la dimension, que du charbonnage ; aussi en fabrique-t-on beaucoup, même entièrement en résidus d'exploitations qui se perdraient dans les ventes, et cependant qui font d'excellents cotrets ; il y a, en outre, un très-grand profit à faire des cotrillons ou margotins, dont l'intérieur est bordé de ramilles du poids d'environ 2 kilog., et qui servent à allumer les feux ; ils ont de 50 à 55 centimètres de long, avec un parement en triques de charbonnette de 12 à 15 pouces (325 à 406 mil.); ils se vendent, à Paris, 15 cent.; c'est le bois le plus cher, attendu qu'un cent de cotrillons ne pèse que 200 kilogrammes au plus, ce qui porte la voie ou double stère à 67 fr. 50 cent., en bois dur, du poids de 900 kilogrammes.

La façon du cotrillon est de 1 fr. 50 c. à 3 fr. le cent ; celle du cotret, de 1 fr. à 1 fr. 50 c. ; de la bourrée ordinaire, 1 fr. 25 c. à 3 fr.; du fagot avec triques, 2 fr. à 4 fr. ; le grand fagot, de 3 fr. 50 c. à 5 fr.

Un cent de cotrets pèse 600 à 650 kilogrammes; une corde à charbon est du même poids, et, encore bien qu'on introduise dans le cotret de la forte menuise, il y a néanmoins un grand avantage à faire du cotret plutôt que du charbonnage jusqu'à trente lieues de Paris, lors même que le charbonnage vaudrait 12 fr. la corde, et que le cotret coûterait de transport pour être rendu à Paris, 8 fr. du cent, en admettant toutefois, comme nous le pensons, qu'un cent de cotrets est la représentation, en poids, d'une corde de charbonnage.

Une ordonnance de police du 20 octobre 1784 prescrit, pour les falourdes, fagots, cotrets et margotins qui se débitent à Paris, les dimensions suivantes :

1° Falourdes de cordes en bûches, de 114 centimètres de long sur 80 centimètres de tour, dans les chantiers et chez les regratiers et charbonniers, sciées en deux morceaux, 21 pouces de long (57 centimètres).

2° Falourdes de perches et harts provenant de la défroque des trains, 42 pouces (1 mètre 14 centimèt.) sur 1 mètre de tour.

3° Fagots de menuise, 42 pouces de long (1 mètre 14 centimètres) sur 70 centimètres de tour.

4° Fagots de taillis, 42 pouces (1 mètre 14 centimètres) sur 50 centimètres de tour.

5° Fagots picards, 42 pouces (1 mètre 14 centim.) de long, 80 centimètres de parement et 50 centimètres de tour aux deux bouts.

6° Fagots de Brie, 1 mètre 45 centimètres de long sur 50 centimètres de tour.

7° Fagots d'Orléans, 42 pouces (1 mètre 14 centimètres) de long sur 70 centimètres de tour.

8° Cotrets de la Loire, 42 pouces (1 mètre 14 centimètres) sur 79 centimètres de tour.

9° Cotrets de Briare, 42 pouces (1 mètre 14 centimètres) sur 77 centimètres de tour.

10° Cotrets picards, 66 centimètres de long sur 50 centimètres de tour.

11° Fagots margotins, 55 centimètres de long sur 40 centimètres de tour.

SECTION XXVII.

RAIS ET BOIS DE CHARRONNAGE.

Pour le charronnage, il faut du bois de première qualité, particulièrement pour les rais.

Un décastère de bois pour rais se vend, à Paris, jusqu'à 250 francs (50 fr. la voie), ci 250 fr.

Déduire :	les droits d'octroi,	30	
	le flottage,	20	60
Magasin et faux frais,		10	
			190

Ce serait, net, 190 francs le décastère, ou 4 francs 75 centimes la solive, sur les ports.

Néanmoins nous conseillons toujours aux exploitants, si la vente n'en est pas assurée, d'entrer le moins possible dans le détail de ces industries, particulièrement, comme rais, jantes, moyeux et limons, que le plus simple charron peut faire lui-même à son temps perdu, ou qu'il fait faire sous ses yeux quand il en a besoin, et dans les dimensions qui lui *conviennent;* les exploitants doivent plutôt se borner à vendre le bois en grume, au choix du charron, mais à 1 fr. et 2 fr. par solive au-dessus du cours de la charpente ordinaire, s'il y a moyen, ou comme bois de chauffage de première qualité, et, à défaut de vente, se mettre en position de le faire équarrir pour charpente ou le réduire en grosse moulée qui, à destination, s'achètera pour rais.

Dans le commerce, il est nécessaire de bien connaître les hommes avec lesquels on est à même de traiter et de savoir à l'avance ce qu'ils peuvent objecter lorsqu'on leur propose telle ou telle espèce de marchandise.

Par exemple, qu'on offre à un charron des rais ou autres bois très-propres à être employés en charronnage, il dira qu'ils ne sont point à sa convenance, et il les refusera, ne fût-ce que pour les avoir plus tard à un bas prix, ou en quelque sorte pour se venger de ce qu'on exploite son industrie; il ne manquera jamais alors de se plaindre que telle espèce sera débitée trop mince, trop courte, ou que l'équarrissage aura été mal fait, etc.

L'industrie est profitable, sans doute; mais, quand la vente en est assurée, nous ne saurions trop en prévenir nos lecteurs.

Pour des rais, il faut un chêne portant au moins 8 à 9 pouces de diamètre (217 à 244 millimètres), de 60 à 80 ans au plus, avec peu d'aubier.

Les meilleurs proviennent du chêne gravier, en les prenant dans le pied de l'arbre surtout; les timons pour charrettes n'étant que de forts chevrons; on doit les vendre à la toise (voir ce que nous disons des petits bois d'équarrisage, pages 15 et 16).

SECTION XXVIII.

SOUCHES ET SOUCHONS.

Lorsqu'un bois est fourni de vieilles souches creuses ou en partie pourries, il faut, dans ce cas, y faire des souches, d'autant qu'il n'y a pas de meilleur chauffage; cette opération, exécutée avec intelligence et sagesse, sur un terrain élevé notamment, ranime la végétation, le bois se regarnit, et alors c'est une exploitation salutaire; mais, toutefois, nous devons prévenir que l'essouchage s'effectue souvent au grand préjudice du fonds, particulièrement dans les contrées où il est d'un *usage annuel* : or, souches ou non, il faut en faire pour le chauffage de tous les intéressés à l'exploitation, et pour cela on coupe les souches pleines de vie, et les nourrices des plus beaux jets de taillis, on les arrache même jusque sur leurs racines; les terrains légers, sablonneux, les graviers et fonds arides s'en arrangent assez bien, mais on perd ceux d'une riche végétation, spécialement sur fonds aquatiques et froids.

Les plus riches lances de taillis viennent toujours sur souche : on s'étonne quelquefois de ce qu'un bois qui produisait 4 et 5 décastères n'en donne plus que 2 à 3; c'est à un essouchage et à un élagage ou essartage trop forts ou mal exécutés qu'on doit, en général, en attribuer la cause.

Ces opérations sont meurtrières et anti-forestières au dernier degré, quand elles sont mal dirigées, et en vue surtout d'avoir le plus de produit possible : c'est donc à cette cupidité imprévoyante et à l'ignorance totale des premiers principes de la végétation qu'on doit notamment attribuer la diminution dans les produits de nos forêts; en voulant forcer la nature ou la violenter, on y gagne rarement.

Il faudrait avoir aussi l'habitude de couvrir les souches au-dessus de 70 ans d'une couche de terre (4 pouces au moins, ou 108 mil.); en fonds froids, 2 à 3 pouces (54 à 81 mill.) peuvent suffire, et ce en plaçant la terre sur le tronc, immédiatement après les avoir coupées : ainsi soignées, elles produiraient de magnifiques rameaux, en ayant soin, toutefois, que l'entaille soit faite horizontalement, ou en biseau ou flûteau, et non en pot, c'est-à-dire creuse au milieu, afin que l'eau ne puisse y séjourner, ainsi que nous l'avons recommandé dans notre chapitre *Coupe des bois*, vol. Ier, page 250.

Au résumé, l'essouchetage ou l'essouchage et l'essartage pour les forêts peuvent être comparés aux remèdes héroïques, à l'émétique, par exemple, qui, donné à un malade à une dose convenable, lui rend la santé, et, hors mesure, le tue.

Les souches, dans presque toute la France, se livrent à la corde ou plutôt au pavillon ou *trinquet*, de quatre pieds de hauteur (1 mètre 299 millimètres) sur autant de largeur, 4 pieds sur toutes faces, 64 pieds cubes (419 millistères) ; 2 trinquets ou pavillons font la corde.

La façon et la coupe d'un trinquet de souches, racines et résidus compris, sont de 2 à 3 francs ; mais quand c'est à la charge de défricher un bois net de toutes racines, enfin de rendre le terrain cultivable, c'est de 14 à 18 francs la corde ou les 2 trinquets, qui se vendent depuis 25 jusqu'à 40 francs.

On fait de très-bon charbon avec des souches, surtout lorsqu'elles ne sont pas trop vieilles. (Voir notre article *Défrichement*.)

Dans les exploitations de peu d'étendue, on mélange, avec les souchons, les recoupes, copeaux, chicots et autres résidus équivalant à la valeur des souches ; quant aux branches mortes, bois pourris et fouillis, ils doivent être mis en bottes, et payés séparément, ou abandonnés au bûcheron.

La fente des souches se fait souvent avec beaucoup de difficulté; il faut des cognées faites exprès, très-fortes en tête, longues et peu larges : il y a des ouvriers, dans les environs de Varzy (Nièvre), extrêmement adroits dans cette partie ; on ne peut se faire une idée de l'habileté de ces fendeurs de souches ; on est tout étonné de les voir diviser, comme par enchantement, en vingt ou trente morceaux, une énorme souche essences, charme, orme ou chêne, sur laquelle la cognée a rebroussé plusieurs fois, et qu'on croirait ne pouvoir réduire qu'en la mettant au feu.

Pour celles cependant qui résistent à la mailloche et aux coins de fer, on emploie, avec certitude de succès, la poudre à canon, comme pour diviser la pierre. (Voir, pour les faire sauter, notre article *Défrichement.*)

SECTION XXIX.

COPEAUX.

Les copeaux sont le résidu de l'équarrissage des bois pour charpentes, sciages et toutes constructions ; ils sont ramassés ordinairement, dans les ventes, par des femmes et des enfants, au prix de 50 à 75 centimes le trinquet ; selon qu'ils sont plus ou moins abondants et suivant les localités, ils ont une valeur qui varie depuis 2 francs 50 centimes jusqu'à 6 francs : c'est une marchandise à faire mettre en trinquet, au fur et à mesure de l'équarrissage; on ne doit pas la laisser longtemps sur l'atelier, parce qu'elle se gaspille facilement, et qu'elle devient à rien quand on la néglige; le bûcheron, dans les exploitations, ne se fait aucun cas de conscience d'en prendre pour entretenir son feu et préparer ses aliments; pour comble de gaspillage, dans les exploitations d'hiver, on en pave les chemins, et de cette manière il s'en perd beaucoup dans la boue.

SECTION XXX.

EMPILAGE DES BOIS.

Il y a quelquefois une différence de 15 à 25 pour 0/0 d'un mauvais à un bon empilage.

Un empileur habile pour un exploitant, surtout quand il achète les produits d'une vente, et qu'il s'est chargé de l'empilage, est un ouvrier précieux.

Les piles doivent être droites, pas plus élevées d'un côté que de l'autre, et les bûches bien encadrées, sans provoquer, par leur mise adroite, de justes réclamations. Tout dépend, dans ce métier, de la manière de caser les bûches et de les placer utilement; c'est un art que l'intelligence, le tact et l'expérience euls peuvent apprendre.

Il y a des ouvriers qui travaillent toute leur vie à l'empilage et qui ne peuvent réussir à cet état; aussi les empileurs de choix sont-ils très-recherchés.

Pour qu'un empilage soit productif, il faut 1° que les bûches soient bien ébranchées et sciées droit.

2° Plutôt en piles basses qu'en piles hautes ; parce qu'il est d'usage, dans le commerce de bois, de donner 3 à 4 pouces (81 à 108 millimètres) à chaque pile au-dessus de la pige en boni de mesure ; ayant deux piles pour une, on gagne 3 à 6 pouces (81 à 162 millimètres) au moins ; autrement une pile haute serait plus avantageuse à cause du tassement.

3° Que les piles soient contenues par des piquets à chaque extrémité, plutôt que par des roseaux où grillons, attendu qu'un empilage en grillons perd un quart, comparé à son même volume, c'est-à-dire empilé sans être croisé ; cependant, sur les ruisseaux et les ports où l'empilage est considérable et se fait aux anciennes mesures, comme on ne peut souvent contenir les bois dans les piles sans grillons, il y a perte à éprouver pour celui à qui on livre de très-petites piles et avantage dans les grandes ; aussi, sur beaucoup de ruisseaux, on donne le grillon franc ; sur d'autres, la moitié ; enfin, le moins, un pied et un pouce qui ne comptent pas, ou bûche et carrière.

Sur quelques ruisseaux flottables du Nivernais, comme au temps où le bois ne valait que 10 fr. la corde, on livre encore à la grande mesure de dix pieds de long sur cinq pieds de haut, avec bûches au-dessus et au-dessous de la pige, enfin bûche franche ou carrière et grillon, au bout de chaque pile, ou quatre grillons non payables par cent et le 21e en sus quelquefois ; en outre, tous les pieds et gros bouts en arrière, de sorte que les piles ont, sur le devant, 5 pieds 6 pouces (1 mètre 788 millimètres), et, sur le derrière, 6 à 7 pieds (2 mètres 949 millimètres à 3 mètres 274 millimètres); dans ces dimensions, cela tierce; c'est-à-dire qu'on gagne 30 à 33 p. 0/0, bois rendu, sur les ports flottables en train.

4° Ne pas mélanger le petit bois avec le gros, parce qu'il s'y perdrait.

5° Dans le rangement de chaque espèce de bois, nous le répétons, consiste l'art de l'empileur. Quand un habile empileur opère *dans l'intérêt du vendeur* ou propriétaire, il place d'abord tout le gros bois dans le bas, avec bûches en travers, comme soutrait, ou point d'appui et fondation de la pile, pour qu'il ne s'enfonce point en terre, en ayant soin de mettre le bois le plus droit au milieu, mélangé avec les bois courbes et tortillards; puis il couronne sa pile avec le plus petit bois.

Quand c'est, au contraire, pour le profit *d'un marchand*, il ne met point de soutrait et ne manque pas de placer dans les premiers rangs tout le petit bois, qu'il charge ensuite du plus gros, pour l'enfoncer davantage en terre, et finir ensuite sa pile avec le tortillard, dont les dos ou les bosses sont extérieurs et font dôme sur le dernier rang, dans l'intérêt de l'acheteur.

6° Quant à la formation des piles, nous le répétons, si on ne met pas de soutraits ou bûches fortes en travers, le bois se tasse en terre et la pile contient plus de bois; par conséquent, un faible soutrait est avantageux à l'empilage, attendu qu'il fléchit sous le poids de la pile plus que le gros.

L'empilage, dans les ventes, n'est qu'à petites piles basses, qu'on fait sans effort et dans la saison d'hiver, aussi ne coûte-t-il que 30 à 40 c. le décastère; sur les ruisseaux, de 40 à 50 c.; et, sur les ports flottables, depuis 60 c. jusqu'à 1 fr. Ces prix sont encore plus élevés quand on ajoute la condition de fendre tout le bois blanc susceptible de supporter la fente, et le bois dur de 7 pouces et au-dessus de diamètre (189 millimètres); souvent on y comprend encore le martelage, ces divers travaux étant dans les attributions de l'empileur.

Les bois, sur les ports flottables en train, sont tous empilés au décastère.

Les piles doivent se composer de 6, 9, 12, 15 et 18 mètres de couche, c'est-à-dire d'un nombre de mètres toujours divisible par trois, afin que le nombre de décastères puisse être immédiatement connu, par l'application d'une pige ou régle de 3 mètres de longueur, laquelle donnera autant de décastères qu'il aura fallu l'appliquer de fois pour avoir la mesure de la pile (arrêté du 3 nivose an VII).

D'après ces instructions, nous nous flattons qu'on pourra surveiller les empilages, et de plus se prémunir contre ceux dirigés avec dessein de tromper l'acheteur, ou enfin se mettre en mesure de livrer loyalement ses bois ou d'en recevoir.

SECTION XXXI.

DU MARTELAGE DES BOIS POUR LE FLOTTAGE A BUCHES PERDUES.

Les bois destinés à être flottés sur les ruisseaux jusqu'aux ports flottables en trains sont marqués plusieurs fois et avec le plus grand soin.

Un bon exploitant, veillant à ses intérêts, doit faire frapper de son marteau tous ses bois aussitôt après leur empilage sur feuille, encore bien qu'ils seraient exploités pour être vendus dans la vente ou flottés par lui, pour s'en mieux assurer aussi la propriété et pour en prévenir le vol; en outre, son bois peut être perdu pour lui, s'il arrivait qu'il fût mêlé à ceux des autres exploitants ses voisins; soit sur les chemins qui conduisent au port, soit sur le port même, sans cette précaution de sûreté comment le reconnaître? Une bûche marquée, le plus affamé consommateur ou le plus rusé délinquant n'oseraient s'en emparer; la marque est un porte-respect d'autant plus puissant qu'une peine très-sévère est appliquée à ces sortes de délits : nous savons qu'un simple tison trouvé dans un foyer, ayant la marque d'un marchand, a quelquefois coûté plus de mille francs à celui qui se l'était approprié indûment. Dans les pays riverains du flottage, les meuniers, surtout, se permettent de ces larcins; cette manière économique de se chauffer leur revient souvent plus cher qu'à Paris.

Le prix du martelage varie suivant la grosseur du bois; il coûte plus pour la menuise, très-difficile à marteler : que pour des gros bois, en effet, chaque corde composée d'environ 350 bûches de bois taillis de toutes grosseurs en contient plus de 800 en menuise ; c'est donc plus du double de coups de marteau que le marteleur doit donner.

Le plus beau martelage se fait sur le hêtre ; les prix sont de 15 à 30 centimes le décastère.

Avoir grand soin que les marteaux soient bien vidés, afin que le bois qui s'y introduit ne les engorge pas.

La manière de fabriquer un marteau n'est point commune ; il faut être habile en cette partie, pour qu'un marteau soit propre au martelage ; le marteau une fois engorgé, la marque ne peut plus s'appliquer visiblement.

On fait de ces marteaux, avec une rare perfection, à Clamecy (Nièvre), et pour le modique prix de 1 fr. 50 c. à 2 fr.

Les marques sur l'Yonne et la Cure, où il se flotte le plus de bois, sont contenues dans moins d'un pouce carré ; les plus simples sont les meilleures, et les plus renommées sont ainsi figurées :

Nous n'avons pas parlé, dans nos produits industriels en bois, des articles de raclerie, vasellerie, boissellerie, pilots et étaux de boucherie ; nous allons passer en revue les principaux, sans entrer dans tous les détails de leur fabrication, qui sont très-nombreux et que nous ne connaissons pas assez ; nous les mentionnerons seulement pour ordre, comme indice et faisant une partie importante de l'exploitation des bois de haute futaie.

SECTION XXXII.

RACLERIE.

La raclerie produit des fûts de bâts et de selle ; les jougs à bœufs, les pelles à four, à grain, à boue, étuis, boîtes, copeaux, ou feuilles très-minces pour les gainiers, fourbisseurs, miroitiers et tabletiers (*), jalousies, battoirs à lessive, brosses, manches de couteaux, etc.

VASELLERIE.

Seaux, sébiles, écuelles, gamelles, hottes, mortiers, salières, égrugeoirs, moules à pain, beurrières, etc.

BOISSELLERIE.

Mesures à grain, caisses de tambours, cercles, cribles à tamis, violons, moules à fromages.

PILOTS.

Bois ronds coupés d'hiver dont on a seulement

(*) Ces copeaux se font dans la forêt de Villers-Cotterêts, où la machine propre à cette fabrication paraît avoir été inventée.

ôté l'écorce de 20 à 30 pouces de rotondité (541 à 812 millim.) de toutes longueurs, depuis 6 pieds jusqu'à 24 (1 mètre 949 millim. à 7 mètres 796 millimètres); ces bois sont pour servir d'appui et fortifier les fondations des ports, chaussées, digues, enfin pour tous les travaux dans l'eau ou quand le terrain est mobile, et n'offre pas de solidité.

ÉTAUX DE BOUCHERIE.

Grandes et vastes tables pour couper la viande et pour le service des grandes cuisines, ateliers de menuisiers, serruriers et autres industriels.

La raclerie et la vasellerie, se font en hêtre et pin; la boissellerie, en hêtre, chêne et pin;

Les pilots, en chêne, aune et sapin; les étaux de boucherie, en hêtre et orme, mais particulièrement en hêtre.

Les détails de ces fabrications sont véritablement immenses, ainsi que nous venons de le dire; un marchand de bois de chauffage s'y livre rarement; il vend presque toujours ses arbres en grume, ou le corps principal, en se réservant tout ce qui ne peut se fendre, ou donner un produit industriel; c'est ce qu'il y a de mieux à faire : toutefois, nous conseillons aux grands exploitants de bois d'attirer dans leurs coupes toutes les industries possibles, mais toujours sous la condition que le débit en sera assuré, car on tire, en industrie, du tiers au quart et au delà, de tous autres produits, comme charpentes moulées et charbonnage, etc.

Quelques ateliers de vasellerie et raclerie de la forêt de Villers-Cotterêts, établis dans les futaies en hêtre des Pyrénées, des Vosges et de Normandie (forêt de Breteuil), n'y seraient peut-être pas déplacés : nous pensons qu'ils pourraient en augmenter la valeur et faire ménager cette essence, dont on ne fait, très-souvent, que du charbon, le plus petit des produits, tandis qu'on pourrait en obtenir de si grands d'un hêtre, en le convertissant en boîtes, étuis, etc. ; il en est à Villers-Cotterêts de 30 à 40 solives, valant, comme charpentes, 200 fr., mais dont on tire jusqu'à 1,500 fr. dans ces diverses marchandises.

Nous croyons, par ces détails sur l'industrie forestière, avoir rempli la tâche que nous nous étions imposée, en donnant les renseignements que nous avons considérés comme inhérents à l'exploitation des bois et même indispensables pour un nouvel exploitant.

Nous aurions bien voulu faire suivre ici, comme complément de l'industrie forestière, le flottage des bois sur les ruisseaux à bûches perdues et le flottage en train ou radeau; mais nous ne voulons point nous écarter de la marche que nous nous sommes tracée : nous continuerons ce qui doit achever notre cours d'exploitation, et nous en parlerons plus loin; ces deux industries sont trop importantes pour les traiter légèrement; nous les diviserons même en deux chapitres distincts, pour les mettre à la portée de toutes les classes et de toutes les intelligences, en multipliant nos instructions et en entrant même dans les plus petits détails, afin de les nantir d'une spécialité que nous croyons nécessaire; d'autant qu'elles sont inconnues dans beaucoup de localités; en un mot, en nous efforçant de faire profiter de notre expérience sur le flottage, non-seulement la France, mais tous les pays qui peuvent avoir des forêts sans valeur, faute d'industrie ou de moyens de transport économiques.

SECTION XXXIII.

EXEMPLES D'EXPLOITATIONS DE BOIS.

Le produit brut d'un arpent de bois (51 ares 7 centiares) en première classe, exploité hors séve, d'octobre au 1er avril, peut être établi sur les bases, ou commune, dont le détail va suivre :

PREMIER EXEMPLE.

1°	5	*décast.* de moulée pour bois de chauffage de 42 pouces de longueur (114 centimètres), à 50 f. la corde de vente ou 100 fr. le décastère (page 84 (*)), ci	500 f.
2°	12	*cordes* de charbonnage (p. 126), à 10 fr. la corde, ci	120
3°	12	*pièces ou décistères*, provenant	
		A reporter.	620 f.

(*) Aux pages indiquées entre parenthèses, on trouvera le mode de fabrication et le prix de chaque espèce de produit forestier.

		Report.	620 f.
		des vieilles écorces, à 5 fr. la pièce (p. 53), ci.	60
4°	500	*bourrées* de ramille après le charbonnage (p. 93), à 4 fr. le cent, ci	20
5°	1	*corde de souche* (p. 100), à 5 fr., ci	5
6°	1	*trinquet de copeaux*, recoupes et chicots (p. 103), à 3 fr., ci	3

NOTA. — Les trinquets de copeaux et de souches sont de 4 pieds carrés (2 pour la corde), de 64 pieds cubes chaque, ou 2 stères 370 millistères.

TOTAL. 708 fr.

DEUXIÈME EXEMPLE.

PRODUIT D'UNE EXPLOITATION DE PREMIÈRE CLASSE AVEC INDUSTRIE.

1°	2	décast. 5 stères à 100 fr.	250 f.
	2	décast. 2 stères, convertis *en échalas* communs, de 50 pouces (1 m. 353 mil.) de long (p. 49), à 16 fr. le millier.	256
		perte 3 stères, par l'écorce ou la pelure des bûches, pour mémoire.	
	5	décastères.	
2°	8	cordes de charb. à 10 f. (p. 126).	80
	8	cordes. *A reporter.*	586 f.

	8 cordes. *Report.*	586 f.	
	3 cordes *en cercles* à feuillettes (p. 51), 3 milliers à 30 fr.	90	
	1 corde en *roulons* (p. 83), 20 bottes à 1 fr.	20	
	12 cordes.		
3°	9 pièces de charpente (p. 53), à 5 fr.	45	
	3 en *lattes*, 12 bottes, *en cœur* (p. 17), à 1 fr. 25 c.	15	
	en *aubier*, 9 bottes, à 75 c.	6	75 c.
	12 pièces.		
4°	500 bourrées (p. 93), à 4 fr.	20	
5°	1 corde de *souches* (p. 100), à 5 f.	5	
6°	1 *trinquet* de copeaux (p. 103), à 3 f.	3	
		790 f.	75 c.
	Exploitation brute.	708	
	Bénéfice avec industrie.	82 f.	75 c.

TROISIÈME EXEMPLE.

1°	2 décastères 2 stères, moulée à 100 fr.	220 f.
	1 décastère 5 stères, échalas de longueur de bûche, 42 pouces	
	3 décastères 7 st. *A reporter.*	220 f.

	3	déc. 7 st. *Report.*	220 f.
		(114 centimètres) (p. 49), 15 milliers à 13 fr.	195
		perte 3 stères, par l'écorce ou sur la pelure des bûches.	
	1	décastère, chantier de flottage (p. 71), 900 à 12 fr. le cent.	108
	5	décastères.	
2°	7	cordes, charbonnage à 10 fr.	70
	1	corde, perte sur le chantier pour mémoire.	
	1	corde en cercles, un millier (p. 51).	30
	3	cordes à cotrets (p. 96), 300 à 18 fr.	54
	12	cordes.	
3°	6	solives à 5 fr.	30
	6	solives en échalas de cœur, aubier compris (p. 48), à 4 fr.	24
	12	solives.	
4°	500	bourrées à 4 fr.	20
5°	1	corde de souches.	5
6°	1	trinquet de copeaux.	3
			759 f.

Exploitation brute,	708	759 f.
Bénéfice avec industrie,	51	
Perte sur le 2e exemple de 790 f. 75 c.		31 75
		790 f. 75 c.

Cette perte provient du petit échalas et de celui de cœur, ce dernier ne se faisant ordinairement que près des grands vignobles et dans les forêts où le bois de charpente a peu de valeur.

QUATRIÈME EXEMPLE.

EXPLOITATION A L'ÉCORCE; FIN D'AVRIL A FIN DE JUILLET.

1°	2	décastères en bois pelard à 100 fr.	200 f.	
	1	décastère, 5 stères en échalas commun (p. 49), 12 mil. à 16 f.	192	
		en perches 5 stères (à houblon) (p. 74), 175 à 50 fr. le cent.	87	50 c.
	1	décastère enlevé par l'écorce (p. 77), 250 bottes à 60 fr. le cent.	150	
	5	décastères,		
2°	5	cordes charbonnage à 10 fr.	50	
	5	cordes en fagots de 6 à 7 pieds de long avec triques de 4 pieds (p. 95), 400 à 20 fr.	80	
	1	corde en roulons et perchettes (p. 83), 20 bottes à 1 fr.	20	
	1	corde prise sur les perches à houblon pour mémoire.		
	12	cordes.		
		A reporter.	779 f.	50 c.

		Report.	779 f. 50 c.
3°	10	solives en planches d'un pouce d'épaisseur, 9 à 10 de largeur (325 m. sur 244 à 271 m.), 300 p. courants (p. 21), à 20 c. le p.	60
	2	solives en charpente à 5 fr.	10
	12	solives.	
4°	250	bourrées prises par les fagots pour mémoire.	
	50	bourrées prises par les cotrillons à 4 fr. le cent.	2
	200	bourrées en cotrillons ou margotins (p. 96), 400 à 10 fr.	40
	500	bourrées.	
5°	1	corde de souches.	5
6°	1	trinquet de copeaux.	3
			899 f. 50 c.
		Exploitation brute.	708
		Bénéfice sur l'exploitation brute.	191 f. 50 c.

CINQUIÈME EXEMPLE.

EXPLOITATION A L'ÉCORCE.

1°	1	décast. 8 stères à 100 fr.	180 f.
		échalas 5 stères de 42 pouces (114 cent.) de longueur (p. 49), à 13 fr. le millier, 5 milliers.	65
	2	décast. 3 stères. *A reporter.*	245 f.

	2 déc st. 3 stères. *Report.*	245 f.	
	Enlevé 8 stères par l'écorce, 200 bottes à 60 fr. le cent.	120	
	1 décast. 5 stères en chantiers, 1,500, à 12 fr. le cent.	180	
	NOTA. — Où il y a 1500 de chantiers, c'est que le taillis abonde en charme, ce qui nous a fait réduire le produit de l'écorce à 200 bottes seulement.		
	en sabots 4 stères, 4 grosses ou 624 paires (p. 68), à 16 fr. la grosse.	64	
	5 décastères.		
2°	15 cordes charbonnage à 10 fr.	150	
	NOTA. — Les bois charneux rendent beaucoup de charbonnage et de première qualité.		
3°	4 solives ou charpentes à 5 fr.	20	
	8 solives en merrain (p. 55), un quart à 66 fr. 66 c. le quart garni, ou 400 fr. le millier sur feuille.	66	66 c.
	12 solives.		
4°	600 bourrées à 3 fr. (*), moins bon-		
	A reporter.	845 f.	66 c.

(*) Plus il y a de charbonnage, plus il y a de bourrées.

		Report.	845 f. 66 c.
		nes en charme qu'en chêne.	18
5°	1	corde souche.	5
6°	1	trinquet de copeaux.	3
			871 f. 66 c.
		Exploitation brute.	708
		Bénéfice.	163 66

SIXIÈME EXEMPLE.

1°	3	décastères 2 stères, moulée à 100 fr.	320
		perches 5 stères (d'Avallan) (p. 76), à 16 fr. 50 c. le stère (environ 100 perches).	82 f. 50 c.
		en sabots 2 st. à 16 fr. (p. 68).	32
	1	décastère 1 stère en chantiers (p. 71), 1 millier.	120
	5	décastères.	
2°	11	cordes charbonnage à 10 fr.	110
	1	corde prise par le chantier pour mémoire.	
	12	cordes.	
		A reporter.	664 f. 50 c.

		Report.	664 f. 50 c.
3°	8	solives en charpente à 5 fr.	40
	4	solives pour rais (p. 99), à 8 fr.	32
	12	solives.	
4°	500	bourrées à 4 fr.	20
5°	1	corde souche à 5 fr.	5
6°	1	trinquet de copeaux.	3
			764 f. 50 c.
		Exploitation brute.	708
		Bénéfice.	56 f. 50 c.

RÉSUMÉ DES PRODUITS D'UN BOIS DE PREMIÈRE CLASSE.

1re exploitation brute			1er exemple.	708 f.	»
2e id. avec industrie			2e exemple.	790	75 c.
3e id.	2°	id.	3e exemple.	759	»
4e id.	3°	id.	4e exemple.	899	50
5e id.	4°	id.	5e exemple.	871	66
6e id.	5°	id.	6e exemple.	764	50
			TOTAL.	4,793 f.	41 c.

Le sixième de ce chiffre donne pour le terme moyen du produit d'un arpent de bois en première classe la somme de 798 fr. 90 c.

Mais, attendu l'inégalité de la valeur des coupes, leurs situations et qualités diverses, nous diviserons les produits d'une forêt, en France.

aménagée de 18 à 25 ans, en quatre classes, savoir :

La première à	700 fr.
La deuxième à	600
La troisième à	450
La quatrième à	250
	2000 fr.

Ce qui donnerait une commune de 500 fr. l'arpent ou 1000 fr. l'hectare.

Dans un grand nombre de localités, on se récriera beaucoup sur ce prix, parce que l'on ne fera pas attention que c'est une récapitulation des bois qui approvisionnent Paris et qui sont le plus en valeur ; nous pouvons, toutefois, assurer qu'avant de nous y arrêter nous avons consulté les statistiques les plus recommandables dont un extrait va suivre :

Les bois du département de la Seine donnent un revenu de 58 fr. l'arpent.

Seine-Inférieure,	39	96
Seine-et-Oise,	26	35
Seine-et-Marne,	20	49
Lot-et-Garonne,	21	88
Gironde,	18	75
Eure-et-Loir,	16	11
Côte-d'Or,	12	48
Yonne,	12	02
Nièvre,	8	91

Nous ferons remarquer, en outre, que le revenu élevé de la Seine, de la Seine-Inférieure et de Seine-et-Oise tient à ce que les aménagements ont au moins 30 ans et à ce qu'on coupe annuellement dans les forêts des environs de Paris quelques parties en futaies de 120 à 150 ans, et beaucoup de gaulis de 50 à 60 ans.

D'après les revenus que nous venons de signaler, pris sur les principaux points de la France, nous pensons que nos évaluations sont plutôt au-dessous qu'au-dessus de leur véritable valeur, particulièrement en ce que les ventes faites par l'État, qui ont servi de base aux produits ci-dessus, occasionnent d'énormes frais, et qu'il y a presque toujours accord entre les marchands pour acheter les coupes à bas prix; d'où il résulte que les quatre cinquièmes, au plus, de leur prix véritable entrent dans les caisses publiques; d'après cet aperçu, on jugera donc si nous avons exagéré les produits des bois exploités avec industrie sur les meilleures bases d'exploitation sans déduction des frais de garde-vente et du bénéfice marchand qui est ordinairement de 10 à 12 0/0.

Nous admettons encore qu'on exploitera ses bois soi-même ou par un garde exploitant; un propriétaire, nous allons le dire, de nouveau, a infiniment plus d'avantage qu'un marchand; celui-ci n'a rien de certain et parcourt autant de pays qu'il a d'exploitations; le propriétaire, au contraire, étant à demeure fixe, obtient d'abord des ouvriers de choix, ensuite une diminution sur les prix d'exploitation, et se fait en plus un achalandage qui lui vaut un bénéfice de 10 à 15 0/0, en lui assurant, en outre, plus efficacement la rentrée de ses ventes, le temps et la continuité lui faisant apprécier ses consommateurs, qui, à leur tour, s'attachent à lui.

Afin d'expliquer pourquoi, dans nos évaluations d'exploitations, nous avons opéré spécialement sur la première classe du bois, nous dirons que, se trouvant fournie de beaux taillis et de grands arbres, cette classe nous offrait plus de moyens de faire apprécier la justesse de nos calculs, et en même temps de nous mieux faire comprendre. Les propriétaires des deuxième, troisième et quatrième classes, en prenant pour base les exemples de la première, pourront se fixer sur la valeur de leurs coupes en diminuant les produits en nature et en raison de leur classe.

Notre travail, en résumé, est un tarif ou plutôt une crémaillère que les propriétaires de forêts lèveront ou baisseront suivant l'essence, la qualité et la position de leurs superficies de bois pour en apprécier le prix.

Les bois de l'État, du Roi, des Princes et des grandes fortunes, en général, sont loin d'atteindre, il est vrai, les revenus que nous annonçons, encore bien que l'opinion vulgaire les considère comme les mieux administrés; ce sont, au contraire, après ceux des petits propriétaires de buissons et traces, les plus mal cultivés et qui rendent le moins à cause de leurs aménagements mal entendus et souvent trop vieux, notamment par la routine meurtrière *des quarts de réserve toujours sur les mêmes fonds*, et aussi par l'ignorance et l'incurie de la plupart des officiers forestiers qui sont par trop imbus de cette fausse maxime, que ce qui vient en dormant n'a besoin de surveillance qu'à l'égard du maraudeur seulement, et nullement d'intelligence pour venir en aide à la végétation; premier principe forestier qu'ils ne saisissent pas, nous n'osons dire, à cause de sa simplicité, mais bien par suite de leur insouciance.

(Voir, vol. 1er, ce que nous disons *des devoirs des agents forestiers*, p. 166 et 339.)

CHAPITRE II.

CHARBONNAGE, CHARBON ET HOUILLE.

L'usage du charbon est fort ancien. Théophraste nous apprend que les Grecs de son temps (il y a plus de 2000 ans) en faisaient une grande consommation. Julien, successivement proconsul et empereur, s'en servit à Paris et faillit en être asphyxié. En Espagne ainsi qu'en Turquie, en Égypte, en Chine et, en général, dans les pays chauds, montagneux, inaccessibles aux voitures et déboisés, on en emploie beaucoup. Les villes de Rosette et du Caire le tirent de la Syrie et s'en approvisionnent en le faisant transporter à dos de chameaux. A Paris, c'est en été qu'on en consomme le plus, notamment à l'époque de la récolte des petits pois. Le charbon alors fait presque exclusivement l'office de bois, et ce dernier, dans les fourneaux de cuisine et de forges, ne peut suppléer au charbon.

Le charbon est de première nécessité dans les contrées où il n'y a que des fourneaux ou brasiers, au lieu de cheminées, pour se chauffer.

Ce combustible, par sa siccité, est incorruptible; c'est pour cette raison qu'on le place souvent sous des bornes comme indication impérissable, et généralement en vue de s'assurer de la durée d'un pieu ou de tout autre bois qui doit séjourner en terre; alors on le carbonise, en soumettant à l'action du feu la partie qui doit rester dans la terre.

SECTION PREMIÈRE.

FAÇON ET DIMENSION DES CORDES A CHARBON.

La corde de charbonnage ou à charbon varie suivant les pays. Nous admettrons pour base de nos calculs celle qui est le plus en usage en France et comme terme moyen des mesures de cette marchandise, qui, d'après l'ordonnance de 1669, est de 8 pieds de couche (2 mètres 599 mil.), 4 pieds de hauteur (1 mètre 299 mil.), 2 pieds de largeur (650 mil.); 64 pieds cubes, 2 stères 370 millistères. Prix, 4 à 8 francs la corde, suivant la position et la qualité.

LA CORDE DU BERRI ET NIVERNAIS.

8 pieds de couche (2 mètres 599 mil.); 4 pieds 2 pouces de hauteur (1 mètre 353 mil.); 2 pieds 6 pouces de largeur (812 mil.); 83 pieds 4 pouces cubes (3 stères 086 mil.); 75 pieds (2 stères 277 mil.) si la bûche n'a que 27 pouces de longueur. Prix, 3 à 6 francs.

EN BOURGOGNE (Yonne et Aube).

8 pieds de couche (2 mètres 599 mil.); 5 pieds de hauteur (1 mètre 624 mil.); 1 pied 10 pouces à 2 pieds de largeur, 23 pouces, terme moyen

(623 mil.) ; 76 pieds 8 pouces cubes (2 stères 835 mil.). Prix, 5 à 10 francs.

EN NORMANDIE.

8 pieds de couche (2 mètres 599 mil.); 4 pieds de hauteur (1 mètre 299 mil.); 2 pieds 1 pouce à 2 p. 3° de largeur (2 p. 2° terme moyen ou 704 mil.); 69 pieds 4 pouces cubes (2 stères 568 m.). Prix, douze à seize francs aux environs de la forêt de Dreux.

EN BRIE.

8 pieds de couche (2 mètres 599 mil.); 4 pieds de hauteur (1 mètre 299 mil.); 2 pieds 6 pouces de largeur (812 mil.); 80 pieds cubes (2 stères 963 mil.). Prix quinze à dix-huit francs.

MARNE.

6 pieds 2 pouces de couche (2 mèt. 3 m.); 4 pieds 3 pouces de hauteur (1 mètre 380 mil.); 2 pieds 3 pouces de largeur (731 mil.); 58 pieds 33/100es cubes ou 2 stères 160 mil. Prix, douze à treize francs.

CANAL DE BRIARE.

16 pieds de couche (5 mètres 197 mil.); 2 pieds 2 pouces de hauteur (704 mil.); 2 pieds de largeur (650 mil.); 69 pieds 4 pouces cubes (2 stères 568 mil.). Prix, cinq à six francs.

LOIRE ET ALLIER.

Corde de l'ordonnance, 64 pieds cubes. (Voir les dimensions, p. 127.)

SEINE.

6 pieds de couche (1 mètre 949 mil.); 3 pieds de hauteur (975 mil.); 2 de largeur (650 mil.); 36 pieds cubes (1 stère 333 mil.). Prix, cinq à six francs.

SAÔNE.

Petite mesure de 4 pieds de couche (1 mèt. 299 m.); 4 pieds de hauteur (1 mètre 299 mil.); 1 pied 6 pouces de largeur (487 mil.); deux pour la corde; 80 pieds cubes à la corde ou 2 stères 963 mil. Prix, 9 à 12 fr.; 3 fr. 50 cent. à 4 fr. le tonneau (*).

De ces différentes mesures, en résumé, la plus convenable, à notre avis, serait celle qui concorderait avec le stère ou double stère, en réduisant la longueur des bûches au terme moyen de 21 pouces (568 mil.), par la raison qu'il est de l'intérêt général d'abord de se mettre en harmonie avec les mesures métriques, mesures invariables et faciles à comprendre, et ensuite que plus le charbonnage *est court* et droit, plus il produit de charbon. Nous conseillons donc aux charbonniers et aux maîtres de forges d'adopter la mesure des piles de deux quarts ou demi-corde 8 pieds (2 mètres 599 mil.) de couche; 2 pieds 1 pouce (677 mil.) en hauteur; 1 pied 9 pouces (568 mil.) de largeur; 29 pieds 2 pouces cubes, ou 1 stère 80 millim., moitié de la corde de marne; en observant ici, de nouveau, que la largeur de 21 pouces est celle qui rend le plus de charbon.

(*) Dans cette contrée, on ne vend le charbonnage que réduit en charbon, soit à la banne ou tonneau.

Pour bien se fixer, au surplus, sur la valeur d'une corde de charbonnage, il s'agit seulement de réduire chaque mesure au pied cube. La corde à charbon, assez généralement, étant de 56 à 80 pieds cubes, le terme moyen est de 70 pieds cubes environ et les prix de 5 à 10 fr., ce qui porte la commune de la valeur de cette marchandise en France, à peu près à 7 fr. 50 c. la corde, ou 10 cent. le pied cube; ce prix est d'autant plus certain que le charbon se vend presque partout de 5 à 8 francs la voie, du poids d'environ 50 kilogrammes. La valeur du charbonnage varie, néanmoins, depuis 4 centimes jusqu'à 20 le pied cube, suivant les localités et les frais plus ou moins grands d'exploitation. Mais on sera, sans doute, étonné que la plus ordinaire du charbon, dans toute la France, octroi non compris, est d'un sou la livre, 10 cent. le kil. ou 5 francs la voie, même dans les contrées où le bois est peu recherché; ce qui s'explique, 1° parce que l'exploitant a moins de débit qu'aux environs de Paris, 2° que la fabrication s'y fait moins bien, 3° que les transports exécutés par petites parties sont souvent plus coûteux que par grandes masses, ou que le petit charbonnier enfin, qui vend une faible quantité aux foyers des cuisines de province, doit gagner autant sur cent sacs que sur deux mille débités à Paris et dans de grandes villes, ou bien il ne retirerait pas ses frais.

D'après ces détails préliminaires et en se pénétrant des instructions qui vont suivre, nous avons la confiance que chaque exploitant ou propriétaire établira lui-même la valeur de ses menus bois, et pourra, sans intermédiaire, apprécier facilement leurs produits en charbon.

SECTION II.

DÉPENSE ET PRODUIT D'UNE CORDE DE CHARBONNAGE DE 64 PIEDS CUBES OU 2 STÈRES 370 MILLISTÈRES.

1° Valeur sur feuille,	6 francs.	»»
2° Coupe, 1 franc par corde, ci	1	»»
3° Conduite au fourneau et dressage,	»	60
4° Cuisson,	1	»»
5° Voiture au port (*),	2	»»
6° Faux frais,	»	40
Total,	11 francs.	»»

Deux voies et demie par corde (5 hectolitres), à 5 francs la voie,	12 f. 50 c.
Dépense,	11
Bénéfice par corde,	1 50 c.

Ce bénéfice peut être absorbé ou augmenté, suivant l'achat des charronnages ou dépenses qu'il serait difficile de préciser ici.

A 5 f. la voie, c'est par hectolitre, 2 f. 50 c.

Par pied cube de charbon, 90 c.

Par kilogramme de charbon, 10 c.

Par livre de charbon, 5 c.

(*) Le charbon, qui se conduit à dos de mulet ou de cheval, coûte de 50 à 75 c. le sac, et même jusqu'à 1 fr. et plus quand il n'y a qu'un voyage à faire par jour ; mais, par voiture ou par eau, il coûte un peu moins : ainsi, en portant le transport du produit, en charbon, d'une corde de charbonnage du poids d'environ 125 kil., à 2 fr., nous croyons être plutôt au-dessus qu'au-dessous du prix qu'on donne aux forges et sur les ports.

SECTION III.

VOITURE.

La voiture, pour Paris, d'un sac contenant 2 hectolitres 1/2, jusqu'à 20 lieues *par terre*, est d'environ 1 f. 50 c. à 2 f.

Idem *par eau*, 75 c. à 1 f.

30 à 40 lieues *par terre*, 2 f. à 2 f. 50 c.

Idem *par eau*, 1 f. 25 c. à 1 f. 50 c.

40 à 50 *par terre*, 2 f. 50 c. à 3 f.

Idem *par eau*, 1 f. 50 à 2 f.

On en fait conduire de la forêt de Château-la-Vallière (Indre-et-Loire) à Paris (70 lieues) par le roulage accéléré de Tours, à raison de 3 fr. par sac contenant 2 hectolitres 1/2.

Chaque jour, il en part de la ville de Château-la-Vallière 60 sacs en deux voitures maringottes attelées de chacune un cheval. Ce service se fait aussi régulièrement que celui d'une diligence, jour et nuit, par relais, en trois jours. Les retours par Tours probablement dédommagent le roulage, autrement il est à croire qu'il y gagnerait peu.

Sur la rivière d'Yonne, on a fait, jusqu'en 1829, de grands chargements de charbon dans les bateaux, à raison de 30 ou 35 fr. le muid (45 voies); ils revenaient même quelquefois à une somme de 50 fr. environ, à cause du séjour prolongé que ce charbon y faisait, de l'usure du bateau et des avances de fonds. Le muid équivaut à 36 sacs du pays: ainsi c'est à 1 fr. 40 c. du sac, ce qu'on paye maintenant, pour jouir de suite, 1 f.

et 1 fr. 25 cent.; aussi les marchands de charbon donnent-ils aujourd'hui la préférence à la voiture au sac, que l'on charge sur des flûtes ou bateaux légers depuis Cravant en aval.

Sur les prix et renseignements, sus-relatés, l'on sera à même de régler, avec sécurité, suivant l'essence et la qualité des bois de charbonnage, en élevant ou diminuant celui de la corde, *la valeur du charbon*, les façons et transports se faisant dans toute la France, à très-peu de chose près, sur les bases que nous avons indiquées.

L'octroi à Paris, pour une voie, est de 1 fr. 10 c.

SECTION IV.

MESURAGE DES CHARBONS.

A Paris, aux places et dans les magasins des marchands de charbon, on mesure à la voie ou double hectolitre, du poids, en bois dur, de 50 kilog., et, en bois blanc, de 37 à 40 kilog.

SUR LA RIVIÈRE D'YONNE ET SUR LA SEINE.

C'est aujourd'hui, presque tout, au sac de 2 hectolitres et demi ou au mètre cube de 10 hectolitres ; avant 1830, on mesurait au muid, qui se composait de 18 vans combles, c'est-à-dire tant qu'on pouvait en faire tenir dans chaque van avec des râteaux en bois; cette mesure est en osier semblable au van à blé ; elle a, en longueur, 4 pieds 1 pouce (1 mètre 326 millim.); hauteur, 1 pied 1 pouce (352 millim.) ; profondeur, 2 pieds 4 pouces (758 millim.). (Arrêté du 24 prairial an III.)

Un muid de charbon doit rendre environ 45 voies.

Une corde de charbonnage sur cette rivière, où elle est le résidu du cercle, du chantier et de la menuise, est, par conséquent, de très faible qualité ; néanmoins elle produit encore un van de charbon, 2 voies 1/2 ou 5 hectolitres.

Dans l'Alsace, le Berri, le Nivernais, l'Indre, où la carbonisation se fait moins bien, on obtient cependant 4 sacs par corde et plus, de 6 pieds cubes chaque; cela tient à ce que les cordes sont de 80 à 85 pieds cubes d'une part, et que d'autre part tout le taillis est mis en charbonnage.

Les prix sur la rivière d'Yonne, depuis la Roche jusqu'à Sens, étaient de 125 à 145 francs le muid.

En établissant le prix du muid de charbon sur le port à 145 fr., à 8 kilog. le poids du pied cube de charbon, et à 16 pieds cubes de charbon le produit d'un double stère de charbonnage, braise non comprise (le quart en volume d'une corde de 64 pieds cubes), qui rendait, à Paris, 2 voies 1/2 ou 5 hectolitres, et revenait alors, sur les ports, à 3 fr. 22 c. la voie, 8 fr. 5 cent. le van, 54 cent. le pied cube, on obtenait à la corde de charbonnage, frais déduits, une valeur de 8 fr. 5 cent.

CANAL DE BRIARE.

Les livraisons sur le canal se font à la banne, qui se compose de cinq vans, ou plutôt de 6 poinçons de 230 litres, moitié combles et moitié ras. Malgré cette désignation usitée dans le langage commercial.

on ne fait usage que de la banne mesurée au poinçon, jauge d'Orléans, 240 pintes ou 230 litres, et non du van. Le van sur ce canal, d'après l'ordonnance du 25 janvier 1770, était de 13 pieds 6 pouces de tour (4 mètres 385 millim.), 5 pieds (1 mètre 624 mil.) d'oreille à oreille, 1 pied 3 pouces (406 millim.) de hauteur du collet, 3 pieds (975 millim.) de largeur.

Pour une banne, il faut de 3 cordes 1|2 à 4 cordes de 69 pieds 4 pouces cubes, qui se vendent, dans la partie haute du canal, à cette mesure, de 4 à 6 fr. la corde, et, dans la partie basse, de 7 à 10 fr., même plus; mais elle est d'un tiers plus forte, elle a 20 pieds (6 mètres 497 millim.) de couche, 2 pieds 6 pouces (812 mill.) de hauteur, 2 pieds (650 mil.) de largeur, 100 pieds cubes (3 stères 704 mil.).

A cette forte mesure, le charbon, en raison aussi de sa position avantageuse, quoiqu'à un prix beaucoup plus élevé, semble moins cher que dans les environs de Briare; mais rarement les cordes ont 30 pouces (162 millim.) de largeur, on en livre plus souvent à 22 et 24 (596 à 650 millim.).

Le prix de la banne est très-variable; avant 1830, il s'est élevé jusqu'à 33 fr.; en 1835, de 24 à 26 fr.; en 1836, de 28 à 30 fr.; en 1839, de 28 à 33 fr.

Le cuissage, dressage compris, 3 fr. 50 c. à 5 fr. la banne; façon de la corde, 1 à 1 fr. 25 c. La voiture d'une banne, pour Paris, est de 6 à 8 fr., suivant la position; 160 à 175 bannes par bateau.

LOIRE ET ALLIER.

Dans, ces deux contrées la corde à charbon est celle de l'ordonnance de 1669; 8 pieds 2 mètres 599 millim.) de couche, 4 pieds (1 mètre 299 mill.) de hauteur, 2 pieds (650 millim.) de largeur, 64 pieds cubes (2 stères 370 millim.).

Cette mesure, quoique des plus faibles, est encore éludée; on rogne généralement le bois, dans ces contrées, à 21 et 22 pouces (568 à 594 millim.) : en l'admettant dans cette dernière dimension, ce ne serait que 58 pieds 8 pouces cubes ou 2 stères 172 m. Il faut ordinairement sur ces rivières 4 cordes, même jusqu'à 4 cordes 1/2, pour produire une banne composée de 10 poinçons de 228 à 230 litres, savoir : 5 combles et 5 ras; banne prisée de 28 à 33 fr.

On ne verra pas sans étonnement que le prix de la banne, sur la Loire et l'Allier, est presque toujours le même que celui du canal de Briare, quoique, sur les canaux de Briare et d'Orléans, la banne ne soit composée que de 6 poinçons et que, sur la Loire et l'Allier, elle soit de 10 poinçons, même jauge : cette différence de mesure se compense par une moindre qualité et, par conséquent, par un produit plus faible, rendu à destination; en outre, par une jouissance moins prompte et beaucoup plus incertaine, et enfin par un excédant de prix de la voiture, qui est de 3 à 4 fr. par banne. Un bateau en chêne, usage de Loire et du canal, ne contient que 120 à 130 bannes

La façon d'une corde à charbon est de 90 c. à 1 fr. 10 c. ; la cuisson, dressage compris par banne, 2 fr. 75 à 3 fr.; le transport de la forêt au port ou aux forges à dos de cheval ou mulet, à deux voyages par jour par banne, 2 f. 50 c. à 3 f., à un voyage 3 f. 50 c. à 4 fr. ; six sacs dans le bois en rendent 5 au port et à Paris 20 hectolitres ou 10 voies. La voiture d'une banne, jusqu'à Paris, est de 10 à 12.

Le sac doit avoir 3 pieds (975 millim.) de circonférence, 6 pieds 6 pouces (2 mètres 111 millim.) de hauteur. Les 6 pouces (162 millim.) sont destinés à brocher ou fermer le sac. Quand on entreprend la voiture du charbon avec un muletier ou avec tous autres voituriers au sac, il faut faire attention que souvent ils emploient par fraude jusqu'à 15 pouces (406 mill.) du sac pour faire les ligatures ; c'est une perte d'un huitième qu'on peut prévenir par une surveillance active.

Outre le charbon, on fait sur la Loire et l'Allier, quelquefois, de très-belles moulées pour Paris. Nous devons cependant avertir que, si on ne tenait pas la main pour avoir de la première qualité, il serait impossible d'y gagner; la voiture, droits de canaux compris, étant toujours à des prix très-élevés, savoir :

De Digoin sur la Loire jusqu'à Tarrot, de 75 à 80 fr. le décast. ; de Tarrot à Charbonnières, près de Decize, 70 à 72 fr. ; de Charbonnières au bec d'Allier, 60 à 62 fr.; du bec d'Allier à la Charité, 58 à 60 fr.; de la Charité à

Cosne, 56 à 58; de Cosne à Briare, 54 à 56; de Briare à Paris, 38 à 40; sur l'Allier, de Varennes et Bessay jusques et y compris le bec d'Allier, 60 à 70 fr.

Ces bois se vendent sur la Loire, depuis Digoin jusqu'au bec d'Allier, et sur l'Allier jusqu'audit lieu, de 48 à 60 fr. le décastère, suivant leur position et leur qualité; du bec d'Allier à Briare, de 60 à 70 fr.

La voiture d'un décastère de bois de moule sur le canal, est, de Briare à Paris, 38 à 40 francs le décastère; de Rogny jusqu'à Paris, 35 à 36 fr.; de Châtillon jusqu'à Montargis, 32 à 34 fr.; au-dessous de Montargis, 26 à 28 fr.

Ces prix de transport, quoique fort élevés, notamment sur la Loire, tendent encore à augmenter, attendu la rareté des bateaux de sapin, causée par la disparition progressive des bois de construction; un autre motif d'augmentation résulte aussi de la direction que les vins ont prise depuis peu par le canal de Bourgogne. Ces bateaux, avant 1814, suivaient la Loire jusqu'à Briare; là ils étaient dépotés, et un seul portait, à Paris et au-dessous, la charge de deux, même jusqu'à trois bateaux de l'Allier. La moitié ou le tiers, au moins, de ces bateaux restait alors à la disposition du commerce des bois et charbons, à un prix très-modique, attendu que les toues de Loire ne portent ordinairement jusqu'à Briare que 10 à 12 décastères; mais, de Briare à Paris, elles prennent, par surcharge, 4 à 5 décast.; sur celles de l'Allier, 2 décast. de moins, les toues étant d'une plus faible dimension, et l'Allier plus difficile de navigation que la Loire.

Une sapinière dite de Saint-Rambert, ou toue, coûte, au moins, aujourd'hui, au point de départ, à Retournac, Conflans, Bas et Aurec (Haute-Loire), Saint-Aubin, Saint-Just et Tallène, de 280 à 350 fr.; à Paris, de 120 à 150 fr.; une chênière de 1,400 à 1,600 fr.; à Paris, de 500 à 600 fr. Ces dernières se fabriquent à Diou, 10 lieues au-dessus de Decize.

Les toues dites sapinières d'Auvergne, ayant en longueur 30 mètres de la proue à la poupe, ou de 23 à 24 mètres de chauffée en chauffée, coûtent sur les chantiers de construction à Brassac-Jumeaux, et autres, sur le haut de l'Allier et la Dore, de 315 à 340 f.; à Briare, de 200 à 220 fr.; à Paris, pour le déchirage, en 1839, de 190 à 220 fr.

Les Saint-Rambert et sapinières dites auvergnates s'achètent aux gares, à Paris, pour être dépécées et mises en planches, ou pour descendre la Seine et faire le service des environs de la capitale : le prix n'en est pas encore assez élevé aux chantiers de construction, pour les reproduire sur la Loire; cela viendra, nous le craignons. On ne conserve présentement que les bateaux construits entièrement en chêne, qu'on fait remonter seulement jusqu'à Briare pour 200 fr., droits de canaux compris; on ne les remonte au delà de ce dépôt que suivant le besoin, le temps et la saison. La navigation de la Loire est tellement incertaine, qu'on ne peut rien fixer sur le prix du remontage d'une chênière; cela se fait ordinairement aux risques, périls et perte de fortune du marinier ou de celui qui en a un urgent besoin.

HAUTE-MARNE.

Dans ce pays de forges et hauts fourneaux le bois à charbon est très-précieux, et il est, en outre, de première qualité, comme dans les parties du Nivernais, de la Bourgogne et du Berri où l'on met tout en charbon, excepté, cependant, ce qui est propre à la charpente et au merrain.

Aussi la corde de charbonnage, ou le double de stère mélangé de bois blanc s'y vend jusqu'à 12 à 14 fr.

Les livraisons de charbon se font à la banne, qui se compose de

10 tonneaux combles de 8 pieds cubes	80 pieds.
10 tonneaux ras de 6 pieds cubes	60
20	140 pieds.

Le charbon se mesure dans une pièce défoncée des deux bouts, ayant, au petit, 35 pouces (948 millim.) de diamètre, au gros 43 pouces (1 mètre 164 mil.); hauteur, 23 pouces (623 millim.).

Il en faut 6 2/3 à la banne, dont le prix, dans le bois, est de 80 à 85 fr.; la banne rendue à l'usine ou au port, 86 à 90 fr. ; la façon d'une corde de charbonnage, 1 fr.; la cuisson d'une banne, 3 fr. 50 à 4 fr. ; voiture, 8 fr.

SAONE.

Nous avons dit que la corde sur cette rivière était de 80 pieds cubes (2 stères 963 mil.).

Son produit est d'environ 3 tonneaux 1/2 par corde, jauge mâconnaise de 212 litres.

Le prix de la corde sur feuille, depuis 12 pouces (325 millim.) de circonférence jusqu'à 3 (81 millim.), 8 à 12 fr.

Le tonneau rendu sur le port ou aux forges se vend de 3 fr. 50 c. à 4 fr. 60 c.

Le charbon se charge dans des banneaux étalonnés qui contiennent de 15 à 16 tonneaux, soumis, à leur arrivée, à l'inspection du garde-port, autorisé à les vérifier au besoin en les mesurant au tonneau avec 2 pouces (54 millim.) de charbon sur le bord.

Le bois de moule, dans cette localité, ne se prend que dans le bois de 4 pouces de diamètre et au-dessus.

Le tonneau équivalant à environ une voie de Paris (2 hectolitres), en raison, encore, de la qualité du charbonnage et de la capacité de la mesure, nous sommes surpris que la corde ne rende pas plus de 3 voies 1/2 du poids de 175 kilog.; ce faible produit nous ferait croire que la carbonisation, dans ce pays, a fait peu de progrès.

Nous engageons les exploitants de cette contrée à se pénétrer des instructions qui vont suivre sur la confection du charbonnage et la cuisson, notamment d'avoir le soin de détacher à la scie le charbonnage au-dessus de 6 pouces de rotondité, de ne lui donner que 21 pouces (569 millim.), même 18 (467 mil.), de ne pas faire de fourneaux au-dessus de 8 à 10 cordes, de les couvrir toujours de feuilles et, à leur défaut, de joncs, herbes ou vieux foins, qu'on maintient avec une couche de fraisil, résidu de cendres d'anciens fourneaux; cette dernière précaution est fort utile; les charbonniers des rives de la Saône ne la connaissent peut-être pas ou la dédaignent.

La façon du charbonnage est de 1 fr. 25 c.; la cuisson du tonneau, 22 à 25 c.; transport du tonneau, 25 à 30 c.; cuisson et transport, faux frais compris, 60 à 75 c. ou 2 fr. 10 c. à 2 fr. 60 c. la corde; la façon d'un 100 de bourrées, 90 c. à 1 f.

Le moule de bois de chauffage (2 stères 5 décist.), une voie, un dixième, coûte de façon 2 fr. et se vend 17 à 20 fr.; en bois blanc, 12 à 14 f.; les bourrées, 6 à 7 fr.; la braise, 2 fr. 75 c. à 3 fr. le tonneau.

Les futaies se convertissent en merrain et sciage pour le Midi, spécialement pour Beaucaire; ces sciages sont de première qualité, particulièrement en douelles ou planches de 5 à 6 pouces (135 à 162 millim.) de largeur sur 15 à 18 lignes d'épaisseur (34 à 45 millim.), les fonds de 9 à 12 pouces (244 à 325 millim.) de largeur, 18 lignes à 2 pouces (41 à 54 millim.) d'épaisseur, pour cuves ou tonnes de haute dimension, comme on en voit à Marseille, contenant 500 pièces et plus.

SECTION V.

DE LA DESSICCATION DU CHARBONNAGE PAR LE FEU.

Une corde de charbonnage de 64 pieds cubes (2 stères 370 mil.), sur la rivière d'Yonne et le canal de Briare, où l'on tire fortement à la moulée, au cercle, au chantier, au fagot et au cotret, après six mois de coupe pèsera de 500 à 600 kilog., poids moyen 575 kilog. ou 1,150 livres, qui rendront 2 voies 1/2 de charbon ou 5 hectolitres, chaque voie pesant, en bois dur, de 90 à 100 livres, terme moyen 100 livres ou 50 kilog.

2 voies 1/2 par corde à 50 kilog.,	125 kilog.
Braises de la vente et du port,	50
Perte par la dessiccation,	400
TOTAL,	575

Savoir : sur la longueur,	2/12mes
Rotondité,	6/12
Braise,	1/12
Charbon,	3/12
	12/12

8/12mes de la corde s'évaporent donc par le feu; cette perte est très-remarquable, comme on voit, sur les ports et localités où l'on fabrique du cercle, du chantier; mais dans les forêts où il n'est fait que du charbon et pas même du bois de foyer ou très-peu, la perte n'est que de 7/12mes au plus.

A moins d'être charbonnier ou connaisseur en charbon, il est difficile de distinguer celui de bois blanc avec celui de bois dur; ce n'est qu'au poids qu'on pourrait s'en assurer.

Ces deux espèces de charbon étant presque aussi noires l'une que l'autre, un œil peu exercé préférera, sans aucun doute, le charbon de bois blanc, parce qu'il est plus brillant, aux charbons de chêne et autres essences de bois durs, qui valent presque le double.

Il y aurait donc tout à la fois sûreté et avantage à acheter le charbon au poids ; plus il serait lourd et plus il aurait de durée au feu. Nous avertissons toutefois que, lorsqu'il est cuit à la légère, il est ordinairement rempli de fumerons, pèse beaucoup plus alors que du charbon très-cuit et a très-peu de qualité, notamment pour les forges. Il se casse infiniment plus que celui cuit en trois et quatre jours, qui, en termes de charbonnier, *a du recuit et se maintient presque entier dans la mesure*, où il fait, en outre, de grands vides pour l'avantage du livreur. Enfin de toute manière il y a perte pour le marchand et encore plus pour le consommateur quand le charbon n'est cuit qu'à demi.

SECTION VI.

CUISSON DES CHARBONS.

Le charbon pour les cuisines n'exige pas autant de feu ni de recuit que celui pour les forges à fer; il doit être fait dans de petits fourneaux de quatre à sept cordes, qui, en proportion, rendent toujours plus que les grands et sont promptement cuits en trente-six heures). Un charbonnier habile et vigilant, quand son fourneau est à point, le fait flamber à le croire perdu, puis l'étouffe habilement. Cette façon, exécutée en temps utile, rend beaucoup de charbon ; mais, pour se la permettre avec toute sécurité, il faut que les fourneaux soient murés en quelque sorte, c'est-à-dire entourés de bourrées ou de claies empaillées, pour les garantir du vent, à l'effet de pouvoir en maîtriser le feu et en suivre les oscillations : sans cela, au lieu de tirer d'un fourneau de 4 cordes jusqu'à 25 hectolitres et plus, on n'en aurait pas les 2/3 huit voies (16 hectolitres); aussi un intelligent et actif charbonnier, pour un exploitant, est un ouvrier très-précieux; il faut, quand on le possède, se l'attacher et lui accorder toute confiance, d'autant plus qu'il est difficile de pouvoir surveiller et diriger un homme qui travaille autant la nuit que le jour, et qui, précisément, a le plus à faire quand il survient un orage ou une pluie à ne pouvoir sortir dehors, qui n'a, souvent, qu'un instant à saisir, pour couvrir ses fourneaux et en étouffer les feux qu'une bourrasque excite et fait surgir de toutes parts, avec une violence à croire tout anéanti.

Les charbons pour les forges sont jusqu'à cinq jours en feu, et chaque fourneau contient depuis 15 cordes jusqu'à 50, quelquefois 60 et plus. On ne fait pas attention que de gros charbonnages, notamment, se brûlent souvent sans profit et perdent beaucoup, attendu qu'on ne peut les cuire qu'avec un grand feu, qui dévore en pure perte tout le centre où l'on place toujours le meilleur bois.

Ces fourneaux ont jusqu'à cinq rangs de charbonnage, tandis que ceux de quatre à sept cordes n'en ont que deux et leur tête. Avec de petits fourneaux, en cas d'événement, la perte est légère; il y a, en outre, moins de chances à courir. Ainsi, malgré l'autorité de Duhamel, nous ne sommes pas partisan des fourneaux de 25 à 75 cordes; nous nous résumons en conseillant d'accorder, au contraire, toute préférence à ceux de quatre à sept cordes pour les cuisines, et de dix à quinze, au plus, pour les forges. Plus un charbon est cuit, plus il est dur, plus il a de qualité et moins il casse. En résumé, un charbon bien cuit doit être sonore, pesant et sans fentes considérables.

Les meilleurs charbonniers sont de la forêt d'Othe (Yonne et Aube), de la Beauce (Eure-et-Loir) et de la Sarthe, au moins pour les produits ; ils exploitent la Beauce, la Brie, l'Yonne, l'Aube, tous les environs de Paris, le Mans et la Touraine.

Les charbonniers beaucerons ne font pas de planchers, ils placent sur terre leur charbonnage ; les autres en font tous.

Dans les terrains frais, comme en Brie, et dans de certaines localités de l'Yonne, les Beaucerons seraient forcés d'en faire, ou il y aurait une grande perte, surtout en nouvelle place. Sur un terrain rocailleux et sec on peut s'en dispenser, particulièrement quand on cuit à plusieurs fois sur la même place. C'est le plancher, il est vrai, où le charbon se consume le plus et fait le plus de fumerons ; mais, sans plancher, tout le charbonnage du premier rang s'enfonce en terre, ce qui donne encore plus de piétons ou bouts non cuits qu'avec un plancher.

Nous pensons qu'un plancher, même sur un terrain sec, est avantageux, parce qu'on peut mieux affumer son fourneau, en terme de tuilerie, c'est-à-dire le faire suer et rendre ses eaux, pour le mettre ensuite en plein feu en un instant ou le faire flamber à volonté. Le plancher, dans ce cas, sert de gril où passe l'eau ou la sève que le feu fait sortir des bûches.

Un fourneau bien affumé ou dégagé de toutes ses parties humides rend beaucoup plus de charbon qu'un autre qu'on met en grand feu trop rapidement.

Des charbonniers soigneux, mettent, en automne, le feu à leurs fourneaux de onze heures à midi, les affument ou les tiennent en petit feu six heures et en grand feu toute la nuit. En été, le feu doit être mis de 2 à 3 heures après midi, enfin à temps convenable pour que la fraîcheur du soir et de la nuit puisse modérer le grand feu. Au bout de 36 heures, on peut arrêter le feu, puis mitonner le charbon quatre à six heures sous la cendre, ou sous sa couverture, appelée fraisil, avant de l'enlever ou mettre en sac.

Plus le bois est lourd et dur, meilleur est le charbon; l'épine, en France, produit la première qualité de charbon.

Pour se fixer, au surplus, sur le choix à faire, du charbon de terre, sur celui de bois, nous rappellerons que, d'après les expériences de Lavoisier et de Rumford, le charbon de terre, celui de bois de première qualité et le coke rendent, à égalité de poids, la même quantité de chaleur. Le charbon de bois, en définitive, est, selon nous, plein d'avenir. Qu'on fasse bien attention que, malgré la concurrence, toujours croissante de la houille, qui, depuis quelques années, inquiète vivement tous les propriétaires de forêts, le bois de charbonnage ne diminue pas de prix; au contraire, chaque jour on en voit augmenter la valeur. Mais lorsque les houillères que l'on écrème maintenant commenceront *à s'épuiser*, ou lorsque l'extraction de leurs produits sera plus difficile, le charbon de bois deviendra précieux et d'une nécessité telle, qu'il faudra se hâter de faire des plantations pour en obtenir. Cependant le charbonnage est, comme la moulée ou bois de chauffage, ce qui rend le moins en exploitation de bois, quant à présent; mais il ne faut pas perdre de vue qu'on peut réduire toutes les espèces de bois en charbon, même les plus grands arbres, en les fendant dans les grosseurs qu'on voudra donner à cette marchandise, et en prenant en considération qu'avec elle on fait de l'argent à volonté et que même sous les tropiques elle a toujours un débit certain.

Les hauts fourneaux, les forges, les braseros en Espagne, les cassolettes en Asie, les cuisines de toutes les nations en ont un besoin absolu et continuel.

L'écorce et les copeaux exceptés, tout ce qui est bois peut se carboniser : les vieilles souches, racines et recoupes font d'excellent charbon; on en fait encore avec les ramilles ou branches au dessus d'un pouce (27 millim.) de diamètre, qui se réduisent en braise et qui se triquent avec soin pour l'industrie des maréchaux et la classe des indigents, d'autant qu'elles seraient perdues dans les interstices du charbon.

Un meuble qui daterait de plusieurs siècles, s'il n'était pas vermoulu, ferait encore du charbon. Dans beaucoup de localités, on carbonise tous les résidus d'une exploitation; et, alors même qu'on en tirerait un peu moins qu'à les détailler, on a son argent plus tôt et mieux assuré, et par là on nettoie tout d'un coup une vente de tous bois *traînants et épars*.

Le charbonnage qui est scié est beaucoup plus productif que celui fait à la serpe. Les bouts façonnés, même avec l'instrument le plus tranchant, se consument entièrement, particulièrement ceux placés sur terre : ceux écuissés où l'air s'introduit s'endommagent encore plus, souvent même bien au delà de la plaie, parce que le feu s'y incruste et fait ravage sans qu'on puisse y remédier ; au contraire, celui qui se fabrique à la scie ne perd qu'à la dessiccation, n'importe à quel rang ou lieu on le place.

Le charbon de la forêt d'Othe, notamment entre Joigny et Troyes (Yonne et Aube), et des bords de l'Yonne, est considéré, à Paris, comme le meilleur ; nous croyons que celui de Beauce le vaut bien, que même en Brie il y en a qui a plus de qualité qu'en certaines contrées basses et marécageuses de l'Yonne. La bonté du charbon tient à celle du bois, et particulièrement à la qualité du terrain qui le produit.

Il y a grand avantage à livrer du charbon sortant du fourneau, surtout quand il est cuit par un charbonnier intelligent, qu'il est presque tout en son entier, et qu'on est quelquefois obligé de le briser pour le placer dans la mesure ou dans le sac. Voilà pourquoi on préfère conduire cette marchandise, qui casse comme du verre, en banneau fourré de paille, garni de rouettes, de jeunes branches d'arbres, *ou en sac*, encore, plutôt qu'amoncelée dans une charrette ou dans un bateau, où, par son poids et par le temps qu'elle y reste, elle s'écrase davantage et tombe en poussier.

Nous tenons d'un maître de forges instruit et grand praticien, dont le père avait été forgeron, que le charbon qui vient d'être fabriqué et jeté immédiatement dans un gueulard de fourneau à fonte est excellent. « Pas de hâle pour les hauts fourneaux, nous disait-« il; mettre les charbonnages en tout temps en feu, « plutôt encore par la gelée et la neige que par le « chaud ; *employer le charbon tout frais et au « fur et à mesure de sa cuisson*, parce qu'alors il « est dans toute sa valeur; le charbon non brisé et « dans son entier divise mieux les matières qu'il « doit mettre en fusion, le vent y pénètre plus faci-« lement; en un mot, ce combustible, n'ayant « éprouvé aucune détérioration, surtout lorsqu'il est « de forte dimension, dans ce cas se trouve dans « toute sa puissance; c'est alors, ajoutait-il, qu'il « y a un grand avantage à se servir d'un charbon « fraîchement cuit, notamment pour la fabrication « de la fonte. »

Sans contredire absolument cette opinion, nous pensons cependant qu'un charbon cuit en été, ou par un temps très-sec, a besoin d'un peu de hâle pour *se coudrer*, en terme de forgeron, ou plutôt pour s'imprégner d'une légère couche d'humidité. Un peu reposé, il vaudra mieux que tout chaud, particulièrement pour les petits fers et aciers. Ne voit-on pas le forgeron faisant agir son soufflet de la main gauche, tenant de la main droite son goupillon, arrosant souvent son charbon pour lui donner plus de force et hâter, par ce soin, la fusion des métaux qu'il travaille? Par exception, toutefois, nous croyons que, pour les forges qui réduisent la fonte en fer, il faut de nécessité, choisir le plus petit charbon, ayant notamment quelques mois de hâle, parce qu'il procure plus de poussier ou fraisil, résidu qui favorise et donne de la qualité aux fers et aciers fabriqués aux marteaux et martinets spécialement.

Aussi, sans être forgeron ni chimiste, nous avons la confiance, que, pour la qualité du fer, il faut qu'il y entre un peu de carbone, que cette substance est indispensable à sa fabrication et le fait préférer, même à un prix bien plus élevé, à celui fabriqué au moyen de la houille.

L'usage aujourd'hui le plus répandu est de voiturer le charbon en sac, par terre et par bateau. Les charrettes pour les transports par terre se font presque exclusivement chez un charron en réputation de Goubert près Paris ; nous en avons vu à deux roues seulement qui contenaient plus de 300 hectolitres. Les sacs s'achètent depuis 2 francs jusqu'à 3, chez des marchands de toiles, près la halle aux farines à Paris : on en trouve de tout faits et en aussi grande quantité qu'on le désire.

Les sacs à charbon se lient avec des jeunes branches de bouleau, ou avec deux bâtonnets croisés sur la gueule du sac et tenant le charbon tellement serré qu'il n'en peut sortir ; ou enfin, avec des fumerons en croix bridant également le sac au point d'empêcher le charbon de s'échapper. On emploie quelquefois de la ficelle; cela est plus dispendieux et prend en pure perte 20 centimètres du sac sur sa longueur, mais c'est plus solide.

L'octroi de Paris a droit de réclamer, par voie ou double hectolitre, 1 franc 10 centimes; il se contente, assez ordinairement, de cette redevance par sac qui contient 2 hectolitres 1/2, en considération du déchet qui s'opère jusqu'à la vente, et c'est justice.

Nous dirons enfin que, pour tirer du charbonnage la quantité et la qualité réunies du charbon, il faut tenir à l'exécution des conditions suivantes :

SECTION VII.

CLAUSES ET CONDITIONS A IMPOSER AUX OUVRIERS POUR LA FABRICATION DU CHARBONNAGE ET DU CHARBON.

1° Le charbonnage sera coupé proprement d'un seul coup, autant que possible, par une serpe bien tranchante, afin que le morceau ne s'écuisse pas et soit immédiatement et avec facilité nettoyé à vif de ses ramilles, chicots et nœuds apparents, en donnant seulement à la coupe l'oblique nécessaire pour que la bûche soit tranchée nettement et non en bec de canne très-allongé, attendu que toute la partie de la coupe serait du bois perdu sans aucun profit.

2° N'employer en charbonnage qu'un bois sain et droit; quant aux rameaux ou branches courbes, les redresser en les coupant, ou d'un morceau en faire plutôt deux demi-longueurs. Plus le bois est exploité court, plus il est droit; aussi il y aura bien plus de charbon à espérer proportionnellement, dans une corde de 21 pouces de largeur que dans une autre de 28, ajoutant le quart en sus que la première a de moins. Qu'on retienne bien qu'un cercle peut être mis en morceaux droits comme une règle, si on les coupe assez petits.

3° Avoir soin que le charbonnage soit d'une longueur régulière, mis en piles droites, non courbées et bien remplies; en outre, que le bois par trop passé ou pourri soit jeté de côté pour le chauffage du charbonnier ou du garde-vente.

4° Faire dresser les fourneaux sur les anciennes places dénommées par l'ordonnance de 1669, sous les noms de fauldes ou fosses rondes ; de nouvelles places font perdre du charbon et prennent sur le fond du bois; payer même un peu plus de frais de dressage pour cuire deux ou trois fois sur une même place sans renouveler le fraisil, particulièrement pour le charbon à cuisine, sauf pour celui à forges et à fourneaux, qui doit être plus recuit et pour lequel il faut, en conséquence, avoir soin de prendre, par exception, des terres et gazons frais pour chaque fourneau; ce charbon, exigeant plus de travail, a besoin d'être fortement couvert et de cuire, pour ainsi dire, en mitonnant.

Nous dirons, en outre, qu'il est nécessaire de piocher et arroser plus ou moins la place d'un fourneau, suivant qu'elle en a besoin, après y avoir cuit deux fois; autrement, le fond étant trop calciné, il s'y ferait une grande perte; mais souvent l'humidité de la nuit ou une légère pluie y pourvoit.

En dernière analyse, pour la perfection de la carbonisation, notamment pour avoir de plus riches produits, et en vue surtout de la conservation du fond de bois, il faudrait, avant le 15 avril de chaque année, sortir tous les charbonnages sur un rond-point où toutes les coupes aboutissent ordinairement, ou sur un des côtés du bois, pour les cuire sur cinq ou six places, ainsi que cela se pratique dans la forêt de Senart et dans d'autres forêts aux environs de la capitale. Les marchands, dans leur langage ordinaire, c'est-à-dire intéressé, prétendent que c'est impraticable.

Pour leur prouver le contraire, nous allons établir la dépense du transport, sur un point donné, du charbonnage de 25 hectares ou 50 arpents.

Uu hectare de bois taillis où l'on fait de l'industrie produit ordinairement de 15 à 25 cordes, suivant l'âge du bois et son essence, et selon enfin qu'on tire plus ou moins au chantier, à l'échalas, au cercle et la menuise : en admettant, comme terme moyen, 20 cordes par hectare, alors, pour une coupe de 25 hectares, on aurait 500 cordes à sortir de la vente.

Les taillis de 16 à 20 ans d'âge, qu'on exploite *entièrement* en charbon, produisent, dira-t-on, jusqu'à 70 cordes l'hectare et plus; comment vider une aussi grande quantité? Il est vrai que, dans ce cas, on a beaucoup à faire voiturer; mais le bois, dans les contrées où tout s'exploite en charbonnage, y étant à un prix faible, on peut s'en dispenser et suivre, au pis aller, l'ancienne méthode, si on y tient par trop.

Un cheval ordinaire, pour lequel on paye, dans les bois, 3 à 5 francs par jour, au plus, voiture comprise, conduira aisément 10 cordes par jour : à 35 centimes la corde, cela mettrait encore la journée à 3 francs 50 cent.; mais, pour rendre notre calcul plus concluant, nous porterons ce prix, au lieu de 35 centimes, à 75 centimes par corde; ce qui, pour 500 cordes, occasionnerait un déboursé de 375 francs, faible dépense, en raison des avantages qu'on peut en obtenir et que nous allons signaler, savoir :

1° Pour un produit de 1,720 voies ou 3,440 hectolitres de charbon à espérer, ce ne serait que 22 centimes par voie, sur lesquels on gagnerait déjà une partie, en prenant le charbon réuni au même lieu et près d'un chemin.

2° L'avantage que l'on recueillerait de cuire sur un petit nombre de places qui rendraient beaucoup plus de charbon, environ 1/5 de plus, attendu qu'elles seraient assainies par le feu, et qu'on serait, en outre, affranchi d'y faire des planchers, en se plaçant, autant que possible, près des fossés ou mares, pour arroser les places chaque fois qu'elles en auraient besoin.

3° Sur la diminution qu'on obtiendrait du dresseur, et il faudrait toutefois avoir une bien mauvaise chance pour ne pas gagner entièrement, même sur ce dernier article, la dépense des 375 francs des frais de vidange. Néanmoins nous devons prévenir que les dresseurs prétendent qu'il leur serait plus avantageux d'aller chercher au loin le charbonnage sur leurs brouettes, plutôt que de le prendre près des fourneaux, dans un tas où tout est mélangé et en grand désordre, tandis qu'en piles, en le plaçant sur leurs brouettes, il s'échantillonne aisément, et arrivé au pied du fourneau rangé en bon ordre, le gros, le menu et le petit sont mis immédiatement et d'une seule brassée à leur place. C'est une assertion à vérifier; mais, quoi qu'il en soit, que de bien ne ferait-on pas en sortant le charbonnage du bois sur des chemins ou sur un rond-point avant la pousse des renaissances du taillis! chose qui n'est point encore en usage en France, parce que les maîtres de forges ou marchands de bois, dans la crainte de se gêner, soutiennent très-affirmativement que c'est impossible : au surplus, nos lecteurs, sans être exploitants, en jugeront par les calculs ci-dessus.

La sortie des moulées, charpentes, bourrées et de tous les produits d'une exploitation faite en masse sur un chantier ou lieu commun, présenterait encore moins de frais en proportion et plus d'avantage, parce qu'on en vendrait mieux les produits d'une part, et d'autre part que l'on ferait avec beaucoup plus de facilité, la nuit comme le jour, la voiture des marchandises réunies sur un seul point, bien rangées et empilées, que dans le milieu d'une exploitation pleine de trous, d'où l'on aura tiré des pierres ou du minerai, encombrée ensuite de bourrées et autres marchandises gisantes sur place, par des troncs d'arbres mal coupés et formant à chaque pas des bornes, enfin dont on ne peut s'arracher même à cheval en plein jour.

Nul doute, pour nous, que la vidange des produits d'une coupe de bois, avant la pousse des renaissances, serait une opération dont on recueillerait de grands avantages; cependant cela ne se fait pas, et ne se fera pas de si tôt, faute de réfléchir qu'il y a même profit pour l'exploitant à le faire. (Voir notre article sur la *Vidange des Bois*, page 288, Ier vol.)

Voilà de ces vieux abus, de ces préjugés inexplicables que nous signalons hautement pour qu'on nous aide à les détruire; et, en faveur de cette intention, on nous pardonnera, sans doute, la longueur de notre digression, en faveur de la vidange des taillis. Revenons à la cuisson des charbons.

Dans les constructions de fourneaux, on doit commencer, d'abord, par bien labourer et arranger le terrain, et, lorsqu'il y a pente, le redresser, en y portant de la terre pour niveler et arrondir la place. Ensuite, il faut avoir soin de placer le gros bois du côté de cette pente, comme étant plus capable de supporter la grande action du feu, qui se fixera toujours avec plus d'intensité sur ce point mobile plutôt que sur les autres.

Sur une place naturellement unie on mettra, au contraire, tout le gros au centre et le plus petit aux extrémités, où l'on s'en servira avec raison pour fermer les interstices du fourneau.

Nous recommanderons donc surtout au dresseur de bien soigner la construction de son fourneau, et notamment d'être attentif à remplir ses rangs, de même à mettre de côté les tortillards, ou, mieux, de les couper en deux ou trois morceaux, afin de les rendre droits, et, au pis aller, de les lui donner, pour l'engager à les extraire, plutôt que de chercher à les faire dresser dans les fourneaux. Leur défectuosité forme des cavités où le feu s'agite souvent avec trop de violence et fait brûler le charbon dans l'intérieur des fourneaux, sans qu'on puisse y porter remède.

On doit ensuite couvrir les fourneaux du pied à la tête avec des feuilles, et, à défaut de feuilles, avec des joncs ou du mauvais foin, puis avec des plaques ou carrés de gazons, et, à défaut, avec de la terre fraîche garnie d'herbes le plus possible; après quoi, on les saupoudre de poussière ou fraisil provenant de la défroque des terres et gazons des anciens fourneaux, et on termine par y introduire des charbons allumés en ôtant la perche du milieu qui a servi de point d'appui pour confectionner du bas en haut le fourneau et notamment à former l'ouverture cylindrique qui reçoit le feu.

Quand on a des troncs d'arbres, des souches ou du très-gros bois à carboniser, il faut avoir grand soin de remplir les interstices des fourneaux avec du petit charbonnage; observant, en outre, de n'employer, au lieu de fraisil, que du gazon, pour les consolider et maîtriser la puissance du feu, qui, pour cuire des gros bois, doit se doubler.

Cuire le bois blanc le premier, au bout de deux ou trois mois de coupe, demi-vert il est bon à prendre.

Pour les bois durs au contraire, il faut, en terme forestier, qu'ils soient *coudrés*, c'est-à-dire bien secs. Une corde de bois de chêne, quoique fortement diminuée de poids et de volume, produira plus de charbon, lorsqu'elle est cuite au bout de six mois ou un an, qu'après trois mois de coupe ; mais, pour les forges et fourneaux, la meilleure cuisson et qui gagne dix pour cent est en *mai et juin*, époque où il prend plus de qualité ; *en septembre*, quand le temps est beau, c'est encore mieux, uniquement parce que le bois est plus sec et dégagé de ses parties aqueuses et parce qu'en outre le feu est moins intense que par les chaleurs du printemps; aussi les nuits longues et fraîches sont-elles très-favorables à la carbonisation : on obtient alors *quantité et qualité*.

Dans les grandes sécheresses, quand il n'y a aucune rosée dans les bois, qu'on ne peut couvrir les fourneaux qu'avec une terre brûlante qui n'a aucune consistance, et qu'on n'a pas d'eau pour les arroser, il faut attendre les fraîches nuits de septembre et suspendre la cuisson de charbon pendant un mois ou deux, autrement on éprouverait une grande perte ; il faut même plutôt cuire sous la neige que par une grande sécheresse.

Les taillis de quinze à vingt-cinq ans d'âge produisent les meilleurs charbonnages. Dans ceux de trente ans et au-dessus on en fait peu, et il a moins de qualité à mesure qu'il avance en âge. Celui de futaie, qui n'est pris que dans les branchages, aurait peu de valeur sans les recoupes, les faux bois d'éclats des arbres qu'on met en industrie et qu'on y ajoute pour le faire passer; à moins que ce ne soit en châtaignier, cette essence, même âgée, fait un assez bon charbon pour les forges.

Nous ne terminerons pas l'article de la carbonisation sans consigner ici cette pensée, qu'en coupant le charbonnage seulement à 9 ou 10 pouces (244 à 271 millimètres), longueur ordinaire du charbon, et en le mettant à l'abri quelques mois avant de l'employer, pour le faire bien sécher et le dégager de toute son humidité, il pourrait alors remplacer le charbon; nous pensons donc qu'en le mélangeant brut dans les hauts fourneaux avec le minerai et la castine, en vue de prévenir et mettre à profit la perte des 2/3, au moins, que la carbonisation fait éprouver au bois, cela pourrait être une opération avantageuse.

L'idée que nous venons d'exposer paraîtra probablement singulière, inexécutable, nous ne le contesterons pas; cependant on nous assure qu'en Russie on en fait usage et avec succès. Quelle qu'elle soit, au surplus, nous la soumettons à la méditation des maîtres de forges, ayant l'unique désir qu'ils en tirent profit, ce qui se pourrait d'autant mieux, ce nous semble, que nous avons l'exemple des verreries où la houille n'est pas en usage et qui chauffent leurs fourneaux avec de la charbonnette séchée au four, ce qui procure un feu des plus violents.

Si nous sommes entré dans de longs développements sur la carbonisation, c'est parce qu'avec les bois de foyer elle est la partie la plus importante de l'exploitation des bois et peut-être la plus négligée en France. Puissent nos instructions apporter quelques améliorations, particulièrement dans les contrées où cet art est dans l'enfance : nous osons, cependant, en espérer de bons résultats, si on prend la peine de lire notre article avec attention et patience, et surtout si on fait l'application des règles qu'il contient ; dans ce cas, nous voudrions qu'on les placardât, pour quelque temps du moins, à la porte de la cabane du charbonnier et au domicile du garde-vente, comme un ordre du jour.

DE LA HOUILLE.

Tout en convenant de notre peu de connaissance en chimie et minéralogie, si nous en croyons nos yeux, le charbon de terre n'est ni une sécrétion, ni une scorie et encore moins une cristallisation de la terre.

Là où les couches de ce combustible sont d'une étendue faible et peu profondes, de telle sorte même qu'on ne puisse, en aucune manière, se persuader qu'une superficie de bois, telle âgée et belle qu'elle fût, aurait pu les produire, cela n'est pas suffisant pour nous faire renoncer à notre opinion sur la nature de la houille. Nous avons tout naturellement l'intime conviction que dans le déchirement et les convulsions que le monde a dû éprouver lors du déluge, ou par tout autre bouleversement inconnu, un embrasement général aura carbonisé les forêts qui le couvraient, ainsi que tout ce qui se sera trouvé sur son passage, et en même temps amoncelé par quantités immenses les résidus, soit par le choc de l'ébranlement général, soit par les flots, et conséquemment dans certaines localités beaucoup plus que dans d'autres. Ce qui vient à l'appui de cette opinion, c'est que les houillères sont situées dans les parties inclinées du globe et aboutissant aux mers, comme la Belgique, l'Angleterre, et le bassin du Rhône; en outre, qu'elles sont infiniment plus riches et plus communes au nord, où le bois vient mieux, comme tous les végétaux, qu'au midi; qu'enfin les lits y sont beaucoup moins garnis, et que là, en un mot, où elles ont une profonde couche, qui, nous en conviendrons, ne se trouve nullement en rapport avec le produit d'une forêt, elles ont néanmoins peu de longueur.

Ensuite les couches sont d'une variété et d'une inégalité qui ne nous laissent véritablement aucun doute que la houille n'est qu'un bois brûlé avec toutes sortes de plantes et autres matières, dans une révolution terrestre : aussi avons-nous toute certitude morale possible que la houille ou charbon de terre est bien certainement le produit de forêts brûlées jusque dans leurs plus profondes racines et réduites en charbon par un incendie immense et simultané qui mettait tout en fusion, ce qui fait que le charbon de terre est plus noir que le charbon de bois et, en outre, est un mélange et un composé de parties ligneuses, bitumineuses, sulfureuses, ferrugineuses et autres, qui l'ont rendu beaucoup plus lourd et plus compacte que le charbon de nos forêts.

En examinant un bloc de houille allongé, ayant la forme d'un tronc d'arbre écartelé, on remarque très-distinctement les mailles du bois ou lignes verticales semblables à la trame d'un tisserand, qui s'étendent des racines à la cime; on distingue même encore le brillant des veinures ou facettes appelées miroirs, si remarquables dans le chêne et le hêtre.

M. Séguier fils, savant distingué à qui nous avons communiqué notre opinion sur la houille, non-seulement l'a approuvée, mais a ajouté qu'on pouvait encore parfaitement distinguer les essences dans plusieurs houillères, que pour certain on y avait trouvé des troncs de palmiers entiers, que Cuvier en avait aussi découvert dans le bassin de la Seine, quoique cet arbre ne soit pas indigène et qu'on ne le rencontre que dans les climats chauds; ces deux opinions, qui, à nos yeux, sont d'un grand poids, nous confirment entièrement dans la pensée d'un bouleversement, qui a déplacé le monde et changé les climats, et a fait un vaste fourneau de plusieurs forêts accumulées par les convulsions de la terre, ou peut-être par les flots, ainsi que nous l'avons dit, ce qui explique aujourd'hui, ce nous semble, l'inégalité des couches de la houille.

En Angleterre, la houille qui a jusqu'à 28 pieds de couche, qui produit 250 millions par an et occupe la vingtième partie du territoire, doit, dit-on, suffire à une consommation de trente siècles; c'est beaucoup sans doute, mais enfin un terme d'épuisement est fixé, comme en toute chose, même dont on croit ne voir jamais la fin, ainsi que de tout ce qu'on a en abondance; pour nous, il est évident que cela s'épuise toujours plus vite qu'on s'y attend.

dance; pour nous, il est évident que cela s'épuise toujours plus vite qu'on s'y attend.

Tous les jours, en effet, n'abusons-nous pas de ce que la nature nous prodigue? Ce terme, au surplus, qui paraît si éloigné, qu'on y prenne garde, est susceptible d'être rapproché par une plus forte consommation, aujourd'hui universelle, de ce combustible, en outre *par des exportations au dehors*; qui sait, en définitive, où le système à vapeur s'arrêtera.

Trente siècles, au résumé, ne représenteront que la durée de vie de 90 personnes et une ombre seulement pour l'éternité.

En France, les plus riches houillères n'ont que 18 à 21 pieds de couche, beaucoup même n'en ont que 7; elles sont, en général, inclinées et ondulées.

Sur un territoire de 53 millions d'hectares, dont la population s'accroît chaque jour, et où l'on détruit nos plus belles forêts, *sans y faire attention*, le gouvernement agirait avec prévoyance en assignant une certaine portion de fonds pour encourager à en découvrir de nouvelles, car celles que nous possédons maintenant s'épuiseront peut-être en peu de siècles. Lorsque nous en serons là, les forêts alors seront précieuses et soignées, nous l'espérons, comme les autres cultures et, sans doute, ainsi que nous le désirons.

CHAPITRE III.

INSTRUCTIONS SUR LE CUBAGE DES BOIS EN GRUME ET ÉQUARRIS.

SECTION PREMIÈRE.

DÉSIGNATION DES MESURES.

Les bois destinés à la charpente, à la marine, au charronnage et à la menuiserie se livrent de diverses manières ; chaque localité a en quelque sorte son usage spécial. Les mesures les plus usitées en France, particulièrement à Paris et sur les ports de mer, sont

1° Le *pied cube* de 144 pouces carrés, au pied ancien (325 millim.), représentant 144 chevilles ou petites règles ayant un pouce plein (27 millim.) sur chaque bout et un pied de long, ou 1,728 pouces cubes (343 dix-millistères (*), mesure métrique).

2° La *pièce*, appelée grand cent de Paris, ou solive ; représentant 72 pouces carrés, trois pieds cubes, morceau de bois de 12 pieds de long, équarri à 6 pouces sur 4 faces égales, 5,184 pouces cubes, ou autant de petits dés d'un pouce carré sur 6 faces, 432 chevilles (1 décistère 28 dix-millistères).

(*) Les décimales sont des millièmes de décistère ou dix-millièmes de mètre cube.

3° La *grande marque*, usage de Normandie, 3,600 pouces cubes, ou 300 chevilles d'un pied de long sur un pouce carré (710 dix-millistères).

4° La *petite marque* de 96 chevilles, ou 1,152 pouces cubes (23 dix-millimètres).

5° La *somme*, en usage dans la Picardie et dans le Nord, équivaut à 24 pieds cubes, 8 pièces de Paris, 3,456 chevilles, 41,472 pouces cubes (8 décistères 227 dix-millistères).

432 chevilles équivalent à 3 pieds cubes ou à une pièce.

Une marque et demie de 450 chevilles est la représentation d'une pièce ou solive, plus un 24e de 18 chevilles (24 multiplié par 18 donne le nombre 432).

La pièce équivaut à 1 décist. et 28 dix-millistères; mais la fraction 28 est si minime, qu'on désigne ordinairement la pièce pour un décistère et 10 pièces ou solives pour un stère.

6° *Le stère* ou mètre cube, mesure employée exclusivement par le gouvernement, correspondant à environ 10 solives, 50,400 pouces cubes (9 pièces 2/3), ou 4,283 chevilles.

De ces diverses mesures anciennes et nouvelles, le commerce de Paris a continué de prendre pour type de ses toisés en bois carrés la pièce ou solive de 12 pieds de long sur 6 pouces d'équarrissage, dont la réduction se fait par toise ou demi-toise (6 ou trois pieds), ou au pied plein; il a reconnu et consacré par un usage constant que ces deux modes sont les plus faciles et les plus abréviateurs, à l'exception du cubage métrique qui n'a point encore prévalu dans le commerce.

SECTION II.

Les bois destinés à être équarris ou à l'industrie sont connus, dans le commerce, sous les désignations suivantes :

1° *La poutre* propre aux constructions maritimes ou à faire des charpentes de première qualité; cet échantillon doit porter, en longueur, au moins 24 pieds (7 mètres 796 millimètres); en équarrissage, 12 pouces (325 millimètres) et au-dessus.

2° *Le bois bâtard*, depuis 5 pieds de long (1 mètre 624 mil.) et au-dessus, doit porter de 9 à 11 pouces d'équarrissage (244 à 298 millimètres).

3° *La solive*, de 6 à 7 pouces d'équarrissage, jusqu'à 8 à 9 (217 à 244 millimètres).

4° *La brindille*, de 4 à 5 pouces d'équarrissage et de toutes longueurs, jusqu'à 5 et 6 (135 à 163 mil.).

5° *Le chevron*, de 2 à 3 pouces d'équarrissage, jusqu'à 3 et 4 (81 m. à 108 m.). Ce dernier échantillon, ayant régulièrement 3 à 4 pouces d'équarrissage (81 à 108 millimètres), se vend, ordinairement, sur les ports de Paris, à la toise et à 6 toises pour une pièce ou décistère.

6° *Le bois en grume;* c'est l'arbre ébranché, avec ou sans son écorce, mais non encore équarri.

7° *Le bois méplat*, portant un équarrissage inégal, c'est-à-dire moins épais que large, comme, par exemple, s'il porte sur le côté de l'épaisseur 4 pouces (108 millimètres), il aura 9 à 12 pouces et plus sur sa largeur (245 à 325 millimètres).

8° *Le bois d'industrie* est celui propre à la fente et à faire de la latte, des échalas, du merrain, du parquet, etc. Il rapporte, ordinairement, plus que la charpente, mais c'est au détriment de cette dernière marchandise, attendu qu'on ne peut faire d'industrie que dans les arbres de première qualité ou dans leurs plus belles parties; alors la charpente, qui en est le résidu, a peu de valeur et se vend mal : ainsi, à moins d'un grand avantage, il ne faut pas trop tirer à l'industrie, notamment quand on veut avoir un beau lot de charpente.

SECTION III.

DU MODE DE MESURAGE.

1° A la toise et demi-toise avec pied en arrière de la toise et demi-toise, on compte

5 pieds pour une toise,
6 pieds pour une toise,
7 pieds pour une toise,
8 pieds pour une toise et demie,
9 pieds pour une toise et demie, etc.

Il en est de même pour la réduction des inégalités carrées, sur la circonférence des bois en grume :

Un 23 de circonférence comptera pour un 24, ou un carré de 6 à 6.

Un 25 comptera de même, ainsi qu'on le verra à la page 170.

2° Au pied plein, on ne compte sur la longueur ni pouces ni lignes, tandis que sur la circonférence il n'y a que les lignes de négligées.

3° Pour le mesurage au mètre ou au stère, tout à la rigueur peut se compter, la circonférence est réduite en centimètres qui, multipliés par la longueur, donnent aussitôt le cube de l'arbre; cependant, à Paris et sur les ports des rivières y affluant, le commerce est d'accord de compter de deux en deux centimètres pour l'équarrissage, et sur la longueur pas moins de 25 centimètres. Ce dernier mode de toisé nous semble le plus convenable, il est même plus profitable aux intérêts du vendeur que l'ancien, qui n'admettait sur la longueur pas moins d'un pied 325 millimètres, et sur l'équarrissage 1 pouce (27 millimètres).

Le cubage par pouces et lignes, comme par millimètres, enfin sans rien omettre, ne doit s'exercer rigoureusement que sur les bois œuvrés, et c'est justice, en raison de ce qu'ils perdent beaucoup par le travail, les rognures, les entailles et le rabot.

Les remises faites au commerce, ci-dessus indiquées, ont pour objet de faciliter le mesurage de bois souvent fort mal exploités, plutôt ronds que carrés, portant plus d'équarrissage d'un côté que de l'autre et généralement très-inégaux. Ces remises qui se réduisent à peu de chose, quand la charpente est bien ménagée et équarrie, sont le résultat, au surplus, d'une longue expérience; si on cherchait à s'en écarter l'on éprouverait des difficultés insurmontables. Le mieux est donc de les prévenir en adoptant franchement l'usage consacré à cet égard, d'autant qu'on serait toujours forcé d'y rentrer, par la force des choses, même presque aussitôt qu'on aurait commencé une recette ou livraison de bois.

SECTION IV.

DES MOYENS DE FACILITER LA RÉDUCTION DES BOIS EN LEUR CARRÉ.

22 pouces de circonférence comptent pour un 5 à 6, compensation.

23 pouces de circonférence comptent pour un 6 à 6, perte un pouce.

24 pouces de circonférence comptent pour un 6 à 6, égalité.

25 pouces de circonférence comptent pour un 6 à 6, gain un pouce.

26 pouces de circonférence comptent pour un 6 à 7, compensation.

Ainsi de suite, avec pouce devant ou derrière.

On aura, au surplus, dans notre ouvrage, pour le toisé d'un arbre et sous plusieurs formes, tous les détails qu'une longue expérience nous a fait connaître, savoir :

1° Tarif de la réduction des bois en grume en leur carré, au pied ancien (n° Ier).

2° Pour le cubage à la toise et demi-toise, tarif n° II; et comme ce tarif ne va qu'à 22 pouces, en réduisant, au besoin, l'équarrissage de moitié, par exemple un 26 sur 26 à un 13 à 13, un 26 à 28 à un 13 à 14, un 30 sur 30 à un 15 à 15, un 40 sur 40 à un 20 sur 20; et, en quadruplant ensuite les produits, on aura le toisé juste de chaque arbre sans le secours de tarifs volumineux et très-coûteux. (Voir, au besoin, à la suite des Tarifs, nos notes qui indiquent les moyens de compléter le cubage des dimensions qui n'y sont point comprises.)

3° Pour le mesurage au pied plein; notre tarif en pièces ou solives au pied ancien depuis 3 à 4 jusqu'à 17 sur 17 (n° III).

4° Tarif pour la réduction, en leur carré, des bois en grume à la mesure métrique (n° IV).

5° Tarif pour le toisé métrique, depuis 8 centimètres sur 10, jusqu'à 50 à 52 centimètres (n° V).

6° Celui de la conversion des pièces ou solives en décistères (n° VI).

7° Tarif pour la réduction des lignes, pouces, pieds et toises, en mètres, centimètres, décimètres et millimètres (n° VII).

8° Résumé de la dénomination et de la valeur des mesures métriques le plus en usage dans le commerce, et nos besoins journaliers, ainsi que leurs rapports avec les anciennes mesures (n° VIII).

Nous pensons, toutefois, que ces extraits de tarifs, et nos renseignements sur les mesures métriques, satisferont nos lecteurs, et au moins seront suffisants pour un propriétaire, et encore mieux pour un exploitant, puisque l'on pourra, d'après les méthodes simples que nous venons d'indiquer et les exemples que nous allons multiplier dans cette intention, toiser tous les bois et les réduire sans recourir même à aucun tarif.

Rien n'est plus facile, au surplus, nous l'assurons, de faire, soi-même, un calcul de bois équarri comme en grume, sous les réductions aux 9e, 8e, 7e, 6e et 5e pour l'équarrissage, qu'on prélève sur la circonférence d'après l'essence du bois et les conventions faites sur le mode de réduction.

1° *Au quart*, cela s'entend, dans le commerce, sans aucune réduction pour l'écorce, et le mettre en son carré, c'est-à-dire qu'on prend seulement le quart de la rotondité de l'arbre pour en former le carré. Cette mesure est la plus avantageuse pour le livreur et, par contre, la plus défavorable à l'acquéreur; *au cinquième*, la différence étant de près d'un tiers en moins. Le charronnage se vend au quart à Paris et aux environs, et presque partout maintenant.

2° *Au neuvième*, c'est le toisé de l'octroi de Paris, pour les bois sans écorce.

3° *Aux huitième* et *septième*, c'est pour les bois pelards, et dans les exploitations sur les arbres à faible écorce ou qui en sont dépouillés; mais ce mode est purement de localité et très-peu en usage.

4° *Au sixième*, c'est la réduction la plus usitée dans le commerce de charpente, et même pour la vente des bois de charronnage, dans les ventes et sur les ports, bien que le quart usité à Paris gagne la province.

5° *Au cinquième*, c'est pour les beaux équarrissages à vive arête, principalement pour la marine ou pour les travaux soignés et de premier ordre.

SECTION V.

DU CUBAGE DES BOIS EN GRUME.

On entend par bois en grume celui qui a encore son écorce ou qui est sans écorce, mais non équarri, comme nous l'avons déjà dit, et se trouve gisant par terre et ébranché.

Pour avoir le cube de ces bois, on doit commencer par en mesurer la rotondité au milieu, avec un cordeau de fouet très-serré, parce qu'il est moins susceptible de se raccourcir ou de s'allonger, selon qu'il est sec ou mouillé ; une chaîne en métal est encore un moyen plus sûr de mesurer juste.

En cas de difficulté sur la conformation de l'arbre, quelquefois fort mal tourné, le pourtour se mesure aux deux extrémités, puis au milieu; réunissant ensuite les trois produits, on en prend le tiers et on obtient, autant que possible, le cube moyen de sa rotondité ; souvent on ne mesure que les deux bouts; dans ce cas, l'initiative appartient à celui qui reçoit.

Le diamètre d'un arbre est le tiers de sa circonférence ; son pourtour est, par conséquent, trois fois sa largeur, s'il est parfaitement rond.

Un gobelet de 2 pouces 6 lignes aura 7 pouces 6 lignes de circonférence ; quoique ce ne soit pas toujours d'une exactitude parfaite, cela, néanmoins, est admis.

(Pour le calcul des circonférences, voir nos tarifs de réduction.)

Le chêne, le châtaignier et autres arbres qui ont

l'écorce forte, se réduisent au sixième pour le commerce de Paris.

Le charme, le hêtre, le frêne, le merisier, le cormier, et autres bois d'industrie au quart.

Les bois sur lesquels on a fait de l'écorce pour la tannerie, ou ceux qui l'ont perdue par leur séjour dans les ventes ou sur les chemins, se livrent, en certaines localités, sous la réduction du septième ou huitième; mais, sur les rivières affluant à la Seine, les charpentes en bois pelard se reçoivent, comme les bois équarris, sur la réduction du sixième, à moins de convention contraire, attendu qu'ils ont bien moins de qualité, comme charpentes, que les bois abattus d'octobre à janvier.

PREMIER EXEMPLE D'UN TOISÉ DE BOIS EN GRUME.

30 pieds, 60 pouces de tour au milieu; prélevez le 6e, 10 pouces, restera 50 pouces, qui donneront un 12 à 13 (156 pouces), savoir : 2 solives 12 pouces par toise; et en totalité, 10 solives, 60 pouces, gain du quart au 6e, 4 pièces 65 pouces; gain du quart au 5e, 5 pièces 45 pouces.

DEUXIÈME EXEMPLE.

30 pieds, 60 pouces de tour au 5e réduit, 12 pouces à prélever, restera 48 pouces, ce sera un 12 à 12 (144 pouces), 2 solives par toise, 30 pieds cubes, 10 solives.

Perte du 6e au 5e : 60 pouces ou le treizième :

TROISIÈME EXEMPLE.

17 pieds, 60 pouces de tour au 5ᵉ, ce sera un 12 à 12 (144 pouces), 2 solives ou 12 pieds par toise.

EXEMPLE DE RÉDUCTION.

12	pieds par toise,	pour 2 toises		24 p.	34 pieds.
3	»	» 1/2	»	6	
2	»	» 1/3	»	4	
17	»	»	la moitié		17 p. cubes.
le 6ᵉ ou le tiers des pieds cubes,					5 s. 48 pou.

SECTION VI.

DU MESURAGE A LA TOISE ET A LA DEMI-TOISE.

Le pied en arrière de la toise	un 5 p.	comptent pour 1 toise.
	un 6 p.	
Le pied en avant de la toise	un 7 p.	
Le pied en arrière de la toise 1/2	un 8 p.	comptent pour 1 t. 1/2
	un 9 p.	
Le pied en avant de la toise 1/2	un 10	

On concevra facilement qu'il y a compensation, et que ce mode abrége beaucoup les opérations de cubage; le vendeur et le livreur y trouvent également leur compte; cependant, si, par ruse, l'exploitant détachait presque tous ses arbres dans les longueurs qui lui seraient favorables, il n'y rencontrerait que la honte d'avoir montré sa mauvaise foi au grand jour sans aucun profit pour lui, parce que, dans ce cas, on ferait la livraison au pied plein, sans admettre aucune compensation.

Ce mode est aussi le plus abréviateur et le plus commode après le mesurage métrique : en maintenant le pied arrière de la toise comme le pied devant, ainsi que nous venons de le dire, il s'agit seulement de multiplier deux carrés ensemble, et le produit sera le cube par chaque toise, puis les toises par le produit ; ensuite, sur le résultat, on prendra

La moitié, pour avoir des pieds cubes ;

Le sixième, pour avoir des pièces ou solives ou le tiers des pieds cubes.

PREMIER EXEMPLE A LA TOISE.

30 pieds (5 toises), 12 à 12, 144 pouces ou 12 pieds par toise.

5 toises	60 pieds.
En pieds cubes, moitié,	30 »
En marques,	14 marques 120 chevilles.
En solives, le sixième,	10 solives.
En sommes,	1 somme 864 chevilles.

DEUXIÈME EXEMPLE.

27 pieds ou 4 toises 1/2 12 à 12 144 pouces.

4 toises	48
1/2 toise	6
4 1/2	54 pieds.

En pieds cubes, 27 pieds ou 9 solives.

En marques, multipliant 54 par 72 et en divisant le résultat par 300, savoir :

```
     54
 par 72
 ------
    108
   378
 ------
   3888  à diviser par { 300
   300                 { 12 m. 288 chevilles.
 ------
    888
    600
 ------
    288 chevilles.
```

Solives, 9 pièces.

Somme, 1 et 432 chevilles.

SECTION VII.

DU MESURAGE AU PIED PLEIN.

INSTRUCTIONS PRÉLIMINAIRES.

Pour avoir des pieds cubes, marques, solives et sommes d'après le mesurage au pied plein, on doit simplement multiplier deux des carrés ensemble et le résultat de cette multiplication par la longueur de l'arbre, ensuite on divise le nombre du produit de ces deux multiplications par 72 et le résultat se partage, savoir :

1° Pour avoir *des pieds cubes* par moitié, suivant les exemples 1 et 2;

2° *Des marques*, en divisant par 300 chevilles, dont la marque se compose;

3° *Des solives* ou pièces, en prenant le sixième ou le tiers des pieds cubes;

4° *Une somme* en divisant par 3,456 chevilles dont elle se compose.

PREMIER EXEMPLE AU PIED PLEIN.

30 pieds 12 à 12, 144 à multiplier par la longueur, 30 pieds, ci 4320
à diviser par 72

Produit, 60 pieds,
savoir :

En pieds cubes, la moitié, 30 pieds cubes.

En marques, diviser par 300, 14 marques 12 chevilles.

En solives, le sixième ou le tiers des pieds cubes, 10 solives ou 1 stère 283 dix-millistères.

En somme, 1 somme 864 chevilles.

Si, à la rigueur, on venait à exiger, contre l'usage, que les pouces sur la largeur fussent comptés, on réduirait les pieds en pouces et le résultat des deux multiplications serait alors mis en pieds, ce qui n'a lieu qu'en toisé de bâtiments pour bois en œuvre.

DEUXIÈME EXEMPLE.

30 pieds 6 pouces de longueur sur 12 à 12, 144 pouces carrés, c'est simplement 366 pouces en longueur à multiplier par 144,

```
ci    366
      144
     ----
     1464
    1464
    366
    -----
    52704 à diviser par { 12
    47                  { 4392 puis par { 72
    110                    72           { 61
    108
      24
```

En pieds cubes, 30 pieds 36 pouces.
En marques, 14 marques 191 chevilles.
En solives, 10 pièces 12 pouces.
En somme, 1 somme 935 chevilles.

SECTION VIII.

DU CUBAGE MÉTRIQUE ET AU STÈRE (*).

La loi du 4 juillet 1837 rendant le système métrique obligatoire, il faut que le commerce et les propriétaires s'y préparent : nous leur garantissons que, pour le peu qu'ils veuillent bien ne pas s'en

(*) Le mètre représente 3 pieds 11 lignes (296e de ligne du pied de roi ancien).

effrayer, ils n'auront qu'à s'applaudir de marcher de suite et sans réserve avec ce mode de cubage, que la plus étroite intelligence peut facilement et promptement comprendre. Nous craignons, néanmoins, que beaucoup de propriétaires, gardes-vente et routiniers, malgré nos assurances, se refusént à entrer dans la connaissance du millistère, décistère, stère et décastère, et ne cherchent même pas à apprécier la facilité de les multiplier et réduire ; ce serait à tort, car rien n'est plus aisé que le calcul décimal, puisqu'on peut remplacer la pièce ou solive par le décistère, qui représente, à très-peu de chose près, la même quantité de bois : ainsi, au lieu de vendre 200, 1200 pièces, on vendra 200 ou 1200 décistères.

1 décistère équivaut à 1 solive ou 1 décistère 28 dix-millistères.

1 stère équivaut à 10 solives ou 1 stère 283 dix-millistères.

1 décastère équivaut à 100 solives ou 1 décastère 2 décistères 832 dix-millistéres.

(Voir notre tableau de conversion de la solive en stères.)

Ce mesurage, nous le répétons, est le plus facile de tous, puisqu'on n'a que des multiplications à faire et que l'on peut négliger, si on veut, les deux derniers chiffres, comme présentant un trop faible produit.

PREMIER EXEMPLE DU CUBAGE AU STÈRE.

4 mètres en longueur, ou 12 pieds métriques, 30 sur 30 en carrés, multipliés par 30, donneront 900 millistères, puis par la longueur de 4 mètres,

ci 900
par 4

3600 ou 3 décistères 60 millistères.

DEUXIÈME EXEMPLE.

9 mètres 25 centim. 28 à 30, ci 840
par 925

4200
1680
7560

777000 ou 7 décistères 77 mil.

CONÇLUSION.

Les bois sont plus ou moins bien tournés, ébranchés ou façonnés, et présentent à leur livraison souvent les plus désagréables difficultés, notamment pour ceux dont l'équarrissage est mal fait et qui offrent des flaches ou défauts que l'ouvrier aurait pu éviter en y apportant de l'attention; le livreur peut en éprouver et avec justice de grandes réductions, c'est quelquefois la cause de vives discussions qui ne tournent jamais au profit de l'acquéreur. Un marchand qui reçoit de la charpente défectueuse, telle bonne mesure qu'on lui fasse en compensation, éprouve presque toujours de la perte, parce qu'il a, dans ce cas, peine à s'en défaire même à vil prix. Le mieux est donc de bien faire équarrir son bois, sans chercher, par un faux intérêt, à ne pas donner la mesure.

Pour le cubage des bois équarris, il y a principalement à s'entendre sur la dimension précise des carrés.

Le pouce ou le millimètre, suivant le livreur, est toujours complet, il ne l'est jamais au dire de celui qui reçoit : pour se fixer à cet égard, on discute souvent longtemps pour la différence seulement de l'épaisseur d'un cheveu; il arrive, même, qu'on abandonne la partie ou qu'on met habit bas pour se battre à l'anglaise. Aussi, pour prévenir autant que possible ces discussions trop fréquentes, le commerce s'est-il empressé d'admettre que le cubage métrique se ferait, pour les carrés, de 2 en 2 centimètres et, pour les longueurs, de 25 en 25 centimètres. Le livreur gagnera encore, en comparaison de l'ancien usage, près d'un centimètre sur l'un et de 7 centimètres sur l'autre.

La livraison des bois équarris, au surplus, est un métier détestable, surtout quand la maladresse ou la mauvaise foi d'un grossier toiseur s'y introduit *et veut prévaloir;* dans ce cas, un livreur loyal n'a d'autre moyen que de réclamer l'intervention du garde-port ou d'un tiers, non intéressé, pour prononcer sur ce qui donne lieu à discussion.

Nous conseillons, néanmoins, aux personnes qui ne

seraient pas douées d'une extrême patience, de ne prendre aucune part à ces sortes d'opérations ; offensées souvent ou mises hors de mesure par les injures les plus ordurières, elles seraient amenées à ne pas sortir de ces discussions, convenablement ou sans rupture. Pour obvier à ces déplorables inconvénients, l'expérience a donc, depuis peu, admis généralement, nous le répéterons, de ne cuber les carrés que de deux en deux centimètres, et en outre on stipule presque toujours, par avance, une indemnité de 4 à 10 p. 0/0, suivant que les bois ont plus ou moins de défauts, pour tenir lieu des mauvaises façons, malandres, nœuds viciés, roulures et autres imperfections. Par cette transaction d'ordre, la livraison n'a plus d'obstacle et marche lestement; nous ne saurions trop engager le commerce à ne pas déroger à cet usage, qui lui évitera, en toutes circonstances, des tracasseries infinies.

Nous terminerons ici nos instructions sur le cubage des bois de charpente, peut-être trop multipliées, mais qu'on nous les pardonne, en raison de ce qu'elles ont été rédigées particulièrement pour de simples gardes et non pour des mathématiciens qui n'en ont pas besoin. Or, qu'il nous soit permis, avant de quitter la matière, de faire remarquer, aux personnes non habituées au mesurage des bois carrés, qu'un morceau de bois de 30 pieds de long, 6 à 6, portera seulement 2 solives 36 pieds, tandis qu'un autre de même longueur 12 à 12, qui semble être le double, comportera 10 solives;

Un de 24 à 24 20 solives.

Les épaisseurs ne sont que doubles, il est vrai, mais les carrés quadruplent : Un morceau de bois de 30 pieds de long sur 12, portant 10 solives, si on le fait scier en quatre, produira 4 chevrons de même longueur, c'est-à-dire quatre 6 à 6, cubant 2 pieds 36 pouces correspondant à l'exemple.

Nous croyons, en outre, très-utile d'indiquer le mode qui nous semble le plus convenable pour constater les livraisons ou recettes de bois en grume et équarris, dont tous les exploitants ont journellement besoin. Il consiste, simplement, à établir, la veille d'une livraison ou recette, un livre provisoire, composé de sept colonnes, dans lesquelles tout ce qui concerne le toisé des bois sera inséré, savoir :

1er Numéro d'ordre ;

2e Longueur ;

3e Circonférence ;

4e Solives ;

5e Pieds ;

6e Pouces ;

7e Lignes.

Ensuite, pour avoir au bas de chaque page la quantité de bois qu'elle contient, on fait une petite barre par chaque nombre 12, de la 7e et de la 6e colonne ; la fraction, lorsqu'il s'en trouve, est alors notée en petit caractère à côté de la barre, pour la reporter sur le chiffre suivant.

Quand on est en bas de la 7e colonne, si on a 6 barres et une dernière fraction de 9 lignes, on posera 9 lignes et on reportera les 6 pouces à la tête de la

6e colonne des pouces et à chaque 12 pouces on fera des barres; en ce qui concerne la 5e colonne, comme il ne faut que 6 pieds de 12 pouces pour former une solive, tous les 6 pieds on fera une barre, qu'on reportera également à la tête de la 4e colonne, qui sera additionnée entièrement sans aucune barre.

Pour mieux nous faire comprendre, au surplus, nous allons reproduire ces détails, dans un tableau, contenant l'addition d'un toisé de 105 solives, 5 pieds 3 pouces 9 lignes, en 17 morceaux, du no 1 à 17.

SECTION IX.

EXEMPLE D'UNE ADDITION DE TOISÉ.

1re colonne. — N° d'ordre de chaque arbre	4e colonne. — Solives.	5e colonne. — Pieds.	6e colonne. — Pouces.	7e colonne. — Lignes.
Retenu des additions.	9	7 R. 1	6	0
n° 1	1	4	2	0
2	0	3 R. 2	9 R. 5	0
3	2	4	5	0
4	4	3	10 R. 8	7
5	3	2	2	4
6	9	3 R. 2	9 R. 7	8 R. 7
7	3	4	0	3
8	10	1	4	9 R. 7
9	1	5	7 R. 6	8 R. 3
10	11	2	4	0
11	7	4	5 R. 3	9
12	3	2	7	0
13	8	3	0	0
14	7	5 R. 4	5 R. 3	10
15	21	3 R. 1	9	0 R. C
16	4	4	3	6
17	2	0	0	9
	105	5	3	9

CHAPITRE IV.

DES DIVERSES MESURES DE BOIS DE CHAUFFAGE ET A CHARBON, LEURS RAPPORTS ET CAPACITÉS CUBIQUES, AU PIED DE ROI ANCIEN ET AU MÈTRE.

1° Une corde de moule ayant, au pied de roi ancien, 8 pieds de couche, 4 pieds de hauteur, 3 pieds 6 pouces de largeur ou longueur de bûche, suivant l'ordonnance de 1672, chapitre XVII, article 24, contient deux voies (112 pieds cubes).

Pour faire ce calcul et s'assurer de son exactitude, comme de tout autre, il suffit de multiplier d'abord la longueur de la corde par sa hauteur et ensuite par sa largeur, exemple :

8 pieds de longueur sur 4 de hauteur, en multipliant ces deux dimensions, vous aurez 32 pieds
que vous multiplierez par la largeur 42 pouces

```
  64
1280
1344 à d. par 12
               112
  12
  14
  12
  24
```

Par cette division, vous aurez 112 pieds cubes ou 4 stères (148 millistères), mesure métrique.

2° Une corde de 8 pieds de couche, 5 pieds de hauteur, donnera, en multipliant ces deux dimensions,

	40 pieds,
puis pour la largeur de la bûche	42 pouces.
	80
	1600
	1680

En divisant par 12, comme par l'exemple ci-dessus, vous aurez 140 pieds cubes ou 5 stères 185 millistères.

3° Une corde de 8 pieds de couche, 4 pieds de hauteur, 4 pieds de largeur, ou bûche de 4 pieds de long, en multipliant 8

par 4

vous aurez 32 pieds pour la longueur et la hauteur de la corde, que vous multiplierez par la longueur de la bûche de 48 pouces.

256
128
1536 à diviser par 12 | 128
12
33
24
96

Résultat 128 pieds cubes.

id. au mètre 4 stères 741 mil.

4° Lorsque les largeur, longueur ou hauteur sont en pieds ronds, c'est-à-dire qu'il n'y a pas de fractions en pouces, la réduction en pieds cubes peut se faire plus brièvement et de tête, c'est tout simplement comme tout toisé cubique.

```
                     8 pieds
          par        4
                    ---
                    32
Largeur à multipl.   4 pieds.
                   ----
                   128
```

Même produit que par les exemple ci-dessus.

5° Mais quand les cordes auront des pouces en hauteur comme en longueur, en sus des pieds, ou qu'il n'y aura que des pouces, on multipliera le tout par pouces.

PREMIER EXEMPLE.

Une corde de charbonnage de 4 pieds 2 pouces sur 8 pieds de couche, 2 pieds 6 pouces de large, se calculera ainsi :

```
                      50 pouces, hauteur,
                      96 couche,
                     ----
                     300
                    450
                    ----
                    4800 par | 12 1re division,
                      48     | 400 à multiplier par
la longueur du charb., ci      30 pouces.
                             -----
                             1200 par { 12   2e div.
                                      { 1000
```

3e div. — Les 1000 encore par 12

```
1000 | 12
 96  |----------------
 --- | 83 p. 4 p. cub.
  40
  36
  --
   4
```

On voit, par l'exemple ci-dessus, que, lorsque les dimensions ont des fractions en pouces, il faut, nous le répétons, convertir en pouces la longueur et la hauteur pour les multiplier l'une par l'autre, et diviser ensuite par 12 le résultat de la multiplication première division, puis multiplier la longueur de la bûche, ou largeur de corde réduite également en pouces; on trouvera alors des produits semblables à ceux exprimés par le premier quotient, première division, et de même pour les quotients 1,200 et 1,000, qu'on divisera également par 12. Au résumé, trois divisions à faire, et toujours par 12.

DEUXIÈME EXEMPLE.

Une corde de charbonnage de 6 pieds de couche, 3 pieds de hauteur, largeur ou longueur de la bûche de charbonnage, 36 pouces ou 3 pieds; 6 par 3, 18 pieds ou 216 pouces, à multiplier par la largeur,

```
 216
  36
----
1296
648
----
7776 | 12 1re divis.
 72  |-----
 --- | 648 | 12 2e d.
  57       |----
  48       | 54
  --
  96
```

Dans 648 pouces il y a 54 pieds cubes, ce que nous prouvons en les multipliant par 12, quantité égale, 648.

Pour former un stère de bois, il faut 3 pieds carrés, au pied métrique ou un mètre en hauteur, largeur et épaisseur. Ainsi des bûches empilées sur 3 pieds de couche, autant de hauteur, qui auraient 3 pieds métriques de longueur, formeraient un stère; mais, quand la bûche a 3 pieds 1/2 au lieu de 3, il ne faut donner en hauteur que 88 cent. (2 pieds 8 pouces 6 lignes), et, pour la bûche de 4 pieds 2 pouces, 74 centimètres; pour celle de 4 pieds, 77 cent.

Voir, pour les longueurs de bûche, notre tableau, page 195.

Un décastère a 3 mètres ou 9 pieds métriques de couche sur autant de hauteur pour les bûches de 42 pouces (114 cent.), ou 299 pieds 7 pouces cubes, pied ancien, en comptant le mètre pour 3 pieds un pouce, moins 704/1000es de ligne.

Pour les bûches de 3 pieds métriques de longueur, couche 5 mètres (15 pieds métriques), hauteur 2 mètres (6 pieds métriques), largeur 1 mètre (3 pieds métriques); pour le demi-décastère, 2 mètres 50 centimètres (ou 7 pieds 6 pouces métriques) de couche, 2 mètres de hauteur, 1 mètre (3 pieds) de largeur.

270 pieds cubes en pieds métriques par décastère, et 135 par demi-décastère ou corde, et 27 pieds pour le stère.

Pour avoir, au surplus, un calcul précis de comparaison entre les anciennes et les nouvelles mesures, il est nécessaire de remarquer qu'il y a 11 lignes 296 millièmes de ligne de plus par mètre sur le pied de roi ancien, qui n'est que de 32 centim. 3 millim. 1[3.

Les mesures de bois anciennes, comme celles des céréales, variaient presque pour chaque pays; les plus communes étaient, savoir :

1° Celles des ports flottables à train de Clamecy (Yonne), 4 stères 7 décist.; Cure, 4 stères 9 décist.; Oise et Seine, 5 stères; Marne, 4 stères 8 décistères; Morin, 4 stères 8 décist. Armançon, 4 stères 7 décist.

2° Cordes suivant l'ordonnance de 1669, 8 sur 4; 42 pouces de largeur; 112 pieds cubes (4 stères 148 mil.)

3° Cordes des ventes, 10 pieds 2 pouces de couche sur 5 pieds 2 pouces en hauteur; 42 pouces de largeur; 184 pieds cubes (6 stères 814 mii.).

4° Corde de 10 pieds sur 5, 42 pouces de largeur; 175 pieds cubes (6 stères 481 mil.).

5° Corde de 9 pieds sur 4 pieds 7 pouces de hauteur; 42 pouces de largeur; 144 pieds 10 pouces cubes (5 stères 364 mil.).

6° Corde de 4 pieds sur 5, mesure bordelaise, appelée la canne, 80 pieds cubes en bois de 4 pieds de long (2 stères 963 mil.).

7° La voie ancienne de Paris, ou demi-corde des eaux et forêts, 8 pieds de couche; 2 pieds de hauteur; 3 pieds 6 pouces de largeur; 56 pieds cubes (2 stère 94 mil.).

8° La corde, de 4 pieds de longueur; 8 pieds de couche; 4 pieds de hauteur; 4 pieds de largeur; 128 pieds cubes (4 stères 741 mil.).

D'après ces diverses mesures au pied ancien réduites en cubes et stères, on pourra aisément apprécier l'importance de chacune, soit pour effectuer des ventes, soit pour acquérir et ne pas être trompé par le marchand, qui sait toujours mieux que le propriétaire ou consommateur la capacité et la valeur de toutes les mesures de sa profession. Enfin, pour compléter nos instructions à cet égard, nous allons les faire suivre de tableaux où l'on trouvera tout ce qui sera nécessaire pour se guider d'une manière précise, sans efforts et sans recherches, dans le cubage des bois de toutes les longueurs et dimensions.

TABLEAU DES DIFFÉRENTES HAUTEURS A DONNER A LA MEMBRURE D'APRÈS LA LONGUEUR DE LA BUCHE.

Le stère, nous le répétons encore, est un mètre cube ou une quantité de bois ayant un mètre carré, c'est-à-dire un mètre de couche sur un mètre de hauteur, et composé de bûches ayant 3 pieds seulement ou un mètre de largeur. Mais la longueur des bûches variant en plus ou en moins, il faut changer l'une des deux autres dimensions pour retrouver exactement le mètre cube. Suivant l'arrêté du 28 messidor an 7, la membrure ou pile doit toujours avoir de *couche* un mètre ou un nombre exact de mètres, savoir : pour le stère un mètre, pour le double stère 2, pour le demi-décastère 5, pour le décastère 10, etc.; c'est donc seulement la hauteur qu'il faut augmenter ou diminuer en raison inverse de la plus ou moins grande longueur de la bûche.

La table suivante mettra à portée de mesurer exactement le bois de quelque longueur qu'il soit : la première colonne indique la longueur de la bûche; la seconde, la hauteur qu'il faut donner au bois dans la membrure.

Cette table, qui s'applique au stère, au double stère, au demi-décastère et au décastère, suivant que la membrure a 1, 2, 5 ou 10 mètres de longueur de sol entre les montants, peut également servir à évaluer la quantité de stères contenus dans une pile considérable sur le port ou au chantier. Après avoir mesuré la longueur de la base ou couche avec le mètre, il faut prendre la hauteur de la pile avec une règle de la dimension, qui correspond, d'après la table suivante, à la longueur de la bûche, de 88 centimètres, par exemple, pour le bois de 3 pieds 6 pouces anciens, et multiplier le nombre de mètres trouvés à la base par le nombre de règles reconnues en mesurant la hauteur : le produit donnera la quantité de stères cherchés.

Nous avons continué la table pour les longueurs de bûches au-dessous du mètre jusqu'à 60 centimètres, à peu près un pied 10 pouces. Si l'on objecte que la membrure n'ayant qu'un mètre de hauteur, on ne peut y mesurer du bois de dimension inférieure, puisque, pour compléter le stère, il faut supposer des montants plus hauts que le mètre, il est un moyen simple de résoudre cette difficulté ; il consiste à mesurer le bois plus court dans la membrure du double stère et à prendre pour hauteur des montants la moitié de celle indiquée par la table suivante, n° 11 : 66 cent., longueur de la bûche, par exemple, pour le bois de 2 pieds 4 pouces; pour celui de 1 pied 2 pouces, le quart de l'exemple précité : ainsi, en prenant le 1/3, le 1/4, le 5me ou le 10me des cubes contenus dans les tableaux qui vont suivre, on aura toutes longueurs possibles.

La longueur des bûches sera énoncée 1° en pieds et pouces anciens; 2° en mètres et centimètres; 3° en pieds et pouces usuels (la hauteur de la membrure l'est en centimètres).

I.

EN PIEDS ET POUCES ANCIENS.

LONGUEUR de la BUCHE.		HAUTEUR dans la MEMBRURE.		LONGUEUR de la BUCHE.		HAUTEUR dans la MEMBRURE.	
pieds.	pouces.	mètres.	centim.	pieds.	pouces.	mètres.	centim.
4	2	0	74	2	11	1	06
4	1	0	75	2	10	1	09
4	»	0	77	2	9	1	12
3	11	0	78	2	8	1	15
3	10	0	80	2	7	1	19
3	9	0	82	2	6	1	23
3	8	9	84	2	5	1	27
3	7	0	86	2	4	1	32
3	6	0	88	2	3	1	37
3	5	0	90	2	2	1	42
3	4	0	92	2	1	1	48
3	3	0	94	2	0	1	54
3	2	0	97	1	11	1	61
3	1	1	00	1	10	1	68
3	»	1	03	1	9	1	76

II.

EN MÈTRES ET CENTIMÈTRES.

LONGUEUR de la BUCHE.		HAUTEUR dans la MEMBRURE.		LONGUEUR de la BUCHE.		HAUTEUR dans la MEMBRURE.	
mètres.	millim.	mètres.	millim.	mètres.	millim.	mètres.	millim.
1	42	0	70	1	00	1	00
1	40	0	72	0	98	1	02
1	38	0	73	0	96	1	04
1	36	0	74	0	94	1	06
1	34	0	75	0	92	1	09
1	32	0	76	0	90	1	11
1	30	0	77	0	88	1	14
1	28	0	78	0	86	1	16
1	26	0	79	0	84	1	19
1	24	0	81	0	82	1	22
1	22	0	82	0	80	1	25
1	20	0	83	0	78	1	28
1	18	0	85	0	76	1	32
1	16	0	86	0	74	1	36
1	14	0	88	0	72	1	40
1	12	0	89	0	70	1	43
1	10	0	91	0	68	1	47
1	08	0	93	0	66	1	52
1	06	0	94	0	64	1	56
1	04	0	96	0	62	1	61
1	02	0	98	0	60	1	67

III.

EN PIEDS ET POUCES USUELS.

LONGUEUR de la BUCHE.		HAUTEUR dans la MEMBRURE.		LONGUEUR de la BUCHE.		HAUTEUR dans la MEMBRURE.	
pieds.	pouces.	mètres.	millim.	pieds.	pouces.	mètres.	millim.
4	2	0	72	2	11	1	3
4	1	0	73	2	10	1	6
4	0	0	75	2	9	1	9
3	11	0	77	2	8	1	12
3	10	0	78	2	7	1	16
3	9	0	80	2	6	1	20
3	8	0	82	2	5	1	24
3	7	0	84	2	4	1	29
3	6	0	86	2	3	1	33
3	5	0	88	2	2	1	38
3	4	0	90	2	1	1	44
3	3	0	92	2	0	1	50
3	2	0	95	1	11	1	57
3	1	0	97	1	10	1	64
3	0	1	0	1	9	1	71

MOYEN FACILE DE CONVERTIR EN STÈRES, SANS MEMBRURE, UNE QUANTITÉ QUELCONQUE DE BOIS DE CHAUFFAGE.

Il faut multiplier la longueur de la bûche par la longueur de la pile et le produit par la hauteur, et séparer 6 décimales si l'on a employé des centimètres à chaque dimension. *Exemple :* la bûche ayant 1 mètre 32 cent. de longueur, la pile 15 mèt. 12 cent. de longueur, et 6 mèt. 18 cent. de hauteur, multipliez

1, 32 par 15, 12 et le produit 19, 9584 par 6, 18; le produit est 123 st., 34, 2912.

On néglige plus ou moins de décimales suivant le degré de précision qu'on veut obtenir; en supprimant les quatre derniers chiffres, on a 123 stères et la fraction 34 centièmes qui fait un peu plus d'un tiers. Si les chiffres supprimés excèdent 5, 50, 500, etc., il faut ajouter 1 à la dernière décimale.

Si l'on n'avait employé de centimètres que pour exprimer la longueur des bûches, et seulement des décimètres pour les longueur et hauteur de la pile, il ne faudrait séparer que 4 décimales, et seulement 2, si ces dernières dimensions étaient exprimées en mètres sans fractions.

CHAPITRE V.

MESURES AGRAIRES LE PLUS EN USAGE EN FRANCE.

1° Le petit arpent ou arpent de Paris et environs est de 18 pieds par perche et de 100 perches à l'arpent ; multipliez ce nombre 18

par 18

144
18

vous aurez 324 pieds

Superficiels par perche et 32,400 pieds carrés par arpent ou 34 ares 19 centiares.

2° L'arpent de 20 pieds ; 400 pieds superficiels par perche ; 40,000 pieds carrés par 100 perches ou arpent (42 ares 21 centiares).

3° L'arpent forestier est, suivant l'ordonnance de 1669, de 22 pieds par perche ou le demi-hectare environ ; 484 pieds superficiels par perche ; 48,400 pieds par 100 perches (51 ares 7 centiares).

4° L'acre, mesure normande et américaine, 160 perches de 22 pieds représentées par 4 vergées de chacune 40 perches; 484 pieds superficiels par perche; 19,360 id. par vergée; 77,440 id. par acre (81 ares 71 centiares).

5° Le journal, en beaucoup de localités, est la moitié de l'acre ou 80 perches de 22 pieds, environ un arpent à 20 pieds pour perche; 484 pieds par perche, 38,720 id. par journal (42 ares 21 centiares).

Un charretier doit, dans la journée, labourer au moins un journal de terre, même dans les premières façons et plus dans les dernières.

6° La poignerée, 11 ares 55 centiares, 9 pour l'hectare, 72 escats de 12 pieds 4 pouces, pour une poignerée.

7° La stérée ou sétérée, mesure du midi, 22 ares 78 centiares, environ 2 poignerées.

8° La boisselée, dans certaines localités, est la quatrième ou sixième partie d'un arpent de 51 ares 7 centiares, dans d'autres la huitième; cela dépend de l'importance de l'arpent, assez ordinairement elle est de 8 ares 50 centiares.

La boisselée très-en usage est, au surplus, la représentation de la superficie de terre qu'un boisseau de blé peut ensemencer.

Pour un arpent de 51 ares 7 centiares, il faut un peu moins d'un setier ou d'un hectolitre et demi dont le poids moyen, en France pour le froment, est de 230 livres 4 onces (113 kilog. 810 milli.).

En conséquence, la semence pour un arpent est

d'environ 216 livres (105 kilog. 7,333 milli.), dont le sixième correspondra à l'ancien boisseau, qui est de 37 livres 1/2 (18 kilog. 3,564 milli.).

9° En Brie, l'arpent varie à l'infini; chaque commune a, en quelque sorte, sa mesure particulière, dont nous allons indiquer les plus connues et leurs rapports avec le nouveau système.

				Ares.	Mil. de centiares.
1° 120	perch.	à 18 pieds	par perch.	41	027
2° 100	id.	18	id.	34	900
3° id.	id.	18 4 pouces.		35	463
4° 100	id.	19 4	id.	39	445
5° id.	id.	19 6	id.	40	125
6° id.	id.	19 8	id.	40	813

10° L'hommée ou l'œuvrée est environ ce qu'un homme peut labourer à la pioche, en un jour, et environ la dixième ou la douzième partie d'un arpent de 51 ares 7 centiares, suivant les pays; dans beaucoup de localités, elle est de 5 ares 6 centiares.

Pour donner, en définitive, toutes les mesures de France, il faudrait y consacrer un volume entier; nous allons sommairement indiquer celles de nos principaux départemens.

SEINE-ET-OISE.

	Ares.	Mil. de centiares.
Le setier de 80 perches à 22 pieds par perche	48	857
de 10 à 21 pieds	46	531

BOUCHES-DU-RHONE.

	Ares.	Mil. de cent.
La salmée de Salòn, 600 cannes	63	375
La charge de Saint-Canat.	63	276
Le panul	8	696
Le dextre d'Arles	2	619
L'enchaîne de Saint-Canat	9	887
Le boisseau d'Orgon	11	122
Le picoton d'Embague	10	861
La poignadière de Senas	11	122
Le civadier de Marignan	19	774
Le caraval de Martigues 1/4 de picotin	1	545
La soucherée de Genenos, 600 cannes carrées d'Aix	23	728
La cosse de Novès, un vingtième d'éminée	4	423

MAINE-ET-LOIRE.

L'arpent de 100 perches de 25 p. par perche	69	950
Journal, 80 perches à 25 pieds	52	945
Boisselée	8	500

GIRONDE.

Journal bordelais	31	924

LOT-ET-GARONNE.

	Ares.	Mil. de cent.
La sexterée	83	459

ALPES.

Le trabuc superficiel	9	885
La sétérée de 156 trabucs 1/4	15	445
Le montural ou le seizième de la sétérée		965
La sétérée de 2 éminées 4 cartelées et 24 cyvayers	34	183

ARDENNES.

Arpent de 100 perches à 25 pieds	69	950

AUBE.

La fauchée de 75 perches de 20 pieds	31	656

NORD.

Journet d'Avesnes, 144 verges carrées	47	812
D'Aufroy, 100 verg. carrées	29	700
Mencaudé, Angle-Fontaine, 99 verg.	33	052
Rasières Avesnes, 80 verges	27	938

SEINE-INFÉRIEURE.

	Ares.	Mil. de cent.
Acre de Maulévrier, 160 perches à 24 pieds	97	246
idem d'Eu 160 perches à 23 pieds 11 pouces, revenant à 21 p. 1 pouce de Paris	75	047
idem de Londinières 160 perches de 22 pieds 11 pouces 9 lignes, revenant à 21 pieds 6 pouces 6 lignes de Paris.	78	346
A 22 pieds 11 pouces, 20 pieds 2 p. de Paris	68	663
A 22 id. 10 id. 18 id. 6id.	56	746
A 22 id. 9 id. 16 id. 4id.	45	965

AISNE.

Le jalois de 36 perches à 22 pieds 11 pouces	15	449
L'essain de 30 perches à 22 pieds 10 pouces 8 lignes	12	106

MARNE.

Journal de 9 danrées ou 80 perch. de 8 pieds 2 pouces	50	673

NIÈVRE.

	Ares.	Mil. de cent.
L'arpent de 100 perches à 22 pieds	51	700
Ouvrée, 6 perches à 22 pieds	30	640
id. 12 id. à 1/2 id.	63	384

La fauchée et la soiture correspondent, suivant les localités, au journal ou à l'arpent de 20 pieds par perche de 42 ares 21 centiares, ou à celui de Paris de 34 ares 19 centiares.

La perche, le carreau, la corde, vergée, gaule, canne, escat, trabuc, le bonnier et autres indications, ne sont que les noms de la chaîne en fer avec laquelle l'arpenteur prend ses mesures et qui a depuis 6, 12, 18, 20, 22 jusqu'à 30 pieds métriques.

1° Les chaînes dans le Midi sont de 6 à 30 pieds.

2° Pour l'arpent de Paris (34 ares 19 centiares), la chaîne est de 18

3° id. de 20 p. (42 ares 21 centiares), id. 20

4° Pour l'arpent des forêts (51 ares 7) elle est de 22

5° Id. l'hectare ou mesure métrique id. 30

Quelle confusion que toutes ces mesures! Quand en serons-nous à ne connaître dans toute la France que le mètre? Ce ne sera pas avant un siècle, au moins nous le craignons; toutes les vieilles routines sont difficiles à déraciner, particulièrement chez les personnes de la campagne qui, par entêtement et même par une sorte d'amour-propre, se complaisent dans leurs vieilles habitudes, vont, chaque jour, au moulin, ou sèment leurs céréales en se servant des termes usités au temps de Charles VII, sans chercher à s'en rendre compte, tels que poignerée, bicherée, bichets, quarteaux, millerolle, charge, pan, pega, picotins, boisseaux et autres termes dont ils ne comprennent pas la division ni les rapports avec les mesures de leurs voisins; il serait bien à désirer qu'ils fussent aussi instruits, à cet égard, que les fermiers de la Beauce et de la Brie : des litres, décalitres, hectolitres et setiers.

MM. les cultivateurs doivent faire bien attention que, dès qu'on a le poids ou la capacité d'une mesure métrique, on a de suite par le calcul décimal, sans effort de tête ni écriture, le compte de toutes livraisons de céréales ou autres marchandises qui s'y mesurent.

Que de mécomptes cette multiplicité de mesures n'entraîne-t-elle pas? Que de travail et de tracasseries d'esprit n'éprouve-t-on pas dans les transactions commerciales avec les anciennes mesures variant à chaque village, et dont il faudrait faire une étude longue et fastidieuse pour les connaître toutes?

MOYENS DE CONVERTIR TOUTES LES ANCIENNES MESURES AGRAIRES EN NOUVELLES.

Il nous serait impossible de donner ici des tables de comparaison particulières pour toutes les mesures agraires en usage dans la France, ainsi que nous l'avons fait pour celles qui sont plus généralement connues. La table suivante pourra néanmoins mettre les propriétaires, arpenteurs, notaires, etc., en état de faire eux-mêmes les conversions de toute espèce de mesures en se conformant aux observations qu'on va lire.

1° Abstraction faite des noms donnés aux mesures des terres, elles sont, en général, connues sous la dénomination de perches, verges, cordes, cannes, gaules, etc.; c'est l'unité inférieure et représentant le carré de la chaîne linéaire adoptée suivant les lieux; ainsi la chaîne de l'arpenteur ayant 20 pieds, la perche est un carré de 20 pieds contenant alors 400 pieds carrés.

Les arpents, acres, journaux, hommées, etc., sont l'unité supérieure et sont composés d'un certain nombre de perches, verges, cordes, etc. Le rapport des unités supérieures aux mesures inférieures varie à l'infini. L'arpent contient communément 100 perches, l'acre 160, le journal 80 cordes, etc. Il importe donc d'abord de connaître ce rapport.

2° Les perches, verges, cordes, etc., contiennent un certain nombre de pieds, mais le pied n'était pas partout le même; il contenait 10, 11 ou 12 pouces, et les pouces offraient aussi la même diversité. La toise et le pied d'ordonnance étant généralement connus, il est facile de savoir combien la chaîne ou perche locale contient de longueur en pieds et pouces d'ordonnance.

3° La table suivante offre la conversion en centiares, ou mètres carrés, de toutes les perches locales résultant des perches linéaires ayant depuis 4 pieds de longueur jusqu'à 30 et croissant de pouce en pouce (*), en sorte qu'on doit y trouver toutes les mesures en usage dans les différentes provinces et cantons sous tel nom que ce soit, et l'opération, pour convertir, par exemple, le journal de Bourgogne en ares et hectares, se réduira à ceci :

Ce journal contient 360 perches, et la perche a 9 pieds 6 pouces de longueur. D'après la table suivante, la perche carrée de 9 pieds 6 pouces de côté fait en centiares 9523

Multipliez par 360

vous aurez 3428280

Le journal contient, en conséquence, 3428 centiares ou 34 ares 28 centiares, en négligeant les trois derniers chiffres comme insignifiants.

Cette opération s'applique à toutes les mesures et devient plus simple encore, si le nombre de perches contenues dans l'arpent, acre, journal, etc., est de 100 ; dans ce cas, qui se rencontre assez fréquemment, la table suivante sert telle qu'elle est, à la seule différence qu'elle exprime des ares au lieu de centiares; ainsi, la perche carrée de 22 pieds répondant, suivant la table, à 51 centiares 072, l'arpent d'ordonnance, qui contenait 100 de ces perches, équivaut à 51 ares 072.

Les décimales sont des millièmes de centiares ou mètre carré.

(*) Pour les perches linéaires de 6 en 6 lignes ou de 3 en 3 lignes, voir l'observation à la suite de la table ci-après.

LA PERCHE LINÉAIRE ÉTANT DE		LA PERCHE CARRÉE EST DE	LA PERCHE LINÉAIRE ÉTANT DE		LA PERCHE CARRÉE EST DE
Pieds.	Pouces.	Centiares.	Pieds.	Pouces.	Centiares.
4	»	1,688	7	6	5,936
4	1	1,760	7	7	6,068
4	2	1,832	7	8	6,202
4	3	1,906	7	9	6,338
4	4	1,981	7	10	6,475
4	5	2,058	7	11	6,614
4	6	2,137	8	»	6,753
4	7	2,217	8	1	6,895
4	8	2,298	8	2	7,038
4	9	2,381	8	3	7,182
4	10	2,465	8	4	7,328
4	11	2,551	8	5	7,476
5	»	2,638	8	6	7,624
5	1	2,725	8	7	7,775
5	2	2,817	8	8	7,926
5	3	2,908	8	9	8,079
5	4	3,001	8	10	8,234
5	5	3,095	8	11	8,390
5	6	3,192	9	»	8,547
5	7	3,288	9	1	8,707
5	8	3,387	9	2	8,867
5	9	3,489	9	3	9,029
5	10	3,591	9	4	9,193
5	11	3,695	9	5	9,358
6	»	3,799	9	6	9,523
6	1	3,903	9	7	9,691
6	2	4,013	9	8	9,860
6	3	4,122	9	9	10,031
6	4	4,233	9	10	10,203
6	5	4,345	9	11	10,377
6	6	4,458	10	»	10,552
6	7	4,573	10	1	10,727
6	8	4,690	10	2	10,902
6	9	4,808	10	3	11,086
6	10	4,927	10	4	11,268
6	11	5,048	10	5	11,451
7	»	5,171	10	6	11,634
7	1	5,295	10	7	11,819
7	2	5,420	10	8	12,004
7	3	5,546	10	9	12,194
7	4	5,675	10	10	12,381
7	5	5,805	10	11	12,574

LA PERCHE LINÉAIRE ÉTANT DE		LA PERCHE CARRÉE EST DE	LA PERCHE LINÉAIRE ÉTANT DE		LA PERCHE CARRÉE EST DE
Pieds.	Pouces.	Centiares.	Pieds.	Pouces.	Centiares.
11	»	12,768	14	5	21,932
11	1	12,962	14	6	22,186
11	2	13,131	14	7	22,443
11	3	13,355	14	8	22,700
11	4	13,552	14	9	22,957
11	5	13,753	14	10	23,220
11	6	13,955	14	11	23,481
11	7	14,159	15	»	23,742
11	8	14,364	15	1	24,008
11	9	14,568	15	2	24,274
11	10	14,778	15	3	24,529
11	11	14,986	15	4	24,808
12	»	15,195	15	5	25,079
12	1	15,407	15	6	25,351
12	2	15,620	15	7	25,625
12	3	15,835	15	8	25,900
12	4	16,052	15	9	26,178
12	5	16,270	15	10	26,456
12	6	16,488	15	11	26,734
12	7	16,710	16	»	27,013
12	8	16,932	16	1	27,297
12	9	17,154	16	2	27,582
12	10	17,380	16	3	27,867
12	11	17,606	16	4	28,152
13	»	17,833	16	5	28,440
13	1	18,063	16	6	28,728
13	2	18,294	16	7	29,020
13	3	18,525	16	8	29,312
13	4	18,759	16	9	29,590
13	5	18,995	16	10	29,904
13	6	19,231	16	11	30,200
13	7	19,469	17	»	30,495
13	8	19,708	17	1	30,798
13	9	19,950	17	2	31,100
13	10	20,194	17	3	31,402
13	11	20,439	17	4	31,704
14	»	20,682	17	5	32,010
14	1	20,931	17	6	32,316
14	2	21,179	17	7	32,625
14	3	21,427	17	8	32,935
14	4	21,679	17	9	33,251

LA PERCHE LINÉAIRE ÉTANT DE		LA PERCHE CARRÉE EST DE	LA PERCHE LINÉAIRE ÉTANT DE		LA PERCHE CARRÉE EST DE
Pieds.	Pouces.	Centiares.	Pieds.	Pouces.	Centiares.
17	10	33,562	21	3	47,650
17	11	33,875	21	4	48,016
18	»	34,189	21	5	48,396
18	1	34,508	21	6	48,777
18	2	34,828	21	7	49,151
18	3	35,145	21	8	49,525
18	4	35,467	21	9	49,911
18	5	35,791	21	10	50,298
18	6	36,115	21	11	50,685
18	7	36,445	22	»	51,072
18	8	36,772	22	1	51,450
18	9	37,102	22	2	51,798
18	10	37,432	22	3	52,245
18	11	37,762	22	4	52,524
19	»	38,093	22	5	52,971
19	1	38,316	22	6	53,419
19	2	38,764	22	7	53,813
19	3	39,105	22	8	54,208
19	4	39,440	22	9	54,611
19	5	39,782	22	10	55,014
19	6	40,124	22	11	55,425
19	7	40,468	23	»	55,820
19	8	40,812	23	1	56,229
19	9	41,157	23	2	56,638
19	10	41,510	23	3	57,047
19	11	41,859	23	4	57,456
20	»	42,208	23	5	57,865
20	1	42,558	23	6	58,274
20	2	42,908	23	7	58,693
20	3	43,258	23	8	59,113
20	4	43,608	23	9	59,526
20	5	43,975	23	10	59,946
20	6	44,345	23	11	60,363
20	7	44,708	24	»	60,780
20	8	45,072	24	1	61,204
20	9	45,435	24	2	61,628
20	10	45,802	24	3	62,054
20	11	46,168	24	4	62,480
21	»	46,535	24	5	62,909
21	1	46,905	24	6	63,339
21	2	47,276	24	7	63,775

LA PERCHE LINÉAIRE ÉTANT DE		LA PERCHE CARRÉE EST DE	LA PERCHE LINÉAIRE ÉTANT DE		LA PERCHE CARRÉE EST DE
Pieds.	Pouces.	Centiares.	Pieds.	Pouces.	Centiares.
24	8	64,208	27	6	79,800
24	9	64,643	27	7	80,288
24	10	65,079	27	8	80,777
24	11	65,515	27	9	81,266
25	»	65,950	27	10	81,756
25	1	66,395	27	11	82,246
25	2	66,840	28	»	82,728
25	3	67,284	28	1	83,231
25	4	67,728	28	2	83,726
25	5	68,172	28	3	84,222
25	6	68,616	28	4	84,717
25	7	69,068	28	5	85,213
25	8	69,520	28	6	85,709
25	9	69,975	28	7	86,212
25	10	70,425	28	8	86,716
25	11	70,878	28	9	87,223
26	»	71,331	28	10	87,730
26	1	71,786	28	11	88,236
26	2	72,243	29	»	88,743
26	3	72,704	29	1	89,257
26	4	73,635	29	2	89,772
26	5	73,633	29	3	90,286
26	6	74,102	29	4	90,800
26	7	74,569	29	5	91,314
26	8	75,036	29	6	91,829
26	9	75,514	29	7	92,354
26	10	75,980	29	8	93,403
26	11	76,452	29	9	93,880
27	»	76,925	29	10	93,924
27	1	77,401	29	11	94,446
27	2	77,878	30	»	94,969
27	3	78,363	30	1	95,497
27	4	78,832	30	2	96,027
27	5	79,316			

NOTA.—Par suite de la différence des pieds et pouces en usage dans certaines provinces, il pourrait se faire qu'il se trouvât des perches linéaires dont la longueur ne pourrait s'exprimer par un nombre rond de pieds et pouces d'ordonnance ; par exemple, une mesure pourrait avoir 6 pieds 5 pouces 6 lignes.

On remarquera d'abord que la différence d'un pouce sur la longueur de la perche ordinaire linéaire n'en apportant qu'une très-légère sur la superficie, celle de 3 ou 6 lignes est presque nulle ; cependant, si l'on désire l'apprécier, nous allons en indiquer le moyen.

Si la perche linéaire, disons-nous, a 6 pieds 5 pouces 6 lignes de longueur, comme elle tient le milieu entre 6 pieds 5 pouces et 6 pieds 6 pouces, additionnez la quantité de centiares que la table indique pour ces deux nombres, et prenez-en la moitié, ce sera l'équivalent de la perche carrée de 6 pieds 5 pouces 6 lignes de côté.

Pour 6 pieds 5 pouces 3 lignes, additionnez les centiares correspondant à 6 pieds 5 pouces avec ceux trouvés par l'opération ci-dessus de la perche de 6 pieds 5 pouces 6 lignes, et prenez-en de même la moitié.

Si le total des deux nombres est impair et qu'on ne puisse pas en prendre la moitié juste, il faut négliger la fraction et s'en tenir à la moitié faible.

Cette opération est fondée sur cette règle générale, que, pour avoir le carré d'un nombre qui tient le milieu entre deux autres nombres dont les carrés sont connus, il faut prendre la moitié de la somme des deux carrés, moins le carré de la différence qui se trouve entre le nombre intermédiaire et l'un des deux autres nombres. Exemple : le carré de 4 est de 16, le carré de 8 est de 64 ; veut-on avoir le carré de 6, prenez la moitié de la somme des deux carrés ci-dessus 16 et 64, qui fait 40, déduisez 4, carré de 2, différence de 6 à 4, il reste 36, qui est effectivement le carré de 6.

Ici l'on ne déduit rien sur la moitié de la somme des deux carrés, parce que les décimales employées sont des millièmes de centiare, et que le carré de 6 lignes, différence entre 6 pieds 5 pouces et 6 pieds 5 pouces 6 lignes, est de beaucoup au-dessous d'un millième de centiare.

CHAPITRE VI.

DE LA VENTE DES SUPERFICIES DE BOIS, DE LA COALITION DES MARCHANDS CONTRE LES VENDEURS, ET DES CONDITIONS DE VENTE.

OBSERVATIONS PRÉLIMINAIRES.

Quand on a une superficie de bois à vendre, on la croit souvent plus belle qu'elle n'est en effet, parce que, généralement, nous aimons à voir en beau ce qui nous plaît ou ce qui touche à nos intérêts. C'est une erreur dangereuse; car, lorsqu'on évalue trop haut ce que l'on veut vendre, on s'oppose à refuser un prix raisonnable, et on manque la vente. Nous savons bien que le propriétaire, avec les meilleures intentions, est en quelque sorte forcé de faire dans ses apprêts de vente un peu de charlatanisme, parce que le marchand en met de son côté beaucoup, beaucoup trop même, et emploie la plupart du temps tous les moyens possibles de séduction pour faire un bon marché. De ces exigences respectives, il s'ensuit que les traités de bois se sont preque toujours faits et se feront encore longtemps diplomatiquement. La diplomatie, dans le commerce, est une assez triste chose, et le propriétaire ainsi que le marchand feront bien de réfléchir à l'observation que nous leur soumettons.

Un vendeur de bois prélude ordinairement par annoncer emphatiquement qu'on aura un hiver des plus rigoureux, et il cite, à l'appui de son assertion, diverses prédictions astronomiques ; pour seconde preuve aussi puissante, il parle du départ précipité des hirondelles, du passage prématuré des grues, et il montre les oignons et les volatiles plus couverts qu'à l'ordinaire.

Ensuite il publie hautement que l'aisance, ou plutôt le luxe, faisant chaque jour des progrès rapides, la consommation des bois suit ce mouvement ; enfin que les défrichements, qui ont été considérables depuis 1830, se continueront *dans une progression effrayante*, que bien certainement ils rendront le bois extrêmement précieux et rare, que même on viendra à le vendre à la livre.

Afin de combattre ces prophéties intéressées, les marchands, à leur tour, se réunissent et font corps ; ils annoncent, de leur côté, que Paris, grand foyer de consommation des bois en tous genres, n'a plus les mêmes besoins, que, depuis 1829, il y a une grande diminution dans les arrivages, et, pour mieux faire sentir ce déficit, ils font l'énumération des trains de bois flottés descendus à Paris depuis 9 ans, savoir :

De 1826 à 1830, on recevait par an une commune de 4,435 trains de bois; de 1832 à 1834, 3,162 trains; différence en moins, 1,274 trains par an (*); ils ajoutent qu'il en est de même pour toutes les autres espèces de bois.

(*) 22,932 décastères, ou 114,660 décastères en cinq ans.

Que c'est d'abord à l'usage du charbon de terre et aux constructions en fer qu'on doit ce déficit menaçant.

En présence d'aussi excellentes raisons mises en avant de part et d'autre, nous ne pouvons que garder le silence.

Nous devons cependant, comme partie désintéressée, déclarer que, si ces différences existent, elles ne peuvent être que passagères, qu'elles sont la conséquence de nos fréquentes révolutions, et la suite des mouvements politiques qui changent les fortunes, forcent ceux qui perdent à économiser, et ceux même qui gagnent à suivre cet exemple, pour se faire un abri contre les mauvais jours. Qui ne sait, en effet, aujourd'hui, et par l'expérience, qu'on passe sur la scène du monde comme les comédiens sur le théâtre, et plus particulièrement en France ?

De ces deux systèmes d'économie obligée, de l'usage du charbon de terre et du coke, résulte le déficit (nous en avons la conviction) qui s'est fait remarquer depuis quelques années, déficit qui, cependant, n'est plus aujourd'hui aussi considérable (*) ; au surplus, le prix, toujours élevé et soutenu des bois, doit rassurer et ne laisser aucune crainte sur une surabondance dans les chantiers, qui n'existe réellement que dans les esprits qui la désirent. Aussi ceux qui ont un

(*) De 1835 à 1838, il est arrivé, à Paris, 14,525 trains et 2 branches.

La commune, en 4 ans, est donc de	3,631 trains.
En 1834, elle était de	3,161
En plus, depuis 4 ans.	470 par an.

intérêt réel à acheter les bois à bon marché invoquent presque toujours et fort sérieusement toutes les considérations et circonstances qui militent en leur faveur, même les prédictions des astronomes, et leurs auxiliaires, les journaux, annonçant dans leurs pudiques feuilles qu'il n'y aura plus de grands hivers ; ce dont on peut juger par ceux de 1834, 1835, 1836, 1837 et 1839 ; ils prétendent, en outre, qu'on aura à Marseille le climat d'Alger, dans les environs de Bordeaux celui d'Italie, à Paris celui de Provence, et ils font sonner encore bien plus haut leurs alarmes *sur l'introduction des houilles et fers étrangers*, sous un droit léger, pour faciliter la vente de nos vins et autres denrées indigènes ; ils affirment hautement, en outre, que cette introduction, malgré tous les obstacles qu'on y apportera, prévaudra et anéantira les propriétés forestières. De ce conflit de prétentions que chaque parti cherche à défendre il advient que ceux qui se tirent le mieux de la lutte sont les marchands, qui, plus aguerris à la polémique des marchés, triomphent presque toujours, à moins qu'il n'y ait guerre et désunion entre eux. Néanmoins ils finissent, quoi qu'il puisse arriver, dans leurs intérêts respectifs, par se réunir, et, quand il y a une adjudication de bois, ils sont bientôt rassemblés : les rivalités cessent alors ; l'intérêt et la table leur font oublier en un instant, et comme par magie, les plus rudes attaques, même les mieux fondées : chacun s'empresse de dissimuler son ressentiment personnel, et l'union est promptement assurée et complète contre le propriétaire vendeur.

Cette association nombreuse, criarde et tumultueuse est souvent tellement compacte que, malgré les lois les plus sévères, on peut rarement la déjouer. Sous l'empire, quand Napoléon était à la tête de ses armées, les bénéfices de ces sociétés, appelés revidages, se sont élevés, lors de certaines grandes ventes de bois de la couronne et de l'État, jusqu'à 100,000 francs et plus (*), qu'elles partageaient entre elles suivant l'importance du commerce de chacun. Au marchand à chevaux anglais et tilbury la part atteignait jusqu'à 10,000 francs et au delà; celle du marchand en blouse, avec redingote dessous, de 500 à 50 fr.; celle des rapaces, à veste et blouse sans broderie, se réduisait seulement à une grande consommation en bonne chère et force spiritueux; c'est bien peu, sans doute, mais cette part constate l'association depuis le dernier jusqu'au premier. Or, dans l'intérêt des honnêtes exploitants, nous croyons devoir faire remarquer ici que ces bénéfices de circonstance sont comme l'argent gagné au jeu, qui

(*) De 1808 à 1810, il s'établit entre les principaux agents forestiers et quelques marchands de bois une telle intelligence, que, sous le prétexte d'abattre les arbres morts et dépérissants, on faisait, en quelque sorte, coupe blanche dans les forêts impériales de Fontainebleau et de Crécy. Le duc d'Otrante, dont l'œil vigilant perçait partout, en instruisit l'empereur; et, comme les coupables savaient qu'il lui fallait prompte justice, le conservateur de Fontainebleau se brûla la cervelle, un marchand de bois de Vincennes en fit autant, et un autre de Montereau (Seine-et-Marne) se pendit dans son grenier : deux grands exploitants de la Brie en furent quittes pour la peur, en se réduisant au simple mobilier *insaisissable*.

porte peu de profit et souvent est rendu avec usure, parce qu'il arrive que pour continuer ce jeu, si agréable quand il réussit, et ensuite pour avoir une part plus forte au gâteau, on fait de très-mauvais marchés : aussi les marchands de premier ordre ne s'y livrent jamais qu'à regret.

Pour achever, en définitive, le tableau des intelligences du commerce contre les propriétaires, nous allons raconter l'histoire d'un officier de cavalerie qui, pendant l'automne de 1679, traversant un jour la forêt de Fontainebleau, tomba, sans pouvoir fuir, dans un groupe de marchands de bois qui attendaient la maîtrise des eaux et forêts pour se trouver à l'adjudication d'une grande masse de bois. « La diversité des « figures, des costumes, des barbes plus ou moins lon- « gues, des têtes plus ou moins mal peignées, tout dans « ces hommes rassemblés était tellement étrange, qu'il « les prit pour des voleurs ; il se trouvait lui-même « dans une tenue fort négligée, et tout couvert « de boue : alors, en vue de se soustraire au danger « dont il se croyait menacé, il eut l'idée de s'introduire « parmi eux comme un des leurs, et ne négligea rien « dans cette circonstance impérieuse, pour imiter leurs « allures ; il attacha son cheval à un arbre, retroussa « sa moustache, croisa ses bras et se promena comme « eux ; il excita aussitôt un grand mouvement de cu- « riosité : après beaucoup de chuchotements, un des « chefs vint lui demander ce qui le conduisait dans « l'assemblée ; il lui répondit que c'était pour les

« mêmes motifs que lui. A cette réponse, on lui pro-
« posa 200 louis qu'il refusa; sur ce, nouveau chu-
« chotement; on revint de suite et on poussa jusqu'à
« 500 louis (*), que l'officier accepta aussitôt; cette
« somme dans ses mains, il monta lestement à cheval
« et galopa à toutes jambes, non sans désirer de se
« trouver souvent avec des voleurs aussi généreux. »

Pour la facilité des marchands acquéreurs sur le revidage qu'on fait après l'adjudication, on donne ordinairement un an, et jusqu'à dix-huit mois, pour payer les bénéfices de l'association générale, qu'on règle en effets à ordre ou en bons de bois à livrer.

Comment prévenir l'effet de ces coalitions ? Nous n'apercevons qu'un mode qui pourrait y remédier; encore nous ne garantissons pas que l'avidité mercantile ne puisse le rendre illusoire : au surplus, l'administration générale des forêts, qui est plus particulièrement intéressée à déjouer ces associations clandestines, pourrait, sans aucun danger, en essayer en adoptant le mode d'opération que nous allons indiquer.

1° Vendre au rabais les superficies comme les fonds de bois de l'État, suivant l'usage des Anglais, bien connu aujourd'hui en France.

2° Faire évaluer les superficies comme les fonds de bois avec le plus grand soin, après en avoir fait préalablement compter les réserves abandonnées, *c'est-à-dire bonnes à couper*, par essences et âges, dont le

(*) 12,000 livres tournois.

nombre et la capacité seraient exactement établis au cahier des charges et annoncés par les affiches.

3° Sur cette évaluation de la superficie du taillis et des réserves abandonnées, diminuer un dixième pour le bénéfice marchand, puis fixer la mise à prix du coupon à vendre, en doublant le résultat, après cette déduction; ainsi, si l'évaluation brute est de 800 l'hect., diminuer le dixième, 80

Produit net, 720 fr.

Sa progression diminutive sera, par hectare,

de 1,000 à 900 francs.	50 francs.
de 900 —	25 —
de 800 —	10 —
de 700 —	5 —

4° Laisser un intervalle de quelques minutes entre chaque rabais et même plus, quand on sera près du prix de l'administration; au surplus, abandonner la direction entière de ces ventes aux personnes chargées de ces opérations, ainsi que de la fixation de la quotité de la décroissance du prix.

5° Quand on s'apercevra qu'il y a coalition, autoriser le conservateur ou l'inspecteur à remettre la vente à une autre année, avant qu'on soit arrivé au prix de l'estimation, ou à adjuger, après la séance d'adjudication, *à un dixième en sus du dernier rabais*, et même à faire mieux.

Cette faveur ne pourrait pas compromettre les intérêts de l'administration, et déterminerait le commerce à ne pas trop marchander, dans la crainte de voir lui échapper un objet à un prix modéré *et tout à sa convenance*. Ce serait une clause de sûreté, dont les marchands de bois peuvent seuls apprécier toute la portée.

6° Fixer les *surenchères* au dixième, puis au cinquième en dernier ressort, non dans les 24 heures, mais dans les trois jours de l'adjudication, pour qu'on ait le temps de voir les bois, prendre ses mesures, s'associer et faire ses fonds pour les premiers frais.

Ce mode déplaira fort sans doute au commerce, mais les bois ne s'en vendront pas moins ; il suffira de tenir bon, et le commerce s'y soumettra. Nous osons affirmer que ce que nous avançons serait notamment dans l'intérêt des mineurs, de l'État et des grands propriétaires de bois, aux dépens desquels il y a toujours les plus ferventes dispositions de s'enrichir, même pour les consciences marchandes les plus timorées.

La faculté de surenchérir du dixième et du cinquième, pour retirer les ventes des mains des premiers adjudicataires, serait, au surplus, au niveau du cours actuel des choses.

Quand on créa les lois et ordonnances sur le tiercement et le demi-tiercement, les superficies de bois se vendaient, à ces époques, 60 francs l'hectare ; on les adjuge aujourd'hui à 1,300 francs. C'est vingt fois plus qu'alors, et, dans ces temps, on avait bien plus de peine à trouver 20 francs comptant (toutes affaires se payaient au comptant, quoique l'argent fût alors extrêmement rare) que 400 de nos jours, où presque tout se règle à grands termes avec du papier.

Nous pensons, au résumé, qu'en stipulant toutes ces conditions, sauf expérience contraire, le mode anglais, avec nos amendements, serait le plus avantageux, et particulièrement le plus à l'abri des coalitions, surtout, nous le répétons, pour les bois de l'État, des mineurs et des interdits.

Quant aux bois des particuliers, on peut suivre un autre système, par exemple celui de la concurrence; seulement il serait nécessaire de la faire valoir avec intelligence, pour en tirer tout le fruit possible.

Nous conseillons, dans ce cas, d'annoncer d'abord, dès le mois de juillet, la vente d'une superficie de bois, pour la conclure, au plus tard, au mois de septembre, afin que le marchand puisse, autant que possible, y mettre la cognée dans les premiers jours d'octobre.

Recevoir avec égard les offres des marchands, *quelles qu'elles soient.*

Déclarer hautement qu'il n'y aura de préférence que pour celui qui mettra le plus haut prix, *et tenir sa parole.*

Ne pas être trop exigeant sur les termes du payement.

Faciliter le petit marchand dont on connaîtra la bonne conduite; il en sera reconnaissant et fera valoir votre argent à gros intérêts par le prix qu'il mettra à vos bois.

Un gros marchand a quelquefois de grands embarras; il marche souvent sur son crédit; il y a donc plus à perdre avec lui, en certaines circonstances, qu'avec un simple bûcheron devenu marchand de bois à force de travail et d'économie.

Ce dernier, tout glorieux d'être reçu dans un appartement qui annonce la richesse, y est très-humble, servile, même à l'excès, surtout quand il croit faire un bon marché, et alors par orgueil, sentiment vif et qui l'égare quelquefois, notamment quand il est soutenu par la concurrence dont il harcèle le gros marchand de la contrée, en ce qu'il le déteste comme le plus grand obstacle à ses espérances de fortune; il se contentera, dans ce cas, de quelques cents francs seulement, et s'estimera fort heureux, tout en suant sang et eau, d'exploiter vos bois, presque sans nul profit, avec tous ses enfants, et s'il arrive qu'il gagne sur une de vos coupes, dans son innocente et excusable vanité, attendez-vous qu'il se donnera aussitôt, pour jouer l'important, la redingote de propriétaire ou l'habit noir le dimanche.

Le gros marchand, au contraire, qui aura des commis à pied et à cheval, qui ne pourra toujours surveiller ses exploitations par lui-même, exigera de plus grands bénéfices, ou, s'il achète au delà du cours, comme cela n'arrive que trop souvent, ce sera pour se faire des ressources, à l'effet de maintenir son crédit; c'est un indice de gêne, dont il faut se défier : qui ne sait, au surplus, que le commerce de bois fait *en grand*, à moins de marchés, de fournitures ou d'événements heureux, est comme celui de bœufs, qui, au lieu d'enrichir, conduit plus vite à l'hôpital, et particulièrement les plus intrépides du métier, quelles que soient leur intelligence, leur activité et leur bonne conduite (*), tandis que les professions d'avoués, huissiers et notaires, intendants ou agents des affaires d'autrui, tailleurs, aubergistes, cafetiers, épiciers, tout en portant ceux qui les exercent à ne se priver de rien, les mènent rapidement à la fortune, qu'ils aient peu ou point de génie?

Ne tenez, au résumé, à aucun marchand spécial quand il y a solvabilité égale; nous conviendrons, cependant, qu'il y a de l'agrément à vendre ses coupes, tous les ans, à un même marchand de bois qu'on estime, et qui en a même grand soin, ce qui, toutefois, est très rare.

L'homme, par sa nature, abuse généralement des avantages qu'on lui concède.

Un bois valant 1,000 francs l'hectare, que l'on donnera au marchand privilégié, comme à tout autre du reste, pour 700 francs, sera encore trouvé trop cher, et on jurera sur son honneur qu'on y perdra; en un mot, plus on aura de faiblesse à l'égard du marchand, plus son exigence sera progressive : tel est l'homme, la reconnaissance, ordinairement, étant presque toujours en sens inverse des bienfaits.

Un marchand préféré éloigne toute concurrence, et un propriétaire qui persiste à le conserver perd le plus beau et le plus clair de son revenu. C'est 100 à 150 francs par hectare plus ou moins qu'il aban-

(*) Lazare Cornu, les Mouchot, les d'Auvergne, Thomas père (Nièvre), Fouet fils, Subert, Tremeau-Soulmé (Yonne et Loire); Ewig père, Bourdillon fils, Cretté (Seine).

donne à l'amitié de son exploitant, exempts d'impôts, frais de garde et autres.

SECTION PREMIÈRE.

MODÈLE D'UN SOUS-SEING DE VENTE DE SUPERFICIES DE BOIS ET DES PRINCIPAUX PRODUITS FORESTIERS.

Nota. Il est bien entendu qu'avant de chercher à vendre, un propriétaire aura au moins consulté le plan de ses bois, et qu'il pourra moralement garantir l'exactitude de la superficie dont il veut disposer.

Pour peu qu'il soit incertain à cet égard, il devra ne pas regarder à la dépense d'un nouvel arpentage et le faire exécuter surtout par le géomètre le plus en crédit dans le pays. Nous conseillons donc, pour prévenir toutes difficultés, qu'un bois ou toute autre propriété soit toujours vendu en masse, *sans garantie de mesure* autant que possible, simplement sur le vu du plan, c'est ce qui nous fait insister pour recommander de ne pas économiser les frais d'un arpentage.

Entre Monsieur ou Madame..... d'une part..... M. B....., d'autre part, a été convenu ce qui suit :

ARTICLE PREMIER.

DÉSIGNATION DES BOIS.

Vente, avec promesse de faire jouir, à **M. B....**, qui l'accepte, de la coupe à faire en la présente année, dans le bois appelé le..... situé commune de..... au lieu dit les...... d'une contenance d'environ..... hectares.....

ares.... centiares..... ou.... arpens..... de.... pieds par perche, comme, au surplus, la pièce s'étend et comporte, *vendue en masse*, sans qu'on puisse rien réclamer, pour places, vides, chemins, mares, ravins, ou manque de mesure, lors même que la différence serait de plus d'un vingtième, pour être exploitée, dans les conditions et exceptions exprimées au présent traité, et en outre, suivant les ordonnances et lois forestières.

Nota. L'arpent forestier est de 100 perches de 22 pieds, 48,400 pieds carrés (51 ares 7 centiares). Près Paris, il y a le grand arpent et le petit arpent: le premier est à la perche de 20 pieds, 40,000 pieds carrés (42 ares 21 centiares), et le second à la perche de 18 pieds, 34,400 pieds (34 ares 19 centiares).

On voit qu'il y a près d'un cinquième de moins environ de la perche des 22 pieds à celle de 20 et deux cinquièmes sur celle de 18 pieds.

ARTICLE I.

ÉPOQUE DE LA COUPE.

L'acquéreur sera tenu de commencer la coupe de son bois incessamment, de manière qu'il puisse être exploité *au premier janvier prochain*, ou au moins abattu.

Tous les anciens arbres de quatre âges (*) et au-dessus seront arrachés jusque dans leurs dernières

(*) De 80 ans, si l'aménagement est à 20 ans; de 100 ans, s'il est à 25 ans.

racines, les places ravalées et nivelées, sur lesquelles il sera placé de six à douze plants, suivant l'importance des troncs extirpés : dont deux tiers en bois dur, et un tiers en bois blanc et à des distances convenables; en plants de chêne, de châtaignier, hêtre, bouleau, tremble, marseau.

Nota. Désigner préférablement le plant qui convient au climat ou qui vient le mieux dans les environs.

ARTICLE III.

VIDANGE.

Ladite coupe sera vidée de tous ses produits dans les fortes gelées, particulièrement *de janvier à mars*, enfin avant la pousse du taillis, et, au plus tard, le 30 avril prochain.

ARTICLE IV.

MODE DE COUPE.

L'opération de la coupe sera faite *spécialement* dans l'intérêt de la reproduction des taillis, légèrement inclinée vers le nord ; et en fluteau, c'est-à-dire, de manière à ce que l'eau ne puisse séjourner sur la souche; et en outre, savoir :

Sur le terrain sec et de gravier, le plus près de terre que faire se pourra, sans écuisser ni attaquer le cœur de la souche ni les racines. En plaine ou terrain riche de fonds, qui vide bien ses eaux, rez terre, en conservant soigneusement *toutes les souches pleines*, c'est-à-dire, bien saines et entières de 4 pieds de tour (1 mètre 299 millimètres) et au-dessous.

Dans les lieux bas et aquatiques, couper à 2 ou 3 pouces (54 à 81 mil.) au-dessus de terre et, de clause expresse, enfin respecter rigoureusement *toutes les souches*, à l'exception de celles tombant en pourriture.

ARTICLE V.

RÉSERVES.

1° En baliveaux de l'âge du taillis (que nous supposons avoir 20 ans révolus).....

2° En modernes de 2 âges, 40 ans.....

3° En cadets de 3 âges, 60 ans.....

4° En anciens, 4 âges, 80 ans.....

5° Vieux arbres, 100 ans et au-dessus.....

6° Tous les arbres verts, tels que pins, sapins, épicéas, etc., et jusqu'à 5 pieds de tour (1 m. 624 mil.), ou non encore propres au sciage et non marqués.

7° Volières pour environ 10 francs par hectare. (Voir, vol. Ier, p. 205, *Aménagement*.)

Toutes lesdites réserves marquées au midi, savoir :

1° Les baliveaux, d'une marque sur la racine ;

2° Les modernes, de deux marques également très-près de terre, enfin en lieu non dommageable. (Voir, vol. Ier, p. 244, *Martelage*.)

3° Les anciens à 30 pouces de hauteur, et avec un marteau portant l'empreinte G ou B (ce qu'on voudra enfin), ou la première lettre du nom du vendeur (*).

(*) Pour la conservation des arbres, il convient mieux de marquer les réserves d'un bois avec un cordon rouge à l'huile. (Voir notre article *Martelage*, vol. Ier, pages 244 à 246.)

4° De veiller et s'opposer à ce qu'il ne soit commis aucun dégât aux arbres de réserves sus-désignés, et dans le cas où quelques-uns desdits arbres seraient cassés ou écuissés et endommagés par le fait des ouvriers, voituriers et de tous autres, en un mot par l'exploitation du bois vendu ci-dessus, l'acquéreur sera tenu d'en indemniser le vendeur conformément aux lois forestières.

Nota. Nous recommandons, comme un avantage précieux, la stipulation précise : qu'on laissera, par hect. (ou 2 arpents forestiers), pour environ 10 francs de bois sans valeurs pour le marchand, d'après l'article 7 des réserves, c'est-à-dire en jeunes brins provenant de semis naturels ou sur souches; en hêtres, particulièrement à écorces lisses fraîches et vivaces, enfin bien venants, d'environ sept pouces (189 mil.) de rotondité et au-dessus, mesurés à 5 pieds (1 mètre 624 mil.) de hauteur, appelés *volières* et marqués simplement avec de l'ocre rouge délayée dans de l'huile.

ARTICLE VI.

CUISSON DES CHARBONS.

Dans le cas où le vendeur n'interdirait pas *expressément* à l'acquéreur le droit de cuire son charbonnage dans le bois exploité (*hors le bois serait mieux*; voir notre chapitre sur la *Carbonisation*, p. 126 et 153), alors il serait indispensable de stipuler : « de « faire cuire le charbon dans les anciennes places, et,

« en cas d'insuffisance, cuire plusieurs fois sur la
« même ou sur de nouvelles, mais qui seraient fixées
« par le vendeur, préférablement dans les vides et en-
« droits où il y aurait moins de dommages et toujours
« pas plus d'une place, par 3 ou 4 arpens, ou tant...
« pour toute la vente. »

ARTICLE VII.

NETTOYAGES.

L'acquéreur, à peine de tous dépens, dommages et intérêts, ravalera et coupera à vif tous les bois traînants et rabougris, les chicots et souches pourries, ainsi qu'il est dit à l'article 4 ; arrachera tous les arbustes parasites, notamment épines, genêts, ronces et la bruyère à la pioche, du 1er au 31 mai, *et notamment* pendant que la séve est dans sa plus grande action.

ARTICLE VIII.

COUPE A L'ÉCORCE.

1° *Tous les dessous*, ou plutôt tous les bois non propres à l'écorce, seront coupés, au plus tard, au 1er janvier prochain et comme il est dit aux art. 2 et 4.

2° L'écorçage commencera au premier développement du bourgeon et par les jeunes modernes et cadets, ensuite par les taillis; les racines ou vieux arbres devant être arrachés s'écorceront les derniers s'ils n'ont pu l'être au premier mouvement de la séve, ou plutôt au développement du bourgeon, moment où il faut les saisir.

3° L'abatage des jeunes modernes, ainsi que des taillis, se fera sans interruption et entièrement avant d'en extraire une seule longueur d'écorce, c'est-à-dire qu'il ne sera pas permis de couper un arbre ou une lance aux trois quarts, et de laisser l'autre quart adhérent au tronc, à l'effet d'entretenir la séve dans le bois qu'on destine à mettre en moulée, échalas ou autre industrie, en vue de faciliter à l'ouvrier le sciage ou la fente.

NOTA. — Il vaut mieux que l'ouvrier ait un peu plus de difficulté dans son travail, et défendre un mode d'exploitation *meurtrier* pour le fonds et qui, cependant, fait perdre au marchand le plus beau de son bois.

(Voir ce que nous indiquons sur la coupe des bois à l'écorce, vol. Ier, p. 267.)

ARTICLE IX.

RENAISSANCES OU PREMIÈRE FEUILLE D'UNE COUPE A L'ÉCORCE.

Pour favoriser le jeune taillis dans sa séve d'août, l'acquéreur sera tenu de sortir, sur les chemins, places vides ou autres endroits, les produits de son exploitation à l'écorce, d'ici au 31 juillet prochain, savoir :

Les bourrées et charbonnages, au chemin de....

La moulée, à....

La charpente, à....

Et, enfin, en tous autres lieux qui lui seront indiqués. (Voir ce que nous disons sur le vidage du charbonnage, p. 154, et 1er vol., p. 288.)

ARTICLE X.

FOSSÉS ET RIGOLES.

Les fossés et rigoles, qui auront été comblés pour la facilité de l'exploitation ou endommagés par elle, seront creusés à vif et réparés dans tout leur entier au fur et à mesure de la vidange du bois.

Nota. — Il pourrait être stipulé qu'on repiquerait de plants bien vifs *ou de pépinières* les places vides, même qu'on ferait une quantité de toises, de fossés neufs, ou qu'on curerait les vieux; nous pensons, toutefois, que ces travaux doivent être faits préférablement par le propriétaire, qui a tout intérêt que ce soit bien exécuté; le marchand courrait au bon marché et livrerait de la pacotille.

Dans certaines localités, on creuse ou cure les fossés dans le moment même de la coupe, en laissant de distance en distance des passages pour la vidange des marchandises; on repique aussi à cette occasion les places vides: c'est très-bien pour la génération du bois; il résulte, ensuite, qu'au printemps les fossés, se trouvant en état, conservent les jeunes taillis, et alors le plant repiqué marche mieux que lorsque le taillis est à sa deuxième feuille, ayant plus d'air.

ARTICLE XI.

POTS-DE-VIN ET RÉSERVES PARTICULIÈRES.

1° Il sera payé comptant pour pot-de-vin 200 fr. (plus ou moins), ci.	200 fr.
2° En outre, il sera livré au vendeur, rendu à..., 1 décast. de bois de chauffage, ou 5 voies de Paris de 270 pieds cubes métriques chaque décast., valeur d'environ	100
3° Un millier de bourrées de valeur de	50
4° Une corde de charbonnage de 80 pieds cubes (*).	10
5° Pour le garde, 500 de bourrées à 5 fr. les 104.	25
6° Pour le même, une corde de copeaux, recoupes ou souchons (128 p. cubes) (**).	12
TOTAL.	397 fr.

7° Si le vendeur a besoin de bois pour ses fermes et domaines, comme pour toutes autres constructions, il payera les charpentes de 7 pouces d'équarrissage et *au-dessus*, environ 1 fr. 75 c. à 2 fr. 25 c. le pied cube rendu à...

8° Le chevron de 50 à 75 c. la toise.

Pour les échalas et autres bois, voir le chapitre des *Exploitations*, p. 15 à 103.

(*) 2 stères 963 millistères.

(**) 4 stères 711 millistères.

ARTICLE XII.

PRIX, PAYEMENTS.

La présente vente est faite, moyennant les prix et somme de.... pour toute la pièce, laquelle sera payée en quatre (ou six) termes égaux, de trois en trois mois, à compter du 1er janvier 18.., et en traites tirées par l'acquéreur sur M....., son associé ou sa caution (*), ou sur... (nom et prénoms), à l'ordre de... (nom et prénoms), de son épouse, qu'il autorise à l'effet du présent engagement, lesdites traites payables à..., pour lesquelles personnes l'acquéreur s'oblige de faire accepter et endosser lesdites traites dans le délai de..., à compter de ce jour, lesquelles ont été remises à l'instant au vendeur qui le reconnaît et qui les a reçues pour les présenter à l'acceptation, toutefois, sous la réserve de tous ses droits de propriétaire, dans le cas où elles ne seraient point acceptées ni acquittées à leur échéance, enfin de tous ses privilèges et actions.

ARTICLE XIII.

RÉCOLEMENT.

De rendre, à la fin de l'exploitation fixée au..... et lors du récolement qui en sera fait à cette époque,

(*) Et à défaut de femmes, enfants, parents ou amis pour cautions ou considérés comme de trop minces garanties, demander en surcroît le facteur ou garde-vente de l'exploitation, d'autant qu'il est assez ordinaire que, lorsque le marchand de bois se ruine, ses commis s'enrichissent, et, enfin, exiger, pour plus de sûreté encore, un ou plusieurs certificateurs de caution, descendre même jusqu'au domestique de l'acquéreur ; ce qui abonde en pareil cas, ne pouvant en aucune manière nuire aux intérêts du vendeur.

tous les arbres de réserve sus-désignés, article V, et, dans le cas où il en manquerait ou qu'ils seraient endommagés par l'effet de l'exploitation, il en sera expressément responsable, ainsi qu'il est exprimé audit article V, et tenu d'en indemniser le vendeur, suivant toute la rigueur des lois forestières, avec dommages-intérêts et dépens; en outre, il payera tous les frais dudit récolement, si le vendeur l'exige (ou à raison de tant..... l'arpent). Toutes lesdites clauses sont expresses et de rigueur, et ne pourront être réputées comminatoires; sans elles, enfin, le présent traité n'aurait pas eu lieu.

Nota. — 1° Si on a des *cordes de moulée* à vendre ou *du charbonnage*, stipuler qu'elles seront reçues, dans la vente ou sur le port, telles qu'elles sont empilées, sans pouvoir rien réclamer pour manque de mesure, bois coursins, tortillards, cassés, gâtés ou défectueux.

2° *Charpente* : dire également qu'on la recevra sans pouvoir élever aucune réclamation pour nœuds viciés, malandres, roulures, gelivures, etc., et tous autres défauts, le 4 au cent non payable, ou la remise gratuite de...... solives par cent étant accordée en compensation de ces défectuosités apparentes ou occultes.

3° *Merrains, lattes, échalas*, etc. : stipuler que ces marchandises seront reçues telles qu'elles sont, sans aucun rebut, l'acquéreur déclarant les avoir vues et visitées avec soin, et fixé les prix en raison de leur qualité.

4° Quant aux époques de payement et autres conditions de sûreté, suivre celles mentionnées pour les superficies de bois.

Fait double à.....

Le.... (*)

A la lecture de ces conditions d'ordre et nullement inquiétantes pour un honnête exploitant, les marchands maraudeurs soutiendront qu'elles sont vexatoires et inexécutables ; ils le diront, surtout dans leur intérêt de marchands, ou pour obtenir plus de concessions sur le prix et les termes de payement. Il faudra ne pas s'en tourmenter ; les laisser dire et les maintenir avec fermeté ; tôt ou tard l'espérance du gain ou la crainte de la concurrence les ramènera, et le traité s'effectuera.

Dans le cas cependant où l'on serait obligé d'exploiter soi-même seulement pour démontrer la possibilité de mettre ces conditions en pratique, il sera nécessaire de les suivre ponctuellement ; on pourra mieux faire encore. Le propriétaire ayant ce qu'on appelle vulgairement les coudées franches, il se

(*) Nous aurions désiré donner à notre modèle de traité une meilleure rédaction, ou au moins plus sacramentelle en cette intention ; nous l'avons déposé, au moment de l'impression, à quatre notaires ; trois n'ont pu s'en occuper, un était disposé à faire ses notes lorsqu'il s'est aperçu que nos réflexions sur le choix des professions étaient inconvenantes à l'égard de sa compagnie ; nous exprimons ici nettement ces reproches pour qu'on nous pardonne ce que nous aurions pu dire d'offensant, déclarant que nous n'avons eu d'autre pensée que d'instruire les néophytes marchands de bois, et non d'être hostile à la plus honorable des professions de la société.

formera des réserves provisoires, les échangera ensuite à son gré contre de plus belles que l'exploitation lui découvrira; il fera, en outre, une infinité de choses favorables à son fonds, auxquelles un marchand ne pense pas et qu'on ne peut même lui imposer.

Qu'on nous pardonne tous ces détails, ils sont de la plus haute importance pour un propriétaire de bois, d'autant plus qu'ils résument presque toute la science forestière.

Pour conclure, nous répétons encore, et peut-être pour la dixième fois, qu'un bois ne peut être bien exploité que par son propriétaire, parce qu'il a intérêt à sa génération : puisse un terme être mis à la dilapidation qui s'exerce chaque jour sur les fonds de nos bois...! plutôt par ignorance encore que par le mauvais vouloir des personnes intéressées à leur dévastation! S'il en arrive ainsi, notre tâche sera remplie, ne souhaitant rien tant que de parvenir à les faire cultiver, à l'avenir, avec discernement, et notamment avec la connaissance si simple et si naturelle des premiers principes de la végétation.

Nous garantissons que nous atteindrons ce but, et promptement même, si la routine et certains amours-propres ne se trouvent pas blessés de notre franc parler, et par conséquent ne dédaignent pas de suivre nos conseils.

CHAPITRE VII.

DU FLOTTAGE SUR LES RUISSEAUX.

Nous avons parlé très-succinctement, dans notre premier volume, des essais du flottage des bois à bûches perdues, comment et de quelle manière ils avaient eu lieu en France; persuadé que ce mode économique de transport pourra être adopté dans quelques contrées où les bois sont sans valeur ou chez les peuples moins avancés que nous en industrie, nous allons entrer dans de plus grands détails à cet égard.

Le bois le plus lourd, après six mois d'empilage seulement, peut flotter sur un pied d'eau et même moins quand le ruisseau a beaucoup de rapidité.

Il est important d'abord d'empiler le bois à mesure qu'il arrive de la vente sur les ports, il sèche mieux qu'en roule(*); en outre, l'ordre et l'intérêt de l'exploitant l'exigent. Il y a, sur presque tous les ports, du bois appartenant à différents marchands, qui se dis-

(*) Un roule diffère d'une pile en ce qu'il est fait sans roseau et sans symétrie ; on prend le bois du roule pour en former les piles.

putent souvent l'avantage de l'avoir près du ruisseau, en ce que non-seulement il en coûte moins de frais de jetage, mais étant plus aéré, il sèche mieux, et, en outre, la jouissance en est certaine, parce qu'il part avec les premières eaux, tandis que les bois des dernières piles d'un port restent quelquefois, lors des eaux rares, pour l'année suivante; dans ce cas, ils perdent en intérêt, et en détérioration, 20 pour 100.

Pour être en *premier rang*, c'est-à-dire le plus près de la rive, on a grand soin de marquer sa place plusieurs mois à l'avance.

Quand un marchand intelligent craint la concurrence, il se hâte alors de faire scier quelques bûches des premières *lances* (*) abattues dans la forêt, et aussitôt les fait frapper de son marteau (qui, selon l'usage, est dûment enregistré au greffe du tribunal civil) et les envoie au port, en les répandant çà et là à trois et quatre pieds l'une de l'autre sur la rive ou le terrain du port qu'il a l'intention de faire occuper par les produits de son exploitation; une corde suffit pour assurer l'emplacement de mille.

Celui qui déposerait son bois sur un port marqué serait obligé de rendre l'emplacement usurpé, ensuite de le transporter ailleurs, et serait en outre condamné, d'après les usages et coutumes des ports flottables, à tous les dommages-intérêts qui se règlent par le tribunal de commerce ou le juge de paix du lieu, à raison du tort plus ou

(*) On appelle une lance l'arbre sur pied ou tige de belle venue.

moins grand qu'il aurait causé au premier occupant.

Les bois empilés doivent être martelés et régalés à la fin d'octobre (nous entendons par régalage un double martelage).

Un marteleur soigneux de son ouvrage doit repasser sur un premier martelage et frapper de son marteau toutes les bûches oubliées ou mal marquées.

Avant, pendant et après ces opérations préliminaires, les eaux qui servent au flottage des ruisseaux sont retenues par des étangs dont les uns sont spécialement destinés au flottage et les autres à alimenter des moulins, forges et autres usines, mais qui doivent toutes leurs eaux quand les flots de bois sont en coulage (*). Ceux qui nourrissent du poisson ont deux bondages, l'un pour le flottage, l'autre pour la pêche du poisson ; ce dernier bondage est situé au-dessous du niveau de l'autre.

On a soin, avant le flottage, de nettoyer le ruisseau de ses joncs, on creuse les graviers amoncelés par les eaux, et même dans les endroits où le ruisseau est trop large, on garnit ses bords de pieux et de fascines pour le rétrécir ou le rendre plus rapide ; enfin on le dégage autant que possible de tous les objets qui peuvent entraver l'écoulage du flot, on retient ensuite, en aval des étangs, les eaux sur les biez des moulins où le commerce a toujours à sa disposition une porte ou couloir, qu'on appelle vanne des marchands. Cette vanne est construite à peu de

(*) Chap. XVII, art. 13. Ord. de 1672.

distance de la tête du biez ; elle est à la charge du commerce, ainsi que son entretien ; on la construit ordinairement avec des madriers en chêne de 6 à 9 pouces d'équarrissage (162 à 244 millimètres), et des planches d'un pouce d'épaisseur (27 millimètres). Cette espèce de tombereau se ferme avec une pelle en bois de 9 à 12 pieds (2 mètres 924 à 3 mètres 898 millimètres) de hauteur, queue comprise, enclaves dans les rainures de deux montants de 12 à 15 pouces (325 à 406 mil.); il est couronné, par le haut, d'un chapiteau, au milieu duquel on perce un trou carré où passe la queue, ayant de large, sur autant d'épaisseur que les montants, 9 pouces (244 millimètres). Une vanne coûte, suivant l'importance du ruisseau, depuis 75 francs jusqu'à 1,500 francs.

Toutes les dispositions pour flotter étant achevées et les bois en ordre à l'avance, on doit se tenir prêt à jeter au premier gonflement des sources, qui a lieu ordinairement, de la fin d'octobre à novembre ou à la fin de l'hiver, sur les ruisseaux ingrats, et particulièrement à la fonte des neiges ou glaces. Le jetage des bois se fait à mains d'hommes, de femmes et d'enfants, et par des voitures à bœufs et à chevaux, quand les piles sont éloignées ; il coûte de 15 à 20 centimes le décastère, près du ruisseau, en seconde pile, de 30 à 60 centimes, en quatrième et en cinquième piles, de 1 fr. 50 c. jusqu'à 2 fr. 50 c. le décastère. Ce transport se fait dans certaines occasions, à la journée, mais presque toujours à l'entreprise ; ce dernier mode revient à meilleur marché, il est vrai ; cependant nous prévenons que, dans ce cas, il exige une grande surveillance, parce que souvent on ne peut maîtriser les jeteurs, qui, pour avoir plus tôt terminé ou pour gagner davantage, jettent le bois sans ordre, au risque de compromettre le marchand et la marchandise, malgré les défenses les plus positives; il en résulte qu'ils surchargent le ruisseau sans miséricorde, qui, alors, est bientôt obstrué pour plusieurs jours, et qu'ils causent ainsi des retards dans l'écoulage des bois, et par suite une grande perte aux intéressés.

Sur un ruisseau ou rivière ayant plusieurs lieues d'étendue, le premier et même le second jour du jetage, les bûches n'arrivent point au port où elles doivent être tirées de l'eau ; elles servent d'abord à garnir les rives, remplissant les grèves et les sinuosités jusqu'à ce que le ruisseau soit entièrement bordé; alors elles forment *goulette*, dans laquelle les derniers bois jetés coulent plus rapidement. On appelle cela *bordage*, sans lequel le flottage ne peut avoir lieu. Ce bordage est ensuite poussé à flot lors de la queue où l'on chasse tout le bois des graviers et des rives.

Lorsque les bois sont situés au-dessous des premiers ports, on attend le passage de la queue d'un flot pour les mettre à l'eau, de cette manière les derniers bois jetés sont les premiers arrivés ; alors ils restent peu de temps en rivière, sont plus clairs, et, par conséquent, gagnent en qualité et quantité, en ce qu'ils ne sont point imprégnés de boue, et canardent moins; aussi les marchands actifs ont-ils grand soin de saisir le passage d'une queue de flot pour lancer leurs bois à l'eau comme étant le moment le plus propice.

Quand les bois sont longtemps en flottage, les bûches trop fortes, ou grosses en pied et mal fendues, surtout celles coupées avec leurs souches et non recepées, nagent entre deux eaux ou tombent promptement à fond, notamment quand le bois est encore vert, c'est ce qu'on appelle *canarder*.

On retire les bois canards de l'eau immédiatement après le passage d'un flot, sur les ruisseaux qui n'ont d'eau que par les étangs, et on les réunit autant que possible par tas grillonnés sur les rives pour qu'ils y sèchent, et afin, encore, d'en prévenir le vol. L'ordonnance de 1672 obligeait le marchand à retirer les canards du fond de l'eau quarante jours après le passage du flot; ce délai passé, le propriétaire de la rivière avait le droit de les faire extraire et d'en réclamer la dépense à dire d'expert. Cet article de l'ordonnance n'est plus en vigueur depuis que les rivières et les ruisseaux flottables sont dépendants du domaine public. Un propriétaire riverain ne peut s'immiscer dans l'administration du bois qui s'écarterait de la rivière sur sa propriété, mais il peut exiger des dommages-intérêts, en raison des pertes qu'il éprouverait dans le cas même où les hautes eaux auraient porté du bois de flot sur son terrain. Si cependant le terrain est inculte, il ne lui est rien dû quand on relève la marchandise aussitôt après l'écoulement des eaux.

Les canards ne doivent aucun droit d'occupation (chap. XVII, art. 9), de même sur les rivières du flottage en train; le commerce est seulement dans l'obligation de veiller à ce qu'ils ne nuisent pas à l'écoulage des autres bois, ni au passage des trains.

Pour l'opération du tirage des canards, on attend l'été, et précisément le moment où les eaux sont basses, alors on fait lever tous les vannages du ruisseau ou de la rivière; c'est dans cette position qu'on pêche beaucoup de poisson et même qu'on le prend à la main, les canards, sur les rivières de flottage, lui servent de refuge, et le plus souvent le sauvent d'une entière destruction, empêchant l'épervier d'agir librement contre lui.

Les eaux des pertuis écoulées, on ramasse les canards sur les rivières de flottage en trains, en les déposant sur les rives ou par tas qu'on recueille après avec des bateaux, et on les réunit ensuite par masses, pour les triquer et mettre en état, comme les bois des flots ordinaires.

Quant à ceux des ruisseaux, lorsqu'ils ont passé plusieurs mois à sécher, on en fait un flot particulier, ou on les jette dans les flots de communauté de l'année suivante, s'il n'y en a pas assez pour faire un flot particulier.

Ce travail revient, coulage et mise en état compris, de 6 à 15 francs le décastère, suivant l'éloignement du port flottable en train, la profondeur du ruisseau ou lorsqu'ils sont plus ou moins difficiles à extraire de l'eau.

Les moulins, forges et autres usines doivent ouvrir leur vannage, donner les eaux de leurs étangs et retenues, et chômer pendant tout le temps de l'écoulement d'un flot, moyennant une rétribution de 2 francs, quel que soit le nombre des tournants (ordonnance de 1672, ch. 17, art. 13); par la loi du 28 juillet 1824, ce prix a été porté à 4 francs pendant 24 heures (*).

Quant à l'emplacement des bois de flot ou neufs sur les ports, on payait, suivant la même ordonnance, art. 14, pour le bois placé sur le pré, 18 deniers, et sur terre 12 deniers par corde de 8 pieds de couche, 4 pieds de hauteur, 3 pieds 6 pouces de largeur (112 pieds cubes, 3 stères 840 millistéres).

L'occupation, sur pré, est aujourd'hui réglée en exécution de la loi du 28 juillet 1824, à raison de 30 centimes le décastére, et sur terre 20 cent., contenant 299 pieds 7 pouces cubes, pied ancien, ou 2 cordes 75 pieds 7 pouces cubes, dites de l'ordonnance.

D'après la loi précitée, et en considération de ce que le décastère contient 75 pieds 7 pouces cubes au delà de 2 cordes de l'ordonnance, il nous semble que ce serait justice, de payer, sur pré, 40 centimes; sur terre, cultivée ou en friche, 26 centimes (**).

La loi du 28 juillet 1824, en établissant un nouveau prix d'occupation, est incomplète, en ce qu'elle a omis de fixer la dimension de la corde et son rapport avec le décastère; nous pensons même qu'en cas de contestation la mesure des ports de l'Yonne et celle de la Cure ne peuvent servir de base, attendu

(*) Toutefois, cela ne doit s'entendre que d'un soleil à l'autre, 12 heures environ, ou pendant toute la journée employée au flottage.

(**) La corde de l'ordonnance étant de 112 pieds cubes, et le décastère de 299 pieds 7 pouces cubes, pied ancien, cela porte l'occupation d'une corde sur terre à 26 cent. 737 millim., sur pré 40 cent. 77 millim.

qu'elles variaient à chaque port. Par exemple :

A Clamecy (Nièvre), elle était de 4 stères 7 décist.
A Vermanton (Yonne), 4 id. 9 id.
Sur certains ruisseaux et dans les ventes elles excédaient 6 id.

Dans ce conflit de mesure (*), c'est l'ancienne corde des eaux et forêts dite de l'ordonnance, de 112 pieds cubes, qui doit prévaloir, voilà la mesure légale ; en conséquence, les prix indiqués ci-dessus de 40 centimes par corde ou par 3 stères 840 millistères, sur pré, et de 26 centimes sur terre, doivent être maintenus, encore bien que, depuis 1825, l'usage est de ne percevoir, en beaucoup de lieux, que 30 ou 20 centimes. Une augmentation, au surplus, était un droit bien acquis ; car, en 1672, le setier de blé, qui ne passait pas 13 francs, n'a que doublé de prix (26 à 30 fr.), tandis que le bois, qui ne se vendait alors que 40 à 50 fr. l'arpent, coûte maintenant de 400 à 500 francs (dix fois plus).

Quand un flot est en écoulage, on place tous les huitièmes de lieue (250 mètres environ) sur les petits ruisseaux et à de plus fortes distances sur les grands, notamment près des graviers, rochers, sur les vannages, enfin dans les endroits où le bois peut s'arrêter, des hommes pour le pousser, c'est-à-dire pour le re

(*) Sur l'exploitation, l'emplacement et l'écoulage des bois, naissent, chaque jour, des procès déplorables, parce que les ordonnances de 1669 et 1672 exigent maintenant d'importantes modifications ; puisse notre aible voix être entendue et amener nos législateurs à y pourvoir en s'aidant, toutefois, des renseignements des syndics de l'Yonne et de la Cure, hommes instruits et d'une haute capacité dans la matière !

mettre constamment à flot et veiller à ce qu'il ne stationne pas ou ne se fasse point d'embâcle.

Ces hommes sont armés de crocs en fer (*) placés à l'extrémité d'un manche en coudrier de 7 à 12 pieds de long (2 mètres 274 mil. à 3 mètres 898 mil.); leur journée se paye depuis 75 c. jusqu'à 3 f. Ce dernier prix est plus spécialement pour les chefs et directeurs du flot, puis pour les ouvriers les plus actifs ou les plus intelligents, et particulièrement en faveur de ceux qui, en hiver, saison privilégiée pour le flottage des bois à bûches perdues, sont toute la journée dans l'eau jusqu'à la ceinture à pousser la queue du flot et à ramasser au milieu des rivières le bois que l'on ne peut atteindre des bords, même avec les crocs de douze pieds; on appelle ces derniers *poules d'eau;* jusqu'en 1836 on les payait 30 sous et on les nourrissait bien, pain, vin, soupe et viande le soir; depuis cette époque, ils sont réglés en argent; leur journée sera mieux rétribuée, il est vrai, mais on aura des hommes moins ardents, faisant ce travail extraordinairement pénible avec nonchalance; on sera, plus tard, obligé, nous le pensons, de renouveler souvent ces ouvriers, que des maladies chroniques éloigneront bientôt du travail. C'est donc contre l'intérêt du commerce qu'on leur a supprimé une bonne et fortifiante nourriture, qu'ils ne se donneront point eux-mêmes, soit par une économie dont ils ne prévoient pas les conséquences, soit parce qu'ils ne sont pas assez payés pour faire la dépense de cette bonne et fortifiante nourriture, qui

(*) Voir, à la planche des figures d'instruments, un croc, n° 35.

leur est si nécessaire. Assurément, et ne fût-ce que par un sentiment d'humanité, on sera obligé de revenir sur cette mesure peu raisonnée sous tous les rapports.

Il arrive quelquefois qu'on est forcé de suspendre l'écoulage de la queue d'un flot à cause des embâcles qui, souvent, sont considérables. Le bois, par la force de l'eau, s'amoncelle en peu de temps à tel point, qu'il faut plusieurs jours pour rendre libre toute la rivière et reprendre les travaux de queue.

Une embâcle se forme le plus ordinairement à la fin des courues d'eau, et autant quand les eaux des étangs ou retenues viennent à baisser que par la négligence des pousseurs sur les points difficiles où l'eau est dormante ou par trop violente; l'embâcle se forme aussi lors des fortes eaux, parce que les bois, arrivant en trop grande quantité, se tassent vivement et obstruent, en un instant, la rivière.

On emploie à ces travaux, presque toujours et fort mal à propos, des enfants ou des vieillards infirmes; mais c'est quelquefois à dessein de la part des cantonniers infidèles, qui les payent de 50 à 75 centimes seulement, et qui portent leur journée à 1 fr. 50 cent., comme pour des hommes forts : les enfants, par leur dissipation, et les vieillards par leur faiblesse, gagnent à peine le salaire qui leur est donné, et compromettent, en certaines circonstances, très-gravement les intérêts de celui qui fait flotter. Or on ne peut être trop vigilant pour éviter cet abus et prévenir un arrêt de bois qui ne fait que s'accroître quand l'eau arrive avec une puissance et une force qu'on peut difficilement maîtriser;

il faut alors la réunion de tous les pousseurs du canton, pour parvenir à détruire une embâcle qu'un peu de prévoyance ou un peu plus de vigueur aurait pu empêcher. Nous conseillons donc de faire choix de bons et forts ouvriers pour le flottage des bois à bûches perdues, en les payant selon leur capacité, c'est-à-dire plus que des ouvriers ordinaires, et on y gagnera. Les ouvriers des ports flottables en trains, de Clamecy particulièrement (Nièvre), sont très-intelligents et très-agiles pour le flottage des bois, parce que c'est leur métier et qu'ils l'exercent toute l'année, au lieu que les hommes des villages, dont on se sert lors de l'écoulage des flots, sont la plupart des artisans, ou de petits cultivateurs, qui n'ont pas l'habitude de ces travaux.

Lorsqu'un flot est peu considérable, il faut le conduire de vanne en vanne, plus particulièrement quand l'eau abonde et qu'on n'a pas besoin de retenir celle de plusieurs vannes; dans ce cas, on fait moins de frais de vannage et on n'a qu'un petit nombre d'ouvriers en mouvement; d'un autre côté, le bois étant réuni s'écarte peu, se trouvant presque toujours en action de coulage; alors il canarde moins, par conséquent n'est point gâté par la vase, et arrive sur le port flottable en train presque neuf et sans tache.

Avant de livrer un flot au tirage, il faut réunir assez de bois sur les ports pour occuper tous les ouvriers, à cause de l'importance des frais, et le sortir promptement de l'eau, par une plus forte concurrence. Un flot tiré trois ou quatre jours après son jetage fait peu de canards et se trouve aussi beau que s'il n'y avait pas été flotté; à mesure qu'il arrive au port du tirage, il est ordinairement appuyé sur des arrêts qui barrent la rivière : ce sont de grands arbres appelés chevalets, de la plus forte dimension, qu'on arrache même pour leur faire une tête forte, afin de peser davantage sur leur base et les rendre plus solides (*).

A quelques pieds de cette tête, ils sont soutenus par deux poteaux (à un mètre environ au-dessous), espèce de bras, fichés dans l'eau, qui forment des chevaux de frise; on les place ensuite de front six ou huit ensemble, selon la largeur de la rivière et la force du courant, et à cinq ou six mètres de distance l'un de l'autre; ainsi rangés, on les traverse par des madriers de 27 à 37 centimètres d'équarrissage, appelés chanlattes, puis par des perches d'Avallan et par des chantiers qu'on lie dessus, ainsi qu'en travers, afin d'empêcher les bûches de passer, sans nuire, toutefois, à l'écoulement des eaux, et, pour plus de sûreté enfin, on traverse encore ces arrêts de deux câbles plus ou moins forts (un petit et un gros), selon l'importance de l'arrêt, qu'on attache aux deux rives par des poteaux ou roulés sur un cabestan, pour les brider à volonté, et ensuite, à droite et à gauche en amont, on garnit les bords de la rivière de forts pieux appelés armures, pour la barrer entièrement; ces pieux doivent être proportionnés à la hauteur que peuvent atteindre les eaux, allant toujours en diminuant d'élévation jusqu'à celle des bûches dont presque toute une rivière

(*) Voir n° 45.

ou ruisseau de flottage à bûches perdues est nécessairement fourni, et qu'on ramasse au fur et à mesure de la marche des flots, particulièrement en touchant la queue. Il ne faut pas, toutefois, être parcimonieux sur la dépense d'un arrêt, car il peut être la sauvegarde d'un million de marchandises qu'il faut toujours s'attacher à garantir des grandes inondations.

Nous avons parlé, dans notre premier volume, p. 7, de l'inondation d'avril 1642, sous Louis XIII : il y en a eu une autre plus grande encore en 1740, sous Louis XV, qui obligea les habitants de Clamecy (Nièvre) à rester une nuit entière et plus d'un jour dans leurs greniers ou suspendus à leurs planchers ; celle du 2 mai 1836, qui déplaça plus de 20,000 décastères de bois depuis l'Yonne jusqu'à la Seine, fut loin encore d'être aussi violente, quoiqu'elle ait causé de grands désastres et disséminé presque tous les bois en état sur l'Yonne, les rivières qui y affluent, et même sur la Seine. Qu'on se rassure cependant, quand un arrêt se débâcle ou se *casse* (car c'est ainsi qu'on appelle le brisement d'un arrêt), peu de bois est perdu; le courant de l'inondation, quoique extrêmement rapide alors, le jette naturellement à droite et à gauche sur les propriétés riveraines, particulièrement sur les haies, les traces, les buissons et au pied des arbres isolés; il s'en réfugie aussi de grandes quantités dans les gours et vallées, où l'eau, particulièrement, est dormante. Tout ce bois, nous l'assurons, se trouverait, s'il n'était volé par des particuliers.

Les eaux une fois rentrées dans leur lit, on ramasse les bois avec des brouettes et des voitures, pour les ramener sur les bords des rivières, et la dépense varie de 5 à 10 francs le décastère, en raison de la masse ou de la plus ou moins grande difficulté de leurs rapprochements.

Les arrêts ne se forment que dans les racles (*), où l'eau est presque dormante; pour mieux assurer le bois contre les grandes crues d'eau, ces arrêts sont presque toujours construits au-dessus des pertuis; on fait, à peu de distance de leur tête, un amas en bûches des premiers bois arrivés, pour les appuyer davantage et les rendre immobiles sur leurs pieds.

Ces bûches ainsi placées forment, en outre, un chemin d'une rive à l'autre de la rivière, qui fait pont et sert de passage aux employés et ouvriers chargés du flottage des bois.

Sur les ports de flottage en train, pour que la dessiccation du bois ait lieu plus promptement, un réglement nouvellement en vigueur ordonne que les piles doivent avoir de distance entre elles 66 centimètres, et, en cas de nécessité, au moins 16 centimètres. (Voir notre article *Empilage,* page 104.)

Les ouvriers des flots et trains peuvent travailler les jours fériés, excepté aux grandes fêtes de Noël, Pâques, Pentecôte et Toussaint (ordonnance de 1672, chap. II, art. 1er); mais cet article de l'ordonnance est tombé en désuétude par celui de la charte, qui ne reconnaît aucune religion dominante

(*) On appelle racles les parties les plus profondes de la rivière, où l'eau est conséquemment moins rapide.

en France, bien qu'il soit dit que la religion catholique est la *religion de la majorité des Français.*

Le flottage d'un décastère de bois à trois ou quatre lieues d'un port flottable en train coûte de 6 à 8 fr. le décastère. Cette dépense augmente en raison de la position du ruisseau, du lieu où il est placé et de la distance plus ou moins éloignée du port où il doit être tiré; cependant elle n'est pas aussi considérable qu'on pourrait le craindre, parce que les frais, en résumé, pour les jetage, coulage, tirage, mise en état et de comptabilité, à une petite ou grande distance, sont les mêmes. Pour un trajet de 10 à 25 lieues, c'est environ de 8 à 12 fr. jusqu'à 15 fr., en y comprenant le flottage des petits ruisseaux affluant au grand flot de communauté.

On entend par flot de communauté une réunion de plusieurs marchands ou propriétaires, ayant chacun leur marque, dont les bois sont flottés sous la direction d'un agent général et qui occupent un cours d'eau de six à vingt-cinq lieues. Au-dessous de six lieues, un marchand, ordinairement, flotte ses bois en flot particulier. Dès lors il n'y a pas de mélange, la dépense du triage est épargnée, et on n'est pas obligé de mettre le bois en piles d'attente sur le bord de l'eau à la distance où le tireur peut le jeter, pour le placer ensuite en ordre par piles, ainsi que cela se pratique pour un flot de communauté. Dans ce dernier cas, la marchandise se noircit et se salit beaucoup plus que si elle était venue seule, en ce que la mise en état en est toujours trop lente, attendu qu'on est obligé de triquer tous les bois à bûche et de réunir chaque marque en piles séparées. En flot particulier, au contraire, on met les bois en grandes piles arrêtées en sortant de l'eau; alors ils n'ont pas le temps de changer de couleur en route ni en tas; aussi est-il toujours plus clair, plus neuf, et conséquemment plus recherché que celui d'un flot de communauté.

Quand un flot est peu considérable et qu'il y a plus d'ouvriers qu'on n'en a besoin pour le tirer de l'eau, on voit souvent ces malheureux s'arracher les bûches des mains et employer tous les moyens possibles pour en former une pile; quelquefois ils en viennent aux violences, et alors les plus forts deviennent seuls maîtres du travail : heureusement que ces circonstances n'ont lieu que très-rarement; car, dans l'intérêt de tous les ouvriers comme dans celui de la tranquillité publique, l'autorité serait dans la nécessité de prendre des mesures sévères.

Lors de l'arrivée des petits flots particuliers, chaque compagnie d'ouvriers forme, au devant des ports, des arrêts d'attente : ce sont des pieux de perches d'Avallan qu'ils plantent ou fichent dans la rivière en arc-boutant traversés par quelques chantiers, pour retenir le bois et le faire arriver aux ateliers de tirage; leur ardeur est telle quelquefois, qu'ils brisent la glace pour aller au-devant du bois et en tirer davantage, ayant l'eau jusqu'à la ceinture et même sous les aisselles. Ce qu'il y a de remarquable, c'est qu'ils restent dans cette position une journée entière sans être incommodés, parce qu'ils sont continuellement dans une grande action, et même en transpiration, quelque froid qu'il fasse.

Lorsque le flot est très-considérable et que les pluies grossissent subitement les eaux ; enfin, lorsqu'il y a urgence de tirer le bois, les ouvriers, trop communément, au lieu de se mettre immédiatement à l'ouvrage, se réunissent pour avoir une augmentation de prix ; c'est ce qu'on appelle *barrer*.

Il faut alors se hâter de céder à leurs exigences, à moins qu'on ne parvienne à détruire l'effet de ces coalitions, injustes pour le propriétaire qu'on rançonne par avidité et fâcheuses pour l'ouvrier lui-même qui, pendant la durée de la coalition, dépense et ne gagne rien.

Ces coalitions ne viennent d'ordinaire que par quelques ouvriers mauvaises têtes qui entraînent les masses ; mais on déjoue quelquefois leurs projets en donnant secrètement des pourboires à d'honnêtes et bons ouvriers, qui se mettent aussitôt à l'ouvrage et par leur exemple rétablissent l'ordre.

Chaque ouvrier, sur les ports flottables en trains, a droit à emporter le soir un faix de sept rondins d'environ deux pouces et demi de diamètre (7 centimètres) ; mais ce droit ne s'étend pas au delà des ports d'entrepôt ; il ne peut avoir cette faculté sur les ruisseaux de flottage. Chaque faix pèse environ 19 à 22 kilogrammes en bois de flot et 25 à 26 kilogrammes en bois neuf, 180 forment le décastère ou 80 environ pour l'ancienne corde : le prix en varie suivant le cours du bois et sa qualité ; c'est, ordinairement, de 35 à 50 centimes le faix.

Un jeune enfant qu'on emploie, tel faible qu'il soit, s'il peut porter son faix chez lui, on n'a pas le droit de le lui refuser; il chemine quelquefois fort péniblement avec ses sept bûches; cependant on ne les lui donne pas tout à fait de la grosseur de celles que reçoit un homme fait, et que d'ailleurs la plupart des enfants ne pourraient porter; ceci, du reste, est livré à l'arbitraire des gardes sur les ports. On gémit trop fréquemment de voir un enfant de sept à huit ans, courbé et écrasé par un poids au-dessus de ses forces, emportant son faix et faisant vingt-cinq à trente stations en route, au risque même de périr; aussi combien voit-on de ces petits êtres dès leurs jeunes années trapus et rabougris et accablés de maladies de toute espèce.

Cet usage remonte sans doute à l'époque où les dîmes ont été établies à cause de la rareté de l'argent; l'ouvrier qui croit que c'est un grand avantage pour lui ne se plaint pas de ce genre de payement, au contraire *il se révolterait* pour le maintenir; c'est cependant un abus qui ne le rend pas plus riche, nous le garantissons, et qui est fort onéreux au commerce; on a cherché plusieurs fois à le détruire, mais on n'a pu y réussir.

On pourrait, peut-être, arriver à ce résultat en présentant à l'ouvrier un peu plus de gain, c'est-à-dire en augmentant son salaire journalier de la valeur de son faix, *et même au delà,* et le commerce y gagnerait, parce que cet emport favorise le vol et exige une surveillance active et coûteuse. Le fileur ne reçoit pas une partie de sa journée en coton, ni le carrier en pierres, l'argent leur suffit.

Payer un ouvrier en marchandises n'est plus dans nos habitudes commerciales.

Les ouvriers doivent gagner un honnête salaire, qui les mette en position même de faire quelques économies; mais nous insistons pour qu'on détruise les usages qui les placent en hostilité permanente d'intérêt avec ceux qui les font vivre.

Il y a peu de travail plus malpropre que le tirage et la mise en état des bois, même par le beau temps; dans l'hiver, cela fait peine; même en temps sec, l'ouvrier est presque toujours mouillé et couvert de boue; malgré cela, un fort ouvrier gagne à peine 2 francs 50 centimes par jour, faix compris; l'ouvrage encore lui manque dans les grandes sécheresses et dans les hivers rigoureux où il a plus besoin de travail; il en résulte donc qu'un flotteur qui n'a pas su économiser quand les grands travaux de rivières marchent et se payent largement, et surtout quand il ne sait pas se livrer à d'autres occupations dans les intervalles de temps qui ont lieu entre les flottages en trains et à bûches perdues, se trouve parfois fort à la gêne, notamment s'il est surpris par le manque de travail; dans ce cas il faut, pour vivre, qu'il envoie mendier ses enfants ou sa femme.

Il y a des forêts placées entre les ports flottables en trains et les ruisseaux flottables à bûches perdues, où l'on peut se dispenser de flotter le bois; en vue de faire connaître où il y a réellement avantage à transporter les produits forestiers sur les ports flottables en train par terre, nous allons établir un calcul qui pourra servir de guide aux propriétaires ou aux exploitants.

Lorsque les bois ne sont qu'à deux voyages par jour et même à un pour les bouviers (deux lieues environ) et que le décastère ne reviendrait qu'à 24 fr. de voiture par terre, il y a encore profit à conduire sur le port flottable en train, lors même que la forêt toucherait au ruisseau flottable à bûches perdues : en voici la raison.

	fr.	c.
1° Le flottage par eau, par les frais de jetage, coulage, mise en état et droit de rivière, coûte au moins par décastère.	5	
2° Le bois en flottant perd de son éclat et de sa qualité; on en brûle pendant le flottage ; il en canarde ; on en vole; les ouvriers en emportent; le bois neuf étant, en outre, plus recherché que le flotté; on peut évaluer qu'il gagne au plus bas, sur ce dernier, environ.	12	
3° Jouissance, une année plus tôt, d'un capital de 120 fr. à 6 p^r 100. . .	7	20
Total. . .	24	20

Les calculs ci-dessus seront une boussole pour les personnes qui auraient des bois dans la position que nous venons de signaler.

Pour flotter le bois sur les ruisseaux, seulement avec les eaux pluviales, il faut encore se servir des étangs de flottage ou retenues d'eau.

La construction des étangs de flottage se fait ordinairement entre deux collines ou deux gorges de montagnes ; enfin dans les lieux qui permettent de les établir de manière à retenir les eaux qui peuvent y aboutir, et à moins de frais possibles.

Un étang se construit simplement par une chaussée en terre bien pilée à la hie ou à coups de pilons : on revêt, ensuite, le devant et même le derrière en pierre sèche, pour empêcher la dégradation des terres, qui s'opère insensiblement par le mouvement continuel des eaux de l'étang et des pluies ; à défaut de pierres, on y plante des gevrines ou osiers sauvages, aunes ou vernes ; d'autres font des fascines en jeunes lances de chêne qui durent assez longtemps sous l'eau et même à l'injure du temps.

On en construit aussi entre deux murs à chaux et à ciment, qu'on garnit intérieurement de terre, et même tout à chaux et ciment, ce sont les plus solides, mais aussi les plus coûteux.

Une chaussée d'étang de flottage doit avoir au moins 12 mètres de large à sa base et 8 mètres à sa sommité afin d'y faire passer deux voitures ensemble, et dans son milieu un empellement qu'on nomme pelle de fond, qui doit être placée de manière à faire écouler toutes les eaux lors du flottage et faciliter particulièrement la pêche du poisson. Cette pelle sert encore à mettre l'étang à sec et à le curer au besoin.

Après qu'un étang est entièrement vidé, s'il a besoin d'être nettoyé ou réparé, il faut s'en occuper de suite et dans la même année ; on peut encore en tirer parti en le cultivant en céréales qui peuvent être récoltées avant la saison où l'on ferme les retenues d'eau pour le flottage des bois.

Dans les étangs qui sont à deux fins, c'est-à-dire qui, outre qu'ils nourrissent du poisson, servent au flottage, on y jette de la feuille ou petites carpes qu'on prend dans les mares, grenouillères ou petits étangs où l'on nourrit les pères et mères des diverses espèces de poisson que l'on désire dans ce genre d'étang à double produit.

Un peu plus loin, à droite ou à gauche, suivant la direction du cours d'eau, on place l'empellement du flottage à une distance un peu plus élevée que celui de fond et construit, surtout, de manière à laisser de l'eau pour la nourriture et l'entretien du poisson. Ensuite est le déchargeoir ou grille en bois ou en fer. Ce couloir est commun à tous les étangs, il doit être, toutefois, fermé de barreaux assez serrés pour que le poisson ne puisse s'échapper, et que les eaux, cependant, s'écoulent librement; ce gril doit, en outre, être établi le plus large possible; un étang sans déchargeoir, par une crue d'eau ou une forte pluie d'orage, qui le remplirait subitement, peut crever dans un instant, ce qui arrive même avec un gril quand il est trop étroit, engorgé par des immondices ou insuffisant pour vider l'étang de son superflu.

Un déchargeoir ou gril bien construit se fait avec de fortes pierres et se pave de manière à pouvoir résister au frottement continuel du passage des eaux de l'étang, en vue, notamment, de prévenir des irruptions et dégâts qui peuvent arriver par de fortes pluies, et, notamment, par la fonte des neiges.

L'auteur du *Manuel du marchand de bois*, M. Marié de l'Isle, a donné le *devis* d'un empellement d'étang; nous engageons nos lecteurs à recourir à cet ouvrage (*).

Les déchargeoirs doivent être construits en bonnes pierres de taille, *qui ne gèlent pas;* meilleurs alors, et à tous égards, que lorsqu'ils sont en bois, dans ce cas moins sujets aux dégradations et aux filtrations des eaux, ils se coordonnent et se consolident mieux enfin; ils sont, sans doute, beaucoup plus durables, mais aussi bien plus chers suivant les localités.

L'étang de flottage, construit en 1835 pour le ruisseau de Houdan (Nièvre), par le commerce des petites rivières, compte en largeur, à sa base, 17 mètres, au sommet, 8 mètres, élévation de la bonde depuis le gravier 6 mètres; la chaussée en terre a le talus d'amont garanti par un mur en fort moellon, d'un mètre d'épaisseur, à chaux et sable; le bondage est tout en pierre de taille; en outre, deux chemins en pierres partant de l'étang et conduisant aux ports. Tous ces travaux ont coûté au commerce 13,000 f; ce sont les derniers de ce genre exécutés sur la rivière d'Yonne. Il contient trois courues ou 65 mille mètres cubes d'eau.

(*) Voir, au Manuel des marchands de bois par Marié de l'Isle, la Description des travaux nécessaires à la construction d'un étang. (Roret, éditeur, rue Hautefeuille, n. 10, à Paris.)

Cet étang, construit simplement en terre avec un bondage en bois et sans chemin, ne serait revenu qu'à 4 ou 5,000 francs.

Les étangs qui ont intérieurement des sources abondantes pour les alimenter ou des ruisseaux au-dessus et qui se jettent dedans, comme celui de l'Yonne près Château-Chinon (Nièvre), en une nuit se remplissent, tandis que ceux qui n'ont que les eaux pluviales ont besoin de plusieurs jours et nuits; il en est à qui il faut tout l'hiver et même la fonte des neiges, comme ceux d'Aron, de la Colancelle et autres (Nièvre).

Faute d'une source qui ne fournit pas abondamment, on ne peut, sur des ruisseaux ingrats, jeter quelquefois son bois la première année; alors, chaque année qu'un bois est en non-jouissance, il perd en détérioration et intérêt du capital 20 pour 100. Or il est nécessaire, sur ces ruisseaux, d'avoir un surveillant et de donner l'ordre de jeter au moment où il y a possibilité de flotter, *sans perdre un seul instant;* ainsi une forte pluie arrivera le soir à quatre ou cinq heures; le lendemain matin, à pareille heure, même auparavant, la source qui alimente l'étang de flottage ou le ruisseau permettra de jeter le quart ou la moitié du bois déposé sur les ports, et assez ordinairement la totalité, comme aux ruisseaux de Chamoux (Yonne), de Houdan et d'Arthel (Nièvre); il faut donc en profiter sur-le-champ, car quelques heures plus tard il ne serait plus temps.

On emploie, dans ce cas, les ouvriers au jetage sur de pareils ruisseaux, même la nuit, à la clarté de la lune ou à la lueur des feux allumés sur les bords, pour chauffer et sécher les flotteurs.

Quand l'eau baisse et qu'il n'y a plus que la quantité nécessaire pour conduire un tiers ou moitié des bois au port de flottage en train, il ne faut pas négliger de couper queue, c'est-à-dire de cesser le jetage; on le reprend ensuite à une autre occasion d'eau, pour ne pas être forcé de retirer en route en totalité ou en partie le bois qu'on aura mis dans le ruisseau.

Un étang contient depuis une courue jusqu'à douze, même plus et à l'infini quand il peut s'emplir toutes les nuits; on entend par courues d'eau autant de journées de flottage, et ces journées durent depuis deux ou trois heures du matin jusqu'à trois à quatre heures du soir, suivant l'importance de l'étang et des bois du ruisseau : il y en a de dix heures, de huit, de six, même de quatre, en un mot, d'après ce qu'on peut avoir d'eau en réserve, du temps qu'on peut conserver les ouvriers et de l'intérêt qu'on a de prodiguer ou de ménager les courues.

Chaque ruisseau doit suivre exactement son réglement d'eau.

Les moulins et usines doivent avoir leurs vannes ouvertes pendant vingt-quatre heures, moyennant les rétributions dont nous avons parlé, page 247.

Les premières courues ne prennent que quelques pouces de la superficie de l'eau, notamment quand l'étang a une vaste étendue; toutefois elles sont toujours les plus avantageuses au flottage, parce qu'en sortant de la bonde de l'étang elles sont refoulées par celles qui restent, le poids de ces dernières pesant constamment sur celles qui s'écoulent.

Les gorges des hautes montagnes où les sources et ruisseaux abondent sont très-favorables à la construction des étangs et ruisseaux de flottage, si, cependant, les rochers ne s'y opposent pas; lorsque les ruisseaux pourtant en sont par trop hérissés, on y fait jouer la mine et on parvient ainsi à les rendre navigables, en considérant que sur quatre pieds de large seulement on peut faire couler un flot de bois à bûches de 114 centimètres de long.

Une construction d'étang de flottage coûte de 2,500 à 25,000 francs, selon son importance, c'est-à-dire d'après le volume d'eau qu'il doit contenir, la largeur de la chaussée d'une colline à l'autre; enfin sa situation sur un emplacement plus ou moins favorable : quant au danger des inondations, il y a tel étang du Morvan qui, lors des orages, serait abîmé par les torrents d'eau s'il n'était construit avec intelligence sur la connaissance des lieux et très-solidement.

Un étang où il y a de l'eau se dégrade moins que lorsqu'il est à sec; les rats, les mulots, les serpents font des percées et abîment les chaussées, lesquelles se crevassent, en outre, dans les grandes sécheresses; il faut donc toujours y tenir un peu d'eau; c'est un moyen de conservation pour les empellements, les grils et la chaussée surtout.

En vue de compléter notre article sur le flottage, nous croyons devoir parler des allingres dont on se sert dans le Morvan, pour jouir des bois des hautes montagnes de cette contrée.

Sur les ruisseaux de la Brouelle, aux environs de Château-Chinon (Nièvre), on voit des forêts sur des montagnes tellement escarpées et hérissées de rochers, qu'on dépenserait la valeur de leurs produits en bois de chauffage à vouloir les extraire en voiture ou à dos de mulet ; dans cette position inaccessible même pour les bouviers, on forme des couloirs ou espèces de *montagnes russes*, sur lesquelles on fait glisser les bûches à l'époque du flottage, soit pour les charger à leur chute sur voiture, afin de les amener au port de flottage, soit afin qu'elles tombent directement sur le ruisseau même.

Leur construction étant entièrement en bois qu'on prend sur les lieux, la dépense n'en est pas très-considérable ; elle équivaut à peu près au charroi par terre sur un chemin ordinaire à une lieue du port, environ 8 à 10 fr. par décastère, 5 fr. par corde.

Nous devons ajouter, il est vrai, qu'il se casse quelques bûches, surtout en hêtre, bois très-cassant, ce qui arrive plus particulièrement quand les bûches ne tombent pas verticalement sur l'eau du ruisseau ; ces bois jetés ainsi, ayant quelquefois de 50 à 100 mètres et plus à parcourir depuis la rive de la forêt jusqu'au ruisseau.

Ces allingres se font brutes en quelque sorte avec des brins de taillis même, mais des plus forts, équarris légèrement sur un côté seulement.

Elles ont ordinairement 4 à 5 pieds de large (1 mètre 35 cent. à 1 mètre 70 cent.) avec un rebord de 6 à 8 pouces (18 à 24 centimètres) de hauteur, pour prévenir du haut en bas l'écart des bûches, et les tenir comme dans une rigole ou ruisseau sans eau.

Les bois de ces allingres ne sont équarris que pour se joindre seulement, et plutôt pour faire mieux glisser les bûches; mais ils ne peuvent plus servir pour une exploitation lointaine, car au bout de cinq ans ils seraient gâtés entièrement : on les convertit alors en bûches et on les met quelquefois en queue du flot, quand on a jeté des premiers et qu'on est encore assez éloigné de la tête du ruisseau pour avoir un jour ou deux d'avance, afin de les scier et marteler.

Nous croyons utile, enfin, de ne pas terminer l'article du flottage de la rivière d'Yonne, sans dire un mot du *canal du Nivernais*, si important pour l'approvisionnement de Paris et pour les propriétaires du Morvan, qui se croient menacés d'être ruinés, disent-ils, du moins en grande partie, par sa construction ; ils ont l'inquiétude que ce canal peut non-seulement absorber les eaux de l'Yonne, quand la navigation des bois à flot et en train en a le plus grand besoin, mais encore de l'entraver ou l'obstruer, enfin le barrer de telle sorte qu'il y aura, par la suite, impossibilité de flotter les bois soit à bûches perdues, soit en train sur un trajet de vingt-cinq lieues par eau environ (de *Corbigny à Auxerre*).

Les marchands de bois flottant, ceux de Paris et tous les propriétaires riverains de l'Yonne, sont, à tort, vivement alarmés, nous le pensons, des prétendus et chimériques projets des agents du gouvernement, *contre le flottage de la rivière d'Yonne;* leurs préventions et craintes sur l'établissement du canal nous semblent irréfléchies, d'autant qu'ils assurent sérieusement et avec une conviction profonde que c'est une opération follement entreprise, et dont les produits seront si faibles, qu'ils couvriront à peine les dépenses annuelles de l'administration.

Nous ne partageons pas, toutefois, entièrement leur opinion sur leur dédain pour ce canal; qu'importe aujourd'hui que les recettes soient plus ou moins abondantes, on est trop avancé maintenant pour s'arrêter ou revenir sur ses pas. Un canal est toujours une bonne chose; il répand l'abondance dans le pays où il passe, facilite les communications, et, s'il n'est pas d'abord avantageux, il le deviendra par la suite; les dépenses sont faites au surplus, il faut donc accepter ce qui est; nous dirons plus, on ne doit pas regretter ces dépenses, les vendeurs de terrains et les constructeurs en ont profité. Sous un autre point de vue, c'est une route de plus et pour un pays aussi riche de fonds que le Nivernais elle ne sera pas inutile; or qu'on se rassure donc à cet égard.

Cependant, si nous avions à nous prononcer sur la destruction du canal du Nivernais, nous n'hésiterions pas un instant à la demander. Pourrait-on, avec le canal le mieux organisé et le plus fourni d'eau, conduire le bois de moule à Paris pour 25 à 30 fr. au plus le décastère des montagnes du Morvan (86 lieues par eau)? où trouver, en outre, des arbres en quantité suffisante pour confectionner annuellement cinq mille bateaux qu'il faudrait pour charger, tous les ans, 60,000 décastères de bois, et cela dans le court espace de cinq ou six mois de navigation? d'autant plus que le prix seul d'un bateau, s'il était construit en chêne, reviendrait de 1,500 fr. à 2,500 fr., autant que la valeur du chargement. Qui ne sait que les bois de charpente, en Nivernais, ont un grand prix à cause de leurs débouchés, soit pour Paris et l'Océan, par l'Yonne et la Seine, et à la Méditerranée, par la Loire et le canal du centre? On n'a pas dans ce pays la ressource des pins et sapins pour faire des bateaux à bon marché comme en Auvergne.

Il faut, en résumé, n'avoir aucune notion du flottage à bûches perdues et en trains, pour penser que jamais on pourra approcher de l'économie de ce procédé ingénieux et irremplaçable; en effet, les bois du Morvan et des pays en aval sont amenés à l'entrepôt de Clamecy, Coulange, etc., appelé le Bassin de l'Yonne. En quinze jours, quelquefois avant ce temps, le devant des ports de flottage en train est garni de trente à quarante mille décastères de bois; ensuite ces mêmes bois sont mis en train, à compter du 15 mars jusqu'au 15 juillet, empilés en presque totalité dans les chantiers de Paris dès les premiers jours d'août.

Voyez d'ailleurs ce qui arrive à l'ouverture des pertuis, qu'on voudrait remplacer par des écluses du canal; en une demi-heure, ils écoulent cent parts représentant autant de bateaux; par écluse, il faudrait plus de deux jours, et continuellement faire queue pour mettre en marche une pareille quantité.

En définitive, comment le canal fournirait-il les

eaux pour la navigation du coche d'Auxerre et de tous les bateaux de la basse Yonne, depuis Cravan jusqu'à Paris ?

Les personnes qui tendent à l'anéantissement de la rivière, pour en favoriser exclusivement le canal du Nivernais, ignorent toute l'utilité du flottage des bois à bûches perdues et ses immenses avantages ; vouloir que le canal remplace les deux flottages, c'est vouloir que le jour où cette œuvre aura commencé il ne reste pas une pierre en place de ce canal qui, nous l'espérons, s'il est entièrement *latéral* à l'Yonne, ainsi qu'il a été projeté, et qu'enfin il ne gêne en rien la navigation des flots et des trains, comptera parmi les canaux des plus utiles.

Rien n'est comparable à la navigation naturelle du flottage ; nous avons la confiance que le gouvernement n'attendra pas qu'on en soit privé pour en sentir tout le prix, ni le jour où le canal amènerait exclusivement les bois de l'Yonne sur le canal du Nivernais à Paris ; car alors commencerait une disette infaillible sur cette marchandise, et deux départements les plus importants pour l'approvisionnement de la capitale seraient ruinés ; aussi cela est impossible et, par conséquent, n'aura pas lieu ; ce qui nous porte à mettre fin à nos réflexions sur le canal du Nivernais, les considérant comme superflues, et ne pouvant même nous persuader que sérieusement on aurait la pensée de sacrifier *le flottage à bûches perdues et en train*. En définitive, nous engageons donc les propriétaires intéressés au flottage de la rivière d'Yonne à ne pas considérer ce canal comme une calamité, et, au contraire, nous voulons qu'ils s'attachent principalement à examiner, sans aucune prévention, si le flottage et le canal peuvent marcher ensemble sans se nuire, et si les ingénieurs peuvent abandonner leurs principes pour connaître la vérité sur l'avenir et ne pas dire, comme ce législateur de 1793 : «Périssent les colonies plutôt qu'un principe.»

Mais ce principe, le voici : cette construction a toujours eu pour base principale, et de condition expresse par le gouvernement d'accord avec les propriétaires et le commerce des bois, que le canal serait entièrement *latéral* à l'Yonne et ne pourrait gêner, en aucune façon, le flottage à bûches perdues et en trains ni même *dans toutes ses positions et avantages*. Viendrait-on aujourd'hui rompre des engagements sacrés ? Il serait pénible de le penser ; ces engagements doivent être plus fidèlement remplis par le gouvernement, qui doit, plus que tout autre, l'exemple de l'ordre et du respect pour la foi jurée ; il le doit, en outre et plus particulièrement encore, envers des propriétaires de bois et des compagnies de commerce qui se sont reposées avec toute sécurité sur l'exécution pleine et entière des promesses qu'il a faites et tant de fois renouvelées, et que garantissait l'honorable M. Becquey de Beaupré, directeur général des ponts et chaussées sous l'empire et la restauration, chaque fois que les propriétaires et les marchands témoignaient des inquiétudes sur l'envahissement du canal.

Chacun, nous le proclamerons sans crainte, doit rester dans ses limites et droits respectifs; que chaque navigation ait ses étangs, ses réserves d'eau, ses écluses, ses pertuis, cela est de toute justice, et d'autant plus facile que les immenses étangs de Vaux et Beillé peuvent suffire à tous les besoins de ce canal; dans le cas contraire cependant, il est indispensable que son administration établisse des réservoirs qui se rempliront du superflu de l'Yonne dans les fortes crues d'eau ou quand le flottage à bûches perdues et en trains n'en a plus besoin (de novembre à mars): avec quelques frais de plus, en dernière analyse, tous les intérêts pourront être conciliés.

Nous savons, il est vrai, qu'en certains endroits il serait difficile peut-être de faire marcher ensemble les deux navigations; dans cette alternative, le gouvernement doit appeler à son secours ses ingénieurs, et ne pas craindre les dépenses, afin de respecter des droits acquis par plus de trois siècles d'existence, et, en outre, par d'immenses sacrifices, notamment par plus de cent millions avancés par le commerce depuis 1549. D'ailleurs, il n'y a plus d'obstacles pour le génie français; il suffira de les signaler avec une volonté franche et ferme pour qu'ils soient promptement levés.

Enfin, si on arrivait à se disputer la possession des eaux, ce serait l'occasion, pour les deux navigations et dans leur intérêt respectif, de s'entendre et de réclamer l'exécution du projet favori de nos pères, de rendre l'Yonne navigable pendant les plus grandes sécheresses en construisant plusieurs réservoirs dont les emplacements sont marqués par la nature, savoir : le premier à Andries (Nièvre), à une lieue en aval de Clamecy ; le deuxième à Montreuillon (Nièvre) (*).

Le troisième sur la Cure, lieu dit la plaine des Sétons, près Chavigny, canton de Montsauche (Nièvre).

Ces réservoirs coûteraient au plus, compris l'achat des terrains, 2,500,000 francs.

Et qu'à cette occasion nos lecteurs nous pardonnent une mention de famille, qui d'ailleurs se rattache à l'objet de notre livre, par les services que nos ancêtres ont rendus au flottage et au commerce des bois en général. François Gavard, notre aïeul maternel, qui a obtenu un nom sur les rivières d'Yonne et de Cure par son courage, sa libéralité en affaires et sa probité commerciale, fut le premier qui fit le commerce en grand sur les rivières d'Yonne et de Cure, en acquérant une réputation distinguée pour les améliorations qu'il y introduisit comme marchand de bois et propriétaire; pendant toute sa vie il réclama la construction des réservoirs dont nous venons de parler et qu'il aurait entreprise à ses frais si ses moyens le lui eussent permis, tant il en appréciait l'importance, ainsi que son gendre (père de l'auteur), qui fut son successeur dans le commerce des bois.

Ce dernier, qui eut toutes les idées commerciales

(*) Il n'y a que ce dernier sur l'Yonne, qui peut être utile au canal; mais pour cela il faudrait un réservoir au point de partage pour conduire les eaux, par une rigole, au fur et à mesure des besoins du canal, ainsi que cela est projeté.

de son beau-père et leur donna peut-être plus d'extension, fit lever à ses frais le plan des réservoirs d'eau dont nous avons analysé l'urgence, par Paul Bourlet, architecte, et il a constamment sollicité le gouvernement pour exécuter cette vaste et importante entreprise.

De 1796 à 1811, il fut presque toujours syndic des marchands de bois à Clamecy ; c'est en cette qualité, et comme un des plus grands exploitants du temps, qu'il parvint à améliorer le flottage des bois à bûches perdues ou en trains sur la rivière d'Yonne et ruisseaux flottables y affluant ; nous pouvons affirmer que personne n'a fait plus que lui pour la navigation des rivières et ruisseaux flottables, ainsi que pour les propriétés en bois de la Nièvre et de l'Yonne.

C'est à notre père que l'on doit 1° les premiers pertuis et vannages en pierre et d'une meilleure construction ;

2° Le mode du bois lavé (en 1796), si favorable aux bois neufs de la Nièvre et de l'Yonne : le brossage, qui en est une suite, est dû à M. Bourgoin fils ;

3° Le sciage des recoupes ou entailles de la cognée pour unir la moulée, lui donner de la beauté et la mieux empiler ;

4° L'usage de conserver les beaux rondins des bois durs, qui parent si bien les angles d'une pile et même le centre : avant lui toutes les bûches sur les ruisseaux flottables, même celles en chêne, étaient fendues au-dessous de 6 pouces de diamètre ; aujourd'hui cette opération ne se fait presque que sur celles au-dessus de 10 pouces ;

5° L'introduction, dans les coupes, des réserves en *volières*, et une réforme dans le mode de coupe et d'exploitation ;

6° Le flottage des merrains à bûches perdues sur la rivière d'Yonne et ruisseaux y affluant, et le flottage des bois carrés : c'est lui qui, le premier, en a fait flotter à Clamecy, en appelant dans cette ville des flotteurs bretons pour instruire ceux de l'Yonne qui excellent maintenant; c'est encore lui qui a commencé à tirer des bois de marine à dix lieues même au-dessus des ports flottables en trains et de la plus rare dimension : le gouvernement, sur sa demande, l'avait commissionné pour cette opération.

Le transport du charbon en sacs sur radeaux ou trains composés de feuillettes vides est dû au sieur Billaudau de Vermenton; celui des vins en feuillettes au sieur Renard d'Accolay (Yonne).

Notre père établit, le premier, à Paris, dans plusieurs quartiers, de vastes chantiers sur des bases larges, et d'utilité pour les habitants de la capitale, comme ceux de la rue Saint-Lazare, de Tivoli, Sainte-Geneviève, etc.

Le commerce de l'Yonne et de la Cure lui conserve encore de la reconnaissance pour sa lutte contre les jurés-compteurs et, en général, pour sa généreuse défense des droits du commerce de province contre l'usurpation toujours active des marchands de bois de Paris, soit dit sans offenser ces derniers.

Enfin il a donné, dans la Nièvre, l'exemple du redressement des ruisseaux de flottage en faisant passer dans ses prairies de Clamecy et Vilet les ruisseaux de Beuvron et Sozay, qui avant lui présentaient des sinuosités telles que le bois n'y coulait qu'à force de bras ; on mettait alors deux jours à faire une demi-lieue, aujourd'hui le flot franchit cette distance en quelques minutes.

Plusieurs fondations de vannages, ponts, digues et autres travaux de navigation, lorsque dans quelques siècles on les démolira, attesteront la coopération de nos parents et leurs titres dans ces travaux par les médailles et insignes du temps placés sous les principales pièces de ces constructions, comme témoignage de la reconnaissance du commerce envers leurs syndics, beaucoup plus occupés des intérêts généraux que de leurs affaires particulières.

Notre père, qui fut ruiné en 1808 par de nombreuses faillites, mourut en janvier 1830, pauvre, mais estimé, regrettant, malgré tous les services qu'il a rendus dans la partie qu'il avait affectionnée, de n'avoir pas fait autant qu'il l'aurait désiré.

Avant l'élection de nos pères au syndicat des marchands de bois, les agents du commerce étaient des hommes avancés en âge ; cette agence était en quelque sorte une espèce de retraite ; ils la considéraient comme telle et sortaient rarement de leurs cabinets. Ils avaient, du reste, peu de capacité, du moins pour ce qui concernait l'exécution des réparations et travaux du flottage ; aussi les rivières étaient dans un grand désordre, parce que les chefs ne connaissaient qu'un mode de bonne administration, celui de suivre les errements qui existaient avant eux, et, autant que possible, d'égaliser les dépenses et de n'en faire qu'à regret, et le moins possible. Mais ces dépenses alors devenaient en certaines occasions, considérables, tout en n'améliorant aucune partie du service.

Ils ne dépensaient donc l'argent de leurs commettants qu'à corps défendant, et cela était bien sans doute, mais il y avait à côté l'inconvénient et comme exemple qu'une réparation de 6 fr. faite à propos aurait valu 120 fr. et plus au commerce.

Lorsque notre père arriva au syndicat, il eut beaucoup à faire ; quand il ordonnait une dépense, il voulait que le résultat en fût beau et durable, et qu'il fût digne d'un commerce plein d'avenir. Aussi avec de pareilles idées marcha-t-il toujours avec une liberté qui déplut quelquefois aux petits marchands. Soit jalousie, soit ignorance, ils critiquaient sourdement ses opérations, mais en agissant largement, sa conscience ne lui reprochant rien, il s'inquiétait peu de leur mécontentement et de leurs reproches qui n'étaient que des railleries irréfléchies ; néanmoins ce ne fut pas sans peine qu'il parvint à leur faire comprendre que les dépenses, en définitive, étaient payées par les propriétaires ou plutôt par les consommateurs.

Nous nous plaisons ici à rendre également hommage au zèle et au talent de M. Paul Bourlet, agent général des petites rivières. La voûte du canal du Nivernais, près Beillé, le pertuis d'Armes, le premier qui fut construit en pierre, et autres grands travaux sur l'Yonne, sont son ouvrage; il seconda beaucoup notre père dans ses constructions de vannages, étangs et redressements de rivières, et avait, comme lui, les vues les plus généreuses.

CHAPITRE VIII.

DU FLOTTAGE EN TRAINS OU RADEAUX.

Le flottage en trains ou radeaux, dont on donne à tort *l'invention* à Jean Rouvet, existe de temps immémorial ; avant de construire des bateaux et, par suite, des vaisseaux, on a fait des radeaux en jonc ou en bois.

Le bois le plus lourd, séché pendant quelques jours, étant alors plus léger que l'eau, surnage naturellement. Alors plusieurs morceaux réunis se portent appui mutuel, et, placés sur une surface plane, ils forment un train ou un plancher mobile qui flotte encore mieux et peut même supporter un grand poids ; c'est, en un mot, une large planche ou plusieurs planches ensemble qui flottent dans la direction qu'elles reçoivent.

Depuis le déluge, car il faut bien remonter aussi haut, depuis la création même, quand il est arrivé des inondations on a fait des trains, c'est-à-dire qu'on a été naturellement porté à employer les premiers bois ou planches trouvés sous la main pour se faire un train ou radeau, afin de se sauver ou de secourir au plus vite ses semblables en danger : on a donc, par suite, réuni et lié ensemble des bois et des planches par des cordes ou de jeunes branches d'arbre, et c'est avec ces constructions improvisées qu'on a commencé à paralyser en partie la fureur des flots, établi des communications faciles et utiles; nul doute enfin que les radeaux ou trains ont précédé tous les bâtiments de marine, et datent d'une époque de plus de 5000 ans avant Jean Rouvet.

Il n'a donc pas fallu des efforts de génie pour inventer le flottage à bûches perdues et en train; il faudrait même pousser bien loin l'hyperbole, ce nous semble, pour qualifier *d'invention* ces deux industries.

Il y a plus de quinze siècles qu'on transporte les charpentes et les bois à brûler sur le Rhin, la Loire, la Saône, etc., à l'exemple des Grecs et des Romains, qui eux-mêmes reçurent l'invention de peuples plus anciens.

Cette navigation naturelle a reçu, il est vrai, depuis 1400, de grandes améliorations sur l'Yonne et ses affluents, à cause du commerce considérable des bois destinés au chauffage des Parisiens; mais ces améliorations sont dues au temps, au progrès des arts et de l'industrie, et particulièrement à l'intelligence bien connue des ouvriers des bords de l'Yonne. Nous croyons donc être fondé à dire qu'il y a de l'exagération à avoir personnifié dans *Jean Rouvet* le flottage des trains, et on doit s'étonner, surtout, de ce que les propriétaires et les marchands de bois se sont un peu trop impressionnés en érigeant sur le pont de Clamecy le buste de Jean Rouvet, comme ayant *inventé* ce flottage. La donnée dont on s'est servi pour glorifier Jean Rouvet est celle-ci :

Saint-Yon, auteur de 1610, p. 1028, rapporte « que le premier qui a fait venir des bois flottés du « pays de Morvan en la ville de Paris a été Jean « Rouvet, marchand, bourgeois en ladite ville. »

Delamarre, dans son *Traité de police*, t. IV, p. 866, qui a copié Saint-Yon, en dit autant ; ensuite tous les auteurs qui ont écrit sur les flottages ont de même répété cette fable, l'ayant puisée à la même source : il est facile de concevoir que le fait rapporté par Saint-Yon est établi sur *un on dit* dont toutefois il n'a pu être contemporain, car, à cette époque, on n'achevait ses études que de 25 à 30 ans ; admettons qu'en 1610 Saint-Yon avait la quarantaine, ci. . . . 40 ans.

De 1549 à 1610. 61

TOTAL. . . . . 101 ans.

A cet âge, il est vrai, on peut se laisser abuser et prêter l'oreille aux plus grandes invraisemblances.

Nous contestons donc cette prétendue invention qui, sous tous les rapports, est une puérilité, même pour les personnes les plus familiarisées avec la navigation. Que d'inventions et de découvertes ont été aussi utiles et bien plus ingénieuses, et dont on ne parle pas ! En admettant encore, pour un instant, que ce soit une merveille pour la Nièvre et l'Yonne, les personnes qui se sont laissé entraîner à cette idée n'ont pas fait attention que Saint-Yon et Delamarre n'attribuent pas l'invention du flottage en trains à Jean Rouvet, pas même celle du flottage à bûches perdues, puisqu'ils annoncent l'un et l'autre, mêmes pages, qu'en 1490, avant que Jean Rouvet ne fût né probablement, on flottait le bois de la forêt de Lyons (Eure), 5 lieues de Rouen, en amont sur le ruisseau d'Andelles, qui se tirait près le prieuré des Deux-Amants et se conduisait ensuite en bateau à Paris, sur le quai de l'École, où il se vendait sous le nom de bois d'Andelles.

Saint-Yon et Delamarre ne disent mot du flottage en trains *comme invention* de Jean Rouvet ; ils ont seulement écrit que c'est lui qui, le premier, a fait venir à Paris du bois flotté du Morvan en le faisant couler par écluses jusqu'au port de Cravant, où l'on le recueillait et l'accommodait en trains comme on le voyait arriver en ladite ville. Nous rendons ici les propres expressions de Saint-Yon ; ainsi il est donc suffisamment démontré, à nos yeux, que Jean Rouvet, tout en ayant exécuté ce que nous ne pouvons pas admettre, n'aurait fait que l'application, pour le flottage à bûches perdues, d'un mode de navigation en usage sur le ruisseau d'Andelles, dès 1490, 59 ans, avant sa prétendue apparition sur les rives de l'Yonne, et pour celle en trains, de temps immémorial, sur tous les fleuves de France.

Nous irons plus loin ; nous défions qui que ce soit de nous faire connaître d'une manière authentique le véritable nom, la patrie et l'époque de *l'inventeur* des flottages à bûches perdues ou en trains.

Au surplus, pour ne laisser aucun doute sur la fable de Jean Rouvet, nous allons rapporter en entier le chapitre qui en est la source, et le lecteur, ensuite, pourra juger. (Liv. 3, tit. 18, art. 25, p. 1027 et 1828.)

« *De rachées;* c'est-à-dire de bois taillis et non de « jeunes baliveaux : car, pour accommoder un train de « bois flotté de 14 coupons, comme on les fait ordi- « nairement à 4 grands moules (*) ou 4 moules 1/2 « pour coupon revenant à 60 grands moules de bois, « chaque moule de 60 bûches, il faut trois cents et « demi de perches ou chantiers et environ trois « milliers de liens ou rouettes, tellement que s'il en « vient du pays de Morvan et passe au port de Cra- « vant 20,000 moules de bois flotté par an, l'un por- « tant l'autre, comme les marchands qui font ce tra- « fic le tiennent ainsi, il se couperait une grande « quantité de jeunes baliveaux de brin, si l'on n'y te- « nait la main, parce que les plus beaux et droits y « sont les plus propres. Pour le regard des rouettes, « afin qu'ils se puissent mieux ployer, on les coupe « aussi en temps de séve : voilà pourquoi le régle- « ment contenu en cet article est intervenu, qui ne « s'observe point néanmoins; ainsi s'est-on remis aux « officiers des lieux de pourvoir aux abus. *Le pre- « mier qui a fait venir du bois flotté du pays de « Morvan en la ville de Paris a été Jean Rouvet, « marchand bourgeois de ladite ville,* lequel, en l'au-

(*) Ou voie de Paris de 56 pieds cubes (1 stère 920 mil.).

« née 1549 seulement, trouva l'invention, en retenant par écluses ès saisons plus commodes, les eaux « des petits ruisseaux et rivières qui sont au-dessus de « Cravant, de leur donner la force *en les laissant puis « après aller, d'emmener les bûches que l'on y jette à « bois perdu jusqu'audit port de Cravant, où l'on les « recueille et l'on les accommode par trains sur la « rivière d'Yonne, en la sorte qu'on les voit arriver en « ladite ville de Paris; on tient qu'au précédent, et « dès l'an 1490, l'on avait fait flotter les bois de la « forêt de Lyons par la rivière d'Andelles descen- « dant un peu au-dessus du prieuré des Deux- « Amants dans la Seine, d'où le bois qui en vient à « Paris, et arrivé à l'Ecole, en retient le nom, « étant vulgairement appelé bois d'Andelles.* »

On voit, par le récit qui précède, il est vrai, que Saint-Yon annonce Jean Rouvet comme le premier qui ait fait venir à Paris les bois du Morvan, et nous répétons que nous ne le croyons pas, mais qu'on remarque bien qu'il ne lui attribue *nullement l'invention du flottage* à bûches perdues ni du flottage en trains.

Voici maintenant ce que nous tenons comme étant le plus vraisemblable sur l'introduction, pour les rives de l'Yonne, du flottage en trains.

Suivant les habitants des bords de la Cure, on doit les premiers essais du flottage en trains à un vigneron d'Accolay, entre Vermenton et Cravant (Yonne), de 1549 à 1566.

D'après une note historique du Velay, on flottait

sur la Loire à partir de la forêt de Banzore, antérieurement à 1549.

Dans son traité du droit d'alluvion, M. Chardon, président du tribunal civil d'Auxerre, écrivain distingué et consciencieux, dans sa note page 76, à l'article *Flottage*, s'explique ainsi :

« L'importance du procédé de Rouvet n'est pas « dans la confection des trains, comme on le croit gé- « néralement ; de tous temps on a connu les radeaux ; « ils étaient en usage en Italie, du temps d'Ulpien au « troisième siècle : *Navigii appellatione etiam rates « continentur, quia plerùmque et ratium usus ne- « cessarius est*, L. 1er, ff. *de Fluminibus*.

« Il y a tout lieu de croire que c'est par là qu'a com- « mencé la navigation. (Voir Pline, lib. 7, section 57, « p. 417 ; lib. 12, sect. 42, p. 668 ; Isidore, *Orig.*, « lib. 19, cap. I ; Gognet, *Origine des lois, des « sciences et des arts*, t. 2, p. 218.)

« On a trouvé des radeaux chez tous les sauvages « qui ne connaissent pas l'usage du fer (*). »

Ce qu'il y a de certain, c'est qu'avant 1549, ou peu de temps après, les bois arrivaient à bûches perdues à Cravant (Yonne), où ils se chargeaient en bateaux, comme ceux d'Andelles sur la Seine.

Les habitants de Clamecy et des environs ont aussi

(*) « Le flottage à bûches perdues s'opère sur 267 rivières ou ruis- « seaux donnant une longueur de 4,137,549 mètres, environ 1,000 lieues « en leur supposant 5 mètres de largeur moyenne seulement ; voilà « 2,000 hectares ou 4,000 arpents en ruisseaux et rivières navigables. » — Chardon, p. 78, Traité d'alluvion.

leur version sur le flottage en trains; ils prétendent que c'est un tisserand d'Entrains (Nièvre) qui aurait légué le nom de sa ville à ce genre de navigation, en le qualifiant de flottage *en trains*, c'est-à-dire fait à *Entrains*, ou par un habitant d'*Entrains*.

Ce tisserand aurait, dès sa plus tendre jeunesse et dans ses loisirs, construit des radeaux en jonc pour aller à la chasse aux canards et autres oiseaux d'eau, ou pour cueillir des cornuelles, espèce de châtaignes aquatiques, à cornes piquantes, qu'on récoltait, chaque année, sur les immenses étangs d'Entrains (*).

D'après ces traditions de pays, recueillies par nous sur les lieux mêmes et qui sont conservées fidèlement par tous les habitants honorablement connus dans le commerce des bois, le lecteur pourra juger si Jean Rouvet a bien acquis l'honneur qu'on lui attribue et mérité le monument qu'on lui a élevé *spontanément* plusieurs siècles après sa mort. Que le lecteur veuille bien réfléchir d'abord qu'en 1549, époque de Jean Rouvet, la féodalité jouissait en plein de tous ses droits. Depuis les princes jusqu'aux curés de village, possédant, simplement, un prieuré ou une prébende, tous étaient seigneurs suzerains sur leurs propriétés; que le lecteur n'oublie pas, en outre, que les rivières, à cette époque, étaient fermées par des barrages pour le service des moulins et pour la pêche; elles l'étaient encore par des arbres, troncs, branches et différentes immondices amenés, de temps immémorial, à la suite

(*) Avant 1795, ces étangs entouraient entièrement la ville; on les a desséchés depuis.

des grandes inondations; en un mot, ces rivières étaient vierges, comme avant le déluge universel.

Dans cette position, comment se persuader que Jean Rouvet, tout bourgeois de Paris qu'on le fait, aurait pu, en son propre et privé nom, sans lettres patentes du roi ou des parlements, nettoyer les ruisseaux et rivières de l'Yonne et de la Cure de manière à les rendre navigables? comment admettre même qu'il aurait pu faire construire douze à quinze pertuis, quand, de nos jours, un seul coûterait à reconstruire plus de 120,000 fr.?

Le trésor du roi n'aurait pas suffi, au surplus, pour établir des étangs ou retenues d'eau, creuser des ruisseaux, y faire jouer la mine, construire des vannages et des terrassements pour contenir les berges des terrains mobiles, enfin compléter un matériel de flottage immense et sur une étendue de quinze à vingt-cinq lieues par eau, en partant seulement de Montreuillon sur l'Yonne et d'Avallon, et Saint-Père sous Vézelay pour la Cure. Ces opérations alors se faisaient par compagnies avec les autorisations du roi et des parlements; nous le démontrerons bientôt.

Là n'étaient pas, toutefois, les plus grands obstacles à vaincre pour Jean Rouvet; c'était, principalement, le passage du ruisseau ou de la rivière de flottage et des ouvriers flotteurs à travers les parcs, terres, prés et bois du plus petit hobereau, et, particulièrement, des gens de mainmorte qui, sous Henri II, en 1549, avaient toute puissance; nul doute que ces obstacles, sous un prince, grand brûleur d'hérétiques, et qui vivait de peur, auraient été insurmontables, même avec les ordonnances bien positives et réitérées des parlements : et encore, bien que les gouverneurs de province eussent ordre de les faire exécuter et d'y employer la force armée, elles étaient encore éludées; ce qu'il y a de positif, c'est que les premiers essais sur la Cure et l'Yonne par René Arnoult, marchand et bourgeois de Paris, en 1547, échouèrent en partie; l'ordonnance du 23 décembre 1566 de Charles IX, fils de Henri II, l'explique formellement en s'exprimant ainsi : « Défunt notre « très-honoré père, que Dieu absolve son âme, avait, « par lettres patentes, permis et donné toute autorisa- « tion au sieur René Arnold, bourgeois, marchand « de Paris, de flotter ses bois sur les rivières d'Yonne « et de Cure, etc. » Voilà des titres sur lesquels on peut compter. Ensuite on comprendra que si René Arnold et c^ie^ avaient obtenu, dès le commencement du règne de Henri II, 1547, des lettres patentes pour faire flotter les bois du Morvan, c'est qu'ils connaissaient bien auparavant l'invention du flottage; autrement à quoi auraient servi les autorisations qu'on n'obtenait point, toutefois, sans beaucoup de démarches et de frais, d'autant que la voiture par terre en était impossible, et encore plus la consommation ailleurs que pour Paris?

Henri II, monté sur le trône en 1547, mourut en 1559; il est présumable, et nous n'en faisons aucun doute, que Jean Rouvet n'a pu être tout au plus que l'exécuteur comme facteur ou commis de René

Arnoult, de 1547 à 1566; ce dernier, à coup sûr, opérait en vertu d'ordonnances et lettres patentes, qu'on pourra, au surplus, vérifier aux archives du royaume; elles sont pour nous *des titres positifs* et beaucoup plus certains que la relation de Saint-Yon.

D'autres ordonnances et lettres patentes furent encore accordées à René Arnoult, les 7 septembre 1561, 26 février 1567 et 15 juillet 1571. Il en fut également accordé, le 2 novembre 1582, aux sieurs Jean Guenaut, Pierre Gourlain, Guillaume Girard, Guillaume Mazurier, Charles Lecomte, François Charpentier, Guillaume Duchemin, Martin Lecomte, Guillaume Dupuys, Étienne Philippe, Claude Ratoire, pour flotter sur l'Yonne, la Cure, le Chalau, la Loire; toutefois, dans toutes ces ordonnances, nous le garantissons, quoique très-explicatives et très-étendues, il n'est nullement parlé de Jean Rouvet.

Nous ajouterons, encore, qu'en 1549, sous Henri II et Diane de Poitiers, sa maîtresse, époque éminemment chevaleresque, où, à l'exemple de la Cour, les grands seigneurs et jusqu'au bas peuple en guenille n'étaient occupés que de guerre, de chasse et de tournois, le Parisien, comme de nos jours, aimait, par-dessus tout, les plaisirs frivoles. A cette époque, Paris avait beaucoup perdu de sa population par les guerres, et alors consommait peu de bois; son approvisionnement, en conséquence, était confiné aux forêts des environs et aux bords de la Seine. Par leurs goûts chevaleresques, au surplus, les grands seigneurs et les bourgeois même étaient peu habitués aux douceurs du coin du feu, notamment après la perte des batailles de Saint-Quentin et de Gravelines. Dans ces temps de triste mémoire, l'Anglais menaçait toute la France; ce n'est qu'après la reprise de Calais par le duc de Guise (possédé par ces insulaires depuis 1347), et au commencement du règne de Charles IX, que le vieux Paris, se trouvant trop à l'étroit dans la cité, et surtout aux environs de l'hôtel du bon Saint-Éloi et de l'hôtel Bourgueil, rue de la Calandre, n° 25 (chaussée d'Antin de l'époque), c'est alors qu'il sortit de son île et de ses boulevards, qui ne dépassaient pas Saint-Severin et Saint-Méry, pour s'étendre dans les faubourgs Saint-Jacques et Saint-Antoine, qui en étaient entièrement séparés et formaient même des villages à part. C'est vers cette époque que la spéculation chercha à franchir le cercle qui l'alimentait de combustibles. Nous terminerons enfin par avouer que toutes ces lettres patentes et concessions pour le flottage des bois sur les ruisseaux et rivières étaient alors des propriétés en herbe, comme celles que nous avons sur certaines forêts de l'Amérique. On commençait par acquérir le titre sans en jouir immédiatement; on comptait sur l'avenir de Paris, et on ne s'est pas trompé. Enfin, pour éclairer la marche qu'a tenue l'approvisionnement en bois, nous allons, autant que nous le pourrons, en échelonner les mouvements progressifs d'après des documents puisés aux meilleures sources.

FLOTTAGES A BUCHES PERDUES.

1490. — Sur le ruisseau d'Andelles affluant à la Basse-Seine, 5 lieues de Rouen en amont.

1547. — Premiers flots venant de l'Yonne et de la Cure, tirés à Cravant confluent de l'Yonne et la Cure, par Réné Arnoult (*).

1566. — A Châtel-Censoir (Yonne).

Id. — A Accolay (Cure).

1582. — Coulange-sur-Yonne (Yonne).

Id. — Vermenton (Cure).

1620. — Clamecy (Yonne).

Id. — En cette année, le jetage des bois a commencé sur la Cure à Pontaubert et Asquins.

1640. — Sur l'Yonne à Montreuillon.

Id. — Avallon et Saint-Père (Cure).

1650 à 1810. — Château-Chinon (Yonne).

Id. — Montsauche et environs de Saulieu (Cure).

Les premiers enregistrements des bois flottés aux livres de commerce, arrivés sur les ports flottables en train, ne datent que de 1726, 37,256 cordes ou 18,500 décastères environ.

FLOTTAGES EN TRAINS SUR L'YONNE ET LA CURE (**).

1549. — Cravant, au récit de Saint-Yon.

1567. — Cravant, suivant nous, par René Arnoult.

1582. — Mailly-Château pour l'Yonne.

Id. — Accolay (Cure).

(*) En vertu de lettre spatentes de Henri II.

(**) Sur la Loire, la Garonne, la Saône, le Rhône et le Rhin, de toute antiquité.

1620. — Châtel-Censoir (Yonne).
Id. — Vermenton (Cure).
1642. — Coulange-sur-Yonne (Yonne).
Id. — Reigny (Cure).
1650. — La forêt près Clamecy (Yonne).
Id. — Lucy-sur-Cure (Cure).
1740. — Clamecy (Yonne).
Id. — Bessy (Cure).
1787. — Armes (par Marié de l'Isle père, au lieu dit Pont-du-Diable) (Yonne).
1800. — Arcy (Cure).

Ici se termine le résultat de nos recherches, et, malgré tous nos soins, le nom de l'inventeur du flottage nous est inconnu, nul doute à cet égard; mais, quand ce nom serait fabuleux comme celui de Neptune, nous ne serions pas moins disposé à applaudir à l'érection d'un monument en l'honneur de celui qui aurait introduit, seulement d'une contrée dans une autre, une industrie profitable au pays où il l'apporterait, mais nous voudrions au moins que cet acte de la reconnaissance publique fût appuyé sur la vérité et sur des titres réels.

Ces titres nous les refuserons nettement à Jean Rouvet, et, si notre voix était assez puissante, nous demanderions que la couronne monumentale qu'on lui a si légèrement décernée sur le pont de Bethléem à Clamecy fût reportée sur le front de René Arnoult ou de Pierre Gourlain et autres de ses associés qui y ont des droits incontestables, non comme les inventeurs du flottage à bûches perdues et en trains, mais comme ayant les premiers implanté cette précieuse industrie sur les rives de l'Yonne et de la Cure, les ordonnances de Henri II et de Charles IX constatant, *d'une manière authentique*, que René Arnoult, au moins, est véritablement l'introducteur de l'industrie du flottage sur toute cette contrée.

Personne plus que nous n'aime à provoquer l'émulation dans les améliorations industrielles; notre ouvrage l'attestera, et prouvera que nous sommes un fervent admirateur de la simplicité et de l'utilité du flottage des bois : honneur et gloire, nous le proclamons, sans réserves, à ceux qui ont enrichi la France de ce mode de transport économique, pour une marchandise qui, sans ruisseau ou rivière à quelques lieues des routes, n'aurait aucune valeur : que serait, en effet, la Nièvre, sans ses ruisseaux de flottage?

En trente-cinq ans, de 1796 à 1831 inclusivement, les rivières d'Yonne, la Cure, l'Armançon, la Seine et la Marne ont expédié pour Paris une commune de 3,744 trains, 13 coupons par an, 67,405 décastères ou 337,025 voies. Dans cette quantité, l'Yonne seule, depuis Armes, en a fourni. . 2390 tr. 14 coupons.
tous les autres ensemble. . 1353 17 coupons.

Total. . 3744 tr. 11 coupons.

Ces diverses expéditions, sont en général, peu coûteuses, puisque c'est uniquement avec du bois pour les foyers qu'on enlace, renferme et consolide le bois flotté en trains, destiné pour Paris.

Nous ne nous dissimulons pas cependant que les

premiers essais du flottage en trains sur l'Yonne, en 1566, ont dû paraître téméraires dans ces temps de bienheureuse simplicité où, pour voyager à quelques lieues de son pays, beaucoup faisaient dire une messe et quelques-uns ne calmaient leurs inquiétudes qu'au moyen d'un testament.

Les premiers flotteurs qui osèrent se livrer avec leur train au gré des eaux et entreprendre le voyage de Paris sur une rivière alors sans écluses, ni gares, ne manquaient assurément pas de hardiesse. Là était la plus grande difficulté; car si, avant 1549, le flottage en train n'était pas en pratique, c'est que bien certainement les besoins ou le cercle de l'approvisionnement de Paris ne s'étaient pas étendus jusqu'à cette contrée.

Quoique la construction d'un train soit la chose la plus facile à exécuter et d'une simplicité rare, le mécanisme n'en est pas moins remarquable par sa composition. Ici tout est prévu, chaque détail est un assemblage de force, d'élasticité, où rien n'est oublié; c'est de là, il est vrai, qu'un train possède toute sa puissance à résister à un élément quelquefois terrible, dans les pertuis, par exemple, où il descend avec la rapidité du vol d'oiseau, se meut, se tord, se redresse comme un reptile, s'étend et se replie sur lui-même sans rien perdre de sa solidité.

Quand il est établi avec de bonnes étoffes (*), il se prête sans danger, avec une grande souplesse, à toutes

(*) On appelle étoffes les harts et les perches qui enserrent et contiennent le bois dans les branches d'un train.

les secousses et oscillations d'une rivière même fortement agitée, ainsi qu'aux redoutables chocs qu'il éprouve, notamment dans le passage de quelques pertuis dangereux ou mal construits. Le devant plonge tellement qu'il va, dans certains pertuis, jusqu'au fond de l'eau, d'où il rapporte quelquefois des graviers et même des pierres. Pendant ce passage momentané, le conducteur est forcé de courir se réfugier au milieu du train, et de se placer sur des tas de chantiers de réserve appelés régipeaux; quant au jeune compagnon chargé de la conduite de la queue, il monte sur un échafaud en forme d'échelle construit sur le dernier coupon de la part ou train (*).

Le passage effectué, chacun retourne rapidement à son poste pour ramener au fil de l'eau le train que le bouillon d'eau en a souvent détourné, et c'est par la manœuvre du *boutage* qu'ils y parviennent (**).

Un train est tellement lié dans toutes ses parties par des rouettes ou harts qu'il n'a rien à redouter du choc des bateaux, même des piles de ponts, quand il est bien dirigé. Il faut, toutefois, une cause extraordinaire produite par l'élément ou par l'impéritie des flotteurs, pour le faire rompre ou déchirer, dans les pertuis ou dans les arches des ponts; un bateau même par sa masse fera plonger sous l'eau

(*) Une part est la moitié d'un train ayant également deux têtes pour la manœuvre des conducteurs. Ces deux parts se réunissent au bout l'une de l'autre *aux Gords*, au-dessus de Châtel-Censoir (Yonne).

(**) On appelle *bouter* piquer une perche d'Avallan au fond de l'eau, ayant son point d'appui sur la nage ou tête de train. (Voir fig. 36 et 37.)

un train de bois sans le briser, et le moindre frottement d'un train pourra crever un bateau, c'est ici l'allégorie du chêne et du roseau. Voilà ce qu'ont produit le temps et l'industrie des ouvriers de l'Yonne, dans cette espèce de marine; n'en est-il pas de même sur mer, où, chaque jour, de nouveaux perfectionnements rendent nos vaisseaux plus solides et meilleurs voiliers.

Un train contient de 18 à 20 décastères au plus, autant à peu près que deux bateaux de la Loire; cependant, pour qu'il renferme cette dernière quantité, il faut que l'eau soit abondante et encore que, pour ne laisser aucun résidu de bois à un marchand, le flotteur, contre l'usage, compose son train de 19 coupons au lieu de 18, ce qui a lieu plutôt sur la Cure et autres rivières que sur l'Yonne.

Une construction de train, à l'exception de huit fers qui doivent ganter les perches d'Avallan ou bâtons, qu'on délivre aux conducteurs pour les diriger dans les grandes ou basses eaux, se compose uniquement de perches et de harts; en un mot, tout est bois dans ce ponton flottant, et ces diverses marchandises, appelées étoffes, arrivées à Paris, sont ensuite vendues en fagots de harts et perches.

Le flottage le plus considérable à bûches perdues, pour la moitié, au moins, de l'approvisionnement de Paris, se fait sur l'Yonne, depuis le ruisseau de Belle-Perche (Nièvre), lieu de la source de cette rivière, jusqu'à Armes (Nièvre), *premier entrepôt ou p...*

flottable en trains; à cette station, il a parcouru 100,000 mètres ou 22 lieues et demie d'après les cartes de Cassini.

D'Armes à Auxerre, où l'Yonne porte bateau, le trajet est de 65,000 mètres, 14 lieues et demie; de la source de l'Yonne à la Seine (Montereau), 58 lieues, et jusqu'à Paris, 86 lieues.

Avant de faire connaître les détails de la construction d'un train, nous allons, au surplus, en vue de les faire mieux apprécier, établir le prix et la quantité de marchandises ou étoffes qu'on y emploie, savoir :

		fr.	c.
1° Chantiers 500 à 160 fr. le millier.		80 fr.	«
2° Grandes rouettes à coupler 15 bottes de 50 rouettes chacune, 750 r. 3° Rouettes à flotter 45 bottes, 2,250 r.	3,000 à 21 f. le 100	63	»
4° Petites rouettes à traversiner, 10 bottes à 100 rouettes la botte, 1,000, à 8 fr.		8	»
5° Perches ou bâtons 7 à 1 fr. 20 c.		9	40
6° Fers 6 à 40 c.		2	40
Total.		162	80

Un entrepreneur de flottage sachant faire confectionner ses étoffes ou les bien choisir, et surveillant activement ses ouvriers, peut faire des économies, sur les quantités que nous venons de fixer pour chaque train, mais surtout s'il a des ouvriers assez adroits pour savoir les ménager utilement; c'est souvent là tout son bénéfice, comme un marchand de Paris celui du cordage (on aura la dimension des étoffes du flottage (Ier v., page 203, et 2e v., p. 71 et 76).

De toute cette défroque d'étoffes ou débâcle de 162 fr. 80 c., qui croirait que, arrivée à Paris, où le bois est à peu près du tiers plus cher que sur les ports flottables, à cause de la grande consommation de combustible et des frais toujours très-considérables dans cette capitale, elle ne s'y vend que 75 à 80 fr.? ce qui prouve, sans réplique, qu'il y a un énorme avantage à en faire dans les exploitations qui environnent les ports flottables en trains.

DÉTAIL SUR LA CONSTRUCTION D'UN TRAIN.

Chaque train se compose de 18 coupons en deux parts distinctes, par tête et queue, de chacune 9 coupons.

Un coupon comprend 4 branches dans lesquelles il entre 6 mises ou portions de 26 pouces, liens compris (*), plus 2 petites mises de 4 pouces environ (11 centimètres), appelées acoulures; ces mises sont contenues chacune, d'abord en tête par 2 rouettes doublement croisées, appelées simples coupières, puis par deux autres, à la fin de chaque mise, dites rouettes de tête liées à un simple

(*) Voir rouettes, p. 90, et fig. 51.

tour; les deux acoulures le sont par des rouettes dites d'acoulures, également liées à un simple tour, mais qui se tournent doublement sur le bout du chantier et terminent la confection de la branche en formant un nœud comme une rosace. Toutes ces différentes rouettes, ainsi que les simples coupières, sont toutes passées sur le chantier de dessous pour lier ensemble celui de dessus et contenir le bois de chaque mise ou acoulure.

Chaque branche ayant 6 mises et 2 acoulures couchées en travers sur 4 bûches de 42 pouces (114 centimètres), le coupon a donc 14 pieds carrés environ (4 m. 547 mil.), la part contenant 9 coupons 126 pieds de long, le train 252 pieds (81 m. 860 mil.).

Entre Lucy et Châtel-Censoir, on lie au bout l'une de l'autre deux parts pour compléter un train. A la gare de Régennes, 3 lieues 1/4 au-dessous d'Auxerre, on réunit 2 trains ensemble, et, là, ils forment ce qu'on appelle un couplage en les plaçant en double l'un de l'autre, sauf celui de tête, qui porte le conducteur en chef et excède l'autre de la longueur d'un coupon pour la facilité de la conduite; ce couplage alors a 266 pieds (86 m. 407 mil.).

MISE EN OEUVRE D'UN TRAIN.

Avant de placer le bois dans les mises des branches entre 4 chantiers, on arrange d'abord à la pioche le terrain sur lequel on doit construire le train, en ayant soin de donner de la pente à l'atelier, pour qu'à mesure du tassement du bois dans les mises il puisse facilement couler à l'eau et débarrasser l'atelier du flotteur, comme le coton sortant du tuyau de la carde mécanique, l'un chassant l'autre.

La première branche achevée est aussitôt poussée à l'eau, de la longueur d'une bûche, pour faire place à la seconde, et ainsi de suite ; cette première branche est retenue par 2 chantiers appelés prux d'atelier, auxquels sont attachées deux chaînes en rouettes tenant à un pieu sur terre et au coupon ; l'une au gros bout des chantiers, l'autre à la pointe pour retenir les branches jusqu'à l'achèvement d'un coupon et d'une première branche pour le second coupon auquel le premier fait appui.

Le gros bout des prux d'atelier est fixé à terre par des bûches ou débris de bois d'environ 18 pouces (50 centimètres), et une chaîne en rouettes liée à plusieurs bûches ou pieux, faisant l'office de crans de crémaillère, de même la pointe ou petit bout qui se place sur l'acoulure de la première branche du coupon, garnie d'un petit habillot appelé fuseau. C'est avec ces deux prux d'atelier qu'on empêche le coupon d'entrer en rivière, avant que la première branche du second coupon ne soit achevée ; harponné par eux, on dirige à volonté le mouvement de chaque coupon, à mesure qu'il se confectionne et jusqu'à ce qu'il soit entièrement à l'eau.

Ces indications préliminaires ont pour objet de rendre plus sensibles les détails de la construction d'un train.

Le terrain déblayé et en pente, enfin l'atelier formé,

le flotteur commence par poser 12 chantiers appelés coulières, armés au gros bout d'anneaux qu'on fiche en terre à la partie supérieure de l'atelier par des piquets crochus; ces chantiers, par leur position, tombent de toute leur longueur par leur pointe dans la rivière, comme des chevrons sur un bâtiment, faisant enfin l'office de cales.

Ces chantiers étant le plus fort bagage d'un atelier de flottage, ils se transportent, au besoin, facilement d'un endroit à un autre, en amont ou en aval; sur les grands ports de l'Yonne, ils restent presque toute l'année sur l'atelier du flotteur ambulant.

Cela exécuté, la tordeuse prépare ses rouettes (*), encoche les 4 chantiers d'une branche, place les simples coupières aux deux chantiers de dessus; le brouetteur ou l'approcheur abat les piles de bois et en amène d'avance au devant de l'atelier; le garnisseur ou la garnisseuse aide au flotteur à ficher en terre 4 bûches comme pieux d'arrêt, à 42 pouces de distance (114 centimètres), sur la rive de l'eau, qu'il garnit ensuite de 4 ou 6 bottes de rouettes en travers pour appuyer sa première branche, apprêts provisoires et qu'on retire dès que la branche est achevée et enchaînée par les chantiers appelés prux.

Après ce dernier soin donné à la confection de l'atelier, le flotteur commence à bâtir, sur 2 chantiers de dessous garnis de leurs simples coupières, la première mise, et, quand le bois est petit et peut ébouler au premier choc, il le soutient entre des bûches très-

(*) Rouettes ou harts (p. 90, et 1er v., p. 202.)

légèrement fichées provisoirement en terre au devant de sa mise.

La mise élevée à sa hauteur, il la soutient de ses genoux, quand il faut placer les 2 chantiers de dessus, qu'il introduit dans les anneaux des simples coupières déjà liées aux 2 chantiers de dessous; ladite mise, ayant une dimension convenable en hauteur, pour que les chantiers de dessus fassent levier et un peu de résistance même, en fermant la première mise par 2 rouettes dites à flotter ou de tête; cette résistance en assure la solidité: il faut souvent, outre tout le poids du corps du flotteur, recourir à la coopération de ses aides pour faire arriver les chantiers de dessus au niveau qui leur est nécessaire.

Après une première mise, on en fait 6 de même dimension, puis 2 autres petites de la largeur d'une bûche, environ 4 pouces (11 centimètres), appelées acoulures, ainsi que nous en avons déjà parlé, p. 299.

Ces petites mises sont faites pour qu'en cas d'avarie on ne puisse être exposé qu'à perdre 4 ou 8 pouces de bois (11 à 22 centimètres), au lieu de 26 pouces (71 centimètres), dont une mise entière se compose, etaussi pour rendre la branche plus solide.

Après les deux rouettes placées sur les encoches des deux têtes de chantiers de dessous et de dessus, ayant un double croisé qui présente deux anneaux où chaque chantier est introduit, s'appelant simples coupières, on emploie, à la fin de la première mise et pour la clore, la rouette à flotter ou rouette de tête, qui se croise d'un seul tour et se ferme de même; ensuite celles d'acoulures, comme ayant plus à souffrir, doivent être plus fortes et se lier par un double tour à leur extrémité formant rosace.

Les simples coupières ont de 18 à 24 pouces (492 à 650 millimètres) de long, suivant la hauteur du flottage, de même les rouettes dites de tête et d'acoulures.

Toutes ces rouettes placées, on rogne les chantiers de dessus à 6 ou 7 pouces (16 à 19 centimètres) de la dernière acoulure, et celui de dessous à 1 pouce, seulement pour que la rouette ne s'échappe pas (3 centimètres). Les chantiers de dessus, surpassant la dernière mise ou acoulure de 6 pouces (16 centimètres), servent à encadrer les coupons ensemble et à leur nivellement.

Le flotteur, dans son travail, doit avoir les têtes de chantiers à sa gauche, l'empilage des mises se faisant de gauche à droite, toujours en suivant, afin d'avoir plus de facilité pour l'arrangement du bois dans les mises et acoulures, et, particulièrement, pour les lier en se mettant à cheval sur les chantiers de dessus, afin de mieux comprimer et consolider ses mises.

La hauteur à donner aux mises est en raison de celle de l'eau et suivant la profondeur des rivières, ou selon que le bois est plus ou moins bien flottant.

Sur l'Yonne jusqu'à Cravant c'est depuis 14 pouces jusqu'à 22 (37 à 60 centimètres). Une branche de bois présente la figure de deux échelles de 14 pieds 6 pouces (4 mètres 70 centimètres environ), placées sur le côté, parallèlement à 3 pieds (1 mètre environ) de distance en largeur et d'une profondeur de 14 à 22 pouces, dont les roulons, enfin, sont à 26 pouces l'un de l'autre, sauf les deux derniers roulons qui ne sont qu'à 4 ou 6 pouces au plus, entre lesquels le bois est logé le plus à l'étroit possible; cette comparaison et ces désignations doivent être d'autant mieux senties, que nos premiers essais de flottage, ainsi que nous l'avons dit, ont été faits avec des échelles dont on remplissait le vide des roulons avec du bois. Quand on débâcle un train dont on n'a pas coupé les simples coupières et les rouettes de tête, et qu'on tire de l'eau, les chantiers de dessus avec ceux de dessous, enlevant tout à la fois sur la voiture de perches, rien ne présente mieux une échelle, à l'aide de laquelle même on pourrait monter facilement, en liant préalablement les rouettes de tête ou échelons aux chantiers par de petites rouettes.

Le premier coupon d'un train achevé, ainsi que la première branche du second coupon, qui a besoin, dans la construction, de l'appui de la quatrième branche du premier coupon, les coupières du flotteur placées sur le premier coupon, on introduit aussitôt les chantiers de nage dans la première mise des coupons de tête, ainsi que dans ceux de queue; la tordeuse en même temps place des chantiers appelés traversins sur chaque extrémité du coupon, croisant avec ceux des mises, attachés par 16 rouettes à flotter, 8 sur chaque; 3 autres chantiers sont mis également en croix par le petit compagnon (*), savoir :

Le premier à partir de la première mise, le second à la troisième, le dernier à la cinquième; ils sont liés par 24 petites rouettes. Tous ces chantiers qui donnent de la consistance au train une fois bien liés, à mesure que les coupons, en cet ordre, arrivent à l'eau, le conducteur et le petit compagnon s'en emparent ; alors le flotteur n'a plus rien à y faire, si ce n'est, dans les eaux basses, d'aider à pousser les assemblages de coupons au fil de la rivière.

Le conducteur réunit successivement les coupons par les coupières qu'il y a placées pendant le flottage des coupons, et ce à l'aide de petites bûches appelées habillots, introduites dans les anneaux des coupières faisant levier et qu'il lie sur les chantiers par de petites rouettes.

Ensuite il fortifie ses coupons de tête et de queue de 6 chantiers mis en double sur trois points, et les garnit de 16 cordeaux bridés avec des habillots liés, ainsi que nous venons de le dire.

C'est aux coupons de tête ou labourages qu'on établit ces chantiers courbés, appelés nages, espèce de plastron bridé en dessous par un chantier de traverse appelé fermure. (Voir f. 36 et 37.)

Une nage, partie fort importante du train, est un chantier ou lance de bois vert ployé, dont la tête est placée au premier rang de la première mise; ce chan-

(*) Le jeune compagnon est un élève de conducteur en trains, âgé, assez ordinairement, de 9 à 15 ans, fils ou parent du conducteur, qui reçoit, pour son travail, et un voyage de 12 lieues, 15 fr.

tier est maintenu à une élévation de 20 à 22 pouces (54 à 60 centimètres) par une bûche appelée fausse nage, sur laquelle il s'appuie et forme un arc-boutant, lequel, en lui donnant la courbure inclinée qui lui est nécessaire, sert de base et d'appui à la véritable nage, à l'aide de laquelle le train est dirigé à coups de perches d'Avallan. (Voir fig. 6.)

Les labourages ou coupons de tête s'établissent presque toujours en bois léger, particulièrement en tremble, bouleau et peuplier, qu'on se trouve heureux, quelquefois, d'échanger pour du bois dur ; ces proues de trains ne sauraient être trop flottantes, et on ne saurait non plus les rendre trop solides, ayant à supporter les plus rudes chocs aux passages des pertuis, des ponts et des racles, où ils labourent graviers et rives, c'est ce qui les fait appeler labourages.

A ce complément de l'arrangement d'un train, nous allons indiquer l'emploi et les dimensions des rouettes ou harts qui entrent dans sa composition.

Les grandes coupiéres pour lier les coupons de tête ont 30 à 32 pouces de longueur (81 à 86 centimètres), celles d'intérieur de 26 à 28 pouces (71 à 76 centimètres); les cordeaux ou anneaux pour les labourages ou coupons de tête de 11 à 13 pouces de diamètre (30 à 34 centimètres), et 16 pouces lorsqu'ils sont allongés par l'habillot (42 centimètres).

Le flotteur n'emploie que la rouette à flotter, la tordeuse de même ; le petit compagnon, les petites rouettes pour lier les 3 chantiers de traverse par coupon et les habillots; le grand compagnon, les rouettes à coupler. Cependant les petites coupières, les cordeaux et bridures des perches d'Avallan, mis en œuvre par le compagnon, sont en rouettes à flotter; toutes ces diverses rouettes doivent avoir les dimensions suivantes.

Les petites rouettes de 14 à 21 lignes (3 à 5 cent.) de rotondité au gros bout sur 5 pieds de long (1 m. 62 cent.); celles à flotter, 24 à 30 lignes (5 à 7 cent.) sur 7 pieds 6 pouces à 8 pieds 6 pouces (2 m. 45 cent. à 2 m. 76 c.); la grande rouette, dite à coupler, 3 à 4 pouces (7 à 11 cent.) sur 8 pieds 1/2 à 10 pieds de long (3 m. 15 cent. à 3 m. 30 cent.).

Par règlement du 27 juillet 1810, chaque train, avant de partir, doit être muni, pour sa sûreté et avaries en routes,

1° De 6 perches bien ferrées et, en outre, de deux fers de gaffe ou de partance;

2° 6 dérivotes au moins, 3 par part (petites perches faites avec de forts chantiers qu'on place en bordures sur la nage pour parer le train des atteintes qu'il pourrait éprouver dans les pertuis et le long des rives);

3° 2 bottes de rouettes de gaffe (*);

4° 40 chantiers appelés régipeaux.

On établit, en outre, en tête et au bout de chaque part un chantier de forte dimension, appelé fermure : cette ancre légère est attachée, d'un bout, sur le train

(*) Fers de gaffe, rouettes de gaffe, chantiers, etc., provisions d'étoffes pour les besoins en route.

par une coupière et un habillot; de l'autre, par un cordeau avec anneau à la tête, assez large pour y introduire une bûche, qu'on fiche sur la rive quand on est forcé de relâcher par un gros temps ou par les grandes ou basses eaux, ou pour aller aux vivres, et, en un mot, où l'on veut aborder ou stationner. (Voir figure, n° 48.)

Enfin, pour faire mieux comprendre encore tout le mécanisme d'un train et ne laisser à désirer que ce que nous n'avons pu prévoir, nous allons, comme complément d'instruction, détailler les bûches, chantiers, rouettes, perches d'Avallan et fers, et tout ce qui peut être employé dans la confection d'un train de bois flotté.

PREMIER COUPON.

BUCHES ET CHANTIERS.

1° Piquets ou bûches sur l'eau, 4 bûches ou piquets.

2° 4 bottes de rouettes mises pour un instant en travers de ces bûches, afin de soutenir la confection de la première branche.

3° 12 chantiers en sous-traits placés en talus et aboutissant à la rivière, appelés coulières, pour faire mieux glisser les coupons à l'eau, ci 12

4° Par branche, 2 chantiers de des-

A reporter. 12

Report. 12

sous, 2 de dessus, 4 par branche (72 branches, par train de 18 coupons,) ci 288

5° Par la tordeuse sur 4 coupons de labourage, un chantier par coupon, ci 4

6° Par le conducteur, 6 par coupons de labourage, ci 24

7° Par le jeune compagnon, 1 par coupon, 4

8° Une fermure pour le devant du train, 1

POUR LES 14 COUPONS D'INTÉRIEUR.

9° Par la tordeuse, 2 chantiers par coupon, ci 28

10° Par le petit compagnon, 3 chantiers par coupon, ci 42

11° Pour 8 nages et 6 en garnitures par train, ci 14

12° Pour garer les trains, 6 ancres appelées fermures, par part 3, ci 6

13° Dérivotes, 3 chantiers forts par part servant à pousser le train à l'eau quand il est près de terre, ou le garantir du choc des autres trains et dans le passage des pertuis, ci 6

14° 40 petits chantiers par train, ap-

A reporter. 429

Report. 429

pelés régipeaux, qu'on donne pour pouvoir, en route, réparer les avaries, ci 40

15° Chantiers qu'on a mis en *appondus* (*), c'est-à-dire qu'on a doublés comme trop faibles ou perdus, à peu près, ci 25

TOTAL environ, 494

ROUETTES PLACÉES PAR LE FLOTTEUR ET AUTRES EMPLOYÉS A LA CONFECTION D'UN TRAIN, QUAND LE PREMIER COUPON EST SUR L'ATELIER DE CONSTRUCTION.

1° Rouettes de bridure ou de prux, 6 par train, ci 6

2° Simples coupières, 2 par branche, par coupon 8, par train, ci 144

3° Rouettes de tête, 12 par mise, par coupon 48, par train, ci 864

4° Accolures, 2 par accolure, par coupon 16, par train, ci 288

5° Coulières par train (mais qui peuvent se transporter pour la construction

A reporter. 1302

(*) Appondus, apponder, vieux mot qui veut dire ajouter, lorsque le chantier d'une branche n'est pas assez long ou assez fort.

Report.	1302
dite plus haut), ci	12
6° Par la tordeuse, pour 2 chantiers mis en traversins, en petites rouettes, sur 14 coupons d'intérieur et 1 sur 4 de tête, à 8 rouettes par chantier, ci	256
7° Par le petit compagnon, également en petites rouettes pour lier 3 chantiers de traverse, sur 14 coupons d'intérieur et 1 sur 4 coupons de tête à 8 rouettes par chantier, ci	368
8° Par le conducteur, 16 coupières, 8 par chaque bout de coupon de gauche à droite, sur 14 coupons d'intérieur et la moitié sur ceux de tête et queue, 8, seulement, sur les 4 coupons de tête en rouettes à coupler, ci	256
TOTAL,	2194

ROUETTES PLACÉES QUAND LES COUPONS SONT A L'EAU POUR FORMER LES PARTS.

1° Rouettes à flotter pour enchaîner au train les 7 perches d'Avallan, servant à le diriger, 5 par perche, ci	35
2° Pour tenir les chantiers de garage	
A reporter.	35

Report. 35

appelés fermures, 6 par part, ci 12

3° Pour lier les habillots des nages, coupières et cordeaux en petites rouettes par train, ci 240

4° Pour 8 nages, 6 par nage de devant et 7 par nage de derrière par train, 52

5° Pour les prux de couplage, afin de réunir les parts et trains ensemble en rouettes à coupler, ci 10

6° Pour les habillots des prux de couplage en rouettes à flotter, ci 5

7° Pour lier les étoffes des régipeaux, 5 par part, en rouettes à coupler pour un train, ci 10

8° Pour les labourages, 16 cordeaux par coupon, par train en rouettes à flotter, ci 64

9° En rouettes de gaffe pour réparer les avaries de route, savoir :

Rouettes à coupler,	80	
Id. à flotter,	25	205
Petites rouettes,	100	

10° Pour l'échafaud du petit compagnon, par train, ci 6

11° Coupières de fausse nage, 8 par labourage, ou rouettes à coupler, ci 32

12° Rouettes de tête, 2 à coupler par

A reporter. 668

Report.	668
train et 2 rouettes à flotter, ci	4
13° En rouettes perdues ou cassées, environ ci	681
	1353
A quoi ajouter, rouettes de flottage, p. 312,	2194
TOTAL,	3567 r.

Non compris celles qui se doublent pour plus de sûreté et celles que la tordeuse ne ménage pas, afin d'augmenter son profit, ayant pour elle tous les débris de son tordage; on doit donc compter sur une consommation environ de 4,000, dont un millier en petites rouettes.

PERCHES.

1	de 17 à 18 pieds,	rotondité au milieu	16 pouc.
1	de 14 à 15	idem	14
2	de 12 à 14	idem	12
2	de 10 à 11	idem	10
6			

Plus une de gaffe ou en sus pour les avaries. Total, 7 de 10 à 18 pieds, suivant la saison.

FERS.

8 ou 6 au moins par train pour mettre au bout

des perches d'Avallan, achetés neufs, par le faiseur de flottage, 40 fr. le cent, et qu'il rachète au conducteur 25 à 30 fr., à qui ils appartiennent arrivés à sa destination.

CONDUITE DES TRAINS.

D'Armes près Clamecy (Nièvre), premier port de flottage sur l'Yonne, il y a, jusqu'à l'endroit où cette rivière porte bateau (Auxerre), 10 lieues par la route et environ 65,000 mètres, 14 lieues 1/2, par eau. Une part lancée d'Armes, qui suivrait l'éclusée sans être retardée en route, arriverait aux Gords, première station, en 7 heures, à Auxerre en 21 heures, et à Regennes, deuxième station, en 24 heures; à Paris, en 3 jours 1/2 environ.

Un pertuis met depuis 40 minutes jusqu'à 5 heures à écouler ses eaux, suivant l'importance du pertuis et la force de l'éclusée.

Un train marche selon que l'eau est plus ou moins abondante; quand les éclusées sont quotidiennes, il met ordinairement, pour faire le voyage du premier port à Paris, 8 à 10 jours, le moins 4 jours 1/2, 30 jours et plus dans les grandes sécheresses.

Le conducteur ayant, outre ses journées, 60 fr. pour son voyage, non compris les pourboires, a intérêt de revenir promptement, quand il sait surtout qu'il aura un autre train à conduire à son retour; lorsqu'au contraire la fin du flottage avance et qu'il compte n'avoir plus d'ouvrage, il prolonge tant qu'il peut ses journées, qui lui sont payées à 3 fr., et, au lieu de 10 jours, il en met 18 à 20, et même plus; mais l'ouvrier qui ralentit sa marche et laisse passer les autres trains qu'il précédait devant le sien s'expose à perdre la confiance de l'entrepreneur de flottage, et alors ne trouve plus de travail que lorsqu'il y a manque absolu de bras, ce qui arrive assez souvent lorsque l'eau est marchande, c'est-à-dire que les trains mettent peu de temps en route. Quand l'eau est abondante, il faut que le conducteur d'un train navigue, jour et nuit, sans quitter son couplage, ayant toujours, à cet effet, une cabane en paille où il se repose un moment quand son consort veille, et à côté une aire en terre où il fait sa cuisine. Lorsqu'un train est près de 2 mois en route, de juillet en août, les rouettes, mouillées et séchées par un grand soleil alternativement, se brisent au moindre choc; dans ce cas, le bois, n'étant que mal retenu dans ses branches, menace de se perdre sous les eaux en canardant aussitôt; dans ce cas, il n'y a rien de mieux à faire que de déflotter sur la berge la plus voisine, ou sur le tertre où il est resté; on le reconstruit ensuite en étoffes nouvelles, même à sec, c'est-à-dire sur la grève, pour être à même de profiter des premières crues d'eau; un train, dans cette position, est une grande perte pour l'entrepreneur de flottage, et même pour le marchand, attendu qu'on ne peut plus rentrer le bois de ces trains qu'en automne: d'une part, les dépenses de rentrage sont d'un tiers plus fortes; d'autre part, le bois, en outre, n'ayant pu sécher, n'est pas de vente dans l'hiver qui suit; ajoutons encore que, construit de nouveau, conduit et mis en chantier, précisément au moment des fraîches nuits de la fin de l'année, il s'en perd beaucoup et les ouvriers en brûlent considérablement : aussi le marchand éprouve-t-il un déchet d'environ un vingtième au moins sur la quantité et bien plus en qualité, en raison de ce que, dans ce naufrage, le bois se noircit et se rouille à ne pas le reconnaître ; et si, retenu par de fortes eaux, il survient à la suite de grands froids et des glaces, le produit est presque entièrement dévoré par les dépenses de tirage et de rentrage qui n'ont plus de régle. Le bon flottage en train est toujours de mars à juin.

Quand les eaux sont très-basses et que les éclusées sont rares, l'entrepreneur, pour s'indemniser des pertes qu'il éprouve chaque jour, fait revenir les conducteurs de ses trains, les occupe chez lui; mais des journées qu'il payerait 1 fr. 50 c. lui reviennent alors à 3 fr., s'il n'en est convenu autrement, car le conducteur a droit à 3 fr. par jour jusqu'au moment où son couplage est livré au marchand qui doit le recevoir.

Il est d'usage, lorsqu'un ouvrier quitte son train arrêté par le manque d'eau, que, par suite, ce train a été retiré ou abandonné, que son voyage lui soit toujours compté comme s'il avait été effectué pour sa première destination, à moins de convention contraire, et qu'alors ses journées soient réglées jusqu'à l'endroit où le train aura été laissé.

Une part confectionnée, pendant que le flotteur

achève l'autre pour le complément du train, le conducteur la rend aux Gords, ainsi que nous l'avons déjà dit, près Châtel-Censoir (Yonne), au-dessous des cinq premiers pertuis de la rivière d'Yonne, à quatre lieues de Clamecy, entre Lucy et Châtel-Censoir, très-près de ce dernier endroit.

La seconde rendue également à cette destination, on lés met au bout l'une de l'autre pour former le train qui va jusqu'à Régennes, 3 lieues 1/4 par eau au-dessous d'Auxerre, où il se couple avec un autre train, et c'est alors un double train ou *couplage*.

Le *couplage* formé, on renvoie les jeunes compagnons chez eux ; alors la tête et la queue se trouvent dirigées sur une rivière plus profonde et plus large par deux hommes forts.

Le *couplage* se compose de deux trains placés en double, sauf que la tête de l'un est avancée de la longueur d'un coupon de celle de l'autre, pour faciliter la manœuvre du perchage ou boutage.

La tête menant la queue, on y place, en qualité de conducteur en chef, le plus agile, quoiqu'il ait plus de soucis et de peines à endurer; comme c'est un honneur en navigation, il ne refuse jamais.

Lorsqu'il y a deux hommes de forces égales dont l'un est jeune et habile, l'autre âgé et plus expérimenté, c'est le jeune homme qui dirige la tête, comme plus leste et plus propre à exécuter les manœuvres indiquées par l'homme d'expérience qui reste derrière à l'instar du pilote, et voit mieux dans cette position la direction du train.

Sur l'Yonne chaque couplage est ainsi conduit, par ses éclusées, jusqu'à Montereau, de même ceux de la Cure et de l'Armançon par les eaux de ces deux dernières rivières qui affluent à l'Yonne. L'Yonne se jette dans la Seine, audit lieu de Montereau; alors il n'est plus besoin des éclusées pour rendre les trains à Paris, parce que ce fleuve est toujours assez profond pour leur navigation ; les trains, dans les basses eaux, n'étant flottés, au surplus, qu'à 14 ou 16 pouces (36 à 40 cent.), peuvent y couler sans leur secours; néanmoins elles aident encore jusqu'à Paris, une bonne éclusée des quatre rivières (*) donnant en Seine de 4 à 5 pouces d'eau (15 cent.).

Lorsque l'eau est favorable en mars, avril et mai, on fait quelquefois jusqu'à deux éclusées par jour pour l'écoulage des parts, mais régulièrement tous les dimanches et mercredis pour le coche d'Auxerre arrivant à Paris les jeudi et samedi de chaque semaine, et à des heures tellement bien combinées pour les agents de flottage, que ces deux navigations s'en servent, mutuellement, sans se gêner ni l'une ni l'autre.

Les éclusées des deux rivières de l'Yonne et de la Cure se réunissent, également, à une heure donnée, et au confluent de l'Armançon et du canal de Bourgogne à une lieue trois quarts de Joigny en amont; elles forment, également, un ensemble de force et de durée suffisant pour mettre à flot et en marche les

(*) L'Yonne, la Cure, l'Armançon et la Vanne.

bateaux et trains, souvent même assez pour les conduire d'un trait jusqu'à Montereau, sans attendre une seconde éclusée.

L'éclusée, ordinairement, fait ce trajet en 21 heures, à moins de retard ou d'embarras accidentels, et sa durée étant de 4 à 5 heures et plus à partir de Joigny, un train alors peut aisément se rendre en Seine, s'il est en tête de l'éclusée qui le pousse et s'il n'est pas retardé dans sa navigation par des obstacles imprévus.

Les éclusées qui ne sont pas celles du coche d'Auxerre se font à des heures différentes, suivant que la rivière est encombrée de trains et bateaux dans un endroit plus que dans un autre; le règlement des eaux est fait tous les 15 jours par l'inspecteur général de la navigation à Joigny, concurremment avec les inspecteurs des rivières d'Yonne et Cure, et envoyé immédiatement à tous les agents du commerce des bois et éclusiers. Ces ordres se renouvellent plus fréquemment lorsque l'état de la rivière et les besoins du commerce le réclament.

Lorsque les eaux sont rares, les éclusées sont plus éloignées les unes des autres; on n'en fait que tous les 8 ou 10 jours pour les avoir plus fortes, afin de chasser jusqu'en Seine plusieurs centaines de trains fatigués et lourds, amoncelés et retenus sur les bassiers ou graviers de l'Yonne; cet amoncellement a lieu assez ordinairement, parce que de faibles éclusées mal dirigées n'ont pu porter tous les trains engravés en pleine rivière, quoiqu'on y ait employé quelquefois 40 à 50 chevaux à les tirer par part, et souvent même par coupon comme des pièces de charpente qu'on sort de l'eau, particulièrement des goulettes formées avec des trains condamnés à être retirés.

Pour que les trains puissent marcher, il faut que l'éclusée complète au moins 22 pouces d'eau (66 centimètres).

C'est dans ces moments de pénurie que les marchands et les entrepreneurs de flottage, à l'instar du marin en danger, invoquent l'intercession de saint Nicolas, patron des flotteurs, et appellent à leur secours les grands réservoirs dont nous avons parlé pages 273 et 274. On épuise alors tous les ruisseaux affluant à l'Yonne; on va même faire lever les vannes et pelles des moulins jusqu'à 8 lieues au-dessus des ports flottables, et, quelquefois, il faut le concours de la gendarmerie pour veiller à ce que les meuniers donnent jusqu'à leur dernière goutte et ne ferment pas trop tôt leurs vannages.

En 1318, si le flottage sur l'Yonne eût existé, on n'aurait pu flotter un seul train; l'année fut onze mois sans pluie!..... A la suite de ce fléau, on éprouva la famine et la fameuse peste noire.

L'Yonne et la Seine, si importantes pour l'approvisionnement de Paris, arrangées en cinq ou six endroits seulement et alimentées par les grands réservoirs précédemment indiqués, ou par des barrages mobiles, navigueraient facilement par les eaux les plus basses; c'est ce que nos enfants verront, nous n'en doutons pas, et ce qui conviendrait mieux, ce nous semble, que de prendre l'eau à certaines contrées, quand elle leur est plus précieuse que le vin ; d'autant que, si on employait à édifier ces réservoirs l'argent qu'on dépense en cinq ou six ans seulement sur l'Yonne, en achat d'eau, en inutiles réparations, en chevaux pour arracher et déchirer par lambeaux les branches et coupons des trains engravés, on aurait suffisamment des ressources pour rendre la Seine et l'Yonne navigables dans la plus grande rareté d'eau.

PRIX DE LA DÉPENSE D'UN TRAIN DE LA RIVIÈRE D'YONNE, RENDU A PARIS.

1° Au flotteur pour 18 coupes à 1 f. 25 c.,	22 f.	50 c.
2° A la tordeuse de rouettes,	6	50
3° A l'approcheur,	5	50
4° Au garnisseur ou garnisseuse,	5	
5° Bachotage, bateau compris,	6	50
	46	
A reporter.	46	

Report.		46	
6° Au conducteur et à son compagnon pour confectionner le train appelé ustensile,	20		
7° Voyage à Paris,	45		
8° Au petit compagnon jusqu'à Regennes,	15		
9° douze journées, terme moyen, à 3 fr. par jour,	36		
10° Remontage ou retour au pays de flottage,	15	319	30 c.
11° Pourboire payé par l'entrepreneur de flottage, non compris celui donné par le marchand de Paris (1 f. 50 c. à 5 f. par train),	1 50		
12° Droits de Joigny (*),	18		
13° Prix des étoffes de flottage (p. 299),	162 80		
14° Frais imprévus,	6		
Dépense d'un train pour environ 20 décastères,		365 f.	30 c.

(C'est à 18 fr. 26 c. 1/2 le décast.)

(*) Le conducteur d'un train, pour les frais d'achats d'eau, traitements des agents de rivières, travaux du commerce et autres, paye ce droit à Joigny à son retour, où il passe à toute heure de nuit ; force à lui de quitter la diligence, pour attendre le lever du receveur. Nous pensons qu'il serait mieux de le faire acquitter au départ, ou par le marchand de Paris, au compte duquel, en définitive, il reste toujours. Un pareil mode de payement, au surplus, n'est plus de notre siècle.

En 1833, les marchands ont réglé sur l'Yonne de 17 à 18 fr. depuis Armes et Clamecy ; en 1834, à 20 fr., à cause de la grande sécheresse de l'année; en 1836, de 18 fr. 75 c. à 19 fr. ; en 1837, de 18 fr. 25 c. à 18 fr. 50 c. ; en 1838, de 18 fr. à 18 fr. 50 c. ; en 1839, de 19 à 19 fr. 50 c. ; pour 1840, on demande 20 fr.

De Cézy et Sens (Yonne) les prix sont constamment de 14 à 15 fr.; sur la Cure on paye environ 1 f. de moins que sur l'Yonne.

A ces prix le bénéfice est peu élevé, particulièrement quand les eaux ne sont pas abondantes ; mais c'est un commerce qui n'est qu'accessoire au commerce des bois, et où les avantages sont minimes par la grande concurrence et la facilité qu'on a de le faire avec peu de fonds.

Un train ne coûte donc, voyage compris, que 365 fr. 30 c.

Ce radeau, qui contient en bois à brûler de 18 à 20 décastères du poids de 85,000 kilog., ci	85,000 kilog.
peut encore, sans inconvénient, mais quand les eaux sont favorables, porter en charbon, vins, pierres ou autres marchandises,	50,000
TOTAL,	135,000 (*)

(*) C'est ici le cas de comparer la navigation par bateau à celles en trains, et de dire que dix canaux, comme celui du Nivernais, ne feraient pas descendre la même quantité de bois à Paris que celle qu'on obtient par les trains de l'Yonne et de la Cure.

Autant qu'un navire de 180 tonneaux et en calculant, toutefois, le flottage à 19 fr. le décastère et la valeur des étoffes de flottage ou débâcles à 80 fr. seulement, toute la dépense serait au plus de 300 fr., quoi qu'il pût arriver; ce qui mettrait les frais de transport, pour une distance de 52 lieues par terre et 71 lieues par eau, à 33 cent. les 100 kilog.; et, à 40 cent., on pourrait les conduire trois fois plus loin.

A bûches perdues, ce serait encore à plus bas prix; aucun roulage, sans doute, même par les chemins de fer, ne peut être aussi bon marché. De Clamecy par terre, au cours actuel du roulage, au lieu de 33 cent. par 100 kilog. pour 52 lieues, ce serait de 9 à 10 fr.; d'Auxerre à Paris, où les transports par les bateaux se font avec une grande concurrence, on paye, au plus bas, par muid de vin, 6 fr., du poids d'environ 350 kilog., ce qui porte à 1 fr. 75 c. les 100 kilog.; c'est loin, toutefois, de 33 c., et c'est au moins cinq fois plus cher que le bois conduit en trains.

Quand on aperçoit un train voguer au gré de l'eau, on ne le croirait pas si utile, et, en outre, on ne peut s'imaginer combien sa construction est simple et solide en même temps. En voyant un flotteur placer ses chantiers, empiler le bois dans les mises, faire ses ligatures, il semble qu'il n'y a rien d'ingénieux, rien qu'on ne puisse faire aussi bien que lui et à l'instant même; mais il y a cependant une certaine capacité dans ce métier, capacité que les flotteurs ne peuvent atteindre qu'avec une pratique de quelques années.

Un train bien flotté contiendra un décastère ou deux de plus qu'un autre et arrivera à sa destination en aussi bon état que le jour de son départ, sans avoir perdu en route une seule bûche; l'autre, au contraire, construit par un mauvais ouvrier, renfermera moins de bois, et, cependant, aura employé plus d'étoffes; son train, en outre, au premier choc ou au passage des pertuis, se brisera en quelques parties; il perdra du bois, même des branches entières, et parviendra, tout disloqué, à sa destination, surtout s'il a été longtemps en route et si dans les embâcles il a été forcé de marcher sur les graviers à l'aide de chevaux.

Aussi un entrepreneur de flottage intelligent a-t-il grand soin, dès la Saint-Nicolas, d'arrher les meilleurs ouvriers et de leur donner gratuitement même jusqu'à 75 fr. pour se les assurer pendant toute la saison du flottage (du 25 février au 1er novembre); pourtant il arrive quelquefois qu'on flotte sur l'Yonne dès le 15 février (du gué de Saint-Martin, seulement, en aval); attendu qu'à cette époque les ports en amont où les flots de bois à bûches perdues se tirent ne peuvent être livrés au flottage en train qu'après la mise en état des bois destinés à l'approvisionnement de Paris (de mars en avril); aussi un arrêté, approuvé par le ministre de l'intérieur, donne la jouissance de la rivière du flottage à bûches perdues jusqu'au 15 mars, et ce n'est que de cette époque, généralement, que peut commencer celui en trains.

Le pays où l'on flotte avec le plus de solidité et d'élégance est Clamecy (Nièvre), rivière d'Yonne; c'est un travail vraiment curieux à suivre dans tous ses détails que celui d'un train bien construit, garni de bonnes étoffes, notamment quand sa proue est élégamment faite avec de belles bûches blanches en bois de tremble, équarries avec soin, s'élevant jusqu'à cinq pieds hors de l'eau par une bridure ou fort chantier, allant sur le coupon de tête, d'un travers à l'autre, qui soulève et tient suspendu chaque côté du point de la manœuvre, ornement dont les jeunes flotteurs aiment à se parer et faire admirer à leurs belles, particulièrement quand ils sont prêts à franchir un pertuis; dans ce moment, lorsque la tête du train arrive paisiblement au gré de l'eau sur le pertuis, ils n'ont que le temps de courir se réfugier sur les rouettes et chantiers de gaffe, tenant d'une main et comme soutien un habillot ou trident appelé croc, arme distinctive du métier; ils traversent ce gouffre sans effroi, mais non sans cette émotion de plaisir que donne le courage au moment où il va vaincre et braver le danger; c'est là où l'on voit la tête de ce fragile radeau disparaître avec la rapidité de l'éclair sous l'eau ou dans un tourbillon de vague écumante; on le croirait alors entièrement perdu, mais il revient aussitôt au fil de la rivière en élevant majestueusement sa tête, sans qu'aucune avarie ait eu lieu, s'il est bien confectionné; c'est véritablement le tableau d'un vaisseau lancé de son chantier à la mer.

FLOTTAGE DES BOIS EN GRUME, DE SCIAGE, ÉQUARRIS ET AUTRES D'INDUSTRIE.

Quand on sait flotter le bois de chauffage, on n'est point embarrassé pour mettre en train charbonnages, souches, merrains, échalas, lattes, planches, rais, *même des feuillettes remplies de vin*, et encore mieux du bois carré et des chevrons, enfin toute espèce de bois et toujours dans le système habituel de les encadrer plus ou moins fortement dans des chantiers, en dessous, en dessus et en travers, et liés sur le train avec des rouettes à coupler de forte dimension.

On distingue, dans le flottage du bois carré, deux modes, *le train et la brelle.*

Le train se flotte d'après le système adopté pour le bois de moule; seulement le bois en grume, c'est-à-dire celui qui a toute son écorce, notamment quand il est encore vert, exige beaucoup d'alléges en tonneaux. Cette opération se fait au fur et à mesure du flottage, en plaçant aux quatre coins des coupons de tête et de queue, et même dans ceux du centre, suivant que le bois flotte plus ou moins bien, des vieux tonneaux vides bien cerclés et reliés, encadrés dans des niches appelées *fontaines* et faites exprès pour loger ces tonneaux de conduite. On construit ces fontaines en mettant des pièces de 15 pieds à côté d'autres de 12 pieds 1/2, enfin en laissant un vide équivalant à la longueur et à la rotondité du tonneau : outre que ces alléges facilitent la navigation du train, elles le soutiennent au point que, sans elles, souvent le train tomberait à fond d'eau; aussi on les multiplie suivant que le bois est plus ou moins lourd.

Quand on n'a pas de labourage ou coupons de tête et de queue en bois blanc à sa disposition, pour garnir le devant et le derrière d'un train de charpente, ou enfin de bois bien flottant sur lequel on puisse fixer les nages ou arcs-boutants pour sa direction, alors, à leur défaut, on établit, en place, des nages sur certaines rivières, particulièrement en Marne et Loire, appelées *riguinguettes*; ce sont des chantiers courbés, placés sur le bois en tête et en queue du train, un à chaque coin, ainsi qu'aux trains de moule. On remarquera que cette riguinguette, qui ne peut être aussi serrée qu'entre des mises de bois de moule, est placée sur les grosses charpentes dans un trou fait exprès, et, quand elles sont petites, c'est entre une mise de train, en solivage ou petit bois fortement lié.

Le chantier de nage est soutenu par deux piquets en bois ou fausse nage introduits dessous, de 30 pouces (90 centimètres) de hauteur; c'est sur le point culminant de ces trois objets réunis que le conducteur place une chaîne en rouettes à coupler, appelée *charrée*, et, avec cette corde en bois, il lie la perche avec laquelle il boute et dirige la marche de son train ; cette ligature se fait sur le haut du chantier placé comme nage, la rouette ou charrée roulée sur les têtes de la fausse nage et de l'arc-boutant suivant la position de la perche dans l'eau, pour la serrer plus ou moins.

La perche lancée à l'eau et fichée au point convenable pour la direction du train, il la lie aussitôt avec sa corde ou rouette, dite charrée, de droite à gauche sur la nage, ainsi que nous l'avons indiqué ci-dessus, et, quand le coup de la perche a produit son effet, il la délie et la relie de suite de gauche à droite, c'est-à-dire dans un sens contraire à la première ligature, pour ramener la perche à lui et recommencer ainsi tant que la manœuvre du perchage ou boutage a lieu.

Cette perche doit avoir de 15 à 17 pieds (5 mèt. à 5 mètres 66 mil.) de long, suivant la profondeur de la rivière; elle est ordinairement en chêne ou charme et armée, au bout, d'un croc ou piquet en fer à une seule branche.

Nous pensons que l'usage de la perche d'Avallan, tenue à la main et liée par une chaîne en rouette, est plus commode que la charrée. On charre sur le Morin, de même sur la petite et grande Seine.

Sur la Marne, on conduit les trains, suivant les eaux et les localités, avec des rames ou avirons, ainsi qu'à la charrée et avec des mandolles. Les rames ou avirons sont méplats, après 10 pieds (3 mètres 248 millim.), jusqu'à leur extrémité, comme une spatule, et ont 16 pouces (433 millimètres) de circonférence au milieu; l'usage en est de nécessité absolue sur cette rivière, parce qu'il y a des endroits tellement profonds qu'on ne pourrait faire usage des perches ni de la charrée, particulièrement à certaines époques de l'année; elles ont communément de 18 à 25 pieds de long (6 à 8 mètres), et sont en verne et tremble. Les mandolles sont une autre espèce de rames ou avirons arrondis jusqu'à 8 pieds (2 mèt. 599 millim.), puis méplats jusqu'au bout; le méplat a 6 ou 7 pouces de large (15 à 20 centimètres) sur 2 pouces 1/2 d'épaisseur (8 centimètres), avec une planche au bout de 7 à 9 pouces de large (20 à 28 centimètres), pour lui donner plus de puissance sur l'eau.

On se sert également de mandolles sur la haute Seine et la basse Seine ; elles sont en bouleau, verne ou tremble, mais elles ont de 22 pieds jusqu'à 27 (7 à 9 mètres) ; on fait aussi usage d'avirons ou grandes rames de 23 à 24 pieds (7 à 8 mètres) de long.

Les mandolles et avirons se placent au milieu des coupons de tête et queue entre deux montants en bois de 20 pouces (54 centimètres) de hauteur, incrustés sur le train à une distance de 10 pouces environ (27 centimètres) ; c'est dans cet interstice, garni en rouettes jusqu'à 1 pied (32 centimètres) de 2 pieds d'élévation (66 centimètres), que les mandolles, contenues entre ces deux piquets, manœuvrent pour la direction du train.

Les charpentes en train comme à la brelle se flottent par échantillons avec des morceaux de 13 à 14 pieds de long ; dans ces dimensions on forme des coupons comme ceux de bois de chauffage sur l'Yonne et sur la Cure ; quand ils ont le double en longueur et plus, on les flotte par longueurs égales ou échantillons, autant que possible ; alors on a moins de coupons, il est vrai, et, au lieu de 18 coupons dont se compose un train de bois de moule, sur l'Yonne, on n'en a que 6 ou 8 en charpente ; si les morceaux avaient tous 40 pieds, le train ne comprendrait que 6 coupons et demi pour atteindre les 252 pieds (81 mètres 860 millim.) de longueur qu'un train d'Yonne peut avoir. Sur la Marne et sur la basse Seine, les dimensions sont beaucoup plus fortes, les coupons ont jusqu'à 5 branches de 20 à 24 pieds (6 mèt. 497 mil. à 7 mèt. 796 mil.) de large, et le train 105 mètres de long, 323 pieds et plus ; sur ces rivières, comme on fait des coupons qui ont jusqu'à 24 pieds en largeur, le flotteur peut doubler les échantillons de 11 à 12 pieds (3 mèt. 573 mil. à 3 mèt. 898 mil.) pour un coupon, sauf les inégalités à ménager à dessein pour y placer les tonneaux de conduite.

La brelle se distingue du train, parce qu'elle ne se flotte pas avec des chantiers comme le bois à brûler, mais à l'aide de perches ou madriers depuis 15 pieds jusqu'à 30 (4 m. 872 mil. à 9 m. 745 mil.) de long sur 9 à 10 pouces (244 à 271 mil.) environ de rotondité, suivant la dimension des coupons qu'on encadre avec et sur lesquels on lie les habillots pour réunir les coupons ensemble par des cordeaux en rouettes.

Quand les madriers de traverse ou de côté sont trop petits, on les double. Dans ce mode de flottage, les pièces de bois sont simplement couplées au moyen de trous qu'on fait en tête et en queue des pièces et sur le côté, enfin de manière à ne point les trop endommager ; on se sert, à cet effet, d'une tarière de 18 lignes (41 mil.) de diamètre, en un mot à pouvoir y passer une forte rouette à coupler, ou cordeau pour les lier et en former les coupons ; pour plus de sûreté, on ajoute, en outre, des crampons en fer courbés pour faire l'anneau, ayant 4 pouces (108 mil.) environ, dont 18 lignes (41 mil.) entrent dans le bois ; l'autre partie offre alors une ouverture assez grande pour passer les cordeaux et rouettes, à l'effet de coupler les bois ensemble; on pose ces crampons au milieu et dans les endroits, enfin, où le flottage l'exige. Lorsqu'on flotte des planches, marchandise plus précieuse et plus délicate que la charpente et le bois flotté, on place sur les côtés du train des madriers ou pièces de bois sur toute la longueur du train, ayant de 5 à 7 pouces (15 à 20 centimètres) d'équarrissage, comme doublure ou arc-boutant, pour les garantir dans le passage des pertuis, ponts, écluses, ainsi que du frottement des bateaux et des autres trains.

Sur certaines rivières, les trains ou brelles ne sont composés que de 3 à 4 coupons, appelés éclusées, qu'on détache même dans les passages étroits et tortueux. Là, loin de serrer les coupons et les pièces de bois même, on leur donne du large, c'est-à-dire qu'on rétrécit ou allonge à volonté les coupons et les branches par des cordeaux ou plutôt par des chaines mobiles en rouettes, en plaçant l'ouverture de l'anneau dans un habillot qu'on change de place à volonté, en un mot suivant l'élasticité et la marge dont les coupons ont besoin, comme le mécanisme d'une crémaillère, et dans la direction qu'il convient de leur donner.

Sur l'Ourcq, on divise même les coupons par moitié; on fait des parts de 2 branches, qu'on remet en coupons et en trains quand on est en lieu qui le permet. En définitive, il faut toujours construire suivant la position où l'on se trouve et celle des eaux, afin d'être à même d'augmenter ou diminuer, au besoin, l'élasticité des trains, pour qu'ils se prêtent aux sinuosités et aux inégalités d'une navigation difficile, et qu'ils plient, surtout, aux oscillations du courant plutôt que de rompre; il est donc nécessaire de disposer convenablement ses coupons et ligatures.

Sur les rivières à pertuis ou sur les canaux, en résumé, on doit avoir soin de ne donner au train de charpente ou brelle que les longueurs et largeurs d'usage, pour passer librement et pour ne pas être obligé de découpler ou de passer en deux fois.

Un train de charpente sur l'Yonne, dont la longueur correspond à 18 coupons de bois flotté, 252 pi. (81 mèt. 860 mil.), se compose de 8 grands coupons, et contient environ 1200 solives ou décistères, 150 par coupon.

La voiture jusqu'à Paris revient de 70 à 80 c. la solive ou les 3 pieds cubes; pour 5 et 10 c., en sus, on rendrait la solive à 30 lieues plus loin, à Rouen et environs.

Un train, dit de Champagne, composé de 8 coupons, fabriqué sur la haute Seine, ayant jusqu'à 25 pieds métriques (8 mètres 66 centimètres) de largeur et de 330 à 360 pieds (110 à 120 m.) de long, contient environ 1800 solives, 200 à 250 par coupon, suivant les dimensions du bois.

La voiture de Brienne à Paris revient, suivant les eaux, de 1 fr. 15 c. à 1 fr. 30 c. la solive.

Un train de la Marne, ayant en longueur jusqu'à 160 mètres (80 toises) ou en largeur 25 pieds (8 m. 33 centimètres), contient depuis 150 solives jusqu'à 300 par coupon, suivant que les charpentes sont plus ou moins fortes.

La voiture de Saint-Dizier à Paris est de 1 fr. 10 c. à 1 fr. 15 c. la solive;

La planche-échantillon, 12 fr. les 100 toises;

L'entrevous, 16 fr. les 100 toises.

Les trains ou éclusées de la Loire ou des canaux de Briare et Orléans doivent avoir en largeur 4 mètres 33 centimètres sur 31 mètres de longueur, les sas-éclusées de ces canaux ayant en largeur 4 mètres 60 centimètres et en longueur 32 mètres.

Chaque éclusée contient environ 400 solives ; le prix de la voiture varie suivant les ports depuis 75 c. la solive jusqu'à 4 f. 50 c.

Sur le canal de Bourgogne, les sas-éclusées ayant 35 mètres de long sur 5 mètres 20 centimètres de large, les trains de charpente qui en proviennent doivent avoir ces dimensions ou à très-peu de chose près, plutôt en moins qu'en plus.

Les droits de l'octroi de Paris sont, d'après la loi du 4 mai 1825,

1° Pour la charpente en chêne, ou 1 fr. la solive.	10 f. le st.	Plus un dixième en sus.
2° En hêtre, orme, acacia ou autres bois en grume, ou 80 c. la solive.	8 id.	
3° La planche en chêne, ou environ 13 c. la toise.	10 id.	
4° La planche en bois blanc, ou de 5 à 8 c. la toise.	8 id.	
5° Lattes, les 100 bottes, ou 10 c. la botte.	10 id.	

DESCRIPTION D'UN PERTUIS (*).

Un pertuis n'est autre chose qu'une écluse à une seule porte, ou plutôt une vanne de ruisseau placée sur une grande rivière, fermée assez hermétiquement pour ne laisser échapper que peu d'eau.

Une vanne a de 3 à 6 pieds (1 à 2 mètres) de largeur sur 3 à 4 mètres au plus (9 à 12 pieds) de hauteur, tandis qu'un pertuis a 18 pieds (6 mètres) en largeur et de 15 à 40 mètres (45 à 120 pieds) de longueur. Voilà toute la différence qu'il y a entre ces deux genres d'écluses, à l'exception, encore, que le pertuis doit être plus solidement construit qu'une écluse, attendu qu'il a à supporter une plus grande masse d'eau, et beaucoup plus à souffrir de son impétuosité, qui l'ébranle et le mine promptement s'il est mal consolidé.

Une vanne se construit pour 150 fr. ; un pertuis coûte depuis 30,000 fr. jusqu'à 120,000 fr., suivant la différence du terrain. La position la plus coûteuse, c'est quand il est entre deux biez de moulin, comme celui de Bailly sur l'Yonne, le plus considérable de toute cette rivière ; car, là, il y a tout à faire lorsqu'on est forcé de l'établir au milieu du courant sans être adossé à la rive ou à un coteau ; autrefois on les construisait tout en bois, maintenant c'est en pierre ;

(*) Voir description d'un pertuis au Manuel des marchands de bois par Marié de l'Isle, chez Roret, rue Hautefeuille, n. 10, à Paris.

dans ce dernier cas, ils coûtent beaucoup plus, mais ils dureront vingt fois autant.

Sur l'Yonne, les trois premiers pertuis d'Armes, Clamecy et Laforest, ont 18 pieds (6 mètres) en largeur, 45 pieds (15 mètres) en longueur, et sont fermés, comme tous les autres, avec des petites planchettes appelées aiguilles. Les barres ont 30 pieds (10 mèt.) de longueur; c'est sur elles qu'on applique les aiguilles une à une jusqu'au fond de l'eau sur la pièce dite d'enfonçure, échancrée à cet effet et aboutissant sur le haut de la barre; ces aiguilles ont 8 pieds de long (2 m. 66 c.) sur 3 pouces de large (9 cent.), 22 lignes d'épaisseur (5 cent.); elles sont en chêne comme pour tout pertuis. Le sapin et l'orme, dans la construction d'un pertuis, ne peuvent être employés utilement que dans les parties qui sont toujours dans l'eau.

Une barre de pertuis est un arbre de la plus forte dimension, qu'on arrache soigneusement avec ses principales racines, pour donner, comme au chevalet d'arrêt, plus de force et de poids à la tête.

On construit sur les racines de cet arbre une espèce de niche dans laquelle on place, en première ligne, comme poids, de fortes pierres, plus les aiguilles de la barre quand on débouche le pertuis, afin de faciliter les mouvements de la barre, lorsqu'il faut la sortir du poteau qui la retient, ce à quoi on parvient en lui faisant faire le balancier ou bascule, c'est-à-dire en la soulevant, aussitôt après que les aiguilles sont enlevées, pour l'arranger en ligne du pertuis, au moyen d'un pivot sur lequel sa tête s'appuie et se meut.

Un pertuis en bois s'établit d'abord sur terre et se pose ensuite comme une charpente de maison.

Les pièces principales ont 12 à 15 pouces (33 à 45 centimètres) d'équarrissage, ainsi que les encoignures; on emploie, en outre, des madriers de 6 à 9 pouces (16 à 25 centimètres) pour l'enfonçure, les côtés et le devant, et des planches de la plus grande longueur ayant jusqu'à 18 pouces (50 cent.) de largeur et 2 d'épaisseur (6 centimètres).

Le talent d'un constructeur de pertuis consiste, principalement, à lui donner la pente, la hauteur et la longueur convenables, pour que le train plonge, le moins possible, dans le tourbillon d'eau qui s'agite si fortement dans la fosse d'un pertuis, et pour qu'il regagne aussitôt le fil de la rivière sans rien perdre de sa solidité.

Dans les anciens pertuis, il etait très-rare, à chaque éclusée, qu'il ne se brisât pas quelques parts ou coupons; aujourd'hui, cela arrive peu, parce que les agents du commerce y ont introduit de grandes améliorations; et qu'on sache, à cet égard, qu'un ingénieur, tel habile qu'il puisse être, réussira souvent moins bien dans la construction d'un pertuis qu'un simple commis de rivière : celui-ci a pour lui une vieille expérience, la connaissance parfaite des localités et des mouvements d'eau, notamment dans les éclusées alimentées par suite de fortes crues, enfin l'expérience de tous les mouvements et oscillations de la rivière et par tous les temps et saisons. Nous engagerons toujours MM. les agents des ponts et chaussées à consulter ces hommes pratiques et à ne pas négliger leurs avis.

Une construction en pierre exige qu'on y place spécialement, en tête, des blocs de la plus grande dimension qui, par leur poids, puissent protéger toute la construction et le préserver de l'éruption des eaux.

Les frais de construction et de réparation d'un pertuis sur l'Yonne étaient, autrefois, pour la moitié, à la charge du commerce de Paris, depuis Crain en amont; l'autre moitié était supportée par le propriétaire du moulin qui en recevait l'eau; ensuite, du pertuis de Crain (Lucy) et au-dessus en aval, par ledit propriétaire, pour un tiers, les autres tiers par le commerce de Paris et le gouvernement.

Maintenant, les constructions et réparations des pertuis et tous autres travaux de rivière, d'après les décrets des 30 floréal an x et 25 prairial an xii, et l'ordonnance du 16 avril 1831, se font entièrement au compte du gouvernement qui, en retour, perçoit sur les trains et bateaux un droit de navigation s'élevant de 12 à 21 f. par train jusqu'à Paris, ou plutôt de 2 centimes par décastère sur les rivières de flottage (d'Armes à Auxerre, sur l'Yonne) par myriagramme (2 lieues et demie), et de 4 centimes sur celles non flottables (d'Auxerre à la mer).

Les pertuis sur la rivière d'Yonne servent, spécialement, à contenir les eaux et à les réunir pour le flottage des trains jusqu'à Auxerre, ainsi que pour la navigation des bateaux depuis ce dernier lieu jusqu'à Montereau, même jusqu'à Paris, où ils mettent ordinairement 4 à 5 pouces d'eau (15 centimètres); on en forme des éclusées à des jours et heures fixés par le commerce, suivant le détail que nous allons en donner; au surplus, nous engageons à consulter les ouvrages spéciaux sur cette partie, publiés sous les auspices de M. le conseiller d'État, directeur général des ponts et chaussées (*).

ÉCLUSÉES SUR L'YONNE.

TEMPS DE LA COURUE DES EAUX, CALCULÉ SUR UNE ÉCLUSÉE ORDINAIRE DU MOIS DE MAI.

PREMIER JOUR.

En supposant que le pertuis d'Armes, rivière d'Yonne, débouche à 8 heures du matin, l'éclusée arrivera à 9 heures à Clamecy, 1 heure.

A 10 heures, au pertuis de la Forêt,	2
A midi, à Coulange-sur-Yonne,	4
A 1 heure, à Crain,	5
A 2 heures, à Lucy,	6
A 4 heures, à Magny,	8
A 5 heures, à Merry,	9
A 6 heures, à Mailly-le-Château,	10

(*) Le *Fanal* et le *Dictionnaire de l'approvisionnement de Paris*, par C. Pierre Rousseau, agent spécial des quatre commerces réunis de bois et de charbon, quai de Béthune, île Saint-Louis, n° 8, sont des guides certains, que les propriétaires de bois et les exploitants doivent avoir, attendu qu'ils y trouveront toute la partie réglementaire de la navigation de la Seine et rivières y affluant, ainsi que des renseignements précieux sur le personnel administratif et commercial de l'approvisionnement de Paris en combustible et bois de construction.

A 7 heures, au Bouchet,	11 heures.
A 8 heures, à Mailly-la-Ville,	12
A 9 heures, au pertuis des Dames,	13
A 11 heures, au Manoir,	15
A minuit, à Cravant (confluent à la Cure),	16

DEUXIÈME JOUR.

A 1 heure du matin, à Rivotte,	17 heures.
A 1 heure 1/2, à Vinzelles,	17 1/2
A 2 heures, à Bailly,	18
A 5 heures, à Auxerre,	21
A 8 heures, à Regennes,	24
A 11 heures, à la basse d'Armançon, confluent de l'Armançon,	27
A midi, à la Roche,	28
A 2 heures du soir, à Joigny,	30
A 5 heures, à Villevallier,	33
A 8 heures, à Villeneuve-sur-Yonne,	36

TROISIÈME JOUR.

A 1 heure du matin, à Sens, confluent de la Vanne,	41 heures.
A 3 heures, à Pont-sur-Yonne,	43
A 6 heures, à Port-Renard,	46
A 7 heures, à Misy,	47
A 11 heures, à Montereau-Faut-Yonne,	51

RÉSUMÉ.

DES TRAINS DE BOIS DE CHAUFFAGE ARRIVÉS A PARIS DE 1796 A 1834, INCLUSIVEMENT.

1° De l'Yonne, de la Cure, de l'Armançon, de Cézy, de Sens, de la Seine et de la Marne, en 39 ans (le train composé de 18 coup.),	146,046[tr.]	17[coup.]	
La moyenne par année est de	3,744	13	
La plus forte année en 1804	5,062	» »	
La plus faible en 1817	2,518	11	
2° De l'Yonne seulement de 1796 à 1834, en 39 ans,	93,242	12	
La moyenne de	2,390	14	
La plus forte année en 1804	3,535	7	
La plus faible en 1807	1,476	17	
3° De 1826 à 1830, en 5 ans, sur toutes les rivières,	22,178	» »	
La moyenne de	4,435	10	5
La plus forte en 1826	4,759	5	
La plus faible en 1830	4,038	8	
4° De 1831 à 1834, en 4 ans,	12,645	» »	
La moyenne de	3,161	4	2
La plus forte en 1831	3,265	16	
La plus faible en 1832	2,931	14	
5° Sur l'Yonne de 1826 à 1830, en 5 ans,	14,076	11	
La moyenne est de	2,815	» »	
La plus forte en 1829	2,976	1	
La plus faible en 1826	2,676	7	
6° De 1831 à 1834, en 4 ans,	7,922	16	

La moyenne de	1,980[tr.]	13[coup.]
La plus forte en 1833	2,265	10
La plus faible en 1834	1,912	1
Différence sur la plus faible de 1826	764	6
	2,676	7
Et de	138	13
Avec la moyenne de 1826,	2,815	00

Cette différence provient particulièrement de ce que les hivers de 1833 et 1834 ont été presque sans neige ni gelée et les eaux très-basses jusqu'au 25 janvier 1835, où il est arrivé une faible crue ; le 24, la Seine était comme dans les plus grandes sécheresses, ce que, de mémoire d'homme, on n'avait vu.

En portant la moyenne des trains jusqu'à 1831 à 3,744 fr. 13 c. et à 20 décast. par train,	75,160 décast.
En bois neuf par bateau et par terre,	44,840
	120,000 décast.

correspondant à l'approvisionnement annuel de Paris, environ 600,000 voies ou 1,200,000 stères.

D'après le registre de l'octroi avant 1831, il est arrivé dans Paris, de 1825 à 1830, en 6 ans, par eau, en trains et bateaux, 5,273,014 stères.

Par terre,	617,011
TOTAL,	5,890,025 stères.

Par an, 981,671 stères ; sur cette quantité déduire le bois blanc pour les boulangers,	960,386 st.	
	4,929,639	
Par an, en bois dur,	821,607	981,671
en bois blanc,	160,064	
De 1830 à 1834, en 4 ans,	3,368,603	
A déduire le bois blanc,	602,116	
	2,766,487	
Par an, 842,150, en bois dur,	691,621	842,150 st.
en bois blanc,	150,529	
Or, en moins sur le bois dur depuis 1831,	130,049	
En moins sur le bois blanc depuis 1831,	9,474	

La différence sur ce dernier est plus faible, parce que c'est une essence dont la consommation est presque toujours la même et sur laquelle on ne peut faire d'économie, étant spécialement employée par le boulanger.

On verra donc, par ces rapprochements, qu'il y a un déficit de plus d'un sixième, depuis 4 ans, sur la consommation des bois de foyer, et d'un dix-septième, seulement, sur le bois de boulanger, déficit que beaucoup de personnes attribuent à l'envahissement du charbon de terre sur le bois ; nous n'avons pas tout à fait cette opinion ; le charbon de terre, il est vrai, s'est emparé de quelques foyers, mais le nombre qui en augmente, chaque jour, par l'accroissement de la population, compense ce déficit ; ensuite les défrichements et le dépérissement bien sensible du sol forestier, en France, diminuent, chaque année, les produits forestiers et obligent même à des invasions continuelles sur les bois destinés aux forges et verreries ; aussi pensons-nous que le charbon de terre ne sera pas aussi funeste au bois qu'on pourrait le croire. (Voir Ier vol., p. 406, et 2e vol., p. 161, ce que nous disons sur la *houille*.)

On s'étonnera, sans doute, de ce que nous évaluons la consommation de Paris à 1,200,000 stères, tandis que l'octroi ne la fait entrer dans ses registres

que pour	981,671
En moins (d'un 5e à un 6e)	218,329
	1,200,000

A cet égard, nous devons faire remarquer encore que l'octroi de Paris n'est pas aussi rigoureux qu'on pourrait le croire, et que le toisé de ses agents est presque toujours favorable au débitant ; il existe donc réellement une différence profitable que nous signalons, provenant particulièrement des bois qui entrent en voiture par les barrières et qu'on y empile avec un art et un soin tout particuliers, afin de payer moins de droits : il en résulte donc un avantage de mesurage dans les chantiers ou lors des livraisons faites aux grandes administrations, qui procure au marchand, sur les bois arrivant par voiture, un boni d'un quart à un cinquième, et, sur ceux en trains et en bateaux, d'un sixième; autrement il serait souvent en perte sur les fournitures et même sur le bois qu'il détaille dans ses chantiers, attendu que les feux des flotteurs et, sur les berges de Paris, ce qui s'échappe et se vole en route, forment toujours un déficit auquel l'industrie de la mesure doit parer.

CHAPITRE IX.

DES DÉFRICHEMENTS (*).

Il y a bon nombre de siècles qu'on défriche et détruit les bois en France ; ce qui fut un bienfait sous nos premiers rois, de nos jours devient un affreux vandalisme, dont nous allons essayer de faire sentir les funestes conséquences.

Charlemagne, en 802, porta le premier coup au sol forestier, mais seulement pour faciliter les communications; son exemple fut suivi par Louis le Débonnaire et maintenu, en franchise, par Philippe le Long, en 1318 ; par le roi Jean en 1353, et par Charles V en 1370, enfin, jusqu'à Louis XIV, qui rendit la fameuse ordonnance de 1669, premier code forestier connu.

De 1701 à 1789, on défricha un million d'hectares des plus beaux bois de France, en éludant les ordonnances qu'y s'y opposaient. Or, malgré la sévérité des anciens règlements, nos forêts n'ont pas cessé

(*) Ce chapitre, dans un concours général, provoqué par l'Académie des sciences, arts et belles-lettres de Dijon, a mérité une médaille d'or.

de perdre de leur étendue, parce que l'augmentation de la population tend constamment à mordre dessus, et enfin à les placer dans des limites plus étroites ; à cette cause incessante s'en sont jointes d'autres, depuis cinquante ans, dont la puissance est au moins égale.

La loi du 29 septembre 1791 laissa la liberté de défricher, celle du 29 avril 1803 empêcha les défrichements et pourvut à la défense des bois de l'État contre les usagers ; néanmoins, au mépris de cette dernière loi du 29 avril 1803 et jusqu'au 31 décembre 1820, en 12 ans, on défricha 75,000 hectares (4,412 hectares par an) de 1820 à 1834, en 14 ans 44,164 hect. (2,940 hect. par an). Ainsi, récapitulation faite, de 1803 à 1834, c'est-à-dire en 30 ans, on a eu un défrichement de 116,164 hectares (3,746 hect. par an). Si l'on autorisait les défrichements, ce serait plus de 100,000 hectares par année ! et nos plus belles forêts disparaîtraient comme la poussière au vent.

Depuis 1830, le gouvernement a vendu, avec faculté de défrichement, 105,000 hectares. Bon Dieu ! quand ces ventes cesseront-elles ?

Sully, l'un de nos plus grands protecteurs de l'agriculture, qu'il appelait la mamelle des nations, disait « que la France périrait par le manque de bois. » Colbert et Lamoignon avaient la pensée de Sully, et l'on sait avec quel soin religieux Napoléon veillait sur cette partie de la richesse publique.

L'Amérique elle-même commence à s'effrayer

des défrichements, et cette crainte se conçoit sans peine quand on sait que, dans une année, on a embarqué, au seul port d'Halifax, une quantité de potasse qui avait détruit 100,000 arpents de bois.

Buffon, en 1734, dans ses *Expériences sur les végétaux*, vol. X, p. 154, s'exprime sur la disette des bois ainsi qu'il suit :

« Le bois, qui était autrefois très-commun en « France, suffit à peine aux usages indispensables, et « nous sommes menacés, pour l'avenir, *d'en man-* « *quer absolument*. Ce serait une vraie perte pour « l'État d'être obligé d'avoir recours à ses voisins, et « de tirer de chez eux, à grands frais, ce que nos « soins et quelque légère économie peuvent nous pro- « curer : mais il faut s'y prendre à temps, il faut « commencer dès aujourd'hui ; car si notre indo- « lence dure, si l'envie pressante que nous avons de « jouir continue à augmenter notre indifférence pour » la postérité, enfin si la police des bois n'est pas ré- « formée, il est à craindre que les forêts, cette partie « la plus noble du domaine de nos rois, ne deviennent « des terres incultes, et que le bois de service, dans « lequel consiste une partie des forces maritimes de « l'État, ne se trouve consommé et détruit sans es- « pérance prochaine de renouvellement. »

Lorsqu'en 1650, sous Louis XIV, l'étendue de la France était évaluée à 27,000 lieues carrées, elle possédait environ 7,000 lieues carrées de bois (*).

(*) Lieue de 4,000 mètres ou 2,000 toises.

En 1778, il n'y en avait plus que 5,500 ;
En 1792, 4,600, savoir :

Bois de la couronne et des princes	300	
id. du clergé	1700	4600
id. particuliers	2600	

Même en 1804, on ne possédait plus qu'environ 4,375 lieues carrées ou 7,000,000 d'hectares. (Voir notre chapitre de *Statistique et progrès de consommation des bois en France*, vol. Ier, p. 1.)

Nous sommes vraiment effrayé de cette perte toujours croissante du sol forestier, qui ne peut être nullement compensée par des plantations faites presque toujours sur des terrains abandonnés par la culture et qui ne seront jamais de riches fonds de bois ; faible ressource pour l'avenir ! d'autant plus faible que toutes les plantations, dans les landes de Gascogne, dans le Mans, la Bourgogne et ailleurs, ne s'élèvent pas, depuis 50 ans, à plus de 150,000 hectares.

Quand la rareté du bois se fera vivement sentir, il est probable qu'on plantera beaucoup plus, et qu'alors on reprendra, sur la culture, des terrains dont les produits sont presque nuls aujourd'hui, à cause des frais et avances qu'ils exigent. Mais les populations augmentant sans cesse, voudront-elles souffrir cet envahissement ? Ensuite, qui ne sait ou ne doit savoir qu'il faut près de deux siècles pour former la matière d'une quille de vaisseau, les poutres pour nos maisons et les merrains pour contenir nos vins ?

Il faut, en outre, qu'il y ait entre la surface d'un pays et sa population un certain rapport pour que les nécessités de la vie et les conditions de salubrité publique puissent être satisfaites. Ce rapport semble être de 10 à 12,000 habitants par lieue carrée de bois.

En Autriche et en Prusse, 2,000 habitants par lieue carrée, 2 hectares par individu.

En France, 8,000 habitants par lieue carrée de bois, 23 ares par individu.

En Angleterre, 300,000 habitants par lieue carrée de bois, 6 centiares par individu.

En Russie d'Europe, 10 hectares par individu.

En Asie, 206 hectares par individu.

On voit, alors, qu'après l'Angleterre, qui a ses houilles, notre sol forestier est le plus faible. Si donc nous tenons à ne pas éprouver une grande disette de bois, il est temps de nous arrêter dans la voie de destruction dans laquelle nous marchons en aveugles, notamment depuis 80 ans, sans penser que, en cultivant toujours des terres au préjudice du sol forestier, les céréales abondent tellement que, pendant une série de plusieurs années, souvent le prix en est si faible, que le découragement s'empare des cultivateurs et occasionne, dans les commandes de travaux ruraux, un ralentissement qui peut devenir une source de détresse pour la classe ouvrière.

Au temps des druides, les forêts, réputées l'asile des dieux, étaient respectées ; à cette époque, la France, telle qu'elle est de nos jours, sur un territoire de 53,219,000 d'hectares, en avait 33 millions en bois.

On n'en compte plus maintenant que 6,770,060 hectares, savoir :

1° Aux particuliers		3,665,817 h.
2° A 11,261 communes	1,802,482 h.	2,835,609 h.
3° A l'État (*)	1,033,127	
4° A la maison d'Orléans	82,175	233,012 (**)
5° A la liste civile	108,537	
6° Provenant du prince de Condé	42,300	
7° A des établissements publics		22,882
8° Au duc de Bordeaux et à sa sœur		12,740
TOTAL,		6,770,060 h.

Pour le peu qu'on attaque encore ce faible débris du temps et de nos convulsions politiques, que nous restera-t-il?

(*) Non compris les forêts de l'Ile-de-Corse, consistant, en 129,307 h. 63 ar. 10 c.

Savoir : non contestés,	52,533 h. 98 ar. 20 c.	129,307 h. 63 ar. 10 c.
Contestés par les communes,	76,773 h. 64 ar. 90 c.	

(**) Cette quantité, à cause d'aliénations traitées au nom du duc d'Aumale pour 6,131 hect., et par des acquisitions et échanges faits par le domaine privé de la famille royale et la liste civile, est réduite aujourd'hui à 226,169 h., savoir :

Liste civile.	105,000 hect.
Domaine privé.	83,062
Duc d'Aumale.	36,169
	226,231 hect.

Les 1,033,127 hectares de l'État et les 1,802,482 appartenant aux communes, ensemble 2,835,609 hectares, peuvent, pour en évaluer le rapport, être supposés aménagés à 20 ans, ce qui fournirait annuellement 141,730 hect. 45 ares en coupes réglées à 350 f. l'hect., les uns dans les autres, 49,605,657 50 c. de revenu, savoir :

Pour 90,124 h.	10 ar.	de bois des communes	31,543,525 f.	
51,606	35	de l'État	18,062,122	50
Ens. 141,730	45		49,605,657	50

L'exactitude de ce calcul est prouvée par le produit des bois de l'État, qui, d'après les relevés faits à la cour des comptes, depuis 1828 jusqu'à 1834 inclusivement, ne se monte qu'à 19,568,744 f. par an, décime non compris, attendu qu'il balance, à peu de chose près, les frais d'administration ; or l'arpent forestier, en masse, ne rapporte donc que 175 f. seulement, tandis que les bois des particuliers rendent au moins 300 fr. A quelle cause peut-on attribuer un si mince produit ? Elle tient uniquement à ce qu'on ne s'est point encore occupé de la culture des bois et aussi aux anciennes lois forestières qui régissent les bois de l'État, ceux des communes et des grands propriétaires, et nullement aux administrations qui en ont la surveillance; car, dans aucun pays, on ne trouvera une administration forestière aussi éclairée et aussi zélée que l'administration forestière de France. La culture forestière allemande, qu'on vante avec exagération et sans examen, n'est pas plus avancée que la nôtre; elle a les mêmes besoins d'une réforme, et, si les bois de cette contrée sont plus garnis et plus beaux qu'en France, cela dépend spécialement de leur position boréale et de l'excellence de leur sol.

Or nous pensons qu'une meilleure culture, établie sur un système d'exploitation sagement combiné, ferait rendre aux bois de l'État au moins 25,803,000 f., au lieu de 19,368,754 f.; bénéfice 6,254,256 f. par an, ce qui élèverait le prix de l'arpent à 250 f. au lieu de 175 f.; toutefois, en les supposant aménagés à 20 ans, et le prix de la feuille à 25 f. ou revenu annuel par chaque hectare, et surtout en mettant les quarts de réserve dans le rang des taillis de 20 à 30, nous consentirions, bien volontiers, à en être les fermiers pour une révolution entière de 20 à 30 ans à ce prix, même au-dessus, et nous donnerions bonne caution, d'autant que les bois de l'État sont généralement sur les plus riches fonds.

Le produit de l'hectare, à 20 ans, à 175 fr. l'arpent, le revenu annuel ne serait alors que de 17 fr. 50 c. l'hectare ou 8 fr. 75 c. l'arpent, sur quoi il faudrait encore déduire l'impôt, les frais de garde, fossés et plantations; ce qui, en résultat, rendrait le produit net si minime, que, si les particuliers ne tiraient pas un plus grand revenu de leurs propriétés forestières, on en viendrait à défricher même dans le haut Morvan (Nièvre) tout ce qui pourrait faire une chétive pâture, quoique, dans ce pays, il n'y ait de produit certain que le bois; mais il est vrai de dire que cette culture est soignée par les bons propriétaires, comme on soigne celle des jardins. Nous connaissons entre autres une pièce de 60 hect. près de Château-Chinon, où l'on fait souvent par la coupe au furetage, la seule qui convienne à ce pays, de 80 à 100 cordes de bois par an, produisant, suivant les années, de 3 à 4,000 fr., autant que les bois aux environs de Paris; d'où nous inférons que les bois de la Nièvre, du moins la plus grande partie, particulièrement sur les montagnes, comme dans beaucoup d'autres localités, ne doivent pas être défrichés, bien qu'à 75 lieues de la capitale, parce qu'ils ne vaudraient pas 100 fr. l'hect. en terre.

Nous ne nous apercevrons, malheureusement, des ravages du temps et des funestes résultats des défrichements que lorsqu'à la suite d'hivers rigoureux il y aura disette de bois; c'est à ce moment que nous apprécierons mieux ce qu'il y avait à faire, mais alors aussi il sera trop tard.

D'autres pays pourraient encore mieux mettre à profit nos observations : ainsi la Russie, le Danemarck, la Norwége, la Suède et l'Amérique septentrionale, se trouvant aujourd'hui dans la même position que celle où nous étions sous Clovis, en 481, ont donc le plus grand intérêt à ménager leurs forêts.

Quand on aborde un pays neuf où il y a beaucoup trop de bois, un défrichement, nous en conviendrons, est fort utile; il est même nécessaire pour la salubrité, particulièrement pour la culture des céréales, des prairies et autres propriétés, ainsi que pour activer la circulation de l'air, sans lequel les produits agricoles ne peuvent atteindre leur maturité.

Mais il y a une limite que la prudence et l'intelligence recommandent de ne pas franchir, parce qu'au delà il y a danger ou abus. C'est à cette période que nous sommes arrivés; il est donc temps, en France, nous ne saurions trop le dire, de nous arrêter sur le défrichement des bois. On doit facilement sentir que la destruction des forêts trouble la corrélation qui existe entre les végétaux, cause des irrégularités dans la température, occasionne des avalanches imprévues et multipliées, des inondations désastreuses, l'intermittence des cours d'eau et des variations dans le cours des vents, ainsi que bien d'autres sinistres qu'il serait trop long d'énumérer ici.

Si nous avons encore de belles forêts et quelques futaies, nous les devons aux corporations religieuses et à nos premiers rois qui en ont enrichi le domaine de la couronne. L'homme, au surplus, ne vit pas assez, et les fortunes de nos jours, avec le luxe toujours croissant qui nous ronge, deviennent trop mobiles pour les attendre 200 ans. Quand ce qui nous reste sera divisé et subdivisé, ainsi que le demande l'intérêt particulier, possédé ensuite par des gens nécessiteux, en quel état de conservation seront-elles 30 ans après leur partage ou vente? Nous laissons cette question à résoudre à ceux qui, comme nous, s'occupent de bois et peuvent raisonner sur cette matière avec pleine connaissance de cause.

Dans un pays comme la France, cette question est du plus haut intérêt et mérite d'être approfondie.

A qui devrons-nous tous ces ravages? à notre caractère léger et inconstant et à nos révolutions continuelles; cependant, en 1793, où rien ne fut respecté, les forêts ont été conservées, quoique le pillage fût général et de mode alors.

Il est vrai qu'à l'époque de l'assignat ou papier-monnaie, qui a mis 1,400,000 hommes sur le pied de guerre et fourni à toutes les dépenses du moment, et à l'instar de toutes les révolutions, qui sont, de leur essence, dévastatrices, on aurait pu encore dilapider les forêts beaucoup plus qu'on ne le fait maintenant; ce qui a pu contribuer à en arrêter la destruction, disons-le, c'est que, dans ce temps de douloureuse mémoire, les forêts auraient été données et non vendues, car qui les aurait achetées ? On ne cherchait alors qu'à se sauver et nullement à augmenter sa fortune; en agissant différemment, c'eût été courir à l'échafaud.

Nous voyons, avec inquiétude, l'égoïsme des gens à argent, qui ne connaissent que les résultats en chiffre, et par conséquent poussent fortement à la vente des bois de l'État et aux défrichements; si on voulait même les écouter, on vendrait, pour en avoir le produit en or, la colonne de la place Vendôme, le château de Versailles, nos musées avec leurs tableaux et médailles, le dôme des Invalides, etc., qui, à la vérité, nous coûtent de l'entretien et ne nous rapportent rien. Ces esprits, avides de jouissances matérielles, mettent les bois futaies particulièrement, comme les monuments publics, au rang des inutilités dont on doit se défaire, sans se préoccuper des ressources annuelles que les vieux bois présentent au gouvernement, qui seul est en position d'en conserver dans l'intérêt général du pays et de notre marine.

Loin de partager la passion de cette espèce de loups-cerviers, nous voudrions, au contraire, que tous les bois appartinssent à l'État, attendu leur utilité générale que nous reconnaissons, d'autant plus que chaque jour ils disparaissent d'une manière effrayante, et que nos meilleurs fonds, enfin, sont à la veille de tomber sous la pioche destructive du spéculateur; aussi émettons-nous le vœu que l'État ouvre un grand livre pour acquisitions des forêts, comme il y en a pour les rentes et les canaux, parce que, maintenant, il n'y a plus de corporations, ni gens de mainmorte pour les posséder sans mutation. Nous désirons, notamment, qu'il acquière les forêts qui seraient grandement à sa convenance. (Voir notre article sur l'*Affouage* que nous demandons pour la marine, vol. 1er, p. 417.) Nous ne pouvons cesser de le répéter, les bois ne peuvent être conservés à perpétuité que par l'État dans l'intérêt de la marine, de nos constructions civiles, de la prospérité publique, de la salubrité, etc., etc. Notre idée peut ne pas être partagée par tous les esprits; elle tient à notre système, qui est le fruit de l'étude et de l'expérience; on nous la pardonnera d'autant plus qu'elle est le résultat de la bonne foi et de la conviction.

Loin de croire qu'il y ait encore trop de bois en France, nous assurons, au contraire, qu'il n'y en a point assez, et la preuve de la véracité de notre assertion, c'est que nous en tirons tous les jours, de plus en plus, de l'étranger. (Voir notre tableau d'importation.)

En 1832, nous en avons reçu pour 9,340,873 fr.;
en 1837, pour 31,171,931 fr.;
4 ou 5,000,000 au delà de tout ce que les bois de l'État rapportent (le sixième de la consommation totale de la France).

Une bonne culture forestière suffirait pourtant à tous nos besoins, et nous pourrions même en exporter sans nuire à nos foyers ni à nos établissements industriels; le sol ne nous manque pas; que de friches encore à boiser, particulièrement sur nos montagnes, landes et bruyères, que nous pourrions mettre en bois!

Mais, quoi que nous en puissions dire, la loi sur le défrichement passera tôt ou tard aux deux Chambres, et peut-être à une grande majorité; cela ne nous étonnera point! Pour s'opposer à l'adoption de cette loi, il faudrait des connaissances spéciales sur la matière et surtout un désintéressement qui est rare de nos jours, bien qu'en toute chose on mette en avant l'honneur et la conscience. D'un autre côté, presque tous nos délégués ont un intérêt au défrichement, dont ils espèrent tirer bon parti. En effet, et ne le dissimulons pas, tous les propriétaires de bois, depuis le plus petit jusqu'au plus riche, désirent la loi du défrichement, parce qu'ils défricheront, d'une part, les bois qui leur présenteront de l'avantage; ensuite ils se flattent qu'ils vendront mieux ceux qui leur resteront : celui même d'entre eux qui n'aura pas l'intention de défricher maintenant y applaudira dans son intérêt à venir, en calculant que, si on permet le défrichement, le bois, peu d'années après, deviendra très-rare. Une fois qu'on sera arrivé à cette position, nous ne doutons pas que l'État ne suspende toutes les ventes de fonds; il aurait alors, en dédommagement du préjudice porté au sol forestier, un revenu plus élevé même qu'avant les 105,000 hectares qu'il a vendus en 1830 avec faculté de défrichement, nous n'hésitons pas à le lui assurer.

La première demande en défrichement a été présentée par M. Anisson Duperron, député de Rouen, en 1834, et renouvelée par lui en 1835-1837-1838 et 1839. Nous le concevons facilement; la Normandie, par sa position topographique, n'a pas de vignes et abonde en ruisseaux et rivières; son sol gras, ses héritages entourés de lisières boisées suffisent, et au delà, aux besoins des localités; ce pays enfin, dont les forêts seraient encore vierges sans les soixante-deux feux de forges et hauts fourneaux qui sillonnent cette province, ce serait, il est vrai, la contrée où les défrichements auraient le plus de succès. Ce pays, nous en conviendrons, pourrait probablement gagner beaucoup à un défrichement, pourvu, toutefois, qu'il n'excédât pas un cinquième de son sol forestier. (Voir le discours de M. Anisson Duperron, séance de la Chambre du 15 décembre 1834.)

Cette demande a été faite avec autant de talent que d'adresse; elle expose tous les avantages qu'on en peut obtenir. On ne pouvait choisir un meilleur avocat du défrichement! Qui la combattra aujourd'hui? Est-ce l'État, à qui le rôle de conservateur appartient à tous égards, et qui, au contraire, autorise lui-même les défrichements et les envisage comme une nouvelle source de richesses? Comment pourra-t-il s'opposer, au surplus, à une culture et à une industrie particulières qui, en réalité, tendent à activer le mouvement des affaires et à enrichir le trésor par tous les traités et mutations qui auront lieu à l'infini par suite de ce grand coup de pioche qu'on veut donner au sol forestier?

En conséquence, si le ministre se décide à combattre cette demande, il devra s'attacher à bien apprécier sa position; et si, en définitive, il est forcé, par la majorité, d'y accéder, en désespoir de cause, et quand enfin il aura l'intime conviction qu'il ne pourra utilement s'y opposer, tous ses soins alors doivent tendre, en échange des dispositions qu'il montrera, à s'y prêter, à se ménager des restrictions et des concessions, dans l'intérêt de nos cultures et de nos fleuves particulièrement.

Nous estimons que, lorsqu'on aura la liberté de défricher, tout ce qui sera bon à défricher le sera, et même au delà, car, en général, nous ne savons point nous arrêter à temps; il est dans le caractère français de faire vite et avec excès le bien comme le mal.

Nous persistons d'autant plus à penser qu'on en abusera, qu'il y a avantage incontestable dans le défrichement, particulièrement sur un sol qui offrira des prés ou de bonnes terres à céréales, et surtout si on considère qu'il faut qu'un terrain soit de la plus basse qualité pour ne pas valoir un bois ; et enfin qu'on défrichera sans réfléchir, lorsque l'élan sera donné, quand ce ne serait que pour faire argent des superficies et même des souches et racines, sans en excepter même les plus petites radicules, d'autant mieux que cette superficie représente souvent plus que la valeur de la propriété, pour peu que le bois ait de l'âge : nous allons en offrir un exemple.

Un bois de 12 ans, valant 1,000 fr. l'hect., peut, dans beaucoup de localités, produire en taillis environ 400 f., ci 400 fr.

Réserves anciennes, en cordons, pieds corniers, lisières et baliveaux 350

Ensemble,	750
Le fonds restera alors pour	250
Total égal au prix,	1,000

A 250 fr., c'est la valeur commune, en France, de l'hect. d'un fonds de bois, avec ses réserves, fraîchement exploité.

Ce fonds, s'il est bien défriché, vaudra au moins, comme terre pour les céréales, prairies artificielles et autres cultures, de 1,500 f. à 3,000 f. l'hectare ;

Comme pré, de 2,000 fr. à 5,000 f. l'hectare, suivant sa bonne nature et sa position locale.

Il y a donc un bénéfice évident, en prenant le terme moyen de 2,500 fr. seulement, de neuf fois le prix du fonds de bois. Cet énorme avantage est d'un si puissant attrait pour certaines contrées, qu'on donnera dans les défrichements, sans aucun doute, comme à Paris, en 1825, on spéculait sur les bâtisses, et en 1836-1837 sur les entreprises par actions. Ainsi, quand les défrichements seront autorisés légalement, on défrichera avec excès, même des bois nullement propres à former des prairies ni des terres pour les céréales.

C'est un écueil grave que nous signalons et que les plus capables n'éviteront pas, parce qu'on est naturellement toujours disposé à avoir confiance dans ce qui promet de gros revenus et qu'on se laisse facilement entraîner à voir en beau ce qu'on désire vivement.

Toutefois, avant de se fixer sur le défrichement d'un bois, il faut, avec soin d'abord, sonder le fond en plusieurs endroits, bien examiner la qualité et la nature du terrain, sans oublier qu'on trouve fréquemment dans les forêts une terre noire semblable au terreau de couche, qui est sans consistance, et où rien ne vient que les bois tendres, et encore assez mal; ou une autre terre rougeâtre, ayant une riche apparence, qui, cependant, n'a aucune sève ni aucune puissance de végétation.

Il est nécessaire, en outre, de faire attention que les plus mauvais terrains pour la culture sont ceux aquatiques, mélangés de corroi et de terre glaiseuse ;

ils sont quelquefois propres à la fabrication des tuiles, mais ne valent rien pour les céréales : ceux garnis d'un sable granitique, de gros cailloux ou de gravier ferrugineux, sont, au contraire, très-bons pour les bois, particulièrement pour le chêne, et valent encore moins, pour les céréales, que les glaiseux et humides.

Enfin, pour se déterminer sur un défrichement, on ne doit pas manquer de prendre, préalablement, tous les renseignements utiles, afin de ne pas faire une fausse opération; ensuite on doit s'attacher principalement à s'assurer de la qualité des terres du voisinage; si elles sont en partie abandonnées, s'il y a déjà quelques plantations de bois autour, examiner si elles sont bien venantes; enfin si elles sont plus ou moins nombreuses et soignées.

Il arrive souvent qu'un propriétaire laisse de grandes landes incultes quand il devrait les planter sans perdre un moment, parce qu'il recule devant une dépense de plantation qui rentre lentement, ou lui présente de l'incertitude pour le recouvrement de ses avances; un autre, au contraire, plantera où les céréales prospèrent; il est vrai qu'une plantation prête aux illusions, occupe ceux pour qui le travail est un besoin, ou qui aiment à se bercer d'espérances flatteuses; aucune culture ne présente autant de charmes, on fait quelquefois une plantation par agrément, et comme un pavillon chinois; enfin on plantera à grands frais ce qu'un autre détruira, pour n'avoir, en résultat, qu'une chétive pâture de moindre valeur ; c'est pourquoi, avant de défricher même une faible plantation, il faut y regarder à deux fois.

Quand le terrain n'a pas de profondeur et qu'à quatre ou six pouces on trouve le roc pur, il faut bien se garder de défricher même un très-mauvais bois, ce serait la plus désastreuse des opérations ; malgré tous ces avertissements, on défrichera néanmoins quand on en aura la permission.

Pour éluder la loi on a creusé, sur des terrains à pierres calcaires, des fossés à l'entour de bois assez considérables, et on a élevé des murs de peu de consistance pour en former de prétendus parcs. Eh bien ! nous avons l'opinion que ces diverses parties de terrain, défrichées sans examen, seront remises en bois, si c'est encore possible.

Quand l'humus, produit par la pourriture des feuilles, n'est que de quelques pouces, et que la terre qui est dessous est froide, glaiseuse et sans puissance végétative, alors il se délaye et se perd par l'action spongieuse de la terre elle-même, où il est bientôt enlevé par les récoltes successives ou lessivé à sa surface par les pluies : après cinq ou six ans et même moins, il n'y a plus de produits à espérer, pas même en sainfoin, qui vient dans les terres les plus arides, et sur un sol de trois à quatre pouces de profondeur seulement (12 à 16 centimètres).

M. le marquis de Louvois, qui fut un de nos plus grands propriétaires de bois, a fait entourer, en 1834, d'un léger mur en pierres sèches une forêt de mille arpents, près d'Ancy-le-Franc (Yonne), dont il a défriché huit cents arpents et créé de magnifiques fermes pour les exploiter; peu de temps après, il en a vendu la propriété à ses fermiers: ceux-ci auront peut-être, pendant dix à douze ans, d'assez belles récoltes; mais ensuite elles décroîtront chaque année, et même nous avons la certitude que, si dans quinze ans les nouveaux propriétaires possèdent encore les fermes et leurs dépendances, ils n'hésiteront point à remettre le tout en bois.

Cette citation est un jalon que nous posons comme remarque pour nos lecteurs, et isolé de tout autre motif qui ait rapport à M. le marquis de Louvois ou à ses honorables acquéreurs; nous souhaitons même que nos prévisions soient en défaut, et que la forêt de Maule devienne pour ces derniers une véritable terre promise.

Tous ces mécomptes et fausses entreprises ne sont pas les inconvénients les plus dangereux, en mettant même de côté celui de rendre rare et hors la partie des médiocres fortunes un produit de première nécessité, si utile, en outre, à l'agriculture et aux arts; mais c'est menacer la France des plaies de l'Égypte, en y introduisant de longues et grandes sécheresses, pendant lesquelles tout périt ou qui causent d'horribles orages. Plusieurs naturalistes prétendent qu'un arbre séculaire, bien pourvu de branches, contient une superficie d'un milliard de pieds carrés en feuilles qui, de concert avec les racines de l'arbre, soutirent par la force de leur succion, en un jour et une nuit, vingt-cinq milliers d'eau ou vingt-quatre tonneaux, jauge d'Orléans, qu'ils digèrent ensuite après s'en être nourris. C'est beaucoup. Quelques auteurs ne portent cette absorption qu'à 150 livres en vingt-quatre heures; nous pensons que cette dernière évaluation est plus rapprochée de la vérité: ce qu'il y a de certain et de non contesté aujourd'hui, c'est que les arbres attirent les eaux et les rendent ensuite pour se former en pluie. M. le duc de Raguse, dans la relation de son voyage en Égypte, annonce qu'il n'y pleut jamais, excepté au Caire et à Alexandrie environ quarante jours par an, spécialement à cause des plantations faites autour de ces deux villes, depuis le passage de l'armée française en 1798. M. Jomard, orientaliste célèbre, qui a fait partie de la commission scientifique d'Égypte et entretenu des rapports continuels avec le souverain de ce pays, dans la séance académique du 13 mai dernier, a réfuté l'assertion du duc de Raguse, et il a conclu, avec l'appui du docteur Destouches, résidant au Caire, que la commune des pluies au Caire et à Alexandrie, ainsi que dans toute l'Égypte, était de quinze à seize jours par an; qu'enfin les plantations faites par Mehemet Ali, quoique dans un sol très-riche, et s'élevant à plus de seize millions de pieds d'arbres, sont encore sans influence sur la quantité annuelle des pluies. Au surplus, quelle que soit la différence des opinions entre ces deux illustres narrateurs, en considérant que la commune en

France est par année, sans pluies, de 223 jours,
Avec pluie ou neige. 142

365 jours,

Et qu'il pleut plus à Stuttgard qu'à Montpellier, il est constant pour nous que, s'il pleut très-rarement au Caire et pas dans la haute Égypte, c'est que ces contrées lointaines sont privées de bois; tandis que dans l'Abyssinie, sa voisine, où les forêts sont immenses, il y pleut constamment plusieurs mois : ce sont ces masses d'eau qui occasionnent le débordement du Nil, sans lequel, on le sait, l'Égypte, l'ancien grenier de Rome, serait stérile.

La Grèce, si brillante autrefois, a vu s'évanouir sa puissance en perdant ses forêts; Xercès, Darius, Alexandre, les ont ravagées, soit pour retarder la marche des vainqueurs, ou pour leur tendre des embûches, soit enfin pour rendre le spectacle du triomphe plus éclatant. A la place de ces magnifiques forêts, on ne voit plus que des rochers, le sol végétal a totalement disparu, et cette province, entièrement dépourvue de bois, ne présente plus qu'une affreuse nudité. L'ombrage, si utile dans un climat brûlant, manque aux terres du voisinage. Hélas! dans quel état ce pays est-il aujourd'hui!

Les bois protégent nos cultures contre les vents et les gelées, ils exercent sur l'atmosphère la plus heureuse influence; ce sont en quelque sorte des paratonnerres qui attirent les grêles et les orages,

les distribuent ensuite en pluies bienfaisantes qui vont porter la fécondité dans les champs du laboureur : ils aspirent, par leurs feuilles, les miasmes et les gaz délétères, rendent à l'air sa fraîcheur et sa pureté, couvrent et décorent les cimes des montagnes, soutiennent et affermissent le sol sur la pente des coteaux, sont enfin les réservoirs naturels des sources et rivières.

En un mot, pour sentir véritablement le prix des bois et en apprécier les immenses avantages, il faut habiter les lieux où ils manquent, et on reconnaîtra que c'est assurément la plus dure privation que l'on puisse éprouver. Nos vins, même, nous n'en faisons aucun doute, doivent leurs principales qualités au voisinage des bois et des rivières, qui attirent sur eux des pluies à temps utile, et ces bienfaisantes émanations d'automne, qui hâtent leur maturité, leur donnent cette liqueur et cet arome qui les rendent si précieux. Nous sommes d'autant plus fondé à le croire, que Château-Margauxest muré, au sud-ouest, par les pins des Landes, et, à l'est, ses bords confinent presque à la Gironde.

Clos Vougeot, Chambertin, Pomard et autres premiers crus de la haute Bourgogne, sont situés dans le département le plus boisé de France, par conséquent où il y a le plus de ruisseaux et d'émanations favorables aux vignobles.

La Chenette, Migraine, Coulange, Chablis sont au milieu des eaux et forêts de l'Yonne.

L'excellence du chasselas de Thomery, près Fontainebleau, tient uniquement à son terrain léger et à sa situation comme Château-Margaux, entre une grande forêt et un fleuve (la Seine).

Les vins d'Italie, de Grèce, d'Espagne et même de nos contrées méridionales, où il y a peu ou pas de bois, sont plus liquoreux et plus violents, il est vrai ; mais ils sont loin d'avoir le savoureux de ceux de Bordeaux et de Bourgogne, et, en outre, ne sont pas aussi salutaires.

Par toutes ces considérations, nous engageons donc spécialement nos vignicoles à faire bien attention qu'en défrichant beaucoup trop on arriverait, à la fin, et *sans s'en apercevoir*, à sensiblement altérer la supériorité des vins ; déjà ils n'ont plus la bonté qu'ils avaient dans nos abbayes et prieurés avant 1790. En culture, il est des positions qu'il ne faut pas changer, parce qu'on s'exposerait à ce que de funestes influences vinssent à diminuer la qualité de nos produits : le vin de Surênes, si chéri de Henri IV, est bien mauvais actuellement ; cela tient probablement en partie au déboisement du mont Valérien et autres monticules qui maintenaient le vignoble en espalier et le garantissaient alors des vents d'est et du nord.

En Angleterre, dira-t-on, il y a très-peu de forêts, et tout, dans ce pays, offre l'aspect de la richesse et du confortable ; à quoi nous répondrons que nous sommes loin d'avoir l'intelligence commerciale de ses habitants et leur patriotisme. Nous ajouterons qu'on supplée au combustible par la houille, aux bois de travail et de construction par le fer et par l'importation ; que, pour nous, nous avons peu de houille ; que le fer est presque moitié plus cher en France qu'en Angleterre, et que le prix en haussera encore avec celui du combustible ligneux, quand même on permettrait l'importation de ce métal trop pesant pour être livré à bon marché, loin des lieux de son extraction et de sa préparation ; et qu'enfin, là où l'Angleterre manque d'une matière, elle l'importe facilement, puisque le point le plus interne de la Grande-Bretagne n'est qu'à trente lieues de la mer, et que partout un sol peu accidenté permet l'établissement de canaux ou de *rail road :* d'ailleurs ses routes à plat réduisent beaucoup les dépenses du transport ordinaire par terre, tandis que la France, qui n'a de côtes que sur sa partie la moins industrieuse, qui n'est ni canalisée ni canalisable dans les régions les plus riches en minéraux et en fossiles combustibles ; la France, où de fortes pentes et de longues distances rendent, au moins, fort problématique l'espérance d'avoir jamais de nombreux chemins de fer, ne doit compter que sur ses ressources locales pour alimenter l'industrie dans plusieurs de ses départements ; car, si les forêts de la Côte-d'Or, de la haute Marne, des Ardennes et des Vosges disparaissent, croit-on que les hauts fourneaux et forges de ces contrées pourront subsister avec la houille d'Anzin ou celle des mines de l'Ardèche ?

Olivier de Serres, célèbre agronome du temps de Henri IV, à qui nous devons la culture du mûrier, mettait l'eau et le bois au premier rang des besoins de la vie. Comme amateur, nous ne finirions pas sur ce chapitre; et pour faire connaître, au surplus, à nos lecteurs une plus puissante autorité que la nôtre, nous rapporterons l'exorde si remarquable de M. le vicomte de Martignac lors de la présentation du code forestier en 1829.

« La conservation des forêts est l'un des premiers « intérêts des sociétés et, par conséquent l'un des « premiers devoirs des gouvernements. Tous les be- « soins de la vie se lient à cette conservation, l'agri- « culture, l'architecture, presque toutes les industries « y cherchent des aliments et des ressources que rien « ne pourrait remplacer.

« Nécessaires aux individus, les forêts ne le sont « pas moins aux États; c'est dans leur sein que le com- « merce trouve ses moyens de transport et d'échange, « c'est à elles que les gouvernements demandent des « éléments de protection, de sûreté et de gloire.

« Ce n'est pas seulement par les richesses qu'of- « fre l'exploitation de forêts sagement combinées « qu'il faut juger de leur utilité, leur existence est « un bienfait inappréciable pour les pays qui les « possèdent, soit qu'elles protégent et alimentent les « sources et les rivières, soit qu'elles soutiennent et « affermissent le sol de montagnes, soit qu'elles « exercent sur l'atmosphère une heureuse et salu- « taire influence.

« La destruction des forêts est souvent devenue, « pour les pays qui en furent frappés, une véritable

« calamité et une cause prochaine de décadence et « de ruine, leur dégradation, leur réduction au-« dessous des besoins présents et à venir est un de « ces malheurs qu'il faut prévenir, une de ces fautes « que rien ne saurait excuser et qui ne se réparent « que par des siècles de persévérance et de privations.

« Pénétrés de cette vérité, les législateurs de tous « les âges ont fait de la conservation des forêts l'objet « de leur sollicitude particulière.

« Malheureusement les intérêts privés, c'est-à-« dire ceux dont l'action directe et immédiate se fait « sentir avec plus de puissance et d'empire, sont « fréquemment en opposition avec ce grand intérêt « du pays, et les lois qui le protégent sont trop sou-« vent impuissantes.

« Pendant plusieurs siècles, les efforts de nos rois « luttèrent contre les abus auxquels les forêts de « l'État étaient exposées et contre les spéculations im-« prudentes de la propriété privée; mais ces efforts « ne furent pas constamment heureux.

» Le désordre toujours croissant et la nécessité « d'y porter un prompt remède fixèrent l'attention « de Louis XIV, et l'ordonnance de 1669, fruit d'un « long travail et des méditations de conseillers ha-« biles, prit rang parmi les monuments d'un règne « illustré par tous les genres de gloire. »

A ce précieux document contre le défrichement, nous croyons devoir encore ajouter que presque tous les conseils généraux de départemement ont réclamé contre la dévastation des forêts et en ont signalé les dangers. Si on défrichait les montagnes des Pyrénées, des Cevennes, de l'Auvergne, du Jura, des Alpes, du Morvan et des Ardennes, nous verrions bientôt la Garonne, la Dordogne, la Loire, le Rhin, la Meuse et la Seine cesser de porter des bateaux : il faudrait, comme pour le Manzanarès à Madrid, en vendre les ponts pour avoir de l'eau.

Il est, aujourd'hui, établi, incontestablement, que nous avons trop défriché, notamment depuis un siècle. La France de 1839 est loin de l'époque où Jules César fit la conquête des Gaules et trouva, sur le territoire de Marseille, des bois propres aux constructions et, dans ses marches militaires, des forêts impénétrables où les druides exerçaient paisiblement leur culte religieux et offraient un asile assuré à ceux qui cherchaient à se soustraire au joug du conquérant. Depuis longtemps cet état de choses n'existe plus ; les nombreuses générations qui se sont succédé ont détruit tant de bois, qu'on ne trouve plus de forêts impénétrables en France, et que maintenant les environs de Marseille n'offrent que des pierres et des sables arides.

Paris, l'ancienne Lutèce, dont le nom indique un pays fangeux et de boue, était couvert de bois avant l'invasion des Romains : les anciennes chroniques parlent de deux sources qui sortaient de la butte Montmartre et se dirigeaient vers la Seine ; l'une passait par la Madeleine et l'autre traversait les terrains du faubourg Saint-Antoine ; il n'y en a plus aucun vestige, parce que les bois qui couvraient

Paris n'existent plus; alors les bois de Vincennes, ceux des prés Saint-Gervais, Montmartre et Boulogne ne formaient encore qu'une seule et même forêt.

A Clamecy (Nièvre), il existait, depuis la montagne de Beaumont jusqu'au hameau de Moulot, un bois appartenant à la famille Faulquier, une des plus anciennes de cette ville, appelé la *forêt de Feurquiau*, donnant le titre de marquis à l'un des membres de cette famille, mais en plaisanterie. Au milieu de ce bois on rencontrait une fontaine qui a disparu entièrement lors du défrichement, opération mal entendue, même à ces époques où le bois abondait de toutes parts, car les terres y sont tellement maigres, qu'on n'en cultive qu'une très-petite partie; en bois, au contraire, situés près d'une ville et quelque médiocres qu'ils pussent être, on en eût retiré un bien meilleur produit que celui que rapportent aujourd'hui ces terres presque sans valeur.

A Druyes (Yonne), où les druides avaient un temple (*), les belles fontaines de cette ville antique donnaient le double d'eau : lorsque toutes les forêts qui l'entouraient existaient, la vallée des Druyes, à Andries, n'était, à cette époque, qu'un vaste étang, même en été; maintenant il y a des terres cultivées, des marais que l'on peut faucher et même quelques parties de prés passables.

En résumé, si on récapitulait toutes les fontaines

(*) Au milieu du silence et des bois solitaires
La nature en secret leur ouvre des mystères.

qui, en France, ont tari depuis 1400, le nombre en serait considérable; aussi, dans les temps le grandes pluies, où, en vingt-quatre heures, elles jetaient simultanément, elles causaient de grands ravages : de nos jours, sous ce rapport, elles sont moins à redouter, nous n'avons plus maintenant de ces inondations à obliger les riverains à rester plusieurs jours dans leurs greniers pour se soustraire à la fureur des eaux, comme le firent les habitants de Clamecy, en 1740, sous Louis XV; mais, d'un autre côté, les effets désastreux du défrichement des bois sont maintenant un fait reconnu et dont les forestiers instruits redoutent les conséquences.

Cependant un agronome recommandable à beaucoup de titres, M. Mathieu de Dombasle, dans un opuscule de vingt-quatre pages in-12, publié en novembre 1839, émet une opinion entièrement contraire à celle que nous exposons *sur le tarissement des sources par l'effet du défrichement des forêts*, à un tel point que l'on serait tenté de croire qu'il n'a jamais commandé ni assisté à aucun défrichement de bois, et qu'il ignore même que ce sont les eaux pluviales qui alimentent en grande partie nos sources ou fontaines : nous sommes d'autant plus fondé à le penser, qu'après avoir demandé avec instance aux hommes les plus éminents dans les sciences physiques et naturelles, *« comment s'opère la distribution des eaux « souterraines à la superficie du sol,* » il déclare ensuite expressément qu'il considère cette question *comme insoluble.*

Le créateur des fermes modèles, dont la pensée favorite serait peut-être de mettre toute la France en céréales et prairies artificielles, est, à nos yeux, dans *une grande erreur sur les effets du défrichement des bois*.

Malgré notre respect et la haute considération que nous professons pour cet agronome, nous sommes on ne peut plus surpris de ce qu'il n'a pas encore compris un fait connu du plus simple laboureur et que nous allons essayer de lui expliquer.

C'est d'abord que les bois attirent sur eux les pluies et les orages ; en second lieu, que les pays déboisés sont souvent sans pluies, et que, dans ceux, au contraire, où il y a beaucoup de forêts, il pleut davantage, et qu'ils contiennent grand nombre de sources ou fontaines.

En France, par exemple dans le Midi, la Beauce et autres contrées privées de bois, on éprouve quelquefois des sécheresses désastreuses, tandis qu'en Normandie, en Bretagne, sur le littoral de l'Océan, en Brie et dans le Nord, pays éminemment forestiers, les pluies sont beaucoup plus fréquentes qu'à Marseille, Nîmes et Montpellier ; enfin il est certain que, si l'on défrichait les forêts de la haute Marne, de la Côte-d'Or, de l'Yonne, de la Nièvre et des Vosges, la Marne, la Seine, la Saône et la Meuse seraient sans eaux pendant six mois de l'année, comme la Durance, le Gard, le Var et autres rivières de nos provinces du sud.

Les eaux pluviales, faut-il le dire à un esprit aussi perspicace et aussi éclairé que celui de M. de Dombasle, s'infiltrent en terre par un procédé aussi simple que celui des fontaines filtrantes de nos cuisines : l'eau arrive goutte à goutte au robinet après avoir traversé, par la puissance de son poids, un sable caillouteux, et de plus une pierre de deux centimètres d'épaisseur, qui pourtant sépare *hermétiquement* le sable et la première eau versée dans la fontaine ; telle est en peu de mots, nous le pensons du moins, la solution du problème de la distribution des eaux souterraines.

Nous croyons devoir ajouter encore que dans les pays où les eaux et ruisseaux de flottage (*) abondent, et qui sont situés particulièrement dans les forêts ou au versant de leurs lisières, il arrive souvent que, le soir ou le lendemain d'une forte pluie, d'une neige fondue et même d'un orage, les eaux des sources surgissent avec une telle violence, qu'en un instant elles inondent les lieux qui les avoisinent, changent de couleur aussitôt et sont plus ou moins terreuses, suivant les localités et selon que les pluies auront été plus ou moins fortes ou continues, et qu'enfin les sources ou fontaines baissent ou s'élèvent, suivant l'abondance ou la rareté des pluies.

Toutes les sources, nous en conviendrons, ne proviennent pas uniquement de nos forêts ; la mer, nos fleuves, nos ruisseaux, nos réservoirs, canaux et étangs en alimentent quelques-unes par des fissures et infiltrations insensibles, ainsi que nos puits

(*) Ruisseaux de Chamoux près Vezelay (Yonne), d'Arthel, de Houdan (Nièvre).

et autres dépôts intérieurs; mais ce que nous pouvons garantir à M. de Dombasle, c'est que, sur cent sources et fontaines, quatre-vingt-dix, au moins, découlent du sein de nos forêts : nous allons lui en donner une preuve sur mille que nous pourrions citer.

La rivière de Vannes (Yonne), qui a 57,000 mètres de cours ou 14 lieues un quart, est alimentée, depuis les environs de Troyes jusqu'à Sens, par trente-deux sources, dont trente sur la rive gauche proviennent toutes de la forêt d'Othe : les deux seules qui se trouvent sur la rive droite, où le sol est en grande partie livré à la culture des céréales, sont encore produites uniquement par les portions de bois qui sont situées de ce côté; il est d'ailleurs à remarquer que, sur six ruisseaux de flottage qui se jettent dans cette rivière, cinq surgissent encore de la forêt d'Othe, tandis qu'un seul, celui de Voluisant, prend son cours sur la rive droite, et puise uniquement son origine dans les bois de Voluisant et de Pouy.

La cause de ce fait est simple et facile à concevoir : les terrains déboisés et cultivés, ainsi que les prés, pâtures et friches, en plaine comme en coteaux, conservent superficiellement, au moyen de leur couche de gazon, ou chassent extérieurement les eaux pluviales. Qui ne sait encore que les cultivateurs, par les rayons ou les fortes rigoles qu'ils ont soin de pratiquer dans leurs champs et prés, poursuivent sans relâche les eaux qui peuvent leur nuire et mettent un vif intérêt à les faire écouler en les dirigeant sur de grands fossés aboutissant à des étangs, réservoirs d'eau ou rivières, et enfin que les terres en culture, ayant les pores très-ouverts et se trouvant généralement imprégnées d'engrais, les rejettent encore au dehors et certes sans aucune infiltration, ou les conservent jusqu'à ce qu'elles soient absorbées par l'air et les vents desséchants. En un mot, une terre en plaine est comme une éponge; elle reçoit les influences atmosphériques de toutes parts et, par cette cause, se sèche rapidement dès qu'elle n'est plus alimentée d'eau : aucune partie, ou elle est bien minime, n'est destinée à pénétrer profondément dans le sol et ne peut alors alimenter les sources.

Mais il n'en est pas de même dans les forêts : les pluies qui tombent sur les feuilles et presque aussitôt sur la mousse, qui d'abord les protége et les abrite contre l'action dévorante de l'air, n'éprouvent absolument aucune absorption; on comprend que, une fois sorties de cette mousse qui les pompe successivement et les loge à mesure qu'elles arrivent à la superficie d'un fonds de bois, elles suivent aisément ensuite le tracé des racines des arbres morts ou vivants, qui ont, en quelque sorte, troué par avance le terrain, pour leur faciliter leur arrivée aux réservoirs ou conduits souterrains qui alimentent nos sources et fontaines. Ce qui nous étonne le plus, c'est que M. de Dombasle, avec ses vastes connaissances agricoles, semble ignorer que les eaux et forêts sympathisent tellement entre elles, que de toute antiquité leur administration n'a été, exclusivement et sans division, connue que sous le titre et la dénomination d'*eaux et forêts*, parce qu'effectivement il existe une si intime harmonie dans leurs rapports, que l'un ne va pas sans l'autre.

En définitive, c'est en vain que M. de Dombasle cherche à se placer sur les territoires de la Meurthe, de la Belgique ou de la Prusse, pour mieux faire apprécier ses raisonnements.

Disons premièrement un mot sur la forêt de Haie, traversée par la route de Nancy à Toul, qu'il invoque et appelle à son secours; cette forêt, assure M. de Dombasle, contenait à son extrémité une source appelée les *Cinq-Fontaines*, réduites aujourd'hui à une seule. Admettons encore l'existence réelle, il y a quelques années, de ces cinq fontaines; mais un défrichement de 60 hectares de bois (dont il convient) peut bien ne pas être sans quelques résultats : en outre, des travaux de route considérables de deux à trois cents pieds de profondeur ont pu détruire les conduits souterrains des eaux pluviales et les forcer à prendre une autre direction, particulièrement sur un terrain calcaire et perméable, ou produire d'autres effets qu'un examen réfléchi pourrait faire connaître.

Quant à l'opposition énergique et constante des habitants belges et prussiens contre le boisement du plateau tourbeux qui domine Verviers et Eupen, d'où découlent les sources de la rivière de Vesdres, rivière qui entoure ces deux villes et alimente plusieurs centaines d'usines, nous répondrons qu'en Prusse *et lisière de Prusse*, où les têtes ne sont plus françaises, on peut bien ne pas être aussi avide d'innovations que nous : alors nous concevons parfaitement que les habitants de Verviers comme d'Eupen, contents de l'eau qu'ils possèdent et dans la crainte de changer une position bonne pour une autre qui pourrait être meilleure, mais qui est inconnue et leur semble, par conséquent, incertaine, se montrent contraires au boisement du plateau de la Vesdres; mais ce n'est pas une raison suffisante à nos yeux, pour en induire sérieusement que les plateaux ou terrains déboisés sont plus favorables à l'alimentation des sources que ceux qui sont couverts de bois.

En résumé, si M. de Dombasle daigne lire entièrement notre chapitre sur le défrichement, et se pénétrer, avec le talent qui le distingue, de tous les exemples de tarissement que nous avons cités, nous osons nous flatter qu'il changera ou modifiera, au moins, ses idées sur cette importante question : si cependant il persiste encore à croire que nous sommes nous-même dans une profonde erreur et aveuglé par notre amour pour la conservation de nos forêts, il nous obligera infiniment en nous continuant ses observations, et il peut être assuré que nous recevrons sa critique comme un bienfait et avec reconnaissance ; car nous sommes pleinement persuadé, à son égard, que, s'il se trompe, il n'est guidé que par son désir bien connu d'être utile à son pays et aux sciences agricoles qu'il cultive avec tant de succès.

Nous prions nos lecteurs de nous pardonner cette réfutation, peut-être trop longue, mais qui n'est pas tout à fait étrangère à notre sujet; si nous avons cru devoir nous y livrer, c'est que l'autorité du nom justement vénéré de M. de Dombasle nous en a fait même une obligation : n'ayant pas hésité à réfuter l'immortel Buffon sur ses théories forestières, nous espérons que M. de Dombasle sera assez indulgent pour prendre en bonne part nos doutes sur son infaillibilité en pareille matière.

Au surplus, n'avons-nous pas sous nos yeux l'exemple de plusieurs départements, notamment dans le Midi, et particulièrement les environs de Marseille, ainsi que nous l'avons dit, qui portaient de superbes forêts qui ont été défrichées entièrement et qui ne présentent plus actuellement au voyageur que des masses de rochers d'une nudité affligeante? La culture ayant fait disparaître le gazon qui protégeait la couche végétale de ces terrains, il ne reste donc plus qu'un sol de pierre ou de gravier, sur lequel actuellement on ne peut même replanter du bouleau ou du pin sylvestre, arbres à racines traçantes, qui viennent sur les terrains les plus maigres.

Nous aurions bien d'autres exemples de dévastation à citer, comme dans la Sologne, le Berry, la Bretagne, etc., où des forêts qui auraient une grande valeur aujourd'hui ont été brûlées et dilapidées sans fruit ou dévorées par la dent des bestiaux, notamment par le mouton. Plusieurs milliers d'arpents qui figuraient sur la carte de Cassini, en 1755, sont détruits, et présentement il n'y a plus un arbre même pour en rappeler le souvenir.

Dans les localités où les forêts ont entièrement disparu, particulièrement aux environs des Alpes, des Cevennes et des Pyrénées, on a souvent trop ou pas assez d'eau; mais, à la suite d'une sécheresse désastreuse, il survient un orage, une forte pluie simultanément, ou une fonte subite de neige, provenant des hautes montagnes qui les dominent et qui, en un instant, inondent et ravagent tout le pays; les forêts ne sont plus là pour arrêter ou modérer la fougue impétueuse de ces torrents, qui entraînent tout sur leur passage et causent d'affreux dégâts dans les vallées.

Qui ne sait d'ailleurs que le plus grand préservatif contre les avalanches et les inondations est les plantations?

Si toutes ces considérations ne peuvent fléchir les partisans des défrichements et arrêter la destruction de ce qui nous reste de nos forêts, qu'il nous soit, au moins, permis de faire des vœux pour que cette mesure, blâmée hautement par nous dans l'intérêt de notre pays, ne soit, en tout état de cause, autorisée que pour les bois des coteaux et que ceux, surtout, qui couronnent si majestueusement nos montagnes soient soustraits à la pioche meurtrière du bûcheron, notamment si on peut supposer qu'ils alimentent des sources vives, quoiqu'à une distance très-éloignée d'eux. Nos désirs sont les mêmes pour les bois situés près des rivières, des fleuves et de la mer, parce qu'ils garantissent les riverains des ravages de l'eau.

Enfin, pour consoler, s'il est possible, les forestiers sur les défrichements de bois, nous les engageons à partager l'espérance qu'on sera, au moins,

assez prudent pour arrêter la vente des forêts de l'État ; dans cette confiance, nous les invitons à joindre leurs efforts aux nôtres, afin de demander aux chambres que si la loi sur le défrichement des bois lui est imposée, que ce soit, du moins, la dernière atteinte portée à cette précieuse propriété ; que, désormais, les forêts de l'État et celles de la couronne deviennent les insignes de notre puissance, qu'elles soient, en un mot, l'arche sainte à laquelle on ne pourrait toucher sans encourir l'anathème national. Nous demanderons aussi que l'on donne tous les soins possibles à l'amélioration de notre sol forestier ; autrement, nous restons convaincu que nous serions bientôt exposés à recourir à l'étranger, même pour notre chauffage domestique. En déboisant la France, on aurait, en outre, à craindre, nous n'en doutons pas un instant, la famine de temps en temps, le choléra et les autres maladies qui n'existent et ne sont permanentes que dans les contrées privées de la fraîcheur des forêts. L'expérience nous a prouvé que le choléra a exercé ses plus grands ravages sur le bord des fleuves et rivières y aboutissant, ensuite dans les gorges des montagnes *déboisées*, et enfin sur les grandes populations privées d'eau et d'abris contre le mauvais air ; au contraire, les habitants des bois en ont toujours été préservés, parce que les arbres raréfient l'air en se chargeant des miasmes pestilentiels qui, généralement, engendrent les maladies contagieuses.

Un défrichement, bien plus important, beaucoup plus sage, infiniment plus utile, enfin, vivement désiré par nos économistes et les vignicoles, qui aurait les résultats les plus avantageux, ce serait celui de toutes les vignes basses, afin de rendre à la culture nos plus riches terrains envahis par les plants qui donnent des vins détestables dont nous sommes empoisonnés tous les jours, particulièrement en voyage. La culture des mauvais vins, sans aucun doute, paralyse celle des bons; il serait bien temps que les plantations de vignes se fissent exclusivement sur les coteaux, ainsi que l'avait ordonné Louis XIV. Le propriétaire, le négociant et le consommateur y gagneraient sous tous les rapports.

La vigne n'est pas indigène en France; elle y a été importée par l'empereur Tacite; elle fut cultivée, dès le principe, par les moines sur des terrains pierreux dont on voit encore les vestiges dans nos grands vignobles; la vigne fut d'abord plantée sur les cimes des montagnes, dans les endroits les plus ingrats et les plus solitaires, parce que les moines, dont la plupart sortaient de la classe ouvrière, se retiraient par austérité dans les lieux les plus sauvages et, par conséquent, les plus rebelles à la culture; ils ne pouvaient y vivre, même en travaillant beaucoup, mais la charité chrétienne, alors très-fervente, subvenait à tous leurs besoins. Creuser une terre rocailleuse, en extraire la pierre et les cailloux, puis ensuite en remplir les trous avec des terres et des engrais, telles étaient, après leurs prières, leurs occupations favorites et de tous les jours; travail improductif, il est vrai, et qui n'aurait pas donné au travailleur la valeur d'un pain en un mois; c'est à peu près de cette manière qu'aux environs des villes et des villages les ouvriers non occupés ont, chaque année, avec leurs femmes et leurs enfants, créé des vignobles appelés *cotas*, qui, ensuite, ont été acquis par des personnes riches, et ont enfin formé, avec le temps, de grandes pièces de vignes : on en faisait peu par jour, mais, en 18 siècles, on a donné bien des coups de pioche à nos montagnes qui, dans les premiers temps de l'ère chrétienne, étaient incultes, sans s'occuper du gain qu'on pouvait y faire. Toujours est-il que les chartreux et nos pères, en occupant leurs loisirs, nous ont créé le clos Vougeot, le Chambertin, le Pomard, la Chenette, Migraine, le Château-Margaux et nos vignobles les plus distingués.

Un rocher exploité en carrière, puis rempli de terre, dans les loisirs d'un pauvre vigneron, faisait, avec des siècles, une excellente vigne; de nos jours, on connait trop le prix de l'argent et on aime, en outre, trop la dissipation ou ce qu'on appelle plaisir, pour se livrer à de pareils travaux, attendu, surtout, que les vignes ne peuvent être que le patrimoine du riche, parce qu'elles exigent des dépenses très-grandes et continuelles; qu'elles sont quelquefois d'un faible rapport souvent très-incertain, et surtout celles qui produisent les bons vins; que le prix, généralement, en est faible *par la concurrence*, laquelle est d'autant plus grande maintenant, que la vigne aujourd'hui est cultivée dans tous les pays, même en Normandie; qu'enfin il en coûte autant de dépenses à un propriétaire qui veut faire du bon vin, et qui en fait très-peu, qu'à celui qui tient plutôt à la quantité sans s'arrêter à la qualité inférieure, attendu que ces deux conditions lui procurent des résultats très-avantageux.

Nous insistons, en résumé, sur le défrichement des vignes basses, parce que nous sommes effrayé de l'augmentation rapide de la population. (Voir le tableau de l'accroissement de la population, Ier vol., p. 23 et 24.) On peut, en axiome général, se passer de vin, mais jamais de pain, d'eau et de bois. Quelques esprits du jour blâmeront notre idée du défrichement des vignes basses; ils nous taxeront même d'être absolu dans cette idée, n'importe; sans être légiste, nous n'ignorons pas que chacun peut faire de sa propriété ce qu'il veut, ceci est de toute justice et très-constitutionnel; mais, tout en respectant l'intérêt public, ne pourrait-on pas faire une loi qui frapperait les basses vignes d'un impôt assez fort pour en détruire ou diminuer la culture? Cette mesure serait d'un salutaire effet pour les consommateurs bourgeois, et particulièrement pour le voyageur auquel le mauvais vin semble spécialement dévolu à perpétuité, quoi qu'on en puisse dire, et tout en le payant comme bon et très-bon. Nous appelons donc cette loi de tous nos vœux, comme nous repoussons celle du défrichement des bois.

Revenant aux bois, nous croyons devoir dire encore, malgré notre opinion bien formée contre la destruction de nos forêts, que nous ne nous prêterions, toutefois, à un défrichement quelconque, qu'à charge et condition expresses d'en replanter, au moins, le double sur les coteaux et montagnes, et encore nous ne voudrions étendre cette faculté qu'aux buissons ou boqueteaux, traces et lisières nuisibles à l'agriculture, et enfin à quelques parties dans les vallées et en plaine qui n'alimenteraient aucune source, qui seraient près des ruisseaux ou rivières et ne seraient nullement en position de garantir les populations d'avalanches et des ravages de l'eau. Dans cette idée et sous les réserves ci-dessous exprimées, nous allons indiquer le mode de défrichement qui nous semble le plus certain, le plus prompt et le plus avantageux.

DU MODE DE DÉFRICHEMENT.

Un défrichement près des villes et dans les contrées où le bois vaut jusqu'à 12 et 15 fr. le stère se fait ordinairement pour la moitié des troncs ou racines, et, s'il y a du taillis et des baliveaux, on se les réserve entièrement ; mais, lorsque le stère de bois n'est qu'à 10 fr., on ne défriche qu'en donnant la totalité au moins ou les deux tiers des troncs, culées et racines. Quand ces dernières marchandises ont peu de valeur, l'opération souvent revient fort cher ; elle se fait à la perche; dans ce cas, tous les résidus appartiennent au propriétaire. Cela coûte de 500 à 700 fr. l'hectare, 7 francs l'are, ou 2 francs 50 cent. à 3 francs 50 c. la perche. Les pionniers auvergnats ou de l'Ardèche sont très-habiles pour ces sortes de travaux ; on se procure facilement, de novembre à mars, de ces ouvriers nomades, et à des prix assez modérés. L'acacia, l'érable, le charme, le chêne et l'orme sont les bois les plus durs à arracher. Les bois blancs vivant à la superficie de la terre s'extirpent très-aisément.

Un ouvrier intelligent laboure son terrain d'abord à la bêche ou à la pioche, suivant le sol, par tranchées ouvertes de 12 à 15 pouces (325 à 406 mil.) de profondeur, à partir du terrain non défoncé.

Mesuré avec la sonde sur le défrichement, il en faudrait le double, parce que la terre, en se divisant, se gonfle, notamment lorsqu'elle est piochée à fond; dans cette profondeur elle diminue de près de moitié, en peu de jours, par suite de son propre poids et de la pression des pluies. L'ouvrier, pour arriver jusqu'aux souches et en taillant ainsi en plein, suit les principales racines jusqu'à leurs dernières ramifications, et, déplaçant la terre à mesure, il enlève successivement et sans efforts toutes les grosses et petites racines, même jusqu'au chevelu de l'arbre qu'il laisse sur la superficie du terrain et qu'on ramasse ensuite quand le tout est nettoyé par les pluies et séché par le soleil, de manière à ce qu'il ne reste plus de terre après ou peu.

Par ce profond décombre, nous le répétons, il extrait toutes les racines et radicules, sans en excepter le chevelu qu'il a trouvé sur son passage; une fois arrivé au tronc, qui se trouve alors sans soutien, il le déracine facilement, et, au moyen d'une corde attachée aux branches, il dirige l'arbre du côté où il désire le faire tomber. Duhamel indique des machines plus expéditives (Ier vol., p. 426) ; comme nous n'en connaissons point l'effet, nous nous abstiendrons de les recommander : cependant nous savons qu'on a voulu en faire usage à la Guyane et que le succès n'a point répondu aux espérances de ceux qui en ont fait l'essai ; ce sont des chaînes en fer que l'on introduit sous les racines et qui agissent au moyen d'un levier mû par la puissance du manége de crics très-forts.

Pour arracher facilement et promptement un arbre, il faut qu'un ouvrier soit armé d'une pioche ou d'une bêche, et principalement d'une grande pioche ayant un tranchant en bon acier et coupant comme la meilleure cognée appelée piémontaise (*) ; puis d'une simple cognée pour couper, diviser les fortes racines et les détacher du corps de l'arbre ; d'une pelle assez étroite pour qu'au besoin elle puisse déblayer sous le tronc, afin de faciliter l'enlèvement des racines; d'un levier ou, mieux encore, d'une troisième pioche dite houe à deux branches, dont le vigneron des environs de Paris se sert très-habilement pour ramener, dans les terrains sablonneux et légers, la terre à lui et faire le service de la pelle (**); enfin de coins de fer, d'une scie, d'une serpe et autres menus instruments de bûcheron. On se sert également, avec avantage, d'une houe à une branche

(*) Voir, aux planches, n° 43.

(**) Voir, aux planches, n° 38.

appelée hoyau, particulièrement pour piocher et trancher sous les racines (*).

On fait de très-bon charbon avec des racines et troncs de bois arrachés, en les fendant jusqu'à 5 et 6 pouces de diamètre (15 à 18 cent.) sur la longueur environ du charbonnage du pays, de 18 à 30 pouces (54 à 90 cent.).

Une boule comme un carré peuvent cuire dans un fourneau et se carboniser, en égalisant, autant que possible, le charbonnage racineux sur les dimensions ordinaires du charbon de jeunes taillis, pour avoir la facilité de le placer sur le fourneau du dresseur et le mieux cuire.

Quand on ne peut se procurer du charbonnage de taillis, on se sert de jeunes branches et on remplit avec elles les interstices des souches et souchons, afin que les feuilles, foins ou gazons, et les fraisils dont on couvre les fourneaux, ne s'introduisent pas en pure perte dans l'intérieur desdits fourneaux; cette couverture de rigueur maintient le feu et aide puissamment à la cuisson du charbon.

En résumé, dans une entreprise de défrichement, il faut stipuler

1° Que le défrichement sera fait et parfait par un quart en 184..., un autre en 184..., le restant en.....

Qu'en conséquence, et sur l'exécution de ces conditions, on payera, savoir : le..... la somme de.....; le..... celle de.....; le..... enfin se solde le.....

(*) Voir, aux planches, n° 12.

2° Que toutes les racines, radicules, chevelus, chicots et tout ce qui pourrait nuire à la culture des céréales, seront extirpés à fond, les trous ravalés et comblés, les mottes divisées et cassées, le terrain nivelé, en un mot que la charrue pourra passer librement, et sans aucun obstacle faire son service, à peine de tous dépens, dommages et intérêts.

3° Que toutes les souches seront fendues et réduites au moins à un volume tel qu'elles puissent facilement être placées dans un foyer de 18 pouces (54 cent.) de largeur sur autant de hauteur et profondeur.

4° Les arbres arrachés, quelle que soit leur dimension, seront détachés à la scie le plus près possible des racines, et précisément sur la marque que le propriétaire ou son garde aura faite ; ils seront débités, exploités au prix des marchands de la contrée dans laquelle se fera le défrichement (ou on le fixera, ce qui serait mieux), et suivant les échantillons qu'on indiquera dans le cours de l'exploitation.

Nota.—Il est fort important pour le propriétaire que la culée soit courte, parce qu'elle est prise sur la plus riche partie de l'arbre et la meilleure en qualité, dans un arbre de 50 pieds de long sur 30 pouces d'équarrissage ; un seul pouce en moins fera perdre sur 3 pièces 2 pieds 10 pouces ; à 6 fr. seulement la pièce, 20 fr. 85 c. ; de pareil bois vaut quelquefois 12 à 15 fr. la pièce, cet échantillon étant très-rare.

L'attention de l'exploitant doit donc se porter activement sur le déculage, notamment pour frapper de son marteau l'endroit où il voudra que le bûcheron place sa scie, afin de séparer l'arbre du tronc. L'orme, le frêne, l'acacia et autres, dont les racines sont employées par l'industrie, ne se déculent pas.

Nous engageons, en outre, l'exploitant à n'enregistrer ni recevoir, ou marquer un arbre que lorsque la culée en sera entièrement détachée; car il peut arriver que l'ouvrier, craignant pour la sûreté de ses outils et, particulièrement, quand il a tout ou moitié de la culée, ne cherche à faire sa découpe le plus éloignée possible du tronc, même à dépasser la marque qui aurait été tracée. Il pourrait faire cette détache au delà même de plusieurs pouces; alors la bille qui tient à la culée n'aurait plus sa dimension, ne lui manquât-il qu'un pouce, même une ligne que l'ouvrier aurait pris dessus par négligence ou dans l'intention d'en bonifier la culée; l'exploitant perdrait 25 cent. sur la longueur et 2 cent. sur la rotondité ou le carré. (Voir nos instructions sur le toisé des bois, p. 33.)

Quand les travailleurs sont des ouvriers de tous métiers, qu'ils n'arrachent que pour avoir du bois et ne sont même pas bûcherons, on leur fait seulement scier la culée; cette opération, facile pour tout journalier, se fait avec de grandes scies appelées passe-partout, dont les charrons, équarrisseurs ou charpentiers sont toujours munis, et qu'on peut leur louer pendant l'exploitation, mais que l'exploitant achète à cet effet presque toujours; car, en général, les ouvriers trouvent rarement à emprunter des outils qui s'usent ou ne peuvent faire une pareille dépense (*).

Avec des pionniers ou gens qui ne savent pas façonner les bois, on doit donner par entreprise l'exploitation des arbres arrachés à des bûcherons de profession, qui mettent en moulées, charbonnages et bourrées, toute leur défroque au fur et à mesure de leur abatage. On gagne toujours à ce que les façons soient bien faites, par cette raison que marchandise parée est à moitié vendue.

Il y a deux manières d'arracher un bois : *la première* consiste à faire attention de mettre en bon ordre et exploiter avec les bras d'ouvriers habiles le jeune bois par avance, mais laissant, cependant, tout ce qui a plus de 15 pouces (406 mil.) de tour pour être arraché sur pied; *la seconde,* à n'exploiter la superficie qu'après avoir arraché tout jusqu'aux plus petites racines.

Le premier mode, en mettant les arracheurs à la suite des exploitation et vidange de la superficie, est le plus prompt, et les façons mieux soignées, il est vrai, parce que chacun travaille dans sa partie. Tout ouvrier qui a de la force peut arracher un arbre sans savoir même faire un fagot, mais de cette manière il y a plus de perte; il est facile de concevoir que la scie, notamment quand elle peut mordre sur les racines,

(*) On peut se procurer cet instrument, à Paris, maison de l'Orme-Saint-Gervais, pour le prix de 15 à 20 fr., chez M. Gauthier, rue François-Miron, n° 6, ainsi que chez les forts quincailliers de province. (Voir fig. n° 29.)

fait de plus beau bois, et les troncs, quand on peut les laisser avec la bûche de pied, gagnent beaucoup, tandis que l'entaille de la cognée fait une perte de 8 p. 0/0 au moins.

Par ce premier mode on peut sortir et vendre une très-grande partie des marchandises avant que le terrain soit défoncé, et même les mettre en chantier dans un des coins du terrain à défoncer, au fur et à mesure de l'exploitation.

Au contraire, *par le second*, tout est en travail à la fois et pêle-mêle, de telle manière qu'il n'y a point de possibilité d'aborder les terrains qui dépendent du défrichement.

Ces deux modes de défricher présentent chacun des avantages que les diverses positions, les circonstances et les localités surtout peuvent seules résoudre.

Le mode de commencer par tout arracher sans rien couper par le pied est, sans contredit, dans les contrées où les bois se coupent à 1 ou 2 pouces au-dessus de terre (3 à 6 cent.), le plus profitable, s'il est bien dirigé et si les ouvriers sont en nombre suffisant : il y a, toutefois, à craindre la confusion et la lenteur d'une exploitation qui se trouve fort embrouillée par la chute des arbres, en un mot par l'embarras de tout avoir à faire à la fois ; cependant le premier mode près de Paris et environs, comme dans tous les pays où le bois est très-recherché et, par conséquent, où les ouvriers ont l'habitude de couper en pot, c'est-à-dire sur racines et profondément, surtout quand on ne détache pas la culée à la scie ou très-légèrement, est presque aussi avantageux que le second, parce que la patte de l'arbre est très-productive au cordage, étant prise dans sa partie la plus forte ; il faut, en outre, considérer que le débit de la moulée ou de tous autres bois est plus assuré que celui des souches, et enfin que ce qui restera en souches et racines presque partout s'extirpera pour le bois, et que même dans les lieux que nous venons de citer, si l'exploitation n'est pas considérable ni trop pressée, on pourra encore s'en réserver le tiers ou le quart.

Pour conclure, nous dirons cependant que nous sommes partisan du mode de tout arracher avant de façonner les produits d'un bois en défrichement, travailler à jauge ouverte de 12 à 15 pouces de profondeur (si le terrain le permet), en minant et poursuivant devant soi toutes les racines et radicules les plus minces. Cette opération coûte ordinairement, nous le répétons, 2 fr. 50 c., 3 fr. 50 c. la perche, ou 250 fr. à 350 francs l'arpent ; mais on aurait en racines et troncs l'équivalent environ de ces dépenses, attendu qu'on peut compter généralement sur 40 à 50 pavillons, 20 ou 25 cordes de 128 pieds cubes l'hectare ou par 2 arpents forestiers.

Ces résidus, pour les fendre, reviennent, ramassage et empilage compris, de 2 fr. 50 c. à 3 fr. le pavillon. Admettons la valeur du pavillon à 15 fr. et, façon déduite, à 12 f. nets, cela correspondrait à la dépense environ du défrichement ; mais serait-on encore obligé, dans certaines qualités, de ne vendre le pavillon qu'à 10 ou 12 fr., que le défrichement ne reviendrait toujours qu'à 150 fr. l'arpent ou 300 f. au plus l'hectare, qui seraient payés par une première récolte en avoine, navette ou pomme de terre.

Un pavillon de souches et racines s'empile en un carré de 4 pieds; il est de 64 pieds cubes (2 stères 371 millistères), équivalant, dans beaucoup de lieux, à une corde de charbonnage valant le double au moins pour chauffage.

D'après ces instructions, on pourra se déterminer sur le défrichement en plein, c'est-à-dire en faisant travailler à jauge ouverte, comme nous l'avons dit, et en arrachant tout, depuis l'arbuste jusqu'aux plus vieux arbres, avant de rien façonner ou en ne commençant le défrichement qu'aprés l'exploitation entière du bois et l'enlèvement de ses produits.

Quant au prix du défrichement et façons des produits, il y a souvent danger d'avoir recours au bon marché, quand l'ouvrier ne gagne pas son pain; il renonce à l'entreprise ou travaille mal. Nous pensons que, pour mieux assurer le succès d'un défrichement, il faut le donner au pavillon plutôt qu'à la perche, en un mot à un prix auquel l'ouvrier puisse y trouver la récompense de son travail; ainsi, dans un arpent où il se trouve 24 pavillons de souchons et racines, le propriétaire en aura le tiers ou moitié; supposons moitié, ci 12 pavillons;

L'arracheur l'autre 1/2, ci	12
Quantité égale au produit,	24

et, si l'arracheur ne peut se charger de cette quantité de 12 pavillons pour son usage ni en trouver le débit, il est de l'intérêt du propriétaire, pour activer son défrichement, de lui racheter sa moitié, qu'il pourra, d'ailleurs, au besoin, transformer en charbon, s'il ne juge pas à propos d'en tirer parti autrement, et dont il pourra enfin se défaire plus aisément que l'arracheur, parce qu'il a plus que celui-ci le moyen d'en attendre la vente, d'autant qu'à 8 à 10 fr. le pavillon il y a avantage à le convertir en charbon, opération à laquelle l'ouvrier ne peut se livrer.

L'entreprise du défrichement à la perche oblige à une grande surveillance ; on doit donc suivre activement les travaux de l'ouvrier et y prendre d'autant plus d'attention que cet ouvrier, nécessairement dominé par son intérêt personnel, peut quelquefois n'enlever que le gazon, et, lorsqu'on veut semer des céréales, on se trouve obligé de faire procéder à un second défrichement ; ceci nous est arrivé.

Le mode le plus convenable et propre à mettre en bon état le terrain, c'est le défrichement, à raison de 5 à 9 fr. du pavillon ; tout arracher sans rien excepter, même le chevelu des arbres qu'on a, toutefois, grand intérêt d'abandonner à l'ouvrier, pour qu'il n'en bourre pas ses pavillons en compagnie de bois mort, et même de ramilles ; ces faibles résidus devenant sa propriété, il les cherche plus avidement, et il en résulte que, plus l'ouvrier laboure profondément, plus il extirpe et poursuit les fortes racines, alors plus il y a de pavillons à livrer et plus il y croit gagner; en outre, n'a-t-il qu'un pavillon de fait, il peut en demander le montant ou toucher dessus un fort à-compte; ce qui accommode souvent très-bien cette classe nécessiteuse.

A la perche, au contraire, on ne peut en donner que de très-faibles, et souvent ils sont perdus lorsqu'il arrive que le travail n'est qu'à moitié fait, c'est-à-dire qu'il se trouve dans un tel état d'imperfection qu'il faut le recommencer, et cela dans une saison où les ouvriers sont rares et se payent très-cher.

A Theil, près Sens (Yonne), 32 lieues de Paris, nous avons assisté au défrichement d'un parc aux prix suivants, avec la condition de fouiller le terrain de 12 à 15 pouces de profondeur; cependant l'opération ne s'est faite qu'à 7 et 9 pouces seulement.

Les allées et quinconces ont été payés; dans les aunaies et peupliers, à 4 f. 50 c. le pavillon ou 9 f. la corde, les essences d'orme, chêne et platane, à 13 f. la corde, 6 fr. 50 c. le pavillon; *en plein bois*, 8 fr., le pavillon.

L'arrachage à la perche, du plein bois, de toutes essences, 2 fr. 25 c. la perche ou 225 fr. l'arpent de 51 ares 7 centiares. A ce prix, l'ouvrier du pays ne pourrait y gagner sa subsistance du jour, tandis que le pionnier du Vivarais et de l'Auvergne y trouverait d'assez bonnes journées.

Ces prix, à la vérité, sont bas et ne sont point ceux d'une profitable exploitation; le bon marché revient souvent fort cher : aussi ils ont donné lieu à des contestations sur plusieurs points, notamment avec les entrepreneurs du défrichement en plein bois, et même on a été forcé à de nouveaux labours qui ont occasionné un supplément de dépenses que nous évaluons à 50 c. par perche pour le plein bois et à 30 c. pour les quinconces et allées.

De plus, ce surcroît de travail n'a pas permis de faire une récolte abondante en avoines; cultivées trop tardivement, elles ont produit deux tiers en moins, et, dans les parties défrichées ou nettoyées de tous bois après le 15 avril, on n'a pu y semer que des pommes de terre dont les façons ont absorbé presque tout le prix; le mieux eût été de céder le terrain pour le labourer derechef, et à la condition d'y faire des pommes de terre à moitié fruit, et, en conséquence, de donner à la terre

1° Trois façons à la bêche ou pioche, compris deux binages;

2° De fournir la semence;

3° De mettre la portion du propriétaire dans ses sacs et de les charger sur sa voiture;

4° Lors de l'arrachage, de couvrir les pommes de terre de paille ou de leur fane pour les mettre à l'abri des gelées.

En dernière analyse, nous ne saurions trop nous attacher à faire comprendre qu'il y a tout à perdre en culture, quand les façons ne sont pas complètes et qu'on ne les fait pas en bonne saison.

Un défrichement fait à moins de 7 à 8 pouces

de profondeur, est une opération manquée; il faut la recommencer.

Enfin, pour qu'un défrichement soit entier, il faut, de toute nécessité, qu'il soit fait ainsi que nous venons de le prescrire; mais on obtiendra difficilement l'exécution précise des conditions ci-dessus, même du pionnier le plus habile, si on ne lui accorde pas, au moins, les prix suivants.

QUINCONCES ET ALLÉES.

1° Les peupliers, ypréaux, aunes et trembles se règlent au pied d'arbre ou au pavillon de 4 pieds carrés, 2 pour une corde de 128 pieds cubes, 4 à 5 f. le pavillon.

2° En chêne, orme, charme, hêtre, avec mélange de bois blanc et autres essences, 6 à 7 fr. le pavillon.

3° L'arrachage de l'orme, du frêne, de l'acacia, du buis et autres arbres dont la culée est propre à l'industrie et que, par conséquent, il faut conserver avec l'arbre, se règle à l'ouvrier arracheur, savoir :

De 3 pieds (1 mètre) de tour et *au-dessus*, mesuré à 4 pieds du tronc, par pied métrique, 15 c. ou 45 c. le mètre;

Au-dessous de 3 pieds jusqu'à 10 pouces (10 c. le pied);

Au-dessous de 10 pouces, 2 fr. le cent.

Nota. — Dans ce dernier échantillon, ce sont de jeunes arbres qu'on peut destiner à être replantés.

4° Pour une seconde façon ou labour au terrain,

après l'arrachage des arbres, de manière à pouvoir ensemencer aussitôt après une avoine, 40 à 60 c. la perche (50 centiares), ou 40 à 60 f. l'arpent.

PLEIN BOIS.

1° De toutes essences, 500 à 600 l'hect. ou 2 f. 50 c. à 3 fr. la perche de 50 centiares, sans être chargé de la fente des souches.

2° De 8 à 9 fr. le pavillon, quand l'arrachage est à la corde, fente des souches comprise.

A 3 lieues de Paris, près du parc de Vincennes, nous avons donné, en 1838, jusqu'à 12 fr. du pavillon et pour la façon de la corde de moulée de 140 p. cubes, 4 fr.

Brigot, par corde de 86 pieds 8 pouces cubes, 4 fr.

Bourrées de 4 pieds 6 pouces sur 22 de tour par cent, 4 fr.

Perchettes au-dessous de 12 pouces de tour pour 104, 4 fr.

Ridelles de 12 pouces jusqu'à 3 pieds (1 m.) de tour à 10 c. le pied, mesurées à 4 pieds du tronc.

De 3 pieds et au-dessus, 15 c.

Ces prix sont très-élevés à cause du voisinage de Paris, mais ils étaient basés sous la condition expresse de ne rien emporter, pas même les feuilles. Où le bois est rare et cher il ne faut faire aucune remise en nature, ni même en copeaux et résidus d'exploitation; ce serait ouvrir la porte à des dilapidations continuelles.

Cependant nous croyons devoir prévenir qu'en imposant rigoureusement cette condition de n'emporter pas même des feuilles, il y a à craindre qu'on ne garnisse l'intérieur des pavillons en branches mortes, racillons, chevelus des arbres, même avec du lierre terrestre, de grandes herbes et autres ordures, que le bûcheron, ordinairement, brûle quand on les lui abandonne, et qu'on appelle fouillis ; cette marchandise de contrebande réduisit, dans notre exploitation, la valeur du pavillon à près de moitié; nous fûmes obligés de faire un second marché pour une partie qui restait a exploiter, et, heureusement, non entreprise ; alors nous avons exigé que l'intérieur des pavillons comme le dessus seraient remplis seulement en résidus d'arrachages et de coupes, tels que souches, éclats, copeaux et racines qui n'auraient pas moins de 3 pouces de rotondité (9 cent.).

3° Que les résidus en branches mortes, radicules ou petites racines allongées, ainsi que tout le chevelu seraient abandonnés à l'ouvrier et mis par tas, sous la condition expresse qu'ils ne seraient enlevés qu'après l'exploitation ou à des jours fixés par le garde-vente (*).

4° Faculté au garde-vente de partager les pavillons en deux parties pour les sonder et vérifier s'il les présume frauduleusement construits.

(*) On pourrait les faire lier en fagots et payer cette façon 2 fr. 50 c. les 104, à 4 pieds de tour (1 mètre 33 centimètres).

Au moyen de l'abandon fait des fouillis, le prix de la façon du pavillon fut réduit de 12 fr. à 8 fr., et l'ouvrier, quoique gagnant moins, fit aussi bien l'arrachage; les pavillons étaient en meilleure qualité, mais non encore sans fraude : il n'y a pas d'ouvrier plus adroit et plus à surveiller que celui des environs de Paris.

Outre des bourrées entières mises avec une adresse infinie au milieu de pavillons réunis, nous avons trouvé des souches énormes non fendues et jusqu'à des tertres de terre s'élevant presque à la hauteur du pavillon.

Par toutes ces fraudes, l'ouvrier gagne outre mesure sans en profiter; seulement il travaille moins et tient beaucoup plus longtemps au cabaret.

En définitive, pour favoriser et hâter un défrichement, il faut donner un prix tel que l'ouvrier puisse gagner au moins 2 à 3 fr. par jour, à cause de l'usure et casse de ses outils, et, en outre, pour l'aider et encourager à faire provision, par avance, d'outils indispensables pour cette opération, comme passe-partout, grandes scies à deux mains, coins de fer et de mailloches ou pidance en *bois sec*, particulièrement en racines ou pieds de charme, orme-tortillard, pommier et autres impropres à la fente, quand on n'a pas de ces essences, de 3 à 4 ans de coupe; on en met au four de fraîchement coupées pour les durcir, alors elles peuvent remplacer celles séchées par le temps.

FENTE DES TRONCS OU CULÉES, EMPILAGE.

La fente des culées entières faites de manière à pouvoir être mises au feu, empilage compris, se paye :

En bois dur, de 4 à 5 fr. le pavillon;

En grisard et ypréau, de 3 fr. 50 c. à 4 fr. le pavillon.

Peupliers suisses, de 3 fr. 25 c. à 3 fr. 75 c. le pavillon.

Peupliers d'Italie, de 2 fr. 50 c. à 3 fr. le pavillon.

Empilage ou mise en pavillon, de 30 à 40 c. le pavillon.

Les terrains sablonneux sont ceux qui offrent le plus de facilité aux défrichements.

RÉSUMÉ DE LA DÉPENSE.

DÉPENSE D'UN DÉFRICHEMENT.

Pour un hectare de bois au plus haut prix et du produit le plus élevé :

1° A 3 fr. la perche ou 6 fr. l'are à	600 fr.
2° Nivellement du terrain, écrasement des grosses mottes, semence d'avoine et hersage,	30
3° Fente, empilage et autres faux frais de 40 pavillons à 5 fr.	200
Ensemble,	830

Produit.

1° 40 pavillons à 12 fr.	480
2° Récolte d'avoine, navettes ou autres céréales de mars, 30 à 36 hect. à 6 fr. l'hect. en avoine (*),	180
La dépense par hect., déduction de produits, serait de	170
Total pareil,	830

Nota. — Les souches en orme, tortillard ou autres qu'on n'aura pu fendre avec des coins en fer, on peut, au besoin, les diviser à l'infini, comme la pierre, par la force de la poudre à canon, qui, pour ces opérations, se vend seulement 2 fr. le kilog.

Avec une forte vrille appelée *tarière*, on fait un trou pour y placer un peu de poudre à laquelle le feu se communique au moyen d'une traînée aboutissant à un morceau d'amadou, en ayant soin de poser sur la poudre le côté non allumé, de manière, toutefois, qu'il y arrive assez lentement pour qu'on ait le temps de se mettre à l'abri de l'explosion.

La poudre se bourre avec du plâtre ou du tuileau pilé, et, à défaut d'une épinglette en fer, on en fait une en bois, qui est moins dangereuse.

(*) La paille doit suffire pour payer les frais de récolte et de battage.

TARIF

POUR LA RÉDUCTION DES BOIS EN GRUME

AU PIED ANCIEN.

N° Ier.

Circonférence des arbres en grume.	GROSSEUR PRODUITE						Circonférence des arbres en grume.	GROSSEUR PRODUITE					
	au quart de la circonférence		au sixième déduit.		au cinquième déduit.			au quart de la circonférence		au sixième déduit.		au cinquième déduit.	
p.							p.						
17	4 à	4	3 à	4	3 à	4	59	15 à	15	12 à	13	12 à	12
18	4	5	3	4	3	4	60	15	15	12	13	12	12
19	5	5	4	4	4	4	61	15	15	12	13	12	12
20	5	5	4	4	4	4	62	15	16	13	13	12	13
21	5	5	4	5	4	4	63	16	16	13	13	12	13
22	5	6	4	5	4	5	64	16	16	13	14	13	13
23	6	6	5	5	4	5	65	16	16	13	14	13	13
24	6	6	5	5	5	5	66	16	17	13	14	13	13
25	6	6	5	5	5	5	67	17	17	14	14	13	14
26	6	7	5	6	5	5	68	17	17	14	14	13	14
27	7	7	5	6	5	6	69	17	17	14	15	14	14
28	7	7	6	6	5	6	70	17	18	14	15	14	14
29	7	7	6	6	6	6	71	18	18	15	15	14	14
30	7	8	6	6	6	6	72	18	18	15	15	14	15
31	8	8	6	7	6	6	73	18	18	15	15	14	15
32	8	8	6	7	6	7	74	18	19	15	16	15	15
33	8	8	7	7	6	7	75	19	19	15	16	15	15
34	8	9	7	7	7	7	76	19	19	16	16	15	15
35	9	9	7	8	7	7	77	19	19	16	16	15	16
36	9	9	7	8	7	7	78	19	20	16	16	15	16
37	9	9	7	8	7	8	79	20	20	16	17	16	16
38	9	10	8	8	7	8	80	20	20	16	17	16	16
39	10	10	8	8	8	8	81	20	20	17	17	16	16
40	10	10	8	9	8	8	82	20	21	17	17	16	17
41	10	10	8	9	8	8	83	21	21	17	18	16	17
42	10	11	8	9	8	9	84	21	21	17	18	17	17
43	11	11	9	9	8	9	85	21	21	17	18	17	17
44	11	11	9	9	9	9	86	21	22	18	18	17	17
45	11	11	9	10	9	9	87	22	22	18	18	17	18
46	11	12	9	10	9	9	88	22	22	18	19	17	18
47	12	12	10	10	9	10	89	22	22	18	19	18	18
48	12	12	10	10	9	10	90	22	23	18	19	18	18
49	12	12	10	10	10	10	91	23	23	19	19	18	18
50	12	13	10	11	10	10	92	23	23	19	19	18	19
51	13	13	10	11	10	10	93	23	23	19	20	18	19
52	13	13	11	11	10	11	94	23	24	19	20	19	19
53	13	13	11	11	10	11	95	24	24	20	20	19	19
54	13	14	11	11	11	11	96	24	24	20	20	19	19
55	14	14	11	12	11	11	97	24	24	20	20	19	20
56	14	14	11	12	11	11	98	24	25	20	21	19	20
57	14	14	12	12	11	12	99	25	25	20	21	20	20
58	14	15	12	12	11	12	100	25	25	21	21	20	20

Circonférence des arbres en grume.	GROSSEUR PRODUITE						Circonférence des arbres en grume.	GROSSEUR PRODUITE					
	au quart de la circonférence		au sixième déduit.		au cinquième déduit.			au quart de la circonférence		au sixième déduit.		au cinquième déduit.	
p.							p.						
101	25 à	25	21 à	21	20 à	20	111	28 à	28	23 à	23	22	22
102	25	26	21	21	20	21	112	28	28	23	24	22	23
103	26	26	21	22	20	21	113	28	28	23	24	22	23
104	26	26	21	22	21	21	114	28	29	23	24	23	23
105	26	26	22	22	21	21	115	29	29	24	24	23	23
106	26	27	22	22	21	21	116	29	29	24	24	23	23
107	27	27	22	23	21	22	117	29	29	24	25	23	24
108	27	27	22	23	21	22	118	29	30	24	25	23	24
109	27	27	22	23	22	22	119	30	30	25	25	24	24
110	27	28	23	23	22	22	120	30	30	25	25	24	24

FIN DE LA RÉDUCTION DES BOIS EN GRUME.

Tableau synoptique pour le cubage des bois carrés (par toise et demi-toise).

3 à 4.	3 à 5.	4 à 4.	4 à 5.	4 à 6.	5 à 5.	5 à 6.	5 à 7.	6 à 6.	6 à 7.	6 à 8.	6 à 9.	7 à 7.	7 à 8.	7 à 9.
long. p. p. p. l.	long. p. p. p. l.	long. p. p. p. l.	long. p. p. p. l.	long. p. p. p. l.	long. p. p. p. l.	long. p. p. p. l.	long. p. p. p. l.	long. p. p. p. l.	long. p. p. p. l.	long. p. p. p. l.	long. p. p. p. l.	long. p. p. p. l.	long. p. p. p. l.	long. p. p. p. l.
[illegible]	[illegible]	[illegible]	[illegible]	[illegible]	[illegible]	[illegible]	[illegible]	[illegible]	[illegible]	[illegible]	[illegible]	[illegible]	[illegible]	[illegible]

7 à 10.	8 à 8.	8 à 9.	8 à 10.	8 à 11.	9 à 9.	9 à 10.	9 à 11.	9 à 12.	10 à 10.	10 à 11.	10 à 12.	10 à 13.	11 à 11.	11 à 12.
[illegible]	[illegible]	[illegible]	[illegible]	[illegible]	[illegible]	[illegible]	[illegible]	[illegible]	[illegible]	[illegible]	[illegible]	[illegible]	[illegible]	[illegible]

11 à 13.	12 à 12.	12 à 13.	12 à 14.	13 à 13.	13 à 15.	13 à 14.	13 à 14.	13 à 16.	14 à 14.	11 à 13.	14 à 16.	15 à 15.	15 à 16.	15 à 17.
[illegible]	[illegible]	[illegible]	[illegible]	[illegible]	[illegible]	[illegible]	[illegible]	[illegible]	[illegible]	[illegible]	[illegible]	[illegible]	[illegible]	[illegible]

14 à 18.	16 à 16.	16 à 17.	16 à 18.	17 à 17.	17 à 18.	17 à 19.	18 à 18.	18 à 19.	19 à 19.	19 à 20.	19 à 21.	20 à 20.	20 à 21.	20 à 22.
[illegible]	[illegible]	[illegible]	[illegible]	[illegible]	[illegible]	[illegible]	[illegible]	[illegible]	[illegible]	[illegible]	[illegible]	[illegible]	[illegible]	[illegible]

Nota. Voir, à la fin de nos tarifs, nos instructions pour cuber, avec celui ci-dessus, les longueurs et grosseurs qui n'y sont point comprises.

Tableau synoptique pour le cubage des bois carrés (à l'ancien pied-de-roi).

4 à 4.	4 à 5.	4 à 6.	5 à 5.	5 à 6.	5 à 7.	6 à 6.	6 à 7.	6 à 8.	7 à 7.	7 à 8.	7 à 9.	8 à 8.	8 à 9.	8 à 10.	9 à 9.	9 à 10.	9 à 11.	10
l. p. p. p. l.	l. p. p. p. l.	l. p. p. p. l.	l. p. p. p. l.	l. p. p. p. l.	l. p. p. p. l.	l. p. p. p. l.	l. p. p. p. l.	l. p. p. p. l.	l. p. p. p. l.	l. p. p. p. l.	l. p. p. p. l.	l. p. p. p. l.	l. p. p. p. l.	l. p. p. p. l.	l. p. p. p. l.	l. p. p. p. l.	l. p. p. p. l.	l. p.
[illegible]	[illegible]	[illegible]	[illegible]	[illegible]	[illegible]	[illegible]	[illegible]	[illegible]	[illegible]	[illegible]	[illegible]	[illegible]	[illegible]	[illegible]	[illegible]	[illegible]	[illegible]	[illegible]

10 à 11.	10 à 12.	11 à 11.	11 à 12.	11 à 13.	12 à 12.	12 à 13.	12 à 14.	13 à 13.	13 à 11.	13 à 14.	14 à 14.	14 à 15.	15 à 15.	15 à 16.	16 à 17.	16 à 16.	16 à 17.
[illegible]	[illegible]	[illegible]	[illegible]	[illegible]	[illegible]	[illegible]	[illegible]	[illegible]	[illegible]	[illegible]	[illegible]	[illegible]	[illegible]	[illegible]	[illegible]	[illegible]	[illegible]

Nota. Voir, à la fin de nos tarifs, nos instructions pour cuber, avec celui ci-dessus, les longueurs et grosseurs qui n'y sont point comprises.

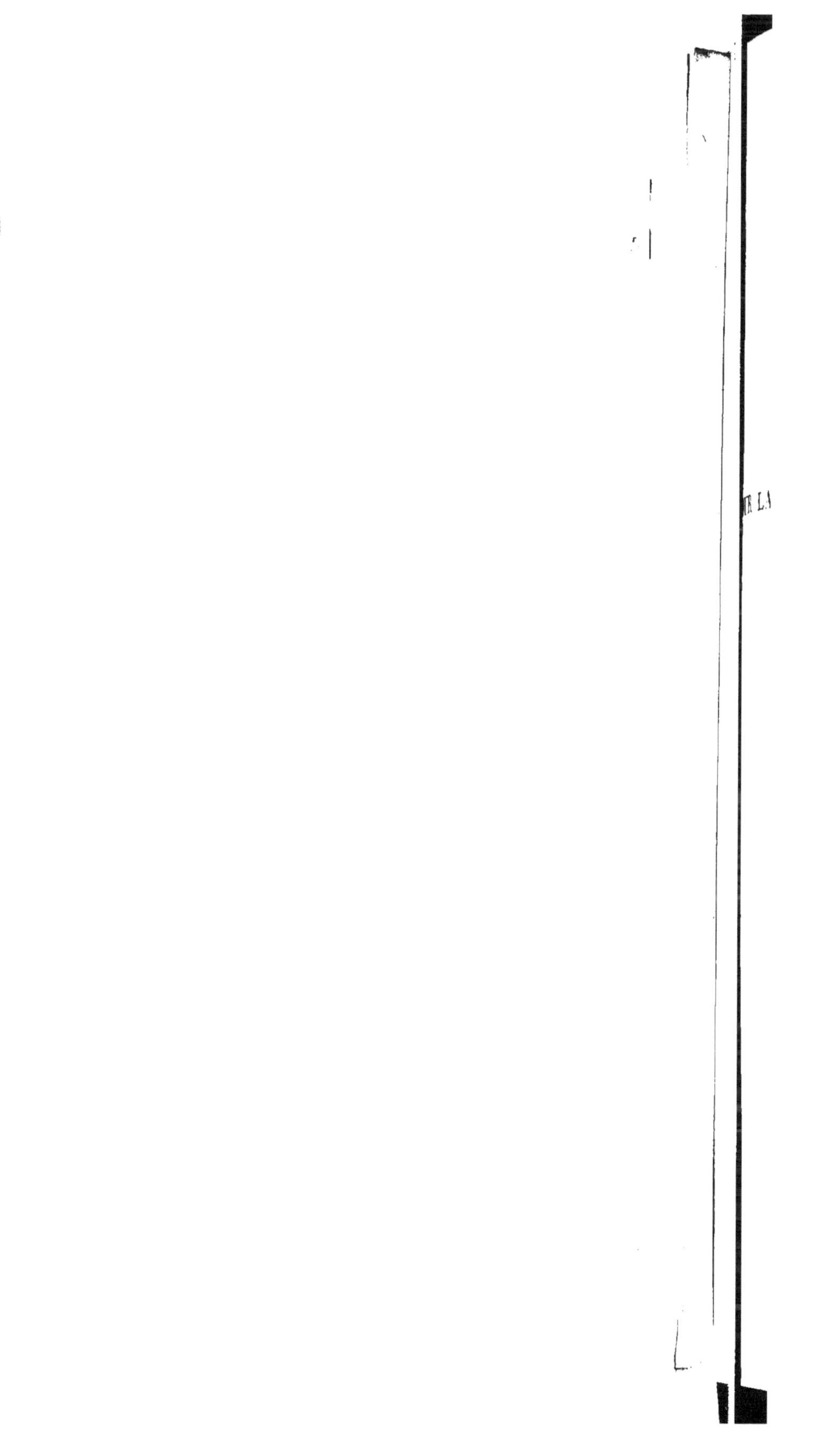

TARIF

POUR LA RÉDUCTION EN LEUR CARRÉ

DES BOIS EN GRUME,

A LA MESURE MÉTRIQUE.

N° IV.

Circonférence DES ARBRES.	GROSSEUR PRODUITE au quart de la circonférence		au sixième déduit.		au cinquième déduit.	
cent.	centimètres.		centimètres		centimètres	
44	10 à	12	8 à	10	8 à	10
46	10	12	8	10	8	10
48	12	12	10	10	8	10
50	12	12	10	10	10	10
52	12	14	10	12	10	10
54	12	14	10	12	10	12
56	14	14	10	12	10	12
58	14	14	12	12	10	12
60	14	16	12	12	12	12
62	14	16	12	14	12	12
64	16	16	12	14	12	14
66	16	16	12	14	12	14
68	16	18	14	14	12	14
70	16	18	14	14	14	14
72	18	18	14	16	14	14
74	18	18	14	16	14	16
76	18	20	16	16	14	16
78	18	20	16	16	14	16
80	20	20	16	16	16	16
82	20	20	16	18	16	16
84	20	22	16	18	16	18
86	20	22	18	18	16	18
88	22	22	18	18	16	18
90	22	22	18	18	18	18
92	22	24	18	20	18	18
94	22	24	18	20	18	20
96	24	24	20	20	18	20
98	24	24	20	20	18	20
100	24	26	20	22	20	20
102	24	26	20	22	20	20
104	26	26	20	22	20	22
106	26	26	22	22	20	22
108	26	28	22	22	20	22
110	26	28	22	24	22	22
112	28	28	22	24	22	22
114	28	28	22	24	22	24
116	28	30	24	24	22	24
118	28	30	24	24	22	24
120	30	30	24	26	24	24
122	30	30	24	26	24	24
124	30	32	26	26	24	26
126	30	32	26	26	24	26
128	32 à	32	26 à	26	24 à	26
130	32	32	26	28	26	26
132	32	34	26	28	26	26
134	32	34	28	28	26	28
136	34	34	28	28	26	28
138	34	34	28	28	26	28
140	34	36	28	30	28	28
142	34	36	28	30	28	28
144	36	36	30	30	28	30
146	36	36	30	30	28	30
148	36	38	30	32	28	30
150	36	38	30	32	30	30
152	38	38	30	32	30	30
154	38	38	32	32	30	32
156	38	40	32	32	30	32
158	38	40	32	34	32	32
160	40	40	32	34	32	32
162	40	40	32	34	32	32
164	40	42	34	34	32	34
166	40	42	34	34	32	34
168	42	42	34	36	32	34
170	42	42	34	36	34	34
172	42	44	36	36	34	34
174	42	44	36	36	34	36
176	44	44	36	36	34	36
178	44	44	36	38	34	36
180	44	46	36	38	36	36
182	44	46	38	38	36	36
184	46	46	38	38	36	38
186	46	46	38	38	36	38
188	46	48	38	40	36	38
190	46	48	38	40	38	38
192	48	48	40	40	38	38
194	48	48	40	40	38	40
196	48	50	40	42	38	40
198	48	50	40	42	38	40
200	50	50	40	42	40	40
202	50	50	42	42	40	40
204	50	52	42	42	40	42
206	50	52	42	44	40	42
208	52	52	42	44	40	42
210	52	52	42	44	42	42

Circonférence DES ARBRES.	GROSSEUR PRODUITE au quart de la circonférence	GROSSEUR PRODUITE au sixième déduit.	GROSSEUR PRODUITE au cinquième déduit.
cent.	centimètres.	centimètres	centimètres
212	52 à 54	44 à 44	42 à 42
214	52 54	44 44	42 44
216	54 54	44 46	42 44
218	54 54	44 46	42 44
220	54 56	46 46	44 44
222	54 56	46 46	44 44
224	56 56	46 46	44 46
226	56 56	46 48	44 46
228	56 58	46 48	44 46
230	56 58	48 48	46 46
232	58 58	48 48	46 46
234	58 58	48 48	46 48
236	58 60	48 50	46 48
238	58 60	48 50	46 48
240	60 60	50 50	48 48
242	60 60	50 50	48 48
244	60 62	50 52	48 50
246	60 62	50 52	48 50
248	62 62	50 52	48 50
250	62 62	52 52	50 50
252	62 64	52 52	50 50
254	62 64	52 54	50 52
256	64 64	52 54	50 52
258	64 64	52 54	50 52
260	64 66	54 54	52 52
262	64 66	54 54	52 52
264	66 66	54 56	52 54
266	66 66	54 56	52 54
268	66 68	56 56	52 54
270	66 68	56 56	54 54
272	68 68	56 56	54 54
274	68 68	56 58	54 56
276	68 70	56 58	54 56
278	68 70	58 58	54 56
280	70 70	58 58	56 56
282	70 70	58 58	56 56
284	70 72	58 60	56 58
286	70 72	58 60	56 58
288	72 72	60 60	56 58
290	72 72	60 60	58 58
292	72 74	60 62	58 58
294	72 74	60 62	58 60

Circonférence DES ARBRES.	GROSSEUR PRODUITE au quart de la circonférence	GROSSEUR PRODUITE au sixième déduit.	GROSSEUR PRODUITE au cinquième déduit.
cent.	centimètres.	centimètres	centimètres
296	74 à 74	60 à 62	58 à 60
298	74 74	62 62	58 60
300	74 76	62 62	60 60
302	74 76	62 64	60 60
304	76 76	62 64	60 62
306	76 76	62 64	60 62
308	76 78	64 64	60 62
310	76 78	64 64	62 62
312	78 78	64 66	62 62
314	78 78	64 66	62 64
316	78 80	66 66	62 64
318	78 80	66 66	62 64
320	80 80	66 66	64 64
322	80 80	66 68	64 64
324	80 82	66 68	64 66
326	80 82	68 68	64 66
328	82 82	68 68	64 66
330	82 82	68 68	66 66
332	82 84	68 70	66 66
334	82 84	68 70	66 68
336	84 84	70 70	66 68
338	84 84	70 70	66 68
340	84 86	70 72	68 68
342	84 86	70 72	68 68
344	86 86	70 72	68 70
346	86 86	72 72	68 70
348	86 88	72 72	68 70
350	86 88	72 74	70 70
352	88 88	72 74	70 70
354	88 88	72 74	70 72
356	88 90	74 74	70 72
358	88 90	74 74	70 72
360	90 90	74 76	72 72
362	90 90	74 76	72 72
364	90 92	76 76	72 74
366	90 92	76 76	72 74
368	92 92	76 76	72 74
370	92 92	76 78	74 74
372	92 94	76 78	74 74
374	92 94	78 78	74 76
376	94 94	78 78	74 76
378	94 94	78 78	74 76

Circonférence DES ARBRES.	GROSSEUR PRODUITE au quart de la circonférence		au sixième déduit.		au cinquième déduit.		Circonférence DES ARBRES.	GROSSEUR PRODUITE au quart de la circonférence		au sixième déduit.		au cinquième déduit.	
cent.	centimètres.		centimètres		centimètres		cent.	centimètres.		centimètres		centimètres	
380	94 à	96	78 à	80	76 à	76	442	110 à	110	92 à	92	88 à	88
382	94	96	78	80	76	76	444	110	112	92	92	88	90
384	96	96	80	80	76	78	446	110	112	92	94	88	90
386	96	96	80	80	76	78	448	112	112	92	94	88	90
388	96	98	80	82	76	78	450	112	112	92	94	90	90
390	96	98	80	82	78	78	452	112	114	94	94	90	90
392	98	98	80	82	78	78	454	112	114	94	94	90	92
394	98	98	82	82	78	80	456	114	114	94	96	90	92
396	98	100	82	82	78	80	458	114	114	94	96	90	92
398	98	100	82	84	78	80	460	114	116	94	96	92	92
400	100	100	82	84	80	80	462	114	116	96	96	92	92
402	100	100	82	84	80	80	464	116	116	96	96	92	94
404	100	102	84	84	80	82	466	116	116	96	98	92	94
406	100	102	84	84	80	82	468	116	118	96	98	92	94
408	102	102	84	86	80	82	470	116	118	98	98	94	94
410	102	102	84	86	82	82	472	118	118	98	98	94	94
412	102	104	86	86	82	82	474	118	118	98	98	94	96
414	102	104	86	86	82	84	476	118	120	98	100	94	96
416	104	104	86	86	82	84	478	118	120	98	100	94	96
418	104	104	86	88	82	84	480	120	120	100	100	96	96
420	104	106	86	88	84	84	482	120	120	100	100	96	96
422	104	106	88	88	84	84	484	120	122	100	102	96	98
424	106	106	88	88	84	86	486	120	122	100	102	96	98
426	106	106	88	88	84	86	488	122	122	100	102	96	98
428	106	108	88	90	84	86	490	122	122	102	102	98	98
430	106	108	88	90	86	86	492	122	124	102	102	98	98
432	108	108	90	90	86	86	494	122	124	102	104	98	100
434	108	108	90	90	86	88	496	124	124	102	104	98	100
436	108	110	90	92	86	88	498	124	124	102	104	98	100
438	108	110	90	92	86	88	500	124	126	104	104	100	100
440	110	110	90	92	88	88	502	126	124	104	104	100	100

OUR

TARIF MÉTRIQUE

POUR LES BOIS ÉQUARRIS,

DEPUIS 8 CENTIMÈTRES SUR 10

JUSQU'A 50 A 52 CENTIMÈTRES.

N. V.

[illegible] faible ne serait pas de recette comme charpente. [illegible]

Pour la longueur, les bois [illegible] de 6 pieds sont des bûches, ce qui nous a fait admettre pas moins de 2 mètres.

OBSERVATIONS. Ce Tarif n'est qu'à partir de 8 centimètres sur 10, parce qu'une dimension plus faible ne serait pas de recette comme charpente.

Pour la longueur, les bois au-dessous de 6 pieds sont des bûches, ce qui nous a fait admettre pas moins de 2 mètres.

0m08 à 0m10.			0m08 à 0m12.			0m08 à 0m14.			0m08 à 0m16.		
Longueurs en mètres.	Décistères.	Millistères.	Longueurs en mètres.	Décistères.	Millistères.	Longueurs en mètres.	Décistères.	Millistères.	Longueurs en mètres.	Décistères.	Millistères.
m.			m.			m.			m.		
2 »		16	2 »		19	2 »		22	2 »		25
2 25		18	2 25		21	2 25		25	2 25		28
2 50		20	2 50		24	2 50		28	2 50		32
2 75		22	2 75		26	2 75		30	2 75		35
3 »		24	3 »		28	3 »		33	3 »		38
3 25		26	3 25		31	3 25		36	3 25		41
3 50		28	3 50		33	3 50		39	3 50		44
3 75		30	3 75		36	3 75		42	3 75		48
4 »		32	4 »		38	4 »		44	4 »		51
4 25		34	4 25		40	4 25		47	4 25		54
4 50		36	4 50		43	4 50		50	4 50		57
4 75		38	4 75		45	4 75		53	4 75		60
5 »		40	5 »		48	5 »		56	5 »		64
5 25		42	5 25		50	5 25		58	5 25		67
5 50		44	5 50		52	5 50		61	5 50		70
5 75		46	5 75		55	5 75		64	5 75		73
6 »		48	6 »		57	6 »		67	6 »		76
6 25		50	6 25		60	6 25		70	6 25		80
6 50		52	6 50		62	6 50		72	6 50		83
6 75		54	6 75		64	6 75		75	6 75		86
7 »		56	7 »		67	7 »		78	7 »		89
7 25		58	7 25		69	7 25		81	7 25		92
7 50		60	7 50		72	7 50		84	7 50		96
7 75		62	7 75		74	7 75		86	7 75		99
8 »		64	8 »		76	8 »		89	8 »	1	02
8 25		66	8 25		79	8 25		92	8 25	1	05
8 50		68	8 50		81	8 50		95	8 50	1	08
8 75		70	8 75		84	8 75		98	8 75	1	12
9 »		72	9 »		86	9 »	1	00	9 »	1	15
9 25		74	9 25		88	9 25	1	03	9 25	1	18
9 50		76	9 50		91	9 50	1	06	9 50	1	21
9 75		78	9 75		93	9 75	1	09	9 75	1	24
10 »		80	10 »		96	10 »	1	12	10 »	1	28
10 25		82	10 25		98	10 25	1	14	10 25	1	31
10 50		84	10 50	1	00	10 50	1	17	10 50	1	34
10 75		86	10 75	1	03	10 75	1	20	10 75	1	37
11 »		88	11 »	1	05	11 »	1	23	11 »	1	40
11 25		90	11 25	1	08	11 25	1	26	11 25	1	44
11 50		92	11 50	1	10	11 50	1	28	11 50	1	47
11 75		94	11 75	1	12	11 75	1	31	11 75	1	50
12 »		96	12 »	1	15	12 »	1	34	12 »	1	53

m08 à m18.			m10 à m10.			m10 à m12.			m10 à m14.			m10 à m16.		
Longueurs en mètres.	Décistères.	Millistères.	Longueurs en mètres.	Décistères.	Millistères.	Longueurs en mètres.	Décistères.	Millistères.	Longueurs en mètres.	Décistères.	Millistères.	Longueurs en mètres.	Décistères.	Millistères.
m.			m.			m.			m.			m.		
2 »		28	2 »		20	2 »		24	2 »		28	2 »		32
2 25		32	2 25		22	2 25		27	2 25		31	2 25		36
2 50		36	2 50		25	2 50		30	2 50		35	2 50		40
2 75		39	2 75		27	2 75		33	2 75		38	2 75		44
3 »		43	3 »		30	3 »		36	3 »		42	3 »		48
3 25		46	3 25		32	3 25		39	3 25		45	3 25		52
3 50		50	3 50		35	3 50		42	3 50		49	3 50		56
3 75		54	3 75		37	3 75		45	3 75		52	3 75		60
4 »		57	4 »		40	4 »		48	4 »		56	4 »		64
4 25		61	4 25		42	4 25		51	4 25		59	4 25		68
4 50		64	4 50		45	4 50		54	4 50		63	4 50		72
4 75		68	4 75		47	4 75		57	4 75		66	4 75		76
5 »		72	5 »		50	5 »		60	5 »		70	5 »		80
5 25		75	5 25		52	5 25		63	5 25		73	5 25		84
5 50		79	5 50		55	5 50		66	5 50		77	5 50		88
5 75		82	5 75		57	5 75		69	5 75		80	5 75		92
6 »		86	6 »		60	6 »		72	6 »		84	6 »		96
6 25		90	6 25		62	6 25		75	6 25		87	6 25	1	00
6 50		93	6 50		65	6 50		78	6 50		91	6 50	1	04
6 75		97	6 75		67	6 75		81	6 75		94	6 75	1	08
7 »	1	00	7 »		70	7 »		84	7 »		98	7 »	1	12
7 25	1	04	7 25		72	7 25		87	7 25	1	01	7 25	1	16
7 50	1	08	7 50		75	7 50		90	7 50	1	05	7 50	1	20
7 75	1	11	7 75		77	7 75		93	7 75	1	08	7 75	1	24
8 »	1	15	8 »		80	8 »		96	8 »	1	12	8 »	1	28
8 25	1	18	8 25		82	8 25		99	8 25	1	15	8 25	1	32
8 50	1	22	8 50		85	8 50	1	02	8 50	1	19	8 50	1	36
8 75	1	26	8 75		87	8 75	1	05	8 75	1	22	8 75	1	40
9 »	1	29	9 »		90	9 »	1	08	9 »	1	26	9 »	1	44
9 25	1	33	9 25		92	9 25	1	11	9 25	1	29	9 25	1	48
9 50	1	36	9 50		95	9 50	1	14	9 50	1	33	9 50	1	52
9 75	1	40	9 75		97	9 75	1	17	9 75	1	36	9 25	1	56
10 »	1	44	10 »	1	00	10 »	1	20	10 »	1	40	10 »	1	60
10 25	1	47	10 25	1	02	10 25	1	23	10 25	1	43	10 25	1	64
10 50	1	51	10 50	1	05	10 50	1	26	10 50	1	47	10 50	1	68
10 75	1	54	10 75	1	07	10 75	1	29	10 75	1	50	10 75	1	72
11 »	1	58	11 »	1	10	11 »	1	32	11 »	1	54	11 »	1	76
11 25	1	62	11 25	1	12	11 25	1	35	11 25	1	57	11 25	1	80
11 50	1	65	11 50	1	15	11 50	1	38	11 50	1	61	11 50	1	84
11 75	1	69	11 75	1	17	11 75	1	41	11 75	1	64	11 75	1	88
12 »	1	72	12 »	1	20	12 »	1	44	12 »	1	68	12 »	1	92

m10 à m18.			m10 à m20.			m12 à m12.			m12 à m14.			m12 à m16.		
Longueurs en mètres.	Décistères.	Millistères.	Longueurs en mètres.	Décistères.	Millistères.	Longueurs en mètres.	Décistères.	Millistères.	Longueurs en mètres.	Décistères.	Millistères.	Longueurs en mètres.	Décistères.	Millistères.
m.			m.			m.			m.			m.		
2 »		36	2 »		40	2 »		28	2 »		33	2 »		38
2 25		40	2 25		45	2 25		32	2 25		37	2 25		43
2 50		45	2 50		50	2 50		36	2 50		42	2 50		48
2 75		49	2 75		55	2 75		39	2 75		46	2 75		52
3 »		54	3 »		60	3 »		43	3 »		50	3 »		57
3 25		58	3 25		65	3 25		46	3 25		54	3 25		62
3 50		63	3 50		70	3 50		50	3 50		58	3 50		67
3 75		67	3 75		75	3 75		54	3 75		63	3 75		72
4 »		72	4 »		80	4 »		57	4 »		67	4 »		76
4 25		76	4 25		85	4 25		61	4 25		71	4 25		81
4 50		81	4 50		90	4 50		64	4 50		75	4 50		86
4 75		85	4 75		95	4 75		68	4 75		79	4 75		91
5 »		90	5 »	1	00	5 »		72	5 »		84	5 »		96
5 25		94	5 25	1	05	5 25		75	5 25		88	5 25	1	00
5 50		99	5 50	1	10	5 50		79	5 50		92	5 50	1	05
5 75	1	03	5 75	1	15	5 75		82	5 75		96	5 75	1	10
6 »	1	08	6 »	1	20	6 »		86	6 »	1	00	6 »	1	15
6 25	1	12	6 25	1	25	6 25		90	6 25	1	05	6 25	1	20
6 50	1	17	6 50	1	30	6 50		93	6 50	1	09	6 50	1	24
6 75	1	21	6 75	1	35	6 75		97	6 75	1	13	6 75	1	29
7 »	1	26	7 »	1	40	7 »	1	00	7 »	1	17	7 »	1	34
7 25	1	30	7 25	1	45	7 25	1	04	7 25	1	21	7 25	1	39
7 50	1	35	7 50	1	50	7 50	1	08	7 50	1	26	7 50	1	44
7 75	1	39	7 75	1	55	7 75	1	11	7 75	1	30	7 75	1	48
8 »	1	44	8 »	1	60	8 »	1	15	8 »	1	34	8 »	1	53
8 25	1	48	8 25	1	65	8 25	1	18	8 25	1	38	8 25	1	58
8 50	1	53	8 50	1	70	8 50	1	22	8 50	1	42	8 50	1	63
8 75	1	57	8 75	1	75	8 75	1	26	8 75	1	47	8 75	1	68
9 »	1	62	9 »	1	80	9 »	1	29	9 »	1	51	9 »	1	72
9 25	1	66	9 25	1	85	9 25	1	33	9 25	1	55	9 25	1	77
9 50	1	71	9 50	1	90	9 50	1	36	9 50	1	59	9 50	1	82
9 75	1	75	9 75	1	95	9 75	1	40	9 75	1	63	9 75	1	87
10 »	1	80	10 »	2	00	10 »	1	44	10 »	1	68	10 »	1	92
10 25	1	84	10 25	2	05	10 25	1	47	10 25	1	72	10 25	1	96
10 50	1	89	10 50	2	10	10 50	1	51	10 50	1	76	10 50	2	01
10 75	1	93	10 75	2	15	10 75	1	54	10 75	1	80	10 75	2	06
11 »	1	98	11 »	2	20	11 »	1	58	11 »	1	84	11 »	2	11
11 25	2	02	11 25	2	25	11 25	1	62	11 25	1	89	11 25	2	16
11 50	2	07	11 50	2	30	11 50	1	65	11 50	1	93	11 50	2	20
11 75	2	11	11 75	2	35	11 75	1	69	11 75	1	97	11 75	2	25
12 »	2	16	12 »	2	40	12 »	1	72	12 »	2	01	12 »	2	30

m12 à m18.			m12 à m20.			m12 à m22.			m14 à m14.			m14 à m16.		
Longueurs en mètres.	Décistères.	Millistères.	Longueurs en mètres.	Décistères.	Millistères.	Longueurs en mètres.	Décistères.	Millistères.	Longueurs en mètres.	Décistères.	Millistères.	Longueurs en mètres.	Décistères.	Millistères.
m.			m.			m.			m.			m.		
2 »		43	2 »		48	2 »		52	2 »		39	2 »		44
2 25		48	2 25		54	2 25		59	2 25		44	2 25		50
2 50		54	2 50		60	2 50		66	2 50		49	2 50		56
2 75		59	2 75		66	2 75		72	2 75		53	2 75		61
3 »		64	3 »		72	3 »		79	3 »		58	3 »		67
3 25		70	3 25		78	3 25		85	3 25		63	3 25		72
3 50		75	3 50		84	3 50		92	3 50		68	3 50		78
3 75		81	3 75		90	3 75		99	3 75		73	3 75		84
4 »		86	4 »		96	4 »	1	05	4 »		78	4 »		89
4 25		91	4 25	1	02	4 25	1	12	4 25		83	4 25		95
4 50		97	4 50	1	08	4 50	1	18	4 50		88	4 50	1	»
4 75	1	02	4 75	1	14	4 75	1	25	4 75		93	4 75	1	06
5 »	1	08	5 »	1	20	5 »	1	32	5 »		98	5 »	1	12
5 25	1	13	5 25	1	26	5 25	1	38	5 25	1	02	5 25	1	17
5 50	1	18	5 50	1	32	5 50	1	45	5 50	1	07	5 50	1	23
5 75	1	24	5 75	1	38	5 75	1	51	5 75	1	12	5 75	1	28
6 »	1	29	6 »	1	44	6 »	1	58	6 »	1	17	6 »	1	34
6 25	1	35	6 25	1	50	6 25	1	65	6 25	1	22	6 25	1	40
6 50	1	40	6 50	1	56	6 50	1	71	6 50	1	27	6 50	1	45
6 75	1	45	6 75	1	62	6 75	1	78	6 75	1	32	6 75	1	51
7 »	1	51	7 »	1	68	7 »	1	84	7 »	1	37	7 »	1	56
7 25	1	56	7 25	1	74	7 25	1	91	7 25	1	42	7 25	1	62
7 50	1	62	7 50	1	80	7 50	1	98	7 50	1	47	7 50	1	68
7 75	1	67	7 75	1	86	7 75	2	04	7 75	1	51	7 75	1	73
8 »	1	72	8 »	1	92	8 »	2	11	8 »	1	56	8 »	1	79
8 25	1	78	8 25	1	98	8 25	2	17	8 25	1	61	8 25	1	84
8 50	1	83	8 50	2	04	8 50	2	24	8 50	1	66	8 50	1	90
8 75	1	89	8 75	2	10	8 75	2	31	8 75	1	71	8 75	1	96
9 »	1	94	9 »	2	16	9 »	2	37	9 »	1	76	9 »	2	01
9 25	1	99	9 25	2	22	9 25	2	44	9 25	1	81	9 25	2	07
9 50	2	05	9 50	2	28	9 50	2	50	9 50	1	86	9 50	2	12
9 75	2	10	9 75	2	34	9 75	2	57	9 75	1	91	9 75	2	18
10 »	2	16	10 »	2	40	10 »	2	64	10 »	1	96	10 »	2	24
10 25	2	21	10 25	2	46	10 25	2	70	10 25	2	00	10 25	2	29
10 50	2	26	10 50	2	52	10 56	2	77	10 50	2	05	10 50	2	35
10 75	2	32	10 75	2	58	10 75	2	83	10 75	2	10	10 75	2	40
11 »	2	37	11 »	2	64	11 »	2	90	11 »	2	15	11 »	2	46
11 25	2	43	11 25	2	70	11 25	2	97	11 25	2	20	11 25	2	52
11 50	2	48	11 50	2	76	11 50	3	03	11 50	2	25	11 50	2	57
11 75	2	53	11 75	2	82	11 75	3	10	11 75	2	30	11 75	2	63
12 »	2	59	12 »	2	88	12 »	3	16	12 »	2	35	12 »	2	68

m14 à m18.			m14 à m20.			m14 à m22.			m14 à m24.			m16 à m16.		
Longueurs en mètres.	Décistères.	Millistères.	Longueurs en mètres.	Décistères.	Millistères.	Longueurs en mètres.	Décistères.	Millistères.	Longueurs en mètres.	Décistères.	Millistères.	Longueurs en mètres.	Décistères.	Millistères.
m.			m.			m.			m.			m.		
2 »		50	2 »		56	2 »		61	2 »		67	2 »		51
2 25		56	2 25		63	2 25		69	2 25		75	2 25		57
2 50		63	2 50		70	2 50		77	2 50		84	2 50		64
2 75		69	2 75		77	2 75		84	2 75		92	2 75		70
3 »		75	3 »		84	3 »		92	3 »	1	»	3 »		76
3 25		81	3 25		91	3 25	1	»	3 25	1	09	3 25		83
3 50		88	3 50		98	3 50	1	07	3 50	1	17	3 50		89
3 75		94	3 75	1	05	3 75	1	15	3 75	1	26	3 75		96
4 »	1	»	4 »	1	12	4 »	1	23	4 »	1	34	4 »	1	02
4 25	1	07	4 25	1	19	4 25	1	30	4 25	1	42	4 25	1	08
4 50	1	13	4 50	1	26	4 50	1	38	4 50	1	51	4 50	1	15
4 75	1	19	4 75	1	33	4 75	1	46	4 75	1	59	4 75	1	21
5 »	1	26	5 »	1	40	5 »	1	54	5 »	1	68	5 »	1	28
5 25	1	32	5 25	1	47	5 25	1	61	5 25	1	76	5 25	1	34
5 50	1	38	5 50	1	54	5 50	1	69	5 50	1	84	5 50	1	40
5 75	1	44	5 75	1	61	5 75	1	77	5 75	1	93	5 75	1	47
6 »	1	51	6 »	1	68	6 »	1	84	6 »	2	01	6 »	1	53
6 25	1	57	6 25	1	75	6 25	1	92	6 25	2	10	6 25	1	60
6 50	1	63	6 50	1	82	6 50	2	»	6 50	2	18	6 50	1	66
6 75	1	70	6 75	1	89	6 75	2	07	6 75	2	26	6 75	1	72
7 »	1	76	7 »	1	96	7 »	2	15	7 »	2	35	7 »	1	79
7 25	1	82	7 25	2	03	7 25	2	23	7 25	2	43	7 25	1	85
7 50	1	89	7 50	2	10	7 50	2	31	7 50	2	52	7 50	1	92
7 75	1	95	7 75	2	17	7 75	2	38	7 75	2	60	7 75	1	98
8 »	2	01	8 »	2	24	8 »	2	46	8 »	2	68	8 »	2	04
8 25	2	07	8 25	2	31	8 25	2	54	8 25	2	77	8 25	2	11
8 50	2	14	8 50	2	38	8 50	2	61	8 50	2	85	8 50	2	17
8 75	2	20	8 75	2	45	8 75	2	69	8 75	2	94	8 75	2	24
9 »	2	26	9 »	2	52	9 »	2	77	9 »	3	02	9 »	2	30
9 25	2	33	9 25	2	59	9 25	2	84	9 25	3	10	9 25	2	36
9 50	2	39	9 50	2	66	9 50	2	92	9 50	3	19	9 50	2	43
9 75	2	45	9 75	2	73	9 75	3	»	9 75	3	27	9 75	2	49
10 »	2	52	10 »	2	80	10 »	3	08	10 »	3	36	10 »	2	56
10 25	2	58	10 25	2	87	10 25	3	15	10 25	3	44	10 25	2	62
10 50	2	64	10 50	2	94	10 50	3	23	10 50	3	52	10 50	2	68
10 75	2	70	10 75	3	01	10 75	3	31	10 75	3	61	10 75	2	75
11 »	2	77	11 »	3	08	11 »	3	38	11 »	3	69	11 »	2	81
11 25	2	83	11 25	3	15	11 25	3	46	11 25	3	78	11 25	2	88
11 50	2	89	11 50	3	22	11 50	3	54	11 50	3	86	11 50	2	94
11 75	2	96	11 75	3	29	11 75	3	61	11 75	3	94	11 75	3	00
12 »	3	02	12 »	3	36	12 »	3	69	12 »	4	03	12 »	3	07

m16 à m18.			m16 à m20.			m16 à m22.			m16 à m24.			m16 à m26.		
Longueurs en mètres.	Décistères.	Millistères.	Longueurs en mètres.	Décistères.	Millistères.	Longueurs en mètres.	Décistères.	Millistères.	Longueurs en mètres.	Décistères.	Millistères.	Longueurs en mètres.	Décistères.	Millistères.
m.			m.			m.			m.			m.		
2 »		57	2 »		64	2 »		70	2 »		76	2 »		83
2 25		64	2 25		72	2 25		79	2 25		86	2 25		93
2 50		72	2 50		80	2 50		88	2 50		96	2 50	1	04
2 75		79	2 75		88	2 75		96	2 75	1	05	2 75	1	14
3 »		86	3 »		96	3 »	1	05	3 »	1	15	3 »	1	24
3 25		93	3 25	1	04	3 25	1	14	3 25	1	24	3 25	1	35
3 50	1	»	3 50	1	12	3 50	1	23	3 50	1	34	3 50	1	45
3 75	1	08	3 75	1	20	3 75	1	32	3 75	1	44	3 75	1	56
4 »	1	15	4 »	1	28	4 »	1	40	4 »	1	53	4 »	1	66
4 25	1	22	4 25	1	36	4 25	1	49	4 25	1	63	4 25	1	76
4 50	1	29	4 50	1	44	4 50	1	58	4 50	1	72	4 50	1	87
4 75	1	36	4 75	1	52	4 75	1	67	4 76	1	82	4 75	1	97
5 »	1	44	5 »	1	60	5 »	1	76	5 »	1	92	5 »	2	08
5 25	1	51	5 25	1	68	5 25	1	84	5 25	2	01	5 25	2	18
5 50	1	58	5 50	1	76	5 50	1	93	5 50	2	11	5 50	2	28
5 75	1	65	5 75	1	84	5 75	2	02	5 75	2	20	5 75	2	39
6 »	1	72	6 »	1	92	6 »	2	11	6 »	2	30	6 »	2	49
6 25	1	80	6 25	2	00	6 25	2	20	6 25	2	40	6 25	2	60
6 50	1	87	6 50	2	08	6 50	2	28	6 50	2	49	6 50	2	70
6 75	1	94	6 75	2	16	6 75	2	37	6 75	2	59	6 75	2	80
7 »	2	01	7 »	2	24	7 »	2	46	7 »	2	68	7 »	2	91
7 25	2	08	7 25	2	32	7 25	2	55	7 25	2	78	7 25	3	01
7 50	2	16	7 50	2	40	7 50	2	64	7 50	2	88	7 50	3	12
7 75	2	23	7 75	2	48	7 75	2	72	7 75	2	97	7 75	3	22
8 »	2	30	8 »	2	56	8 »	2	81	8 »	3	07	8 »	3	32
8 25	2	37	8 25	2	64	8 25	2	90	8 25	3	16	8 25	3	43
8 50	2	44	8 50	2	72	8 50	2	99	8 50	3	26	8 50	3	53
8 75	2	52	8 75	2	80	8 75	3	08	8 75	3	36	8 75	3	64
9 »	2	59	9 »	2	88	9 »	3	16	9 »	3	45	9 »	3	74
9 25	2	66	9 25	2	96	9 25	3	25	9 25	3	55	9 25	3	84
9 50	2	73	9 50	3	04	9 50	3	34	9 50	3	64	9 50	3	95
9 75	2	80	9 75	3	12	9 76	3	43	9 75	3	74	9 75	4	05
10 »	2	88	10 »	3	20	10 »	3	52	10 »	3	84	10 »	4	16
10 25	2	95	10 25	3	28	10 25	3	60	10 25	3	95	10 25	4	26
10 50	3	02	10 50	3	36	10 50	3	69	10 50	4	05	10 50	4	36
10 75	3	09	10 75	3	44	10 75	3	78	10 75	4	12	10 75	4	47
11 »	3	16	11 »	3	52	11 »	3	87	11 »	4	22	11 »	4	57
11 25	3	24	11 25	3	60	11 25	3	96	11 25	4	32	11 25	4	68
11 50	3	31	11 50	3	68	11 50	4	04	11 50	4	41	11 50	4	78
11 75	3	38	11 75	3	76	11 75	4	13	11 75	4	51	11 75	4	88
12 »	3	45	12 »	3	84	12 »	4	22	12 »	4	60	12 »	4	99

m18 à m18.			m18 à m20.			m18 à m22.			m18 à m24.			m18 à m26.		
Longueurs en mètres.	Décistères.	Millistères.	Longueurs en mètres.	Décistères.	Millistères.	Longueurs en mètres.	Décistères.	Millistères.	Longueurs en mètres.	Décistères.	Millistères.	Longueurs en mètres.	Décistères.	Millistères.
m.			m.			m.			m.			m.		
2 »		64	2 »		72	2 »		79	2 »		86	2 »		93
2 25		72	2 25		81	2 25		89	2 25		97	2 25	1	05
2 50		81	2 50		90	2 50		99	2 50	1	08	2 50	1	17
2 75		89	2 75		99	2 75	1	08	2 75	1	18	2 75	1	28
3 »		97	3 »	1	08	3 »	1	18	3 »	1	29	3 »	1	40
3 25	1	05	3 25	1	17	3 25	1	28	3 25	1	40	3 25	1	52
3 50	1	13	3 50	1	26	3 50	1	38	3 50	1	51	3 50	1	63
3 75	1	21	3 75	1	35	3 75	1	48	3 75	1	62	3 75	1	75
4 »	1	29	4 »	1	44	4 »	1	58	4 »	1	72	4 »	1	87
4 25	1	37	4 25	1	53	4 25	1	68	4 25	1	83	4 25	1	98
4 50	1	45	4 50	1	62	4 50	1	78	4 50	1	94	4 50	2	10
4 75	1	53	4 75	1	71	4 75	1	88	4 75	2	05	4 75	2	22
5 »	1	62	5 »	1	80	5 »	1	98	5 »	2	16	5 »	2	34
5 25	1	70	5 25	1	89	5 25	2	07	5 25	2	26	5 25	2	45
5 50	1	78	5 50	1	98	5 50	2	17	5 50	2	37	5 50	2	57
5 75	1	86	5 75	2	07	5 75	2	27	5 75	2	48	5 75	2	69
6 »	1	94	6 »	2	16	6 »	2	37	6 »	2	59	6 »	2	80
6 25	2	02	6 25	2	25	6 25	2	47	6 25	2	70	6 25	2	92
6 50	2	10	6 50	2	34	6 50	2	57	6 50	2	80	6 50	3	04
6 75	2	18	6 75	2	43	6 75	2	67	6 75	2	91	6 75	3	15
7 »	2	26	7 »	2	52	7 »	2	77	7 »	3	02	7 »	3	27
7 25	2	34	7 25	2	61	7 25	2	87	7 25	3	13	7 25	3	39
7 50	2	43	7 50	2	70	7 50	2	97	7 50	3	24	7 50	3	51
7 75	2	51	7 75	2	79	7 75	3	06	7 75	3	34	7 75	3	62
8 »	2	59	8 »	2	88	8 »	3	16	8 »	3	45	8 »	3	74
8 25	2	67	8 25	2	97	8 25	3	26	8 25	3	56	8 25	3	86
8 50	2	75	8 50	3	06	8 50	3	36	8 50	3	67	8 50	3	97
8 75	2	83	8 75	3	15	8 75	3	46	8 75	3	78	8 75	4	09
9 »	2	91	9 »	3	24	9 »	3	56	9 »	3	88	9 »	4	21
9 25	2	99	9 25	3	33	9 25	3	66	9 25	3	99	9 25	4	32
9 50	3	07	9 50	3	42	9 50	3	76	9 50	4	10	9 50	4	44
9 75	3	15	9 75	3	51	9 75	3	86	9 75	4	21	9 75	4	56
10 »	3	24	10 »	3	60	10 »	3	96	10 »	4	32	10 »	4	68
10 25	3	32	10 25	3	69	10 25	4	05	10 25	4	42	10 25	4	79
10 50	3	40	10 50	3	78	10 50	4	15	10 50	4	53	10 50	4	91
10 75	3	48	10 75	3	87	10 75	4	25	10 75	4	64	10 75	5	03
11 »	3	56	11 »	3	96	11 »	4	35	11 »	4	75	11 »	5	14
11 25	3	64	11 25	4	05	11 25	4	45	11 25	4	86	11 25	5	26
11 50	3	72	11 50	4	14	11 50	4	55	11 50	4	96	11 50	5	38
11 75	3	80	11 75	4	23	11 75	4	65	11 75	5	07	11 75	5	49
12 »	3	88	12 »	4	32	12 »	4	75	12 »	5	18	12 »	5	61

m18 à m28.			m20 à m20.			m20 à m22.			m20 à m24.			m20 à m26.		
Longueurs en mètres.	Décistères.	Millistères.	Longueurs en mètres.	Décistères.	Millistères.	Longueurs en mètres.	Décistères.	Millistères.	Longueurs en mètres.	Décistères.	Millistères.	Longueurs eu mètres.	Décistères.	Millistères.
m.			m.			m.			m.			m.		
2 »	1	00	2 »		80	2 »		88	2 »		96	2 »	1	04
2 25	1	13	2 25		90	2 25		99	2 25	1	08	2 25	1	17
2 50	1	26	2 50	1	00	2 50	1	10	2 50	1	20	2 50	1	30
2 75	1	38	2 75	1	10	2 75	1	21	2 75	1	32	2 75	1	43
3 »	1	51	3 »	1	20	3 »	1	32	3 »	1	44	3 »	1	56
3 25	1	63	3 25	1	30	3 25	1	43	3 25	1	56	3 25	1	69
3 50	1	76	3 50	1	40	3 50	1	54	3 50	1	68	3 50	1	82
3 75	1	89	3 75	1	50	3 75	1	65	3 75	1	80	3 75	1	95
4 »	2	01	4 »	1	60	4 »	1	76	4 »	1	92	4 »	2	08
4 25	2	14	4 25	1	70	4 25	1	87	4 25	2	04	4 25	2	21
4 50	2	26	4 50	1	80	4 50	1	98	4 50	2	16	4 50	2	34
4 75	2	39	4 75	1	90	4 75	2	09	4 75	2	28	4 75	2	47
5 »	2	52	5 »	2	00	5 »	2	20	5 »	2	40	5 »	2	60
5 25	2	64	5 25	2	10	5 25	2	31	5 25	2	52	5 25	2	73
5 50	2	77	5 50	2	20	5 50	2	42	5 50	2	64	5 50	2	86
5 75	2	89	5 75	2	30	5 75	2	53	5 75	2	76	5 75	2	99
6 »	3	02	6 »	2	40	6 »	2	64	6 »	2	88	6 »	3	12
6 25	3	15	6 25	2	50	6 25	2	75	6 25	3	00	6 25	3	25
6 50	3	27	6 50	2	60	6 50	2	86	6 50	3	12	6 50	3	38
6 75	3	40	6 75	2	70	6 75	2	97	6 75	3	24	6 75	3	51
7 »	3	52	7 »	2	80	7 »	3	08	7 »	3	36	7 »	3	64
7 25	3	65	7 25	2	90	7 25	3	19	7 25	3	48	7 25	3	77
7 50	3	78	7 50	3	00	7 50	3	30	7 50	3	60	7 50	3	90
7 75	3	90	7 75	3	10	7 75	3	41	7 75	3	72	7 75	4	03
8 »	4	03	8 »	3	20	8 »	3	52	8 »	3	84	8 »	4	16
8 25	4	15	8 25	3	30	8 25	3	63	8 25	3	96	8 25	4	29
8 50	4	28	8 50	3	40	8 50	3	74	8 50	4	08	8 50	4	42
8 75	4	41	8 75	3	50	8 75	3	85	8 75	4	20	8 75	4	55
9 »	4	53	9 »	3	60	9 »	3	96	9 »	4	32	9 »	4	68
9 25	4	66	9 25	3	70	9 25	4	07	9 25	4	44	9 25	4	81
9 50	4	78	9 50	3	80	9 50	4	18	9 50	4	56	9 50	4	94
9 75	4	91	9 75	3	90	9 75	4	29	9 75	4	68	9 75	5	07
10 »	5	04	10 »	4	00	10 »	4	40	10 »	4	80	10 »	5	20
10 25	5	16	10 25	4	10	10 25	4	51	10 25	4	92	10 25	5	33
10 50	5	29	10 50	4	20	10 50	4	62	10 50	5	04	10 50	5	46
10 75	5	41	10 75	4	30	10 75	4	73	10 75	5	16	10 75	5	59
11 »	5	54	11 »	4	40	11 »	4	84	11 »	5	28	11 »	5	72
11 25	5	67	11 25	4	50	11 25	4	95	11 25	5	40	11 25	5	85
11 50	5	79	11 50	4	60	11 50	5	06	11 50	5	52	11 50	5	98
11 75	5	92	11 75	4	70	11 75	5	17	11 75	5	64	11 75	6	11
12 »	6	04	12 »	4	80	12 »	5	28	12 »	5	76	12 »	6	24

m20 à m28.			m20 à m30.			m22 à m22.			m22 à m24			m22 à m26.		
Longueur en mètres.	Décistères.	Millistères.	Longueurs en mètres.	Décistères.	Millistères.	Longueurs en mètres.	Décistères.	Millistères.	Longueurs en mètres.	Décistères.	Millistères.	Longueurs en mètres.	Décistères.	Millistères.
m.			m.			m.			m.			m.		
2 »	1	12	2 »	1	20	2 »		96	2 »	1	05	2 »	1	14
2 25	1	26	2 25	1	35	2 25	1	08	2 25	1	18	2 25	1	28
2 50	1	40	2 50	1	50	2 50	1	21	2 50	1	32	2 50	1	43
2 75	1	54	2 75	1	65	2 75	1	33	2 75	1	45	2 75	1	57
3 »	1	68	3 »	1	80	3 »	1	45	3 »	1	58	3 »	1	71
3 25	1	82	3 25	1	95	3 25	1	57	3 25	1	71	3 25	1	85
3 50	1	96	3 50	2	10	3 50	1	69	3 50	1	84	3 50	2	00
3 75	2	10	3 75	2	25	3 75	1	81	3 75	1	98	3 75	2	14
4 »	2	24	4 »	2	40	4 »	1	93	4 »	2	11	4 »	2	28
4 25	2	38	4 25	2	55	4 25	2	05	4 25	2	24	4 25	2	43
4 50	2	52	4 50	2	70	4 50	2	17	4 50	2	37	4 50	2	57
4 75	2	66	4 75	2	85	4 75	2	29	4 75	2	50	4 75	2	71
5 »	2	80	5 »	3	00	5 »	2	42	5 »	2	64	5 »	2	86
5 25	2	94	5 25	3	15	5 25	2	54	5 25	2	77	5 25	3	00
5 50	3	08	5 50	3	30	5 50	2	66	5 50	2	90	5 50	3	14
5 75	3	22	5 75	3	45	5 75	2	78	5 75	3	03	5 75	3	28
6 »	3	36	6 »	3	60	6 »	2	90	6 »	3	16	6 »	3	43
6 25	3	50	6 25	3	75	6 25	3	02	6 25	3	30	6 25	3	57
6 50	3	64	6 50	3	90	6 50	3	14	6 50	3	43	6 50	3	71
6 75	3	78	6 75	4	05	6 75	3	26	6 75	3	56	6 75	3	86
7 «	3	92	7 »	4	20	7 »	3	38	7 »	3	69	7 »	4	00
7 25	4	06	7 25	4	35	7 25	3	50	7 25	3	82	7 25	4	14
7 50	4	20	7 50	4	50	7 50	3	63	7 50	3	96	7 50	4	29
7 75	4	34	7 75	4	65	7 75	3	75	7 75	4	09	7 75	4	43
8 »	4	48	8 »	4	80	8 »	3	87	8 »	4	22	8 »	4	57
8 25	4	62	8 25	4	95	8 25	3	99	8 25	4	35	8 25	4	71
8 50	4	76	8 50	5	10	8 50	4	11	8 50	4	48	8 50	4	86
8 75	4	90	8 75	5	25	8 75	4	23	8 75	4	62	8 75	5	00
9 »	5	04	9 »	5	40	9 »	4	35	9 »	4	75	9 »	5	14
9 25	5	18	9 25	5	55	9 25	4	47	9 25	4	88	9 25	5	29
9 50	5	32	9 50	5	70	9 50	4	59	9 50	5	01	9 50	5	43
9 75	5	46	9 75	5	85	9 75	4	71	9 75	5	14	9 75	5	57
10 »	5	60	10 »	6	00	10 »	4	84	10 »	5	28	10 »	5	72
10 25	5	74	10 25	6	15	10 25	4	96	10 25	5	41	10 25	5	86
10 50	5	88	10 50	6	30	10 50	5	08	10 50	5	54	10 50	6	00
10 75	6	02	10 75	6	45	10 75	5	20	10 75	5	67	10 75	6	14
11 »	6	16	11 »	6	60	11 »	5	32	11 »	5	80	11 »	6	29
11 25	6	30	11 25	6	75	11 25	5	44	11 25	5	94	11 25	6	43
11 50	6	44	11 50	6	90	11 50	5	56	11 50	6	07	11 50	6	57
11 75	6	58	11 75	7	05	11 75	5	68	11 75	6	20	11 75	6	72
12 »	6	72	12 »	7	20	12 »	5	80	12 »	6	33	12 »	6	86

m22 à m28.		
Longueurs en mètres.	Décistères.	Millistères.
m.		
2 »	1	25
2 25	1	38
2 50	1	54
2 75	1	69
3 »	1	84
3 25	2	00
3 50	2	15
3 75	2	31
4 »	2	46
4 25	2	61
4 50	2	77
4 75	2	92
5 »	3	08
5 25	3	23
5 50	3	38
5 75	3	54
6 »	3	69
6 25	3	85
6 50	4	00
6 75	4	15
7 »	4	31
7 25	4	46
7 50	4	62
7 75	4	77
8 »	4	92
8 25	5	08
8 50	5	23
8 75	5	39
9 »	5	54
9 25	5	69
9 50	5	85
9 75	6	00
10 »	6	16
10 25	6	31
10 50	6	46
10 75	6	62
11 »	6	77
11 25	6	93
11 50	7	08
11 75	7	23
12 »	7	39

m22 à m30.		
Longueurs en mètres.	Décistères.	Millistères.
m.		
2 »	1	32
2 25	1	48
2 50	1	65
2 75	1	81
3 »	1	98
3 25	2	14
3 50	2	31
3 75	2	47
4 »	2	64
4 25	2	80
4 50	2	97
4 75	3	13
5 »	3	30
5 25	3	46
5 50	3	63
5 75	3	79
6 »	3	96
6 25	4	12
6 50	4	29
6 75	4	45
7 »	4	62
7 25	4	78
7 50	4	95
7 75	5	11
8 »	5	28
8 25	5	44
8 50	5	61
8 75	5	77
9 »	5	94
9 25	6	10
9 50	6	27
9 75	6	43
10 »	6	60
10 25	6	76
10 50	6	93
10 75	7	09
11 »	7	26
11 25	7	42
11 50	7	59
11 75	7	75
12 »	7	92

m22 à m32.		
Longueurs en mètres.	Décistères.	Millistères.
m.		
2 »	1	40
2 25	1	58
2 50	1	76
2 75	1	93
3 »	2	11
3 25	2	28
3 50	2	46
3 75	2	64
4 »	2	81
4 25	2	99
4 50	3	16
4 75	3	34
5 »	3	52
5 25	3	69
5 50	3	87
5 75	4	04
6 »	4	22
6 25	4	40
6 50	4	57
6 75	4	75
7 »	4	92
7 25	5	10
7 50	5	28
7 75	5	45
8 »	5	63
8 25	5	80
8 50	5	98
8 75	6	16
9 »	6	33
9 25	6	51
9 50	6	68
9 75	6	86
10 »	7	04
10 25	7	21
10 50	7	39
10 75	7	56
11 »	7	74
11 25	7	92
11 50	8	09
11 75	8	27
12 »	8	44

m24 à m24.		
Longueurs en mètres.	Décistères.	Millistères.
m.		
2 »	1	15
2 25	1	29
2 50	1	44
2 75	1	58
3 »	1	72
3 25	1	87
3 50	2	01
3 75	2	16
4 »	2	30
4 25	2	44
4 50	2	59
4 75	2	73
5 »	2	88
5 25	3	02
5 50	3	16
5 75	3	31
6 »	3	45
6 25	3	60
6 50	3	74
6 75	3	88
7 »	4	03
7 25	4	17
7 50	4	32
7 75	4	46
8 »	4	60
8 25	4	75
8 50	4	89
8 75	5	04
9 »	5	18
9 25	5	32
9 50	5	47
9 75	5	61
10 »	5	76
10 25	5	90
10 50	6	04
10 75	6	19
11 »	6	33
11 25	6	48
11 50	6	62
11 75	6	76
12 »	6	91

m24 à m26.		
Longueurs en mètres.	Décistères.	Millistères.
m.		
2 »	1	24
2 25	1	40
2 58	1	56
2 75	1	71
3 »	1	87
3 25	2	02
3 50	2	18
3 75	2	34
4 »	2	49
4 25	2	65
4 50	2	80
4 75	2	96
5 »	3	12
5 25	3	27
5 50	3	43
5 75	3	58
6 »	3	74
6 25	3	90
6 50	4	05
6 75	4	21
7 »	4	36
7 25	4	52
7 50	4	68
7 75	4	83
8 »	4	99
8 25	5	14
8 50	5	30
8 75	5	46
9 »	5	61
9 25	5	77
9 50	5	92
9 75	6	08
10 »	6	24
10 25	6	39
10 50	6	55
10 75	6	70
11 »	6	86
11 25	7	02
11 50	7	17
11 75	7	33
12 »	7	48

m24 à m28			m24 à m30			m24 à m32			m24 à m34			m26 à m26		
Longueurs en mètres.	Décistères.	Millistères.	Longueurs en mètres.	Décistères.	Millistères.	Longueurs en mètres.	Décistères.	Millistères.	Longueurs en mètres.	Décistères.	Millistères.	Longueurs en mètres.	Décistères.	Millistères.
m.			m.			m.			m.			m.		
2 »	1	34	2 »	1	44	2 »	1	53	2 »	1	63	2 »	1	35
2 25	1	51	2 25	1	62	2 25	1	72	2 25	1	83	2 25	1	52
2 50	1	68	2 50	1	80	2 50	1	92	2 50	2	04	2 50	1	69
2 75	1	84	2 75	1	98	2 75	2	11	2 75	2	24	2 75	1	85
3 »	2	01	3 »	2	16	3 »	2	30	3 »	2	44	3 »	2	02
3 25	2	18	3 25	2	34	3 25	2	49	3 25	2	65	3 25	2	19
3 50	2	35	3 50	2	52	3 50	2	68	3 50	2	85	3 50	2	36
3 75	2	52	3 75	2	70	3 75	2	88	3 75	3	06	3 75	2	53
4 »	2	68	4 »	2	88	4 »	3	07	4 »	3	26	4 »	2	70
4 25	2	85	4 25	3	06	4 25	3	26	4 25	3	46	4 25	2	87
4 50	3	02	4 50	3	24	4 50	3	45	4 50	3	67	4 50	3	04
4 75	3	19	4 75	3	42	4 75	3	64	4 75	3	87	4 75	3	21
5 »	3	36	5 »	3	60	5 »	3	84	5 »	4	08	5 »	3	38
5 25	3	52	5 25	3	78	5 25	4	03	5 25	4	28	5 25	3	54
5 50	3	69	5 50	3	96	5 50	4	22	5 50	4	48	5 50	3	71
5 75	3	86	5 75	4	14	5 75	4	41	5 75	4	69	5 75	3	88
6 »	4	03	6 »	4	32	6 »	4	60	6 »	4	89	6 »	4	05
6 25	4	20	6 25	4	50	6 25	4	80	6 25	5	10	6 25	4	22
6 50	4	36	6 50	4	68	6 50	4	99	6 50	5	30	6 50	4	39
6 75	4	53	6 75	4	86	6 75	5	18	6 75	5	50	6 75	4	56
7 »	4	70	7 »	5	04	7 »	5	37	7 »	5	71	7 »	4	73
7 25	4	87	7 25	5	22	7 25	5	56	7 25	5	91	7 25	4	90
7 50	5	04	7 50	5	40	7 50	5	76	7 50	6	12	7 50	5	07
7 75	5	20	7 75	5	58	7 75	5	95	7 75	6	32	7 75	5	23
8 »	5	37	8 »	5	76	8 »	6	14	8 »	6	52	8 »	5	40
8 25	5	54	8 25	5	94	8 25	6	33	8 25	6	73	8 25	5	57
8 50	5	71	8 50	6	12	8 50	6	52	8 50	6	93	8 50	5	74
8 75	5	88	8 75	6	30	8 75	6	72	8 75	7	14	8 75	5	91
9 »	6	04	9 »	6	48	9 »	6	91	9 »	7	34	9 »	6	08
9 25	6	21	9 25	6	66	9 25	7	10	9 25	7	54	9 25	6	25
9 50	6	38	9 50	6	84	9 50	7	29	9 50	7	75	9 50	6	42
9 75	6	55	9 75	7	02	9 75	7	48	9 75	7	95	9 75	6	59
10 »	6	72	10 »	7	20	10 »	7	68	10 »	8	16	10 »	6	76
10 25	6	88	10 25	7	38	10 25	7	87	10 25	8	36	10 25	6	92
10 50	7	05	10 50	7	56	10 50	8	06	10 50	8	56	10 50	7	09
10 75	7	22	10 75	7	74	10 75	8	25	10 75	8	77	10 75	7	26
11 »	7	39	11 »	7	92	11 »	8	44	11 »	8	97	11 »	7	43
11 25	7	56	11 25	8	10	11 25	8	64	11 25	9	18	11 25	7	60
11 50	7	72	11 50	8	28	11 50	8	83	11 50	9	38	11 50	7	77
11 75	7	89	11 75	8	46	11 75	9	02	11 75	9	58	11 75	7	94
12 »	8	06	12 »	8	64	12 »	9	21	12 »	9	79	12 »	8	11

m26 à m28.			m26 à m30.			m26 à m32.			m26 à m34.			m26 à m36.		
Longueurs en mètres.	Décistères.	Millistères.	Longueurs en mètres.	Décistères.	Millistères.	Longueurs en mètres.	Décistères.	Millistères.	Longueurs en mètres.	Décistères.	Millistères.	Longueurs en mètres.	Décistères.	Millistères.
m.			m.			m.			m.			m.		
2 »	1	45	2 »	1	56	2 »	1	66	2 »	1	76	2 »	1	87
2 25	1	63	2 25	1	75	2 25	1	87	2 25	1	98	2 25	2	10
2 50	1	82	2 50	1	95	2 50	2	08	2 50	2	21	2 50	2	34
2 75	2	00	2 75	2	14	2 75	2	28	2 75	2	43	2 75	2	57
3 »	2	18	3 »	2	34	3 »	2	49	3 »	2	65	3 »	2	80
3 25	2	36	3 25	2	53	3 25	2	70	3 25	2	87	3 25	3	04
3 50	2	54	3 50	2	73	3 50	2	91	3 50	3	09	3 50	3	27
3 75	2	73	3 75	2	92	3 75	3	12	3 75	3	31	3 75	3	51
3 »	2	91	4 »	3	12	4 »	3	32	4 »	3	53	4 »	3	74
3 25	3	09	4 25	3	31	4 25	3	53	4 25	3	75	4 25	3	97
4 50	3	27	4 50	3	51	4 50	3	74	4 50	3	97	4 50	4	21
4 75	3	45	4 75	3	70	4 75	3	95	4 75	4	19	4 75	4	44
5 »	3	64	5 »	3	90	5 »	4	16	5 »	4	42	5 »	4	68
5 25	3	82	5 25	4	09	5 25	4	36	5 25	4	64	5 25	4	91
5 50	4	00	5 50	4	29	5 50	4	57	5 50	4	86	5 50	5	14
5 75	4	18	5 75	4	48	5 75	4	78	5 75	5	08	5 75	5	38
6 »	4	36	6 »	4	68	6 »	4	99	6 »	5	30	6 »	5	61
6 25	4	55	6 25	4	87	6 25	5	20	6 25	5	52	6 25	5	85
6 50	4	73	6 50	5	07	6 50	5	40	6 50	5	74	6 50	6	08
6 75	4	91	6 75	5	26	6 75	5	61	6 75	5	96	6 75	6	31
7 »	5	09	7 »	5	46	7 »	5	82	7 »	6	18	7 »	6	55
7 25	5	27	7 25	5	65	7 25	6	03	7 25	6	40	7 25	6	78
7 50	5	46	7 50	5	85	7 50	6	24	7 50	6	63	7 50	7	02
7 75	5	64	7 75	6	04	7 75	6	44	7 75	6	85	7 75	7	25
8 »	5	82	8 »	6	24	8 »	6	65	8 »	7	07	8 »	7	48
8 25	6	00	8 25	6	43	8 25	6	86	8 25	7	29	8 25	7	72
8 50	6	18	8 50	6	63	8 50	7	07	8 50	7	51	8 50	7	95
8 75	6	37	8 75	6	82	8 75	7	28	8 75	7	73	8 75	8	19
9 »	6	55	9 »	7	02	9 »	7	48	9 »	7	95	9 »	8	42
9 25	6	73	9 25	7	21	9 25	7	69	9 25	8	17	9 25	8	65
9 50	6	91	9 50	7	41	9 50	7	90	9 50	8	39	9 50	8	89
9 75	7	09	9 75	7	60	9 75	8	11	9 75	8	61	9 75	9	12
10 »	7	28	10 »	7	80	10 »	8	32	10 »	8	84	10 »	9	36
10 25	7	46	10 25	7	99	10 25	8	52	10 25	9	06	10 25	9	59
10 50	7	64	10 50	8	19	10 50	8	73	10 50	9	28	10 50	9	82
10 75	7	82	10 75	8	38	10 75	8	94	10 75	9	50	10 75	10	06
11 »	8	00	11 »	8	58	11 »	9	15	11 »	9	72	11 »	10	29
11 25	8	19	11 25	8	77	11 25	9	36	11 25	9	94	11 25	10	53
11 50	8	37	11 50	8	97	11 50	9	56	11 50	10	16	11 50	10	76
11 75	8	55	11 75	9	16	11 75	9	77	11 75	10	38	11 75	10	99
12 »	8	73	12 »	9	36	12 »	9	98	12 »	10	60	12 »	11	23

m28 à m28.			m28 à m30.			m28 à m32.			m28 à m34.			m28 à m36.		
Longueurs en mètres.	Décistères.	Millistères.	Longueurs en mètres.	Décistères.	Millistères.	Longueurs en mètres.	Décistères.	Millistères.	Longueurs en mètres.	Décistères.	Millistères.	Longueurs en mètres.	Décistères.	Millistères.
m.			m.			m.			m.			m.		
2 »	1	56	2 »	1	68	2 »	1	79	2 »	1	90	2 »	2	01
2 25	1	76	2 25	1	89	2 25	2	01	2 25	2	14	2 25	2	26
2 50	1	96	2 50	2	10	2 50	2	24	2 50	2	38	2 50	2	52
2 75	2	15	2 75	2	31	2 75	2	46	2 75	2	61	2 75	2	77
3 »	2	35	3 »	2	52	3 »	2	68	3 »	2	85	3 »	3	02
3 25	2	54	3 25	2	73	3 25	2	91	3 25	3	09	3 25	3	27
3 50	2	74	3 50	2	94	3 50	3	13	3 50	3	33	3 50	3	52
3 75	2	94	3 75	3	15	3 75	3	36	3 75	3	57	3 75	3	78
4 »	3	13	4 »	3	36	4 »	3	58	4 »	3	80	4 »	4	03
4 25	3	33	4 25	3	57	4 25	3	80	4 25	4	04	4 25	4	28
4 50	3	52	4 50	3	78	4 50	4	03	4 50	4	28	4 50	4	53
4 75	3	72	4 75	3	99	4 75	4	25	4 75	4	52	4 75	4	78
5 »	3	92	5 »	4	20	5 »	4	48	5 »	4	76	5 »	5	04
5 25	4	11	5 25	4	41	5 25	4	70	5 25	4	99	5 25	5	29
5 50	4	31	5 50	4	62	5 50	4	92	5 50	5	23	5 50	5	54
5 75	4	50	5 75	4	83	5 75	5	15	5 75	5	47	5 75	5	79
6 »	4	70	6 »	5	04	6 »	5	37	6 »	5	71	6 »	6	04
6 25	4	90	6 25	5	25	6 25	5	60	6 25	5	95	6 25	6	30
6 50	5	09	6 50	5	46	6 50	5	82	6 50	6	18	6 50	6	55
6 75	5	29	6 75	5	67	6 75	6	04	6 75	6	42	6 75	6	80
7 »	5	48	7 »	5	88	7 »	6	27	7 »	6	66	7 »	7	05
7 25	5	68	7 25	6	09	7 25	6	49	7 25	6	90	7 25	7	30
7 50	5	88	7 50	6	30	7 50	6	72	7 50	7	14	7 50	7	56
7 75	6	07	7 75	6	51	7 75	6	94	7 75	7	37	7 75	7	81
8 »	6	27	8 »	6	72	8 »	7	16	8 »	7	61	8 »	8	06
8 25	6	46	8 25	6	93	8 25	7	39	8 25	7	85	8 25	8	31
8 50	6	66	8 50	7	14	8 50	7	61	8 50	8	09	8 50	8	56
8 75	6	86	8 75	7	35	8 75	7	84	8 75	8	33	8 75	8	82
9 »	7	05	9 »	7	56	9 »	8	06	9 »	8	56	9 »	9	07
9 25	7	25	9 25	7	77	9 25	8	28	9 25	8	80	9 25	9	32
9 50	7	44	9 50	7	98	9 50	8	51	9 50	9	04	9 50	9	57
9 75	7	64	9 75	8	19	9 75	8	73	9 75	9	28	9 75	9	82
10 »	7	84	10 »	8	40	10 »	8	96	10 »	9	52	10 »	10	08
10 25	8	03	10 25	8	61	10 25	9	18	10 25	9	75	10 25	10	33
10 50	8	23	10 50	8	82	10 50	9	40	10 50	9	99	10 50	10	58
10 75	8	42	10 75	9	03	10 75	9	63	10 75	10	23	10 75	10	83
11 »	8	62	11 »	9	24	11 »	9	85	11 »	10	47	11 »	11	08
11 25	8	82	11 25	9	45	11 25	10	08	11 25	10	71	11 25	11	34
11 50	9	01	11 50	9	66	11 50	10	30	11 50	10	94	11 50	11	59
11 75	9	21	11 75	9	87	11 75	10	52	11 75	11	18	11 75	11	84
12 »	9	40	12 »	10	08	12 »	10	75	12 »	11	42	12 »	12	09

m28 à m38.			m30 à m30.			m30 à m32.			m30 à m34.			m30 à m36.		
Longueurs en mètres.	Décistères.	Millistères.	Longueurs en mètres.	Décistères.	Millistères.	Longueurs en mètres.	Décistères.	Millistères.	Longueurs en mètres.	Décistères.	Millistères.	Longueurs en mètres.	Décistères.	Millistères.
m.			m.			m.			m.			m.		
2 »	2	12	2 »	1	80	2 »	1	92	2 »	2	04	2 »	2	16
2 25	2	39	2 25	2	02	2 25	2	16	2 25	2	29	2 25	2	43
2 50	2	66	2 50	2	25	2 50	2	40	2 50	2	55	2 50	2	70
2 75	2	92	2 75	2	47	2 75	2	64	2 75	2	80	2 75	2	97
3 »	3	19	3 »	2	70	3 »	2	88	3 »	3	06	3 »	3	24
3 25	3	45	3 25	2	92	3 25	3	12	3 25	3	31	3 25	3	51
3 50	3	72	3 50	3	15	3 50	3	36	3 50	3	57	3 50	3	78
3 75	3	99	3 75	3	37	3 75	3	60	3 75	3	82	3 75	4	05
4 »	4	25	4 »	3	60	4 »	3	84	4 »	4	08	4 »	4	32
4 25	4	52	4 25	3	82	4 25	4	08	4 25	4	33	4 25	4	59
4 50	4	78	4 50	4	05	4 50	4	32	4 50	4	59	4 50	4	86
4 75	5	05	4 75	4	27	4 75	4	56	4 75	4	84	4 75	5	13
5 »	5	32	5 »	4	50	5 »	4	80	5 »	5	10	5 »	5	40
5 25	5	58	5 25	4	72	5 25	5	04	5 25	5	35	5 25	5	67
5 50	5	85	5 50	4	95	5 50	5	28	5 50	5	61	5 50	5	94
5 75	6	11	5 75	5	17	5 75	5	52	5 75	5	86	5 75	6	21
6 »	6	38	6 »	5	40	6 »	5	76	6 »	6	12	6 »	6	48
6 25	6	65	6 25	5	62	6 25	6	00	6 25	6	37	6 25	6	75
6 50	6	91	6 50	5	85	6 50	6	24	6 50	6	63	6 50	7	02
6 75	7	18	6 75	6	07	6 75	6	48	6 75	6	88	6 75	7	29
7 »	7	44	7 »	6	30	7 »	6	72	7 »	7	14	7 »	7	56
7 25	7	71	7 25	6	52	7 25	6	96	7 25	7	39	7 25	7	83
7 50	7	98	7 50	6	75	7 50	7	20	7 50	7	65	7 50	8	10
7 75	8	24	7 75	6	97	7 75	7	44	7 75	7	90	7 75	8	37
8 »	8	51	8 »	7	20	8 »	7	68	8 »	8	16	8 »	8	64
8 25	8	77	8 25	7	42	8 25	7	92	8 25	8	41	8 25	8	91
8 50	9	04	8 50	7	65	8 50	8	16	8 50	8	67	8 50	9	18
8 75	9	31	8 75	7	87	8 75	8	40	8 75	8	92	8 75	9	45
9 »	9	57	9 »	8	10	9 »	8	64	9 »	9	18	9 »	9	72
9 25	9	84	9 25	8	32	9 25	8	88	9 25	9	43	9 25	9	99
9 50	10	10	9 50	8	55	9 50	9	12	9 50	9	69	9 50	10	26
9 75	10	37	9 75	8	77	9 75	9	36	9 75	9	94	9 75	10	53
10 »	10	64	10 »	9	00	10 »	9	60	10 »	10	20	10 »	10	80
10 25	10	90	10 25	9	22	10 25	9	84	10 25	10	45	10 25	11	07
10 50	11	17	10 50	9	45	10 50	10	08	10 50	10	71	10 50	11	34
10 75	11	43	10 75	9	67	10 75	10	32	10 75	10	96	10 75	11	61
11 »	11	70	11 »	9	90	11 »	10	56	11 »	11	22	11 »	11	88
11 25	11	97	11 25	10	12	11 25	10	80	11 25	11	47	11 25	12	15
11 50	12	23	11 50	10	35	11 50	11	04	11 50	11	73	11 50	12	42
11 75	12	50	11 75	10	57	11 75	11	28	11 75	11	98	11 75	12	69
12 »	12	76	12 »	10	80	12 »	11	52	12 »	12	24	12 »	12	96

m30 à m38.			m30 à m40.			m32 à m32.			m32 à m34.			m32 à m36.		
Longueurs en mètres.	Décistères.	Millistères.	Longueurs en mètres.	Décistères.	Millistères.	Longueurs en mètres.	Décistères.	Millistères.	Longueurs en mètres.	Décistères.	Millistères.	Longueurs en mètres.	Décistères.	Millistères.
m.			m.			m.			m.			m.		
2 »	2	28	2 »	2	40	2 »	2	04	2 »	2	17	2 »	2	30
2 25	2	56	2 25	2	70	2 25	2	30	2 25	2	44	2 25	2	59
2 50	2	85	2 50	3	00	2 50	2	56	2 50	2	72	2 50	2	88
2 75	3	13	2 75	3	30	2 75	2	81	2 75	2	99	2 75	3	16
3 »	3	42	3 »	3	60	3 »	3	07	3 »	3	26	3 »	3	45
3 25	3	70	3 25	3	90	3 25	3	32	3 25	3	53	3 25	3	74
3 50	3	99	3 50	4	20	3 50	3	58	3 50	3	80	3 50	4	03
3 75	4	27	3 75	4	50	3 75	3	84	3 75	4	08	3 75	4	32
4 »	4	56	4 »	4	80	4 »	4	09	4 »	4	35	4 »	4	60
4 25	4	84	4 25	5	10	4 25	4	35	4 25	4	62	4 25	4	89
4 50	5	13	4 50	5	40	4 50	4	60	4 50	4	89	4 50	5	18
4 75	5	41	4 75	5	70	4 75	4	86	4 75	5	16	4 75	5	47
5 »	5	70	5 »	6	00	5 »	5	12	5 »	5	44	5 »	5	76
5 25	5	98	5 25	6	30	5 25	5	37	5 25	5	71	5 25	6	04
5 50	6	27	5 50	6	60	5 50	5	63	5 50	5	98	5 50	6	33
5 75	6	55	5 75	6	90	5 75	5	88	5 75	6	25	5 75	6	62
6 »	6	84	6 »	7	20	6 »	6	14	6 »	6	52	6 »	6	91
6 25	7	12	6 25	7	50	6 25	6	40	6 25	6	80	6 25	7	20
6 50	7	41	6 50	7	80	6 50	6	65	6 50	7	07	6 50	7	48
6 75	7	69	6 75	8	10	6 75	6	91	6 75	7	34	6 75	7	77
7 »	7	98	7 »	8	40	7 »	7	16	7 »	7	61	7 »	8	06
7 25	8	26	7 25	8	70	7 25	7	42	7 25	7	88	7 25	8	35
7 50	8	55	7 50	9	00	7 50	7	68	7 50	8	16	7 50	8	64
7 75	8	83	7 75	9	30	7 75	7	93	7 75	8	43	7 75	8	92
8 »	9	12	8 »	9	60	8 »	8	19	8 »	8	70	8 »	9	21
8 25	9	40	8 25	9	90	8 25	8	44	8 25	8	97	8 25	9	50
8 50	9	69	8 50	10	20	8 50	8	70	8 50	9	24	8 50	9	79
8 75	9	97	8 75	10	50	8 75	8	96	8 75	9	52	8 75	10	08
9 »	10	26	9 »	10	80	9 »	9	21	9 »	9	79	9 »	10	36
9 25	10	54	9 25	11	10	9 25	9	47	9 25	10	06	9 25	10	65
9 50	10	83	9 50	11	40	9 50	9	72	9 50	10	33	9 50	10	94
9 75	11	11	9 75	11	70	9 75	9	98	9 75	10	60	9 75	11	23
10 »	11	40	10 »	12	00	10 »	10	24	10 »	10	88	10 »	11	52
10 25	11	68	10 25	12	30	10 25	10	49	10 25	11	15	10 25	11	80
10 50	11	97	10 50	12	60	10 50	10	75	10 50	11	42	10 50	12	09
10 75	12	25	10 75	12	90	10 75	11	00	10 75	11	69	10 75	12	38
11 »	12	54	11 »	13	20	11 »	11	26	11 »	11	96	11 »	12	67
11 25	12	82	11 25	13	50	11 25	11	52	11 25	12	24	11 25	12	96
11 50	13	11	11 50	13	80	11 50	11	77	11 50	12	51	11 50	13	24
11 75	13	39	11 75	14	10	11 75	12	03	11 75	12	78	11 75	13	53
12 »	13	68	12 »	14	40	12 »	12	28	12 »	13	05	12 »	13	82

m32 à m38.			m32 à m40.			m32 à m42.			m34 à m34.			m34 à m36		
Longueurs en mètres.	Décistères.	Millistères.	Longueurs en mètres.	Décistères.	Millistères.	Longueurs en mètres.	Décistères.	Millistères.	Longueurs en mètres.	Décistères.	Millistères.	Longueurs en mètres.	Décistères.	Millistères.
m.			m.			m.			m.			m.		
2 »	2	43	2 »	2	56	2 »	2	68	2 »	2	31	2 »	2	44
2 25	2	75	2 25	2	88	2 25	3	02	2 25	2	60	2 25	2	75
2 50	3	04	2 50	3	20	2 50	3	36	2 50	2	89	2 50	3	06
2 75	3	34	2 75	3	52	2 75	3	69	2 75	3	17	2 75	3	36
3 »	3	64	3 »	3	84	3 »	4	03	3 »	3	46	3 »	3	67
3 25	3	95	3 25	4	16	3 25	4	36	3 25	3	75	3 25	3	97
3 50	4	25	3 50	4	48	3 50	4	70	3 50	4	04	3 50	4	28
3 75	4	56	3 75	4	80	3 75	5	04	3 75	4	33	3 75	4	59
4 »	4	86	4 »	5	12	4 »	5	37	4 »	4	62	4 »	4	89
4 25	5	16	4 25	5	44	4 25	5	71	4 25	4	91	4 25	5	20
4 50	5	47	4 50	5	76	4 50	6	04	4 50	5	20	4 50	5	50
4 75	5	77	4 75	6	08	4 75	6	38	4 75	5	49	4 75	5	81
5 »	6	08	5 »	6	40	5 »	6	72	5 »	5	78	5 »	6	12
5 25	6	38	5 25	6	72	5 25	7	05	5 25	6	06	5 25	6	42
5 50	6	68	5 50	7	04	5 50	7	39	5 50	6	35	5 50	6	73
5 75	6	99	5 75	7	36	5 75	7	72	5 75	6	64	5 75	7	03
6 »	7	29	6 »	7	68	6 »	8	06	6 »	6	93	6 »	7	34
6 25	7	60	6 25	8	00	6 25	8	40	6 25	7	22	6 25	7	65
6 50	7	90	6 50	8	32	6 50	8	73	6 50	7	51	6 50	7	95
6 75	8	20	6 75	8	64	6 75	9	07	6 75	7	80	6 75	8	26
7 »	8	51	7 »	8	96	7 »	9	40	7 »	8	09	7 »	8	56
7 25	8	81	7 25	9	28	7 25	9	74	7 25	8	38	7 25	8	87
7 50	9	12	7 50	9	60	7 50	10	08	7 50	8	67	7 50	9	18
7 75	9	42	7 75	9	92	7 75	10	41	7 75	8	95	7 75	9	48
8 »	9	72	8 »	10	24	8 »	10	75	8 »	9	24	8 »	9	79
8 25	10	03	8 25	10	56	8 25	11	08	8 25	9	53	8 25	10	09
8 50	10	33	8 50	10	88	8 50	11	42	8 50	9	82	8 50	10	40
8 75	10	64	8 75	11	20	8 75	11	76	8 75	10	11	8 75	10	71
9 »	10	94	9 »	11	52	9 »	12	09	9 »	10	40	9 »	11	01
9 25	11	24	9 25	11	84	9 25	12	43	9 25	10	69	9 25	11	32
9 50	11	55	9 50	12	16	9 50	12	76	9 50	10	98	9 50	11	62
9 75	11	85	9 75	12	48	9 75	13	10	9 75	11	27	9 75	11	93
10 »	12	16	10 »	12	80	10 »	13	44	10 »	11	56	10 »	12	24
10 25	12	46	10 25	13	12	10 25	13	77	10 25	11	84	10 25	12	54
10 50	12	76	10 50	13	44	10 50	14	11	10 50	12	13	10 50	12	85
10 75	13	07	10 75	13	76	10 75	14	44	10 75	12	42	10 75	13	15
11 »	13	37	11 »	14	08	11 »	14	78	11 »	12	71	11 »	13	46
11 25	13	68	11 25	14	40	11 25	15	12	11 25	13	00	11 25	13	77
11 50	13	98	11 50	14	72	11 50	15	45	11 50	13	29	11 50	14	07
11 75	14	28	11 75	15	04	11 75	15	79	11 75	13	58	11 75	14	38
12 »	14	59	12 »	15	36	12 »	16	12	12 »	13	87	12 »	14	68

m34 à m38.			m34 à m40.			m34 à m42.			m34 à m44.			m36 à m36.		
Longueurs en mètres.	Décistères.	Millistères.	Longueurs en mètres.	Décistères.	Millistères.	Longueurs en mètres.	Décistères.	Millistères.	Longueurs en mètres.	Décistères.	Millistères.	Longueurs en mètres.	Décistères.	Millistères.
m.			m.			m.			m.			m.		
2 »	2	58	2 »	2	72	2 »	2	85	2 »	2	99	2 »	2	59
2 25	2	90	2 25	3	06	2 25	3	21	2 25	3	36	2 25	2	91
2 50	3	23	2 50	3	40	2 50	3	57	2 50	3	74	2 50	3	24
2 75	3	55	2 75	3	74	2 75	3	92	2 75	4	11	2 75	3	56
3 »	3	87	3 »	4	08	3 »	4	28	3 »	4	48	3 »	3	88
3 25	4	19	3 25	4	42	3 25	4	64	3 25	4	86	3 25	4	21
3 50	4	52	3 50	4	76	3 50	4	99	3 50	5	23	3 50	4	53
3 75	4	84	3 75	5	10	3 75	5	35	3 75	5	61	3 75	4	86
4 »	5	16	4 »	5	44	4 »	5	71	4 »	5	98	4 »	5	18
4 25	5	49	4 25	5	78	4 25	6	06	4 25	6	35	4 25	5	50
4 50	5	81	4 50	6	12	4 50	6	42	4 50	6	73	4 50	5	83
4 75	6	13	4 75	6	46	4 75	6	78	4 75	7	10	4 75	6	15
5 »	6	46	5 »	6	80	5 »	7	14	5 »	7	48	5 »	6	48
5 25	6	78	5 25	7	14	5 25	7	49	5 25	7	85	5 25	6	80
5 50	7	10	5 50	7	48	5 50	7	85	5 50	8	22	5 50	7	12
5 75	7	42	5 75	7	82	5 75	8	21	5 75	8	60	5 75	7	45
6 »	7	75	6 »	8	16	6 »	8	56	6 »	8	97	6 »	7	77
6 25	8	07	6 25	8	50	6 25	8	92	6 25	9	35	6 25	8	10
6 50	8	39	6 50	8	84	6 50	9	28	6 50	9	72	6 50	8	42
6 75	8	72	6 75	9	18	6 75	9	63	6 75	10	09	6 75	8	74
7 »	9	04	7 »	9	52	7 »	9	99	7 »	10	47	7 »	9	07
7 25	9	36	7 25	9	86	7 25	10	35	7 25	10	84	7 25	9	39
7 50	9	69	7 50	10	20	7 50	10	71	7 50	11	22	7 50	9	72
7 75	10	01	7 75	10	54	7 75	11	06	7 75	11	59	7 75	10	04
8 »	10	33	8 »	10	88	8 »	11	42	8 »	11	96	8 »	10	36
8 25	10	65	8 25	11	22	8 25	11	78	8 25	12	34	8 25	10	69
8 50	10	98	8 50	11	56	8 50	12	13	8 50	12	71	8 50	11	01
8 75	11	30	8 75	11	90	8 75	12	49	8 75	13	09	8 75	11	34
9 »	11	62	9 »	12	24	9 »	12	85	9 »	13	46	9 »	11	66
9 25	11	95	9 25	12	58	9 25	13	20	9 25	13	83	9 25	11	98
9 50	12	27	9 50	12	92	9 50	13	56	9 50	14	21	9 50	12	31
9 75	12	59	9 75	13	26	9 75	13	92	9 75	14	58	9 75	12	63
10 »	12	92	10 »	13	60	10 »	14	28	10 »	14	96	10 »	12	96
10 25	13	24	10 25	13	94	10 25	14	63	10 25	15	33	10 25	13	28
10 50	13	56	10 50	14	28	10 50	14	99	10 50	15	70	10 50	13	60
10 75	13	88	10 75	14	62	10 75	15	35	10 75	16	08	10 75	13	93
11 »	14	21	11 »	14	96	11 »	15	70	11 »	16	45	11 »	14	25
11 25	14	53	11 25	15	30	11 25	16	06	11 25	16	83	11 25	14	58
11 50	14	85	11 50	15	64	11 50	16	42	11 50	17	20	11 50	14	90
11 75	15	18	11 75	15	98	11 75	16	77	11 75	17	57	11 75	15	22
12 »	15	50	12 »	16	32	12 »	17	13	12 »	17	95	12 »	15	55

m36 à m38.			m36 à m40.			m36 à m42.			m36 à m44.			m36 à m46.		
Longueurs en mètres.	Décistères.	Millistères.	Longueurs en mètres.	Décistères.	Millistères.	Longueurs en mètres.	Décistères.	Millistères.	Longueurs en mètres.	Décistères.	Millistères.	Longueurs en mètres.	Décistères.	Millistères.
m.			m.			m.			m.			m.		
2 »	2	73	2 »	2	88	2 »	3	02	2 »	3	16	2 »	3	31
2 25	3	07	2 25	3	24	2 25	3	40	2 25	3	56	2 25	3	72
2 50	3	42	2 50	3	60	2 50	3	78	2 50	3	96	2 50	4	14
2 75	3	76	2 75	3	96	2 75	4	15	2 75	4	35	2 75	4	55
3 »	4	10	3 »	4	32	3 »	4	53	3 »	4	75	3 »	4	96
3 25	4	44	3 25	4	68	3 25	4	91	3 25	5	14	3 25	5	38
3 50	4	78	3 50	5	04	3 50	5	29	3 50	5	54	3 50	5	79
3 75	5	13	3 75	5	40	3 75	5	67	3 75	5	94	3 75	6	21
4 »	5	47	4 »	5	76	4 »	6	04	4 »	6	33	4 »	6	62
4 25	5	81	4 25	6	12	4 25	6	42	4 25	6	73	4 25	7	03
4 50	6	15	4 50	6	48	4 50	6	80	4 50	7	12	4 50	7	45
4 75	6	49	4 75	6	84	4 75	7	18	4 75	7	52	4 75	7	86
5 »	6	84	5 »	7	20	5 »	7	56	5 »	7	92	5 »	8	28
5 25	7	18	5 25	7	56	5 25	7	93	5 25	8	31	5 25	8	69
5 50	7	52	5 50	7	92	5 50	8	31	5 50	8	71	5 50	9	10
5 75	7	86	5 75	8	28	5 75	8	69	5 75	9	10	5 75	9	52
6 »	8	20	6 »	8	64	6 »	9	07	6 »	9	50	6 »	9	93
6 25	8	55	6 25	9	00	6 25	9	45	6 25	9	90	6 25	10	35
6 50	8	89	6 50	9	36	6 50	9	82	6 50	10	29	6 50	10	76
6 75	9	23	6 75	9	72	6 75	10	20	6 75	10	69	6 75	11	17
7 »	9	57	7 »	10	08	7 »	10	58	7 »	11	08	7 »	11	59
7 25	9	91	7 25	10	44	7 25	10	96	7 25	11	48	7 25	12	00
7 50	10	26	7 50	10	80	7 50	11	34	7 50	11	88	7 50	12	42
7 75	10	60	7 75	11	16	7 75	11	71	7 75	12	27	7 75	12	83
8 »	10	94	8 »	11	52	8 »	12	09	8 »	12	67	8 »	13	24
8 25	11	28	8 25	11	88	8 25	12	47	8 25	13	06	8 25	13	66
8 50	11	62	8 50	12	24	8 50	12	85	8 50	13	46	8 50	14	07
8 75	11	97	8 75	12	60	8 75	13	23	8 75	13	86	8 75	14	49
9 »	12	31	9 »	12	96	9 »	13	60	9 »	14	25	9 »	14	90
9 25	12	65	9 25	13	32	9 25	13	98	9 25	14	65	9 25	15	31
9 50	12	99	9 50	13	68	9 50	14	36	9 50	15	04	9 50	15	73
9 75	13	33	9 75	14	04	9 75	14	74	9 75	15	44	9 75	16	14
10 »	13	68	10 »	14	40	10 »	15	12	10 »	15	84	10 »	16	56
10 25	14	02	10 25	14	76	10 25	15	49	10 25	16	23	10 25	16	97
10 50	14	36	10 50	15	12	10 50	15	87	10 50	16	63	10 50	17	38
10 75	14	70	10 75	15	48	10 75	16	25	10 75	17	02	10 75	17	80
11 »	15	04	11 »	15	84	11 »	16	63	11 »	17	42	11 »	18	21
11 25	15	39	11 25	16	20	11 25	17	01	11 25	17	82	11 25	18	63
11 50	15	73	11 50	16	56	11 50	17	38	11 50	18	21	11 50	19	04
11 75	16	07	11 75	16	92	11 75	17	76	11 75	18	61	11 75	19	45
12 »	16	41	12 »	17	28	12 »	18	14	12 »	19	00	12 »	19	87

m38 à m38.			m38 à m40.			m38 à m42.			m38 à m44.			m38 à m46.		
Longueurs en mètres.	Décistères.	Millistères.	Longueurs en mètres.	Décistères.	Millistères.	Longueurs en mètres.	Décistères.	Millistères.	Longueurs en mètres.	Décistères.	Millistères.	Longueurs en mètres.	Décistères.	Millistères.
m.			m.			m.			m.			m.		
2 »	2	88	2 »	3	04	2 »	3	19	2 »	3	34	2 »	3	49
2 25	3	24	2 25	3	42	2 25	3	59	2 25	3	76	2 25	3	93
2 50	3	61	2 50	3	80	2 50	3	99	2 50	4	18	2 50	4	37
2 75	3	97	2 75	4	18	2 75	4	38	2 75	4	59	2 75	4	80
3 »	4	33	3 »	4	56	3 »	4	78	3 »	5	01	3 »	5	24
3 25	4	69	3 25	4	94	3 25	5	18	3 25	5	43	3 25	5	68
3 50	5	05	3 50	5	32	3 50	5	58	3 50	5	85	3 50	6	11
3 75	5	41	3 75	5	70	3 75	5	98	3 75	6	27	3 75	6	55
4 »	5	77	4 »	6	08	4 »	6	38	4 »	6	68	4 »	6	99
4 25	6	13	4 25	6	46	4 25	6	78	4 25	7	10	4 25	7	42
4 50	6	49	4 50	6	84	4 50	7	18	4 50	7	52	4 50	7	86
4 75	6	85	4 75	7	22	4 75	7	58	4 75	7	94	4 75	8	30
5 »	7	22	5 »	7	60	5 »	7	98	5 »	8	36	5 »	8	74
5 25	7	58	5 25	7	98	5 25	8	37	5 25	8	77	5 25	9	17
5 50	7	94	5 50	8	36	5 50	8	77	5 50	9	19	5 50	9	61
5 75	8	30	5 75	8	74	5 75	9	17	5 75	9	61	5 75	10	05
6 »	8	66	6 »	9	12	6 »	9	57	6 »	10	03	6 »	10	48
6 25	9	02	6 25	9	50	6 25	9	97	6 25	10	45	6 25	10	92
6 50	9	38	6 50	9	88	6. 50	10	37	6 50	10	86	6 50	11	36
6 75	9	74	6 75	10	26	6 75	10	77	6 75	11	28	6 75	11	79
7 »	10	10	7 »	10	64	7 »	11	17	7 »	11	70	7 »	12	23
7 25	10	46	7 25	11	02	7 25	11	57	7 25	12	12	7 25	12	67
7 50	10	83	7 50	11	40	7 50	11	97	7 50	12	54	7 50	13	11
7 75	11	19	7 75	11	78	7 75	12	36	7 75	12	95	7 75	13	55
8 »	11	55	8 »	12	16	8 »	12	76	8 »	13	37	8 »	13	98
8 25	11	91	8 25	12	54	8 25	13	16	8 25	13	79	8 25	14	42
8 50	12	27	8 50	12	92	8 50	13	56	8 50	14	21	8 50	14	85
8 75	12	63	8 75	13	30	8 75	13	96	8 75	14	63	8 75	15	29
9 »	12	99	9 »	13	68	9 »	14	36	9 »	15	04	9 »	15	73
9 25	13	35	9 25	14	06	9 25	14	76	9 25	15	46	9 25	16	16
9 50	13	71	9 50	14	44	9 50	15	16	9 50	15	88	9 50	16	60
9 75	14	07	9 75	14	82	9 75	15	56	9 75	16	30	9 75	17	04
10 »	14	44	10 »	15	20	10 »	15	96	10 »	16	72	10 »	17	48
10 25	14	80	10 25	15	58	10 25	16	35	10 25	17	13	10 25	17	91
10 50	15	16	10 50	15	96	10 50	16	75	10 50	17	55	10 50	18	35
10 75	15	52	10 75	16	34	10 75	17	15	10 75	17	97	10 75	18	79
11 »	15	88	11 »	16	72	11 »	17	55	11 »	18	39	11 »	19	22
11 25	16	24	11 25	17	10	11 25	17	95	11 25	18	81	11 25	19	66
11 50	16	60	11 50	17	48	11 50	18	35	11 50	19	22	11 50	20	10
11 75	16	96	11 75	17	86	11 75	18	75	11 75	19	64	11 75	20	53
12 »	17	32	12 »	18	24	12 »	19	15	12 »	20	06	12 »	20	97

^{m}38 à ^{m}48.			^{m}40 à ^{m}40.			^{m}40 à ^{m}42.			^{m}40 à ^{m}44.			^{m}40 à ^{m}46.		
Longueurs en mètres.	Décistères.	Millistères.	Longueurs en mètres.	Décistères.	Millistères.	Longueurs en mètres.	Décistères.	Millistères.	Longueurs en mètres.	Décistères.	Millistères.	Longueurs en mètres.	Décistères.	Millistères.
m.			m.			m.			m.			m.		
2 »	3	64	2 »	3	20	2 »	3	36	2 »	3	52	2 »	3	68
2 25	4	10	2 25	3	60	2 25	3	78	2 25	3	96	2 25	4	14
2 50	4	56	2 50	4	00	2 50	4	20	2 50	4	40	2 50	4	60
2 75	5	01	2 75	4	40	2 75	4	62	2 75	4	84	2 75	5	06
3 »	5	47	3 »	4	80	3 »	5	04	3 »	5	28	3 »	5	52
3 25	5	92	3 25	5	20	3 25	5	46	3 25	5	72	3 25	5	98
3 50	6	38	3 50	5	60	3 50	5	88	3 50	6	16	3 50	6	44
3 75	6	84	3 75	6	00	3 75	6	30	3 75	6	60	3 75	6	90
4 »	7	29	4 »	6	40	4 »	6	72	4 »	7	04	4 »	7	36
4 25	7	75	4 25	6	80	4 25	7	14	4 25	7	48	4 25	7	82
4 50	8	20	4 50	7	20	4 50	7	56	4 50	7	92	4 50	8	28
4 75	8	66	4 75	7	60	4 75	7	98	4 75	8	36	4 75	8	74
5 »	9	12	5 »	8	00	5 »	8	40	5 »	8	80	5 »	9	20
5 25	9	57	5 25	8	40	5 25	8	82	5 25	9	24	5 25	9	66
5 50	10	03	5 50	8	80	5 50	9	24	5 50	9	68	5 50	10	12
5 75	10	48	5 75	9	20	5 75	9	66	5 75	10	12	5 75	10	58
6 »	10	94	6 »	9	60	6 »	10	08	6 »	10	56	6 »	11	04
6 25	11	40	6 25	10	00	6 25	10	50	6 25	11	00	6 25	11	50
6 50	11	85	6 50	10	40	6 50	10	92	6 50	11	44	6 50	11	96
6 75	12	31	6 75	10	80	6 75	11	34	6 75	11	88	6 75	12	42
7 »	12	76	7 »	11	20	7 »	11	76	7 »	12	32	7 »	12	88
7 25	13	22	7 25	11	60	7 25	12	18	7 25	12	76	7 25	13	34
7 50	13	68	7 50	12	00	7 50	12	60	7 50	13	20	7 50	13	80
7 75	14	13	7 75	12	40	7 75	13	02	7 75	13	64	7 75	14	26
8 »	14	59	8 »	12	80	8 »	13	44	8 »	14	08	8 »	14	72
8 25	15	04	8 25	13	20	8 25	13	86	8 25	14	52	8 25	15	18
8 50	15	50	8 50	13	60	8 50	14	28	8 50	14	96	8 50	15	64
8 75	15	96	8 75	14	00	8 75	14	70	8 75	15	40	8 75	16	10
9 »	16	41	9 »	14	40	9 »	15	12	9 »	15	84	9 »	16	56
9 25	16	87	9 25	14	80	9 25	15	54	9 25	16	28	9 25	17	02
9 50	17	32	9 50	15	20	9 50	15	96	9 50	16	72	9 50	17	48
9 75	17	78	9 75	15	60	9 75	16	38	9 75	17	16	9 75	17	94
10 »	18	24	10 »	16	00	10 »	16	80	10 »	17	60	10 »	18	40
10 25	18	69	10 25	16	40	10 25	17	22	10 25	18	04	10 25	18	86
10 50	19	15	10 50	16	80	10 50	17	64	10 50	18	48	10 50	19	32
10 75	19	60	10 75	17	20	10 75	18	06	10 75	18	92	10 75	19	78
11 »	20	06	11 »	17	60	11 »	18	48	11 »	19	36	11 »	20	24
11 25	20	52	11 25	18	00	11 25	18	90	11 25	19	80	11 25	20	70
11 50	20	97	11 50	18	40	11 50	19	32	11 50	20	24	11 50	21	16
11 75	21	43	11 75	18	80	11 75	19	74	11 75	20	68	11 75	21	62
12 »	21	88	12 »	19	20	12 »	20	16	12 »	21	12	12 »	22	08

m40 à m48.			m40 à m50.			m42 à m42.			m42 à m44.			m42 à 46m.		
Longueurs en mètres.	Décistères.	Millistères.	Longueurs en mètres.	Décistères.	Millistères.	Longueurs en mètres.	Décistères.	Millistères.	Longueurs en mètres.	Décistères.	Millistères.	Longueurs en mètres.	Décistères.	Millistères.
m.			m.			m.			m.			m.		
2 »	3	84	2 »	4	00	2 »	3	52	2 »	3	69	2 »	3	86
2 25	4	32	2 25	4	50	2 25	3	96	2 25	4	15	2 25	4	34
2 50	4	80	2 50	5	00	2 50	4	41	2 50	4	62	2 50	4	83
2 75	5	28	2 75	5	50	2 75	4	85	2 75	5	08	2 75	5	31
3 »	5	76	3 »	6	00	3 »	5	29	3 »	5	54	3 »	5	79
3 25	6	24	3 25	6	50	3 25	5	73	3 25	6	00	3 25	6	27
3 50	6	72	3 50	7	00	3 50	6	17	3 50	6	46	3 50	6	76
3 75	7	20	3 75	7	50	3 75	6	61	3 75	6	93	3 75	7	24
4 »	7	68	4 »	8	00	4 »	7	05	4 »	7	39	4 »	7	72
4 25	8	16	4 25	8	50	4 25	7	49	4 25	7	85	4 25	8	21
4 50	8	64	4 50	9	00	4 50	7	93	4 50	8	31	4 50	8	69
4 75	9	12	4 75	9	50	4 75	8	37	4 75	8	77	4 75	9	17
5 »	9	60	5 »	10	00	5 »	8	82	5 »	9	24	5 »	9	66
5 25	10	08	5 25	10	50	5 25	9	26	5 25	9	70	5 25	10	14
5 50	10	56	5 50	11	00	5 50	9	70	5 50	10	16	5 50	10	62
5 75	11	04	5 75	11	50	5 75	10	14	5 75	10	62	5 75	11	10
6 »	11	52	6 »	12	00	6 »	10	58	6 »	11	08	6 »	11	59
6 25	12	00	6 25	12	50	6 25	11	02	6 25	11	55	6 25	12	07
6 50	12	48	6 50	13	00	6 50	11	46	6 50	12	01	6 50	12	55
6 75	12	96	6 75	13	50	6 75	11	90	6 75	12	47	6 75	13	04
7 »	13	44	7 »	14	00	7 »	12	34	7 »	12	93	7 »	13	52
7 25	13	92	7 25	14	50	7 25	12	78	7 25	13	39	7 25	14	00
7 50	14	40	7 50	15	00	7 50	13	23	7 50	13	86	7 50	14	49
7 75	14	88	7 75	15	50	7 75	13	67	7 75	14	32	7 75	14	97
8 »	15	36	8 »	16	00	8 »	14	11	8 »	14	78	8 »	15	45
8 25	15	84	8 25	16	50	8 25	14	55	8 25	15	24	8 25	15	93
8 50	16	32	8 50	17	00	8 50	14	99	8 50	15	70	8 50	16	42
8 75	16	80	8 75	17	50	8 75	15	43	8 75	16	17	8 75	16	90
9 »	17	28	9 »	18	00	9 »	15	87	9 »	16	63	9 »	17	38
9 25	17	76	9 25	18	50	9 25	16	31	9 25	17	09	9 25	17	87
9 50	18	24	9 50	19	00	9 50	16	75	9 50	17	55	9 50	18	35
9 75	18	72	9 75	19	50	9 75	17	19	9 75	18	01	9 75	18	83
10 »	19	20	10 »	20	00	10 »	17	64	10 »	18	48	10 »	19	32
10 25	19	68	10 25	20	50	10 25	18	08	10 25	18	94	10 25	19	80
10 50	20	16	10 50	21	00	10 50	18	52	10 50	19	40	10 50	20	28
10 75	20	64	10 75	21	50	10 75	18	96	10 75	19	86	10 75	20	76
11 »	21	12	11 »	22	00	11 »	19	40	11 »	20	32	11 »	21	25
11 25	21	60	11 25	22	50	11 25	19	84	11 25	20	79	11 25	21	73
11 50	22	08	11 50	23	00	11 50	20	28	11 50	21	25	11 50	22	21
11 75	22	56	11 75	23	50	11 75	20	72	11 75	21	71	11 75	22	70
12 »	23	04	12 »	24	00	12 »	21	16	12 »	22	17	12 »	23	18

^{m}42 à ^{m}48.			^{m}42 à ^{m}50.			^{m}42 à ^{m}52.			^{m}44 à ^{m}44.			^{m}44 à ^{m}46.		
Longueurs en mètres.	Décistères.	Millistères.	Longueurs en mètres.	Décistères.	Millistères.	Longueurs en mètres.	Décistères.	Millistères.	Longueurs en mètres.	Décistères.	Millistères.	Longueurs en mètres.	Décistères.	Millistères.
m.			m.			m.			m.			m.		
2 »	4	03	2 »	4	20	2 »	4	56	2 »	3	87	2 »	4	04
2 25	4	53	2 25	4	72	2 25	4	91	2 25	4	35	2 25	4	55
2 50	5	04	2 50	5	25	2 50	5	46	2 50	4	84	2 50	5	06
2 75	5	54	2 75	5	77	2 75	6	00	2 75	5	32	2 75	5	56
3 »	6	04	3 »	6	30	3 »	6	55	3 »	5	80	3 »	6	07
3 25	6	55	3 25	6	82	3 25	7	09	3 25	6	29	3 25	6	57
3 50	7	05	3 50	7	35	3 50	7	64	3 50	6	77	3 50	7	08
3 75	7	56	3 75	7	87	3 75	8	19	3 75	7	26	3 75	7	59
3 »	8	06	4 »	8	40	4 »	8	73	4 »	7	74	4 »	8	09
3 25	8	56	4 25	8	92	4 25	9	28	4 25	8	22	4 25	8	60
4 50	9	07	4 50	9	45	4 50	9	82	4 50	8	71	4 50	9	10
4 75	9	57	4 75	9	97	4 75	10	37	4 75	9	19	4 75	9	61
5 »	10	08	5 »	10	50	5 »	10	92	5 »	9	68	5 »	10	12
5 25	10	58	5 25	11	02	5 25	11	46	5 25	10	16	5 25	10	62
5 50	11	08	5 50	11	55	5 50	12	01	5 50	10	64	5 50	11	13
5 75	11	59	5 75	12	07	5 75	12	55	5 75	11	13	5 75	11	63
6 »	12	09	6 »	12	60	6 »	13	10	6 »	11	61	6 »	12	14
6 25	12	60	6 25	13	12	6 25	13	65	6 25	12	10	6 25	12	65
6 50	13	10	6 50	13	65	6 50	14	19	6 50	12	58	6 50	13	15
6 75	13	60	6 75	14	17	6 75	14	74	6 75	13	06	6 75	13	66
7 »	14	11	7 »	14	70	7 »	15	28	7 »	13	55	7 »	14	16
7 25	14	61	7 25	15	22	7 25	15	83	7 25	14	03	7 25	14	67
7 50	15	12	7 50	15	75	7 50	16	38	7 50	14	52	7 50	15	18
7 75	15	62	7 75	16	27	7 75	16	92	7 75	15	00	7 75	15	68
8 »	16	12	8 »	16	80	8 »	17	47	8 »	15	48	8 »	16	19
8 25	16	63	8 25	17	32	8 25	18	01	8 25	15	97	8 25	16	69
8 50	17	13	8 50	17	85	8 50	18	56	8 50	16	45	8 50	17	20
8 75	17	64	8 75	18	37	8 75	19	11	8 75	16	94	8 75	17	71
9 »	18	14	9 »	18	90	9 »	19	65	9 »	17	42	9 »	18	21
9 25	18	64	9 25	19	42	9 25	20	20	9 25	17	90	9 25	18	72
9 50	19	15	9 50	19	95	9 50	20	74	9 50	18	39	9 50	19	22
9 75	19	65	9 75	20	47	9 75	21	29	9 75	18	87	9 75	19	73
10 »	20	16	10 »	21	00	10 »	21	84	10 »	19	36	10 »	20	24
10 25	20	66	10 25	21	52	10 25	22	38	10 25	19	84	10 25	20	74
10 50	21	16	10 50	22	05	10 50	22	93	10 50	20	32	10 50	21	25
10 75	21	67	10 75	22	57	10 75	23	47	10 75	20	81	10 75	21	75
11 »	22	17	11 »	23	10	11 »	24	02	11 »	21	29	11 »	22	26
11 25	22	68	11 25	23	62	11 25	24	57	11 25	21	78	11 25	22	77
11 50	23	18	11 50	24	15	11 50	25	11	11 50	22	26	11 50	23	27
11 75	23	68	11 75	24	67	11 75	25	66	11 75	22	74	11 75	23	78
12 »	24	19	12 »	25	20	12 »	26	20	12 »	23	23	12 »	24	28

m44 à m48.			m44 à m50.			m44 à m52.			m44 à m54.			m46 à m46.		
Longueurs en mètres.	Décistères.	Millistères.	Longueurs en mètres.	Décistères.	Millistères.	Longueurs en mètres.	Décistères.	Millistères.	Longueurs en mètres.	Décistères.	Millistères.	Longueurs en mètres.	Décistères.	Millistères.
m.			m.			m.			m.			m.		
2 »	4	22	2 »	4	40	2 »	4	57	2 »	4	75	2 »	4	23
2 25	4	75	2 25	4	95	2 25	5	14	2 25	5	34	2 25	4	76
2 50	5	28	2 50	5	50	2 50	5	72	2 50	5	94	2 50	5	29
2 75	5	80	2 75	6	05	2 75	6	29	2 75	6	53	2 75	5	81
3 »	6	33	3 »	6	60	3 »	6	86	3 »	7	12	3 »	6	34
3 25	6	86	3 25	7	15	3 25	7	43	3 25	7	72	3 25	6	87
3 50	7	39	3 50	7	70	3 50	8	00	3 50	8	31	3 50	7	40
3 75	7	92	3 75	8	25	3 75	8	58	3 75	8	91	3 75	7	93
4 »	8	44	4 »	8	80	4 »	9	15	4 »	9	50	4 »	8	46
4 25	8	97	4 25	9	35	4 25	9	72	4 25	10	09	4 25	8	99
4 50	9	50	4 50	9	90	4 50	10	29	4 50	10	69	4 50	9	52
4 75	10	03	4 75	10	45	4 75	10	86	4 75	11	28	4 75	10	05
5 »	10	56	5 »	11	00	5 »	11	64	5 »	11	88	5 »	10	58
5 25	11	08	5 25	11	55	5 25	12	01	5 25	12	47	5 25	11	10
5 50	11	61	5 50	12	10	5 50	12	58	5 50	13	06	5 50	11	63
5 75	12	14	5 75	12	65	5 75	13	15	5 75	13	66	5 75	12	16
6 »	12	67	6 »	13	20	6 »	13	72	6 »	14	25	6 »	12	69
6 25	13	20	6 25	13	75	6 25	14	30	6 25	14	85	6 25	13	22
6 50	13	72	6 50	14	30	6 50	14	87	6 50	15	44	6 50	13	75
6 75	14	25	6 75	14	85	6 75	15	44	6 75	16	03	6 75	14	28
7 »	14	78	7 »	15	40	7 »	16	01	7 »	16	63	7 »	14	81
7 25	15	31	7 25	15	95	7 25	16	58	7 25	17	22	7 25	15	34
7 50	15	84	7 50	16	50	7 50	17	16	7 50	17	82	7 50	15	87
7 75	16	36	7 75	17	05	7 75	17	73	7 75	18	41	7 75	16	39
8 »	16	89	8 »	17	60	8 »	18	30	8 »	19	00	8 »	16	92
8 25	17	42	8 25	18	15	8 25	18	87	8 25	19	60	8 25	17	45
8 50	17	95	8 50	18	70	8 50	19	44	8 50	20	19	8 50	17	98
8 75	18	48	8 75	19	25	8 75	20	02	8 75	20	79	8 75	18	51
9 »	19	00	9 »	19	80	9 »	20	59	9 »	21	38	9 »	19	04
9 25	19	53	9 25	20	35	9 25	21	16	9 25	21	97	9 25	19	57
9 50	20	06	9 50	20	90	9 50	21	73	9 50	22	57	9 50	20	10
9 75	20	59	9 75	21	45	9 75	22	30	9 75	23	16	9 75	20	63
10 »	21	12	10 »	22	00	10 »	22	88	10 »	23	76	10 »	21	16
10 25	21	64	10 25	22	55	10 25	23	45	10 25	24	35	10 25	21	68
10 50	22	17	10 50	23	10	10 50	24	02	10 50	24	94	10 50	22	21
10 75	22	70	10 75	23	65	10 75	24	59	10 75	25	54	10 75	22	74
11 »	23	23	11 »	24	20	11 »	25	16	11 »	26	13	11 »	23	27
11 25	23	76	11 25	24	75	11 25	25	74	11 25	26	73	11 25	23	80
11 50	24	28	11 50	25	30	11 50	26	31	11 50	27	32	11 50	24	33
11 75	24	81	11 75	25	85	11 75	26	88	11 75	27	91	11 75	24	86
12 »	25	34	12 »	26	40	12 »	27	45	12 »	28	51	12 »	25	39

m46 à m48.			m46 à m50.			m46 à m52.			m46 à m54.			m46 à m56.		
Longueurs en mètres.	Décistères.	Millistères.	Longueurs en mètres.	Décistères.	Millistères.	Longueurs en mètres.	Décistères.	Millistères.	Longueurs en mètres.	Décistères.	Millistères.	Longueurs en mètres.	Décistères.	Millistères.
m.			m.			m.			m.			m.		
2 »	4	41	2 »	4	60	2 »	4	78	2 »	4	96	2 »	5	15
2 25	4	96	2 25	5	17	2 25	5	38	2 25	5	58	2 25	5	79
2 50	5	52	2 50	5	75	2 50	5	98	2 50	6	21	2 50	6	44
2 75	6	07	2 75	6	32	2 75	6	57	2 75	6	83	2 75	7	08
3 »	6	62	3 »	6	90	3 »	7	17	3 »	7	45	3 »	7	72
3 25	7	17	3 25	7	47	3 25	7	77	3 25	8	07	3 25	8	37
3 50	7	72	3 50	8	05	3 50	8	37	3 50	8	69	3 50	9	01
3 75	8	28	3 75	8	62	3 75	8	97	3 75	9	31	3 75	9	66
4 »	8	83	4 »	9	20	4 »	9	56	4 »	9	93	4 »	10	30
4 25	9	38	4 25	9	77	4 25	10	16	4 25	10	55	4 25	10	94
4 50	9	93	4 50	10	35	4 50	10	76	4 50	11	17	4 20	11	59
4 75	10	48	4 75	10	92	4 75	11	36	4 75	11	79	4 75	12	23
5 »	11	04	5 »	11	50	5 »	11	96	5 »	12	42	5 »	12	88
5 25	11	59	5 25	12	07	5 25	12	55	5 25	13	04	5 25	13	52
5 50	12	14	5 50	12	65	5 50	13	15	5 50	13	66	5 50	14	16
5 75	12	69	5 75	13	22	5 75	13	75	5 75	14	28	5 75	14	81
6 »	13	24	6 »	13	80	6 »	14	35	6 »	14	90	6 »	15	45
6 25	13	80	6 25	14	37	6 25	14	95	6 25	15	52	6 25	16	10
6 50	14	35	6 50	14	95	6 50	15	54	6 50	16	14	6 50	16	74
6 75	14	90	6 75	15	52	6 75	16	14	6 75	16	76	6 75	17	38
7 »	15	45	7 »	16	10	7 »	16	74	7 »	17	38	7 »	18	03
7 25	16	00	7 25	16	67	7 25	17	34	7 25	18	00	7 25	18	67
7 50	16	56	7 50	17	25	7 50	17	94	7 50	18	63	7 50	19	32
7 75	17	11	7 75	17	82	7 75	18	53	7 75	19	25	7 75	19	96
8 »	17	66	8 »	18	40	8 »	19	13	8 »	19	87	8 »	20	60
8 25	18	21	8 25	18	9[illegible]	8 25	19	73	8 25	20	49	8 25	21	25
8 50	18	76	8 50	19	55	8 50	20	33	8 50	21	11	8 50	21	89
8 75	19	32	8 75	20	12	8 75	20	93	8 75	21	73	8 75	22	54
9 »	19	87	9 »	20	70	9 »	21	52	9 »	22	35	9 »	23	18
9 25	20	42	9 25	21	27	9 25	22	12	9 25	22	97	9 25	23	82
9 50	20	97	9 50	21	85	9 50	22	72	9 50	23	59	9 50	24	47
9 75	21	52	9 75	22	42	9 75	23	32	9 75	24	21	9 75	25	11
10 »	22	08	10 »	23	00	10 »	23	92	10 »	24	84	10 »	25	76
10 25	22	63	10 25	23	57	10 25	24	51	10 25	25	46	10 25	26	40
10 50	23	18	10 50	24	15	10 50	25	11	10 50	26	08	10 50	27	04
10 75	23	73	10 75	24	72	10 75	25	71	10 75	26	70	10 75	27	69
11 »	24	28	11 »	25	30	11 »	26	31	11 »	27	32	11 »	28	33
11 25	24	84	11 25	25	87	11 25	26	91	11 25	27	94	11 25	28	98
11 50	25	39	11 50	26	45	11 50	27	50	11 50	28	56	11 50	29	62
11 75	25	94	11 75	27	02	11 75	28	10	11 75	29	18	11 75	30	26
12 »	26	49	12 »	27	60	12 »	28	70	12 »	29	80	12 »	30	91

m48 à m48.			m48 à m50.			m48 à m52.			m48 à m54.			m48 à m56.		
Longueurs en mètres.	Décistères.	Millistères.	Longueurs en mètres.	Décistères.	Millistères.	Longueurs en mètres.	Décistères.	Millistères.	Longueurs en mètres.	Décistères.	Millistères.	Longueurs en mètres.	Décistères.	Millistères.
m.			m.			m.			m.			m.		
2 »	4	60	2 »	4	80	2 »	4	99	2 »	5	18	2 »	5	37
2 25	5	18	2 25	5	40	2 25	5	61	2 25	5	83	2 25	6	04
2 50	5	76	2 50	6	00	2 50	6	24	2 50	6	48	2 50	6	72
2 75	6	33	2 75	6	60	2 75	6	86	2 75	7	12	2 75	7	39
3 »	6	91	3 »	7	20	3 »	7	48	3 »	7	77	3 »	8	06
3 25	7	48	3 25	7	80	3 25	8	11	3 25	8	42	3 25	8	73
3 50	6	06	3 50	8	40	3 50	8	73	3 50	9	07	3 50	9	40
3 75	8	64	3 75	9	00	3 75	9	36	3 75	9	72	3 75	10	08
4 »	9	21	4 »	9	60	4 »	9	98	4 »	10	36	4 »	10	75
4 25	9	79	4 25	10	20	4 25	10	60	4 25	11	01	4 25	11	42
4 50	10	36	4 50	10	80	4 50	11	23	4 50	11	66	4 50	12	09
4 75	10	94	4 75	11	40	4 75	11	85	4 75	12	31	4 75	12	76
5 »	11	52	5 »	12	00	5 »	12	48	5 »	12	96	5 »	13	44
5 25	12	09	5 25	12	60	5 25	13	10	5 25	13	60	5 25	14	11
5 50	12	67	5 50	13	20	5 50	13	72	5 50	14	25	5 50	14	78
5 75	13	24	5 75	13	80	5 75	14	35	5 75	14	90	5 75	15	45
6 »	13	82	6 »	14	40	6 »	14	97	6 »	15	55	6 »	16	12
6 25	14	40	6 25	15	00	6 25	15	60	6 25	16	20	6 25	16	80
6 50	14	97	6 50	15	60	6 50	16	22	6 50	16	84	6 50	17	47
6 75	15	55	6 75	16	20	6 75	16	84	6 75	17	49	6 75	18	14
7 »	16	12	7 »	16	80	7 »	17	47	7 »	18	14	7 »	18	81
7 25	16	70	7 25	17	40	7 25	18	09	7 25	18	79	7 25	19	48
7 50	17	28	7 50	18	00	7 50	18	72	7 50	19	44	7 50	20	16
7 75	17	85	7 75	18	60	7 75	19	34	7 75	20	08	7 75	20	83
8 »	18	43	8 »	19	20	8 »	19	96	8 »	20	73	8 »	21	50
8 25	19	00	8 25	19	80	8 25	20	59	8 25	21	38	8 25	22	17
8 50	19	58	8 50	20	40	8 50	21	21	8 50	22	03	8 50	22	84
8 75	20	16	8 75	21	00	8 75	21	84	8 75	22	68	8 75	23	52
9 »	20	73	9 »	21	60	9 »	22	46	9 »	23	32	9 »	24	19
9 25	21	31	9 25	22	20	9 25	23	08	9 25	23	97	9 25	24	86
9 50	21	88	9 50	22	80	9 50	23	71	9 50	24	62	9 50	25	53
9 75	22	46	9 75	23	40	9 75	24	33	9 75	25	27	9 75	26	20
10 »	23	04	10 »	24	00	10 »	24	96	10 »	25	92	10 »	26	88
10 25	23	61	10 25	24	60	10 25	25	58	10 25	26	56	10 25	27	55
10 50	24	19	10 50	25	20	10 50	26	20	10 50	27	21	10 50	28	22
10 75	24	76	10 75	25	80	10 75	26	83	10 75	27	86	10 75	28	89
11 »	25	34	11 »	26	40	11 »	27	45	11 »	28	51	11 »	29	56
11 25	25	92	11 25	27	00	11 25	28	08	11 25	29	16	11 25	30	24
11 50	26	49	11 50	27	60	11 50	28	70	11 50	29	80	11 50	30	91
11 75	27	07	11 75	28	20	11 75	29	32	11 75	30	45	11 75	31	58
12 »	27	64	12 »	28	80	12 »	29	95	12 »	31	10	12 »	32	25

m48 à m58.			m50 à m50.			m50 à m52.			m50 à m54.			m50 à m56.		
Longueurs en mètres.	Décistères.	Millistères.	Longueurs en mètres.	Décistères.	Millistères.	Longueurs en mètres.	Décistères.	Millistères.	Longueurs en mètres.	Décistères.	Millistères.	Longueurs en mètres.	Décistères.	Millistères.
m.			m.			m.			m.			m.		
2 »	5	56	2 »	5	00	2 »	5	20	2 »	5	40	2 »	5	60
2 25	6	26	2 25	5	62	2 25	5	85	2 25	6	07	2 25	6	30
2 50	6	96	2 50	6	25	2 50	6	50	2 50	6	75	2 50	7	00
2 75	7	65	2 75	6	87	2 75	7	15	2 75	7	42	2 75	7	70
3 »	8	35	3 »	7	50	3 »	7	80	3 »	8	10	3 »	8	40
3 25	9	04	3 25	8	12	3 25	8	45	3 25	8	77	3 25	9	10
3 50	9	74	3 50	8	75	3 50	9	10	3 50	9	45	3 50	9	80
3 75	10	44	3 75	9	37	3 75	9	75	3 75	10	12	3 75	10	50
4 »	11	13	4 »	10	00	4 »	10	40	4 »	10	80	4 »	11	20
4 25	11	83	4 25	10	62	4 25	11	05	4 25	11	47	4 25	11	90
4 50	12	52	4 50	11	25	4 50	11	70	4 50	12	15	4 50	12	60
4 75	13	22	4 75	11	87	4 75	12	35	4 75	12	82	4 75	13	30
5 »	13	92	5 »	12	50	5 »	13	00	5 »	13	50	5 »	14	00
5 25	14	61	5 25	13	12	5 25	13	65	5 25	14	17	5 25	14	70
5 50	15	31	5 50	13	75	5 50	14	30	5 50	14	85	5 50	15	40
5 75	16	00	5 75	14	37	5 75	14	95	5 75	15	52	5 75	16	10
6 »	16	70	6 »	15	00	6 »	15	60	6 »	16	20	6 »	16	80
6 25	17	40	6 25	15	62	6 25	16	25	6 25	16	87	6 25	17	50
6 50	18	09	6 50	16	25	6 50	16	90	6 50	17	55	6 50	18	20
6 75	18	79	6 75	16	87	6 75	17	55	6 75	18	22	6 75	18	90
7 »	19	48	7 »	17	50	7 »	18	20	7 »	18	90	7 »	19	60
7 25	20	18	7 25	18	12	7 25	18	85	7 25	19	57	7 25	20	30
7 50	20	88	7 50	18	75	7 50	19	50	7 50	20	25	7 50	21	00
7 75	21	57	7 75	19	37	7 75	20	15	7 75	20	92	7 75	21	70
8 »	22	27	8 »	20	00	8 »	20	80	8 »	21	60	8 »	22	40
8 25	22	96	8 25	20	62	8 25	21	45	8 25	22	27	8 25	23	10
8 50	23	66	8 50	21	25	8 50	22	10	8 50	22	95	8 50	23	80
8 75	24	36	8 75	21	87	8 75	22	75	8 75	23	62	8 75	24	50
9 »	25	05	9 »	22	50	9 »	23	40	9 »	24	30	9 »	25	20
9 25	25	75	9 25	23	12	9 25	24	05	9 25	24	97	9 25	25	90
9 50	26	44	9 50	23	75	9 50	24	70	9 50	25	65	9 50	26	60
9 75	27	14	9 75	24	37	9 75	25	35	9 75	26	32	9 75	27	30
10 »	27	84	10 »	25	00	10 »	26	00	10 »	27	00	10 »	28	00
10 25	28	53	10 25	25	62	10 25	26	65	10 25	27	67	10 25	28	70
10 50	29	23	10 50	26	25	10 50	27	30	10 50	28	35	10 50	29	40
10 75	29	92	10 75	26	87	10 75	27	95	10 75	29	02	10 75	30	10
11 »	30	62	11 »	27	50	11 »	28	60	11 »	29	70	11 »	30	80
11 25	31	32	11 25	28	12	11 25	29	25	11 25	30	37	11 25	31	50
11 50	32	01	11 50	28	75	11 50	29	90	11 50	31	05	11 50	32	20
11 75	32	71	11 75	29	37	11 75	30	55	11 75	31	72	11 75	32	90
12 »	33	40	12 »	30	00	12 »	31	20	12 »	32	40	12 »	33	60

NOTA.

Les personnes à qui nos tarifs sembleront insuffisants pourront y suppléer sans efforts, d'aprés les exemples qui vont suivre, savoir :

LONGUEURS DE 1 PIED A 5.

Pour 1 pied le 6me d'un 6 pieds.
Pour 2 pieds le 1/3 d'un 6 pieds.
Pour 3 pieds la *moitié* d'un 6 pieds.
Pour 4 pieds les 2/3 d'un 6 pieds.
Pour 5 pieds les 5/6mes d'un 6 pieds.

LONGUEURS AU-DESSUS DE 32 PIEDS.

Ajouter tout ce qui sera nécessaire pour avoir le cube d'un arbre qu'on aura mesuré; ainsi un morceau de charpente de 40 pieds 12 sur 12 d'équarrissage portera 13 solives 2 pieds.

Notre tarif au pied ancien n'allant qu'à	32 pieds	10 sol.	4 pieds,
On prendra un 8 pieds 12 sur 12		2	4
Quantité égale,		13 sol.	2 pieds.

Faire de même pour les longueurs du cubage des bois à la toise et au mètre; quant à l'équarrissage métrique, on se réglera de 1 centimètre à 7 centimètres, d'après le tableau suivant :

Pour 1 centimètre le 1/8e d'un 8 centimètres.
Pour 2 centimètres le *quart* d'un 8 centi.
Pour 3 centimètres le *quart* d'un 12 cent.
Pour 4 centimètres la *moitié* d'un 8 cent.
Pour 5 centimètres la *moitié* d'un 10 cent.
Pour 6 centimètres la *moitié* d'un 12 cent.
Pour 7 centimètres la *moitié* d'un 14 cent.

Ou :

Pour	cent.	la	partie d'un déc.	mil.
Pour 1	cent.	la 10[e]	partie d'un déc.	10 mil.
2	id.	id.	2	20
3	id.	id.	3	30
4	id.	id.	4	40
5	id.	id.	5	50
6	id.	id.	6	60
7	id.	id.	7	70
8	id.	id.	8	80
9	id.	id.	9	90
10	id.	id.	10	100

En résumé, pour compléter, autant que possible, nos instructions sur la connaissance des nouvelles mesures et particulièrement pour mettre nos lecteurs en position de vérifier et rectifier nos calculs de conversion des anciennes mesures en mètres et millimètres, stères et millistères, dont quelques-unes peuvent être inexactes, en raison de leurs diversités et grand nombre, nous avons cru devoir faire suivre :

Le tableau de la conversion des pièces ou solives en décistères. — N. VI.

Conversion des anciennes lignes, pouces, pieds et toises en mètres. — N. VII.

Dénomination et valeur des mesures métriques le plus en usage dans le commerce, et nos besoins journaliers, ainsi que leurs rapports avec les anciennes. — N. VIII.

Réduction des pouces et pieds *métriques* ou usuels en millistères, décistères et décastères. — N. IX.

Conversion des cordes usuelles en stères ou mètres cubes :

1. Corde de 8 pieds usuels sur 4 de haut, en bûches de 3 pieds et demi. — N. X.

2. Corde de 8 pieds usuels sur 5 de hauteur, bûches de 3 pieds et demi. — N. XI.

3. Corde de 8 pieds usuels sur 4 de hauteur, bûches de 4 pieds. — N. XII.

Conversion des décistères en anciennes pièces ou solives. — N. XIII.

Réduction des décistères et stères en solives ou pièces. — N. XIV.

N. VI.

CONVERSION DES PIÈCES OU SOLIVES EN DÉCISTÈRES.

Les décimales sont des millièmes de décistère ou dix-millièmes de mètre cube. 10 décistères faisant un mètre cube, pour convertir en mètres cubes, il faut avancer le point d'un chiffre ; 70 solives, valant en décistères 71.98, valent en mètres cubes 7.198.

sol.	déc.	mil.	sol.	déc.	mil.	pouces.	déc.	mil.
1	1	28	90	92	549	7	»	100
2	2	57	100	102	832	8	»	114
3	3	85	200	205	664	9	»	129
4	4	113	300	308	495	10	»	143
5	5	142	pieds.			11	»	157
6	6	170	1	»	171	lignes.		
7	7	198	2	»	343	1	»	1
8	8	227	3	»	514	2	»	2
9	9	255	4	»	686	3	»	4
10	10	283	5	»	857	4	»	5
20	20	566	pouces.			5	»	6
30	30	850	1	»	14	6	»	7
40	41	133	2	»	29	7	»	8
50	51	416	3	»	43	8	»	10
60	61	699	4	»	57	9	»	11
70	71	982	5	»	71	10	»	12
80	82	265	6	»	86	11	»	13

CONVERSION

DES LIGNES, POUCES, PIEDS ET TOISES EN MÈTRES.

N. VII.

4
6
10
4
6
10
4
6
8
10
2
4
6
8
10
2
4
6

lignes.		mèt.	mil.
1		»	2
2		»	5
3		»	7
4		»	9
5		»	11
6		»	14
7		»	16
8		»	18
9		»	20
10		»	23
11		»	25
pouc.	lign.		
1	»	»	27
1	2	»	32
1	4	»	36
1	6	»	41
1	8	»	42
1	10	»	50
2	»	»	54
2	2	»	59
2	4	»	63
2	6	»	68
2	8	»	72
2	10	»	77
3	»	»	81
3	2	»	86
3	4	»	90
3	6	»	95
3	8	»	99
3	10	»	104
4	»	»	108
4	2	»	113
4	4	»	117
4	6	»	122
4	8	»	126
4	10	»	131
5	»	»	135
5	2	»	140
5	4	»	144
5	6	»	149
5	8	»	153
5	10	»	158
6	»	»	162
6	2	»	167
6	4	»	171
6	6	»	176

pouc.	lign.		mèt.	mil.
6	8		»	180
6	10		»	185
7	»		»	189
7	2		»	194
7	4		»	198
7	6		»	203
7	8		»	207
7	10		»	212
8	»		»	217
8	2		»	221
8	4		»	226
8	6		»	230
8	8		»	235
8	10		»	239
9	»		»	244
9	2		»	248
9	4		»	253
9	6		»	257
9	8		»	262
9	10		»	266
10	»		»	271
10	2		»	275
10	4		»	280
10	6		»	284
10	8		»	289
10	10		»	293
11	»		»	298
11	2		»	302
11	4		»	307
11	6		»	311
11	8		»	316
11	10		»	320
pi.	po.	lig.	mèt.	mil.
1	»	»	»	325
1	»	2	»	329
1	»	4	»	334
1	»	6	»	338
1	»	8	»	343
1	»	10	»	347
1	1	»	»	352
1	1	2	»	356
1	1	4	»	361
1	1	6	»	365
1	1	8	»	370
1	1	10	»	374
1	2	»	»	379

pi.	po.	lig.	mèt.	mil.
1	2	2	»	383
1	2	4	»	388
1	2	6	»	393
1	2	8	»	297
1	2	10	»	402
1	3	»	»	406
1	3	2	»	411
1	3	4	»	415
1	3	6	»	420
1	3	8	»	424
1	3	10	»	429
1	4	»	»	433
1	4	2	»	438
1	4	4	»	442
1	4	6	»	447
1	4	8	»	451
1	4	10	»	456
1	5	»	»	460
1	5	2	»	465
1	5	4	»	469
1	5	6	»	474
1	5	8	»	478
1	5	10	»	483
1	6	»	»	487
1	6	2	»	492
1	6	4	»	496
1	6	6	»	501
1	6	8	»	505
1	6	10	»	510
1	7	»	»	514
1	7	2	»	519
1	7	4	»	523
1	7	6	»	528
1	7	8	»	532
1	7	10	»	537
1	8	»	»	541
1	8	2	»	546
1	8	4	»	550
1	8	6	»	555
1	8	8	»	559
1	8	10	»	564
1	9	»	»	568
1	9	2	»	573
1	9	4	»	577
1	9	6	»	582
1	9	8	»	587

pi.	po.	lig.	mèt.	mil.	pi.	po.	lig.	mèt.	mil.	pi.	po.	lig.	mèt.	mil.
1	9	10	»	591	2	5	4	»	794	3	»	10	»	997
1	10	»	»	596	2	5	6	»	799	3	1	»	1	2
1	10	2	»	600	2	5	8	»	803	3	1	2	1	6
1	10	4	»	605	2	5	10	»	808	3	1	4	1	11
1	10	6	»	609	2	6	»	»	812	3	1	6	1	15
1	10	8	»	614	2	6	2	»	817	3	1	8	1	20
1	10	10	»	618	2	6	4	»	821	3	1	10	1	24
1	11	»	»	623	2	6	6	»	826	3	2	»	1	29
1	11	2	»	627	2	6	8	»	830	3.	2	2	1	33
1	11	4	»	632	2	6	10	»	835	3	2	4	1	38
1	11	6	»	636	2	7	»	»	839	3	2	6	1	42
1	11	8	»	641	2	7	2	»	844	3	2	8	1	47
1	11	10	»	645	2	7	4	»	848	3	2	10	1	51
2	»	»	»	650	2	7	6	»	853	3	3	»	1	56
2	»	2	»	654	2	7	8	»	857	3	3	2	1	60
2	»	4	»	659	2	7	10	»	862	3	3	4	1	65
2	»	6	»	663	2	8	»	»	866	3	3	6	1	69
2	»	8	»	668	2	8	2	»	871	3	3	8	1	74
2	»	10	»	672	2	8	4	»	875	3	3	10	1	78
2	1	»	»	677	2	8	6	»	880	3	4	»	1	83
2	1	2	»	681	2	8	8	»	884	3	4	2	1	87
2	1	4	»	686	2	8	10	»	889	3	4	4	1	92
2	1	6	»	690	2	9	»	»	893	3	4	6	1	96
2	1	8	»	695	2	9	2	»	898	3	4	8	1	101
2	1	10	»	699	2	9	4	»	902	3	4	10	1	105
2	2	»	»	704	2	9	6	»	907	3	5	»	1	110
2	2	2	»	708	2	9	8	»	911	3	5	2	1	114
2	2	4	»	713	2	9	10	»	916	3	5	4	1	119
2	2	6	»	717	2	10	»	»	920	3	5	6	1	123
2	2	8	»	722	2	10	2	»	925	3	5	8	1	128
2	2	10	»	726	2	10	4	»	929	3	5	10	1	132
2	3	»	»	731	2	10	6	»	934	3	6	»	1	137
2	3	2	»	735	2	10	8	»	938	3	6	2	1	141
2	3	4	»	740	2	10	10	»	943	3	6	4	1	146
2	3	6	»	744	2	11	»	»	947	3	6	6	1	150
2	3	8	»	749	2	11	2	»	952	3	6	8	1	155
2	3	10	»	753	2	11	4	»	956	3	6	10	1	159
2	4	»	»	758	2	11	6	»	961	3	7	»	1	164
2	4	2	»	762	2	11	8	»	965	3	7	2	1	169
2	4	4	»	767	2	11	10	»	970	3	7	4	1	173
2	4	6	»	771	3	»	»	»	975	3	7	6	1	178
2	4	8	»	776	3	»	2	»	979	3	7	8	1	182
2	4	10	»	781	3	»	4	»	984	3	7	10	1	187
2	5	»	»	785	3	»	6	»	988	3	8	»	1	191
2	5	2	»	790	3	»	8	»	993	3	8	2	1	196

pi.	po.	lig.	mèt.	mil.	pi.	po.	lig.	mèt.	mil.	pi.	po.	lig.	mèt.	mil.
3	8	4	1	200	4	3	10	1	403	4	11	4	1	606
3	8	6	1	205	4	4	»	1	408	4	11	6	1	611
3	8	8	1	209	4	4	2	1	412	4	11	8	1	615
3	8	10	1	214	4	4	4	1	417	4	11	10	1	620
3	9	»	1	218	4	4	6	1	421	5	»	»	1	624
3	9	2	1	223	4	4	8	1	426	5	»	2	1	629
3	9	4	1	227	4	4	10	1	430	5	»	4	1	633
3	9	6	1	232	4	5	»	1	435	5	»	6	1	638
3	9	8	1	236	4	5	2	1	439	5	»	8	1	642
3	9	10	1	241	4	5	4	1	444	5	»	10	1	647
3	10	»	1	245	4	5	6	1	448	5	1	»	1	651
3	10	2	1	250	4	5	8	1	453	5	1	2	1	656
3	10	4	1	254	4	5	10	1	457	5	1	4	1	660
3	10	6	1	259	4	6	»	1	462	5	1	6	1	665
3	10	8	1	263	4	6	2	1	466	5	1	8	1	669
3	10	10	1	268	4	6	4	1	471	5	1	10	1	674
3	11	»	1	272	4	6	6	1	475	5	2	»	1	678
3	11	2	1	277	4	6	8	1	480	5	2	2	1	683
3	11	4	1	281	4	6	10	1	484	5	2	4	1	687
3	11	6	1	286	4	7	»	1	489	5	2	6	1	692
3	11	8	1	290	4	7	2	1	493	5	2	8	1	696
3	11	10	1	295	4	7	4	1	498	5	2	10	1	701
4	»	»	1	299	4	7	6	1	502	5	3	»	1	705
4	»	2	1	304	4	7	8	1	507	5	3	2	1	710
4	»	4	1	308	4	7	10	1	511	5	3	4	1	714
4	»	6	1	313	4	8	»	1	516	5	3	6	1	719
4	»	8	1	317	4	8	2	1	520	5	3	8	1	723
4	»	10	1	322	4	8	4	1	525	5	3	10	1	728
4	1	»	1	326	4	8	6	1	529	5	4	»	1	732
4	1	2	1	331	4	8	8	1	534	5	4	2	1	737
4	1	4	1	335	4	8	10	1	538	5	4	4	1	741
4	1	6	1	340	4	9	»	1	543	5	4	6	1	746
4	1	8	1	344	4	9	2	1	547	5	4	8	1	750
4	1	10	1	349	4	9	4	1	552	5	4	10	1	755
4	2	»	1	353	4	9	6	1	556	5	5	»	1	759
4	2	2	1	358	4	9	8	1	561	5	5	2	1	764
4	2	4	1	362	4	9	10	1	565	5	5	4	1	768
4	2	6	1	367	4	10	»	1	570	5	5	6	1	773
4	2	8	1	371	4	10	2	1	574	5	5	8	1	777
4	2	10	1	376	4	10	4	1	579	5	5	10	1	782
4	3	»	1	380	4	10	6	1	583	5	6	»	1	787
4	3	2	1	385	4	10	8	1	588	5	6	2	1	791
4	3	4	1	389	4	10	10	1	593	5	6	4	1	796
4	3	6	1	394	4	11	»	1	597	5	6	6	1	800
4	3	8	1	399	4	11	2	1	602	5	6	8	1	805

pi.	po.	lig.	mèt.	mil.	pi.	po.	lig.	mèt.	mil.	pi.	po.	lig.	mèt.	mil.
5	6	10	1	809	5	8	8	1	859	5	10	6	1	908
5	7	»	1	814	5	8	10	1	863	5	10	8	1	913
5	7	2	1	818	5	9	»	1	868	5	10	10	1	917
5	7	4	1	823	5	9	2	1	872	5	11	»	1	922
5	7	6	1	827	5	9	4	1	877	5	11	2	1	926
5	7	8	1	832	5	9	6	1	881	5	11	4	1	931
5	7	10	1	836	5	9	8	1	886	5	11	6	1	935
5	8	»	1	841	5	9	20	1	890	5	11	8	1	940
5	8	2	1	845	5	10	»	1	895	5	11	10	1	944
5	8	4	1	850	5	10	2	1	899	6	»	»	1	949
5	8	6	1	854	5	10	4	1	904	6	1	11	2	1

ANCIENS PIEDS EN MÈTRES.

pieds.	mèt.	mil.	pieds.	mèt.	mil.	pieds.	mèt.	mil.
1	»	325	8	2	599	60	19	490
2	»	650	9	2	924	70	22	739
3	»	975	10	3	248	80	25	987
4	1	299	20	6	497	90	29	235
5	1	624	30	9	745	100	32	484
6	1	949	40	12	994	500	162	420
7	2	274	50	16	242	1000	324	839

TOISES ANCIENNES EN MÈTRES.

toises.	mèt.	mil.	toises.	mèt.	mil.	toises.	mèt.	mil.
1	1	949	9	17	541	80	155	923
2	3	898	10	19	490	90	175	413
3	5	847	20	38	981	100	194	904
4	7	796	30	58	471	200	389	807
5	9	745	40	77	961	300	584	711
6	11	694	50	97	452	400	779	615
7	13	643	60	116	942	500	974	518
8	15	592	70	136	433	1000	1949	36

N. VIII.

DÉNOMINATION ET VALEUR DES MESURES MÉTRIQUES LE PLUS EN USAGE DANS LE COMMERCE, ET NOS BESOINS JOURNALIERS, AINSI QUE LEURS RAPPORTS AVEC LES ANCIENNES.

LE MÈTRE.

Ce type de toutes les mesures est la dix-millionième partie du quart du méridien terrestre, correspondant à 3 pieds 11 lignes 296 millièmes de ligne, pied-de-roi ancien.

Pour ordre va suivre la figure du décimètre de grandeur réelle sur laquelle les facteurs et exploitants pourront prendre leurs mesures et rectifier avec nos tableaux et tarifs nos omissions et erreurs de calculs; c'est en cette intention, spécialement, que nous avons tenu à en reproduire la forme avec la plus scrupuleuse exactitude.

Décimètre.

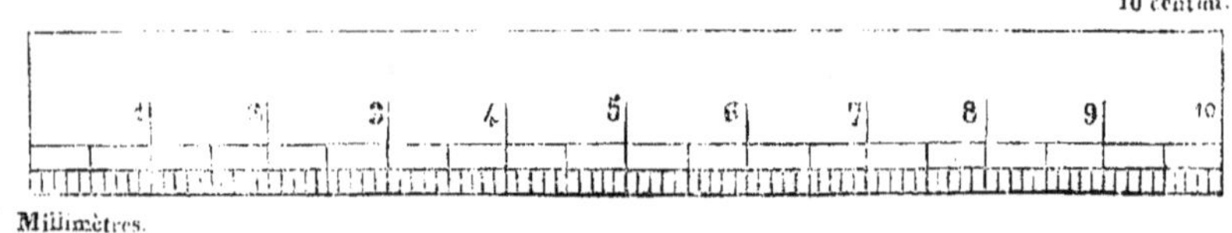

Maintenant nous prions nos lecteurs de considérer le système métrique comme admirable de simplicité et de justesse, et nous assurons qu'il sera tôt ou tard adopté d'un pôle à l'autre; c'est pourquoi nous les engageons de notre mieux à faire en sorte de se mettre dans la tête les noms latins et grecs des mesures métriques, et surtout qu'ils se pénètrent bien de la valeur de chacune du premier au dernier degré.

1° *Myria* exprime le nombre dix mille.
2° *Kilo* id. mille.
3° *Hecto* id. cent.
4° *Déca*, dix fois l'unité.
5° *Déci*, dixième partie de l'unité.
6° *Centi*, centième id. id.

SUBDIVISION.

Le *Mètre*, unité fondamentale, se divise ;
1° En *Décimètre*, 10ᵉ id.
2° *Centimètre*, 100ᵉ id.
3° *Millimètre*, 1,000ᵉ partie du mètre.

MULTIPLE DE L'UNITÉ.

1° *Décamètre*,	10	mètres.
2° *Hectomètre*,	100	id.
3° *Kilomètre*,	1,000	id.
4° *Myriamètre*,	10,000	id.

NOTA.

Le *pied métrique* est de			333	millimètres 1/3.
Le *pied-de-roi* ancien,			325	id.
Le *pouce*,	id.	id,	27	id.
La *ligne*,	id.	id.,	2	id.

MESURES DE SOLIDITÉ.

SECTION Ire.

BOIS DE CHAUFFAGE.

Le stère, *unité* ou un mètre cube de bois (27 pieds cubes au pied métrique), représentant environ 1/5e de corde de vente ;

Le *double stère*, ou voie de Paris, 2/5 de corde de vente ;

Le *décastère*, ou 10 stères, environ 2 cordes de vente.

MULTIPLE.

Millistère,	1,000e	partie du stère.
Centistère,	100	id.
Décistère,	10	id.
Stère,	unité	id.

Décastère, dix stères, ou 10,000 millistères.

NOTA.

L'*ancienne corde*, suivant l'ordonnance, bûche de 42 pouces (114 centimètres), contenait 3 st. 840 mil.

L'*ancienne voie*, moitié,	1 id. 920
La corde bûche de 4 pieds de long,	4 id. 387
La corde bûche de 5 pieds de long,	4 id. 799

SECTION II.

BOIS EN GRUME, ÉQUARRIS ET D'INDUSTRIE.

1° *Pour les longueurs*, on emploie le mètre et le centimètre ;

2° *Pour les carrés ou la rotondité*, les centimètres et les millimètres ;

3° *Pour les réductions* du cube, les millistères, décistères, stères et décastères.

Le décistère correspond environ à une solive ou pièce et 10 *solives à 1 stère*, savoir :

1	solive ou pièce,	1	décist.	28	millist.
10	id.	10	id.	283	id.
100	id.	102	id.	832	id.

Voir, au surplus, nos tableaux de la conversion des solives en stères, p. 450, n° VI, et des stères en solives, p. 472, n° XIII.

MESURES DE CAPACITÉ.

SECTION PREMIÈRE.

LIQUIDES.

Les anciennes mesures étaient :

La *pinte*, 931 millièmes de litre (46 pouces cubes 95 centièmes).

La *chopine*, 466 millièmes de litre.

Le *setier*, 233	millièmes de litre.		
Le *posson*, 116	id.		
La *roquille*, 29	id.		
La *velte* 7 litres, 500	id.		
Le *quarteau*, 68 lit. 400	id.	ou 72	pintes.
La *feuillette*, 136 lit. 600	id.	ou 144	id.
Le *muid*, 273 litres 200	id.	ou 288	id.
La *queue* ou *pipe*, 400 l. 800	id.	ou 432	id. (1)

MESURES NOUVELLES.

Le *litre* ou décimètre cube *unité*, correspondant à la pinte moins 7 centièmes de litre.

MULTIPLE.

Millilitre, millième de litre.

Centilitre, centième de litre, correspondant à un très-petit verre.

Double centilitre, ou petit verre ordinaire.

Demi-litre, ou 5 décilitres, moitié du litre.

Litre, unité.

Décilitre, dixième partie du litre.

Décalitre, 10 litres.

Hectolitre, 100 id.

Kilolitre, 1,000 id.

Myrialitre, 10,000 id.

Un kilogramme d'eau distillée remplit la capacité d'un litre; avec cette indication, on peut, au besoin, se former des mesures métriques.

(1) Édit de 1557 et lettres patentes de 1705.

Au surplus, nous allons détailler ici les dimensions de l'hectolitre et de ses subdivisions.

1° L'*hectolitre* porte, en hauteur intérieure et en diamètre,	503 millimèt.	1	dixième.
2° *Demi-hectolitre*,	399 id.	3	id.
3° *Double décalitre*,	294 id.	2	id.
4° *Décalitre*,	235 id.	5	id.
5° *Demi-décalitre*,	185 id.	3	id.
6° *Double litre*,	136 id.	6	id.
7° *Litre*,	108 id.	4	id.
8° *Demi-litre*,	86 id.	»	id.
9° *Double décilitre*,	63 id.	4	id.
10° *Décilitre*,	50 id.	3	id.
11° *Demi-décilitre*,	39 id.	9	id.

Les mesures pour liquides, depuis le double *litre* jusqu'au *centilitre*, ont les dimensions suivantes :

	HAUTEUR.		DIAMÈTRE.	
	millimètres	dixièmes	millimètres	dixièm.
1° Le *double litre*,	216	7	108	4
2° *Litre*,	172	0	86	0
3° *Demi-litre*,	136	6	68	3
4° *Double décilitre*,	100	6	50	3
5° *Décilitre*,	79	9	39	9
6° *Demi-décilitre*,	63	4	31	7
7° *Double centilitre*,	46	7	23	4
8° *Centilitre*,	37	1	18	5

Ces mesures, de forme cylindrique, doivent avoir en hauteur intérieure le double du diamètre.

L'administration des poids et mesures passe un litre par hectolitre, pour la dessiccation des mesures *fraîchement construites*, qui, en séchant, se rétrécissent au moins d'un centième; ainsi il y aurait avantage à un acquéreur à faire mesurer dans un hectolitre nouvellement établi; sur les mesures en étain pour vins, lait, huiles, etc., il y a tolérance d'un centième 6 millièmes.

SECTION II.

MESURES POUR LES GRAINS.

Les anciennes mesures étaient :

	HAUTEUR.		DIAMÈTRE.		
	pouces	lignes.	pouces	lignes.	
Le *demi-litron*,	2	10	3	1	
Le *litron*,	3	6	3	10	
Le 1/8 *de boisseau*,	4	3	5	0	
Le *quart de boisseau*,	4	9	6	9	
Le *demi* id.	6	5	8	»	
Le *boisseau*,	8	2 1/2	10	»	(1)

Le *setier de Paris*, 12 boisseaux au setier.

Le *muid*, ou 12 setiers (2).

Dans plusieurs provinces, on faisait usage de la *quarte*, contenant une quantité de froment du poids d'environ 18 livres 3/4.

Du *minot*, 37 livres 2/4.

Du *bichet*, 75 livres, 3 pour un setier, etc.

(1) Sentence du Prévôt de Paris, 29 décembre 1670.

(2) 655 pouces cubes 78 centièmes.

MESURES NOUVELLES.

Un *litre unité*.
Demi-décalitre, 5 litres.
Décalitre, 10 id.
Double décalitre, 20 id.
Demi-hectolitre, 50 id.
L'*hectolitre*, 100 id.

La mesure la plus usuelle, avant 1840, était le *quart d'hectolitre* (25 litres), six au setier, remplacé aujourd'hui par le *double décalitre*, ou 20 litres, contenant environ 30 livres en froment, 8 *au sac* ou setier.

NOTA.

Le *setier de Paris* contient 156 litres.
Le *boisseau* 12 au setier, 13 id.
Le *demi-litron*, 406 centièmes de litre.
Le *litron*, 813 id.

Voir, au surplus, le tableau suivant, pour la conversion de toutes les mesures à grain en litres par le poids du froment.

MESURES LOCALES, POIDS DE MARC, RÉDUITES EN LITRES.

liv. de froment.	litres.	mil	liv. de froment.	litres.	mil.	liv. de froment.	litres.	mil.
1	»	650	50	32	521	180	117	75
2	1	301	60	39	25	190	123	579
3	1	951	70	45	529	200	130	83
4	2	602	80	52	33	210	136	587
5	3	252	90	58	537	220	143	92
6	3	902	100	65	42	230	149	596
7	4	553	110	71	546	240	156	100
8	5	200	120	78	50	250	162	604
9	5	854	130	84	554	260	169	108
10	6	504	140	91	58	270	175	613
20	13	8	150	97	562	280	182	117
30	19	512	160	104	66	290	188	621
40	26	16	170	110	570	300	195	125

POIDS.

SECTION Ire.

Les anciens poids se désignaient par .
La *livre* de 2 marcs (1).
Le *marc* de 8 onces.
L'*once* de 8 gros ou drachmes.
Le *gros* de 72 grains.
Le *grain* de 24 primes.

SUBDIVISION.

Un Décigramme,	dixième	partie	d'un gramme.
Centigramme,	centième	id.	id.
Milligramme,	millième	id.	id.

MULTIPLE.

Gramme, unité.		
Décagramme,	10	grammes.
Hectogramme,	100	id.
Kilogramme,	1,000	id.
Myriagramme,	10,000	id.

(1) Équivalant à 400 grammes 895 milligrammes, ou 16 onces.

CONVERSION DES LIVRES EN KILOGRAMMES.

Livre de deux marcs (*),	kilo,	grammes,	milligrammes.
1	0	400	895
2	0	900	790
3	1	400	685
4	1	900	580
5	2	400	475
6	2	900	370
7	3	400	265
8	3	900	160
9	4	400	056
10	4	800	951 etc.

MESURES LINÉAIRES.

SECTION Ire.

AUNAGE DES ÉTOFFES.

L'*aune* de Paris, qui se divisait en 32 parties, portait, au pied ancien, 3 pieds 7 pouces 10 lignes cinq sixièmes (**).

Aune usuelle (***), d'après le décret du 12 février 1812, 1 mètre 20 centimètres.

Ces deux mesures sont irrévocablement remplacées par :

Le *mètre* divisé en 100 parties appelées *centimètres*, représentant, au pied-de-roi, 3 pieds 11 lig. 296 millièmes de ligne.

Différence, 6 pouces 537 millimètres avec l'aune ancienne.

(*) 16 onces.

(**) *Mémoire de l'académie*, année 1746.

(***) Ou métrique.

5 *aunes* anciennes (5 mètres 94 centimètres) équivalent à 6 *aunes* nouvelles moins 6 centimètres.

Pour convertir les aunes en mètre, il faut donc ajouter au nombre des aunes le cinquième de ce même nombre; le rapport est plus exact, si des mètres trouvés on ôte la centième partie : ainsi soient

	1,000 aunes
à convertir en ajoutant le 5me	200
On a, pour 1re valeur approximative,	1,200 mètres;
Déduisez le 100me,	12 id.
Valeur presque certaine,	1,188 aunes.

La véritable valeur étant 1,188 aunes 445 milliémes, il en résulte qu'en livrant à l'acheteur 6 mètres pour 5 aunes anciennes on lui donnerait à très-peu de chose 1 pour 100 de bénéfice.

RÉDUCTION DES AUNES ANCIENNES ET USUELLES AVANT 1840, EN MÈTRES.

ANCIENNE AUNE.			AUNE USUELLE.		
Aune.	Mètre.	Millimètres.	Aune.	Mètre.	Millimètres.
1	1	188	1	1	200
2	2	277	2	2	400
3	3	565	3	2	600
4	4	754	4	4	800
5	5	942	5	6	00
6	7	131	6	7	200
7	8	319	7	8	400
8	9	508	8	10	600
9	10	696	9	10	800
10	11	884	10	12	00 etc.

Pour se guider, au surplus, sur une acquisition d'étoffes, on demandera :

Pour	1 aune,	120	centimètres.
—	1/2 id.,	60	id.
—	1/4 id.,	30	id.
—	1/8 id.,	15	id.
—	1/16 id.,	8	id.
—	1/32 id.,	4	id. etc.

SECTION II.

MESURES ITINÉRAIRES.

Les lieues de France variaient à chaque village; les plus longues se faisaient remarquer dans le Midi, les plus courtes près Paris, et se désignaient ainsi qu'il suit pour :

La lieue de poste,	2,000	toises	3,898	mèt.
id. 25 au degré,	2,280	id.	4,444	id.
id. moyenne,	2,565	id.	4,999	id.
Lieue marine, 20 au deg.,	2,850	id.	5,554	id.
Mille marin,	950	id.	1,851	id.

4 myriamètres font exactement 9 lieues de 25 au degré.

5 myriamètres font également 9 lieues de 20 au degré ou 27 milles marins.

DÉSIGNATION DES MESURES ITINÉRAIRES.

Le *kilomètre*, ou 3,000	pieds mét.	1,000 mètres.
Le *myriamètre*, ou 30,000	id.	10,000 id.

NOTA.

Le *kilomètre* correspondant à 1/4 de lieue de poste;
Huit kilomètres, à une lieue de poste;
Le *myriamètre*, à 2 lieues 1/2 de poste (*).

MESURES AGRAIRES.

Hectare, composé de 100 ares ou mille mètres carrés.

Are, composé de 100 mètres carrés, carré de 10 mètres de côté.

Centiare, centième de l'*Are* ou mètre carré.

Voir, au surplus, le chapitre des mesures agraires, pages 199 à 214.

(*) L'administration des postes compte une poste par myriamètre, ce qui nous semble inexact, puisqu'il faut 10 kilomètres au lieu de 8 pour la former; il serait plus rationnel de la réduire à ce dernier chiffre, sauf à diminuer en proportion le prix des postes; ce serait d'autant plus facile, qu'il n'y aurait qu'à fixer le prix de la course à 1 fr. 60 c., ou plutôt à 20 centimes par kilomètre; cela reviendrait aux 2 francs accordés par myriamètre, mais au moins on serait en harmonie avec le système métrique et les ponts et chaussées, qui depuis longtemps ont adopté la base que nous indiquons.

MESURES DE CONVERSION.

RÉDUCTION DES POUCES, PIEDS CUBES USUELS, EN MILLIMÈTRES ET STÈRES.

N. IX.

pouces.	stèr.	mil.	pieds.	stèr.	mil.	pieds.	stèr.	mil.
1	»	3	5	»	185	40	1	481
2	»	6	6	»	222	50	1	851
6	»	19	7	»	259	60	2	222
pieds.			8	»	316	70	2	592
1	»	37	9	»	353	80	2	962
2	»	74	10	»	370	90	3	332
3	»	111	20	»	740	100	3	702
4	»	148	30	1	111			

CONVERSION DES CORDES USUELLES EN STÈRES OU MÈTRES CUBES.

Les décimales sont des millièmes de stère, ou décimètres cubes.

1° CORDES DE 8 PIEDS USUELS SUR 4 DE HAUTEUR, BUCHES DE 3 PIEDS ET DEMI.

Cette corde, sauf l'emploi du pied usuel au lieu du pied de Paris (*), correspond à la corde dite des eaux et forêts : elle contient 112 pieds usuels cubes.

N. X.

cordes.	stèr.	mil.	cordes.	stèr.	mil.	cordes.	stèr.	mil.
1	4	148	7	29	37	40	165	926
2	8	296		33	185	50	207	407
3	12	444	9	37	333	60	248	889
4	16	573	10	41	481	70	290	310
5	20	741	20	82	963	80	331	852
6	24	889	40	124	444	100	414	815

(*) Pied-de-roi ancien.

2° CORDES DE 8 PIEDS USUELS SUR 5 DE HAUTEUR, BUCHES DE 3 PIEDS ET DEMI.

Cette corde correspond à la corde dite *de port ;* elle contient 140 pieds usuels cubes.

N. XI.

cordes.	stèr.	mil.	cordes.	stèr.	mil.	cordes.	stèr.	mil.
1	5	185	7	36	296	40	207	407
2	10	370	8	41	481	50	259	259
3	15	556	9	46	667	60	311	111
4	20	741	10	51	852	70	362	963
5	25	926	20	104	704	80	414	815
6	31	111	30	155	556	100	518	519

3° CORDES DE 8 PIEDS USUELS SUR 4 DE HAUTEUR, BUCHES DE 4 PIEDS.

Cette corde, correspondant à celle dite *de grand bois*, contient 128 pieds usuels cubes.

XII.

cordes.	stèr.	mil.	cordes.	stèr.	mil.	cordes.	stèr.	mil.
1	4	741	7	33	185	40	189	630
2	9	481	8	37	926	50	227	37
3	14	222	9	42	667	60	284	444
4	18	963	10	47	407	70	331	852
5	23	704	20	94	815	80	379	259
6	28	444	30	142	222	100	474	74

CONVERSION DES DÉCISTÈRES EN ANCIENNES PIÈCES OU SOLIVES.

Les décimales sont des millièmes de l'ancienne solive ou pièce ; en les multipliant par 6 et retranchant les trois derniers chiffres du produit, on a des pieds de solive. Les chiffres retranchés donnent des pouces de solive, en les multipliant par 12 et en séparant de même les trois derniers chiffres qui, multipliés également par 12, donnent des lignes de solive.

La même table peut servir à faire connaître combien le mètre cube de bois carré contient d'anciennes solives ; il suffit de reculer le point décimal d'un chiffre; ainsi 8 décistères valant 7,780, 8 mètres répondent à 77 solives 80.

N. XIII.

décist.	sol.	mil.	décist.	sol.	mil.	décist.	sol.	mil.
1	»	972	9	7	780	60	58	348
2	1	945	8	8	752	70	68	27
3	2	917	10	9	725	80	77	797
4	3	890	20	19	449	90	87	522
5	4	862	30	29	174	100	97	246
6	5	835	40	38	898	300	291	739
7	6	807	50	48	623	500	486	231

Relevé des Bois entrés en France en 1832 et 1837, d'après l'Etat général des Douanes.

DÉSIGNATION OU NATURE DU BOIS		EN 1832. Quantités.	Valeurs.	Droits perçus par la Douane.	EN 1837. Quantités.	Valeurs.	Droits perçus par la Douane.	TAUX d'évaluation.	DIFFÉRENCE DE L'ANNÉE 1837 SUR L'ANNÉE 1832. En plus sur les Quantités.	Valeurs.	Droits perçus par la Douane.	En moins sur les Quantités.	Valeurs.	Droits perçus par la Douane.
								fr. c.						
Bois à brûler	en bûches	90,497	542,982	14,877	112,580	673,480	20,967	Stère. 6	22,083	130,498	6,090			
	en fagots	1,035,035	207,011	1,880	1,118,290	223,658	2,092	Pièce. » 20	83,255	16,647	212			
Charbons de bois ou de chènevottes		43,277,091	865,542	23,864	57,601,455	1,952,029	53,683	Litre. » 02	14,324,364	1,086,487	29,879			
Bois à construire, scié, ayant d'épaisseur	brut ou équarri à la hache	92,281	2,368,525	10,419	188,200	4,705,000	20,740	Stère. 25	95,939	2,336,475	10,691			
	plus de 8 centimètres	25,195	755,920	4,170	87,330	2,619,920	14,615	Stère. 30	62,135	1,863,990	10,447			
	8 centimètres ou moins	18,029,591	9,014,798	196,307	27,332,297	13,676,151	300,708	Mètre » 50	9,302,706	4,661,353	104,401			
	Mâts	366	36,600	3,050	947	94,702	7,815	Pièce. 100	581	58,100	4,765			
	Mâtereaux	1,258	25,160	4,151	2,018	40,360	6,652	20	760	15,200	2,501			
	Manches de gaffe	14,045	8,427	1,535	16,893	10,136	1,859	» 60	2,848	1,709	324			
	Esparres	4,054	64,864	3,345	5,408	86,528	4,463	16	1,354	21,664	1,118			
	Pigouilles	5,908	8,862	1,300	8,203	12,395	1,818	1 50	2,305	3,533	518			
Manches de fouine et de pinceaux à goudron		2,294	229	51	1,292	129	29	» 10	»	»	»	1,002	100	
Perches		65,201	29,340	19	119,214	67,146	43	» 45	84,013	37,806	24			
Echalas		458,000	9,160	127	702,300	14,046	197	» 02	244,300	4,886	70			
Bois en éclisses		246,580	17,261	554	461,380	32,297	1,018	» 07	214,796	15,036	464			
Osier en bottes	brut	3,486	349	19	45,754	4,575	252	Kil.. » 10	42,268	4,226	233			
	pelé ou fendu	24,073	3,718	137	40,892	6,133	228	» 15	16,819	2,577	91			
Bois feuillard (de 4 mètres et au-dessous)		11,154,005	692,695	20,663	13,303,875	855,451	29,035	Pièce. » 5, 7, 10	2,151,870	160,758	8,372			
Merrains de chêne et autres		15,175,670	3,938,413	20,746	18,396,708	4,752,511	27,307	» 20, 30, 35	3,221,039	813,887	6,561			
Racines à vergettes		36,314	3,631	2,790	39,310	3,932	2,979	Kil.. » 10	3,000	301	189			
Bruyères à vergettes	brutes	46,318	4,631	559	60,890	6,089	714	» 10	14,576	1,457	155			
	dépouillées de leurs barbes	9,011	1,467	1,100	5,604	840	607	» 15	»	»	»			
Liége	brut et râpé	259,869	181,886	17,980	535,585	375,191	37,603	» 70, 80	275,716	193,308	19,623	3,407	647	
	ouvré	204,283	612,863	152,990	309,820	929,460	228,181	3 »	115,537	316,615	75,191			
TOTAUX			19,340,753	478,103		31,171,951	755,381			11,839,525	277,308		747	

; e

a hac

es.

oins.

Relevé des Bois exportés de France en 185 2 et 1857, d'après l'Etat général des Douanes.

DÉSIGNATION OU NATURE DES BOIS.		EN 1852.			EN 1857.			TAUX d'évaluation.	DIFFÉRENCE DE L'ANNÉE 1857 SUR L'ANNÉE 1852.					
									EN PLUS SUR 1852.			EN MOINS SUR 1852.		
		Quantités.	Valeurs.	Droits perçus par la Douane.	Quantités.	Valeurs.	Droits perçus par la Douane.	fr. c.	Quantités.	Valeurs.	Droits perçus par la Douane.	Quantités.	Valeurs.	Droits perçus par la Douane.
Bois à brûler	en bûches	2,858	28,580	129	3,055	30,550	157	Stère. 10 »	193	1,950	28	»	»	
	en fagots	77,687	15,531	341	165,900	33,180	731	Pièce. » 20	88,213	17,649	391	»	»	
Charbons de bois ou de chènevottes		677,600	20,328	676	868,907	26,067	946	Litre. » 03	191,307	5,739	270	»	»	
		60,427	6,043	662	3,904	390	15	Kil. » 10	»	»	»	56,523	5,653	[illegible]
Bois à construire	bruts ou équarris à la hache	901	54,060	496	12,956	777,360	2,897	Stère. 60 »	12,055	723,300	2,401	»	»	
	sciés, ayant d'épaisseur plus de 8 centimètres	216	12,960	59	1,619	97,140	339	60 »	1,403	84,180	280	»	»	
	sciés, ayant d'épaisseur 8 centimètres ou moins	1,244,679	1,057,978	6,904	1,704,000	1,448,401	4,569	Mètre. » 85	459,322	390,423	»	»	»	[illegible]
	Mâts	39	7,800	124	2	400	83	Pièce. 200 »	»	»	»	37	6,400	
	Matereaux	111	8,325	181	45	3,375	116	» 75	»	»	»	66	4,950	[illegible]
	Espars	250	6,250	140	131	3,275	195	» 25	»	»	55	119	2,975	
	Pigouilles	116	406	128	117	410	2	3 50	1	4	»	»	»	[illegible]
	Manches de gaffe	467	701	26	114	171	1	1 50	»	»	»	353	530	
Perches		201,593	141,117	6,148	353,191	233,233	16,979	» 70	151,598	92,118	10,831	»	»	
Échalas		87,310	3,500	97	27,950	1,118	31	» 04	»	»	»	59,360	2,382	
Bois en éclisses		14,800	1,334	33	12,302	1,107	24	» 09	»	»	»	2,518	227	
Osier en bottes	brut	56,249	5,625	158	39,455	3,945	344	Kil. » 10	»	»	»	16,789	1,680	[illegible]
	pelé ou fendu	76,526	11,479	518	30,230	4,535	209	» 15	»	»	»	46,296	6,944	[illegible]
Bruyères à vergettes		322	32	1	11,314	1,131	31	» 10	10,992	1,099	30	»	»	
Bois feuillard	de 2 mètres et au-dessous	233,729	14,023	79	63,146	3,789	22	Pièce. » 06	»	»	»	170,583	10,234	
	de 2 à 4 mètres exclusivem.	2,882,025	288,282	587	2,179,557	217,956	427	» 10	»	»	»	703,468	70,326	[illegible]
	de 4 mètres et au-dessus	6,536	784	44	6,651	798	74	» 12	115	14	30	»	»	
Merrains de chêne et autres		750	226	»	364,407	[illegible]	629	» 30	323,657	[illegible]	629			
Liége	brut et râpé	213,268	255,922	2,163	116,847	140,217	1,139	Kil. 1 20	»	»	»	96,421	115,705	[illegible]
	ouvré	166,180	495,510	409	208,275	624,825	491	3 »	42,095	129,279	82			
TOTAUX			2,436,825	20,473		3,501,638	30,760			1,555,819	15,651		228,006	[illegible]

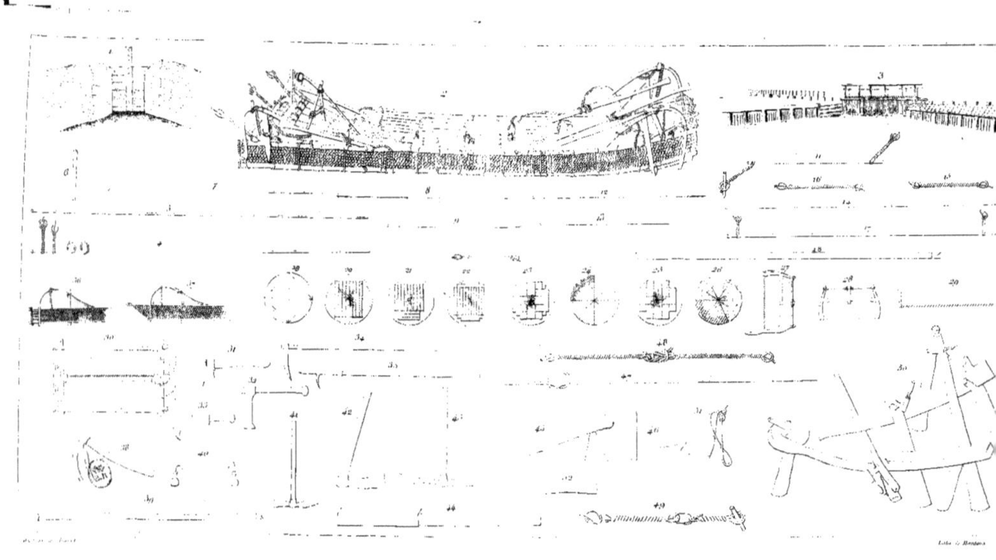

DESCRIPTION

DES FIGURES D'INSTRUMENTS EMPLOYÉS AUX TRAVAUX FORESTIERS ET DE FLOTTAGE.

—

1. — *Vanne de flottage* sur un ruisseau.

2. — *Figure* formant une part ou la moitié d'un train.

3. — *Pertuis* sur une rivière de flottage en train.

4. — *Chantier d'un labourage de devant.*

5. — Id., *neige* ou *nage*, qui sert à relever le premier coupon d'un train appelé *labourage*. (Voir fig. 36 et 37.)

6. — Id., ou *fausse neige* sur laquelle la principale neige s'appuie.

7. — Id., appelé *traversin*, servant à tenir élevé le coupon du *labourage*.

8. — Id., ou *traversin de la neige* courbé pour bouter ou plastron servant à diriger le train. (Voir fig. 36 et 37.)

9. — Id., ou *traversin de la fausse neige* fortifiant la principale neige.

10. — *Coupierre* servant à lier les coupons d'un train.

11. — *Fermeture, fermure*, ou chaîne pour arrêter un train sur la rive, quand on a besoin d'aller à terre ou se garer quand l'eau est trop forte.

12. — *Rouette à flotter* de six pieds et au-dessus.

13. — *Petite rouette* de quatre pieds.

14. — *Chantier* ou *traversin d'acoulure.*

15. — *Cordeaux* pour coupler les parts et former un train aux gords.

16. — Id., de la plus forte dimension.

17. — *Chantier* appelé *bridure* pour faire lever le labourage de devant.

18. — *Perche d'Avallan* de la plus forte dimension.

19. — *Figure* pour guider un équarrisseur et ménager les dosses.

20. — *Figure* pour le sciage en planches de dimensions régulières.

21. — *Méthode* pour faire des levées, lorsque les arbres ont une dimension plus grande que la largeur des planches que l'on veut obtenir ou tout autre sciage.

22. — Id., dans le même cas que dessus.

23. — *Divisions* indiquées pour avoir un sciage de diverses dimensions.

24. — *Division* indiquée pour mettre tout un arbre en sciage de plusieurs dimensions et d'après la méthode de Frédéric Moreau.

25. — *Sciage hollandais* ou *sur maille*.

26. — *Méthode* de sciage en cartelant, c'est-à-dire en divisant l'arbre en trois ou quatre billes dans la partie la plus forte, comme dans les six premiers pieds du tronc.

27. — *Scie de bûcheron* pour un homme seul, appelée filario ; — deux pieds trois pouces jusqu'à deux pieds six pouces (75 à 84 centim.).

28. — *Scie à deux poignées ou quatre mains* de quatre pieds (1 mètre 33 centimètres).

29. — *Grande scie* ou passe-partout de 5 pieds jusqu'à 7 (1 mètre 66 centimètres à 2 mètres 33 centimètres).

30. — *Scie de long* pour les planches et autres sciages.

31. — *Cognée d'équarrisseur*, appelée Épaule de mouton.

32. — *Marteau* pour marquer le bois.

33. — *Gouée* ou *serpe*, outil de flotteur servant à rogner ses chantiers, couper ses bouts de rouettes et pour autres travaux de flottage.

34. — *Picot* pour tirer de l'eau les bois flottés.

35. — *Croc* servant à piquer et pousser les bois de flot et arme des flotteurs, conducteurs des trains et des employés aux bois.

36. — *Figure d'un coupon de labourage* avec sa neige.

37. — *Fausse neige* et bridure vues de côté.

38. — *Pioche* à deux branches employée dans les terrains légers.

39. — *Perche d'Avallan* pour diriger les trains de moyenne dimension.

40. — *Plaine* pour arranger les perches d'Avallan, les nez-blancs et pour tous autres travaux concernant la construction d'un train.

41. — *Robinette* ou petit piochot pour biner les jeunes plants.

42. — *Hoyau*, piochot allongé et acéré pour déraciner les trônes d'arbres.

43. — *Prémontoise*, principal instrument pour déraciner les bois.

44. — *Redan*, partie d'un arbre irrégulier se terminant en queue de rat, qu'on aura divisée et numérotée même pour en former des morceaux séparés et par ce procédé obtenir un cube plus fort.

45. — *Chevalet*, arbre de la plus forte dimension avec sa culée supportée en l'air par deux bras, et qu'on place en tête d'un arrêt comme un cheval de frise, pour le soutenir contre les efforts de l'eau.

46. — *Doloire*, instrument de fendeur pour la fabrication de la latte, du merrain et du parquet.

47. — *Rouette tordue* et préparée pour former un cordeau.

48. — *Grand cordeau* garnissant les chantiers de fermeture pour garer un train ou le tenir arrêté sur la rive.

49. — *Cordeau* pour réunir les coupons de tête au moyen d'un abatage par le secours d'un habillot ou petite bûche.

50. — Atelier de fendeur.

51. — *Rouette* de mise ou d'acoulure qui se place à chaque mise ou après les six mises d'une branche.

52. — *Écorçoir*, instrument en os ou en fer, de huit à dix pouces (217 à 271 millim.) de long, plat et incisif des deux bouts pour détacher l'écorce d'un arbre lorsqu'il est en séve.

VC

ABIL
4 cer
ier po
ABOU
ACOU
rang
choc
e des
ABRE
n arb
ABRC
AFFO
nant :
ALLIN
ou su
nacce
PPA
PPO
chan
PPRO
une
RMU
res fl
e.
SSEN
es der
SSIE
UBIE
os tra
sa q

VOCABULAIRE FORESTIER.

A.

ABILLOT. — Bûche de 42 pouces de long sur 8 pouces de tour (114 centimètres sur 217 millimètres), dont on se sert comme d'un levier pour rassembler les coupons d'un train.

ABOUT. — Joindre l'extrémité d'une pièce à une autre.

ACOULURE. — Dernière mise d'une branche, contenant seulement un rang de bûches placées sur le côté, pour la consolider et parer aux chocs que le train peut éprouver le long des rives et dans le passage des pertuis.

ABREUVOIR. — Espèce de gouttières qui se forment aux aisselles d'un arbre par le brisement ou la coupe d'une branche.

ABROUTISSEMENT.—Bois broutés par les bestiaux.

AFFOUAGE. — Droit de couper des superficies de bois en se conformant aux réserves et conditions exprimées par la concession.

ALLINGRES ou glissoires sur lesquelles on fait couler, dans les vallées ou sur les ruisseaux de flottage, les bois des montagnes très-élevées ou inaccessibles aux voitures.

APPARER.—Éviter un écueil ou dépasser un autre train.

APPONDURE ou APPONDUE.—Bout de chantier que l'on ajoute à un chantier de flottage trop court ou trop faible.

APPROCHER.—Prendre le bois de moule aux piles et le conduire avec une brouette à l'atelier du flotteur.

ARMURE.—Bûches ou pieux plantés sur les rives des ruisseaux et rivières flottables pour empêcher les flots de bois de s'écarter de leur route.

ASSEMBLAGE.—Réunir les branches pour en former des coupons, et ces derniers pour compléter un train.

ASSIETTE. — Asseoir une coupe ou désigner son emplacement.

AUBIER. — Bois qui n'a pas encore atteint sa maturité et que le temps transforme en cœur, c'est-à-dire en bois propre à l'industrie par sa qualité.

B.

BACHOT.—Bateau de 18 à 30 pieds de long (5 mètres 847 millimètres à 9 mètres 745 mil.), servant tant au flottage à bûches perdues qu'en train.

BACHOTIER.—L'ouvrier qui distribue les chantiers et rouettes, et autres étoffes pour la construction des trains.

BALIVEAU.—De l'âge du taillis, arbre de 20 ans, quand l'aménagement des coupes est à cet âge ; ou de 25 à 30 ans suivant l'âge des coupes, et ainsi de suite.

BALIVEAU de brin ; arbre venu par semis et non sur souche.

BAMBOCHE.— Morceau de bois de 21 pouces (57 centimètres) de long sur 2 pouces (54 millimètres) de diamètre, pour être enmanché dans le montant à main d'une scie renversée, pour la tenir en bride par le pied droit, lorsque le scieur tranche le bois tenant la scie entre ses jambes.

BARDEAU.—Bois scié d'un pied de long (325 centimètres), fendu, de 6 à 9 lignes d'épaisseur (14 à 20 millimètres), pour planchers, galandages ou cloisons.

BARRE de PERTUIS.—Arbre de la plus forte dimension qu'on a soin d'arracher pour que ses racines forment une plus forte tête qui, posée sur un pivot, en facilite les mouvements.

BARRER.—Terme de coalition parmi les ouvriers flotteurs qui se réunissent pour cesser les travaux de flottage, afin d'obtenir des marchands des concessions en nature ou des prix élevés.

BASSIERS. — Endroits où les eaux sont basses et où les trains et bateaux s'engravent.

BILLE.—Parties éparses, sciées sur une lance de taillis ou sur un vieux chêne, pour faire de la moulée, de la latte, du pesseau ou échalas, merrain ou autre industrie.

BILLER.—Placer des chaînes ou cordages sur un train pour le retirer de dessus un gravier ou d'une embâcle.

BOIS DE BRIN.—Bois équarri sur quatre faces et non scié ni fendu, c'est-à-dire de sa grosseur naturelle.

BOUGE. — Bois bombé ou courbe en quelque endroit.

BRANCHE. — Première partie d'un train : quatre branches forment sur l'Yonne un coupon de train.

BRIDURE. — Rouette tordue et cordelée pour garnir les perches d'Avallan. (Voir fig. 48.)

BRIGOT. — Bois de chauffage de 2 à 4 pouces de diamètre (54 à 108 millimètres), sur 26 pouces de long (704 millimètres).

C.

CADET.—Baliveau sur taillis de trois âges ou un 60 ans; aménagement à 20 ans.

CANARDS.—Bois trop lourds et pattus qui, au lieu de flotter, tombent au fond de l'eau, qu'il faut retirer ensuite et qu'on ne peut reflotter qu'après les avoir empilés en grillons sur les rives des ruisseaux et rivières pendant l'été. Pour les faire sécher (voir Régalage).

CANTON. — Partie de bois confiée à la surveillance d'un garde, ou étendue de ruisseau qui, pendant le temps du flottage, est dirigée par un chef flotteur appelé cantonnier.

CANTIBERT, qui n'a de flache que d'un côté.

CASSE-COU.—Bûches qui couvrent les forains d'un théâtre de bois.

CHAMP SUR CHAMP ou DE CHAMP. — C'est poser une pièce de bois sur le côté, de manière que la partie la plus large soit dans le sens vertical.

CHANLATTE. — Pièce de charpente que l'on place en travers sur les chevalets des arrêts de flottage à bûches perdues.

CHANTIER. — Magasin de bois de toute espèce ou, dans un autre sens, point d'appui sur lequel l'ouvrier place un arbre pour l'équarrir.

CHANTIER DE FLOTTAGE. — Perche de taillis de 15 à 16 pieds de long (4 mètres 872 milli. à 5 mètres 197 milli.) sur 2 à 3 pouces (54 à 81 mil.) de diamètre au gros bout.

CHARNIER. — Synonyme d'échalas sur la Loire.

CHEVALET D'ARRÊT.—Arbre de la plus grande dimension qu'on arrache et auquel on adapte deux forts bras, à 1 mètre au-dessous de sa tête racineuse, pour le poser en avant d'un arrêt de flottage comme un cheval de frise. (Voir figure n° 45.)

CHEVALET DE SCIEUR DE LONG.—Atelier sur lequel on pose les arbres pour les scier à bras, et dont la forme est à peu près celle d'un chevalet d'arrêt.

CHÈVRE. — Bout de bois de 30 pouces de long (812 millimètres) environ, avec deux pattes et une tête ou petit chevalet trapu servant au bûcheron à scier dessus les bois taillis.

CHEVRON. — Brins de taillis de belle venue en bois blanc, ou baliveaux en bois dur, de 30 à 40 ans, dans toute leur longueur, ayant de 3 à 4 pouces (81 à 108 millimètres) d'équarrissage.

CHICOT. — Aspérité de cépées non abattues au niveau du tronc d'un arbre, ou résidus de branches mutilées ou mal coupées.

CHIASSES. — Essences de bois parasites, venues sur racines et envahissantes.

COGNÉE. — Principal instrument du bûcheron avec lequel il peut abattre les arbres de toutes les dimensions.

COLLIÈRE. — Chantiers de flottage ou cales sur lesquelles le flotteur construit ses branches et coupons.

COTAS. — Petite vigne ou verger en coteau, entouré d'un mur en débris de défrichements ou d'une haie.

COUDRÉ. — Bois ayant quelques mois d'abatage ou séché et dégagé entièrement de la mouillure de la séve.

COURBES ET BOIS COURBANTS. — Une courbe, en terme de marine, est une pièce de bois à deux branches formant un angle aigu.

Le bois courbant n'a qu'une branche qui est courbe.

Par la vapeur, d'un bois très-droit on peut faire un bois courbant, mais non une courbe.

COMPAGNONS. — Les conducteurs des trains sur les rivières flottables.

COPEAU. — Les parcelles de bois qu'on enlève à la serpe, cognée ou à la hache, en abattant, équarrissant ou travaillant sur un arbre.

CORDEAU. — Rouette tordue et cordelée pour lier les coupons, les parts et les trains ensemble.

COUPIERRE. — Rouette tordue, ayant deux têtes formant anneau, dans lesquelles on introduit un abillot pour lier les coupons et trains (Voir figure n° 10.)

COUPLAGE. — Deux parts de neuf coupons chaque forment un train, et il faut deux trains pour un couplage.

COUPE A BLANC-ÉTOC. — Tout raser sans faire la réserve d'un seul baliveau.

COUPE A TIRE ET AIRE. — Exploiter une superficie de bois en laissant des réserves et en coupant près de terre.

COUPE BLANCHE. — Exploiter un bois sans laisser aucune réserve, pas même un baliveau de l'âge du taillis ; tout raser sans en rien excepter.

COUPE SOMBRE. — Commencement de coupe dans une futaie pour procéder à un réensemencement naturel.

COUPE DÉFINITIVE. — Dernière coupe d'une futaie pour un réensemencement naturel.

COUPE EN TALUS. — Coupe avec inclinaison au nord et le dos au sud-ouest.

COUPE EN POT ou EN PIVOTS fort avantageuse pour les marchands exploitants et funeste au fond en ce qu'elle décule le tronc au profit de la première bûche de pied, en laissant un trou où l'eau séjourne et pourrit en peu de temps le restant de la souche.

COUPON. — Quatre branches forment un coupon ; il faut sur l'Yonne 18 coupons par train.

CROC. — Instrument pour pousser le bois ou le tirer de l'eau. (Voir figure n° 35.)

COUTRE ou FENDOIR. — Instrument de fendeur pour façonner le merrain, la latte, l'échalas, etc., etc.

D.

DÉBACLE. — Irruption d'un flot de bois après un arrêt rompu ou lâchage d'une prise sur un gravier ou autres endroits où le bois aura été arrêté.

DÉCHARGEOIR. — Ouverture qui se pratique à un des bouts d'un étang pour faire couler le trop-plein des eaux.

DÉBITER. — Convertir en lattes, merrains, planches, membrures et autres marchandises, les bois propres à l'industrie.

DÉBORD. — Hors du bord d'une rivière ou sortir de la rive.

DEBOUT. — C'est un train qui sort de la ligne, de sa marche et va se heurter contre un pont ou une berge.

DÉGAUCHISSAGE. — Arbre plus gros d'un côté que de l'autre et qu'on rend régulier par l'équarrissage.

DÉRIVER. — Pousser un train au large.

DÉRIVOTE. — Petite perche de chantier que l'on place à côté des coupons de tête pour garantir les parts et trains des rives et dans le passage des pertuis et ponts.

DOLOIRE. — Hache longue et tranchante pour façonner et polir le merrain. (Voir figure n° 46.)

DOSSES. — Premières planches tirées d'un arbre rond ou peu équarri, de mince valeur, étant presque toujours d'aubier pur et souvent très-irrégulières.

DOUVES. — Petites planchettes en cœur pur, appelées merrain, servant à former la carcasse ou le corps des feuillettes ou tonneaux.

DROIT D'USAGE. — Concessions faites par les anciens seigneurs aux communes ou colons en bois et pâturages, pour les attirer sur leurs terres par ces avantages.

E.

ÉCHALAS ou PESSEAU.—Bois fendu de 3 pieds 6 pouces à 5 pieds (114 cent. à 1 mètre 624 mil.) de long, pour tuteurs ou soutiens des ceps de vigne.

ÉCORCEMENT. — Détacher l'écorce du chêne à l'époque de la séve (d'avril à juin), pour en faire une poudre appelée tan, qui sert à fabriquer le cuir.

ÉCORÇOIR.—Petit outil en bois, en os ou en fer, de 26 cent. de long, incisif des deux bouts, pour faire de l'écorce. (Voir fig. 52.)

EMBACLE. — Flots de bois ou trains amoncelés obstruant la rivière, arrêtés par manque d'eau et quelquefois par une affluence subite et rapide.

ÉMONDAGE. — Synonyme d'élagage.

ÉCHALIER. — Échelle de bois qu'on applique sur un profond fossé ou à travers une haie pour le passage d'un garde.

ÉLAGAGE. — Extirper dans un bois les épines, ronces, bruyères, joncs marins et autres arbustes parasites qui dévorent la substance des bonnes essences, ou couper les bois traînants et les branches qui nuisent à la croissance des arbres.

ESSARTAGE. — Même opération que pour l'élagage.

ÉCHAFAUD. — Plusieurs petites piles de bois grillonnées ou fortes bûches mises en ligne, formant tréteaux et planchers pour empiler le bois sur les ports flottables et pour la constructions des théâtres de bois dans les chantiers.

EMBAUCHER. — Commencer l'exploitation d'une coupe ou vente de bois en donnant des arrhes aux ouvriers et en les plaçant dans leurs ateliers.

ENCOCHER. — Préparer à la serpe ou avec un instrument appelé goué (*) un bout de chantier pour recevoir une collière ou autres rouettes à anneau.

ÉCLUSÉES. — Eaux retenues sur les vannes et pertuis des ruisseaux et rivières, qui se lâchent à heure fixe pour la navigation des trains et bateaux. (Voir la figure d'un pertuis et d'une vanne, nos 1 et 3.)

ENCROUÉ ou ENFOURCHEMENT. — Arbre qui, en tombant, s'enfourche sur un autre.

ENGRAVÉ.—Train ou bateau arrêté en pleine rivière faute d'eau.

ESSENCE. — Nature ou espèce du bois qu'on veut désigner.

ÉTOFFES. — Les chantiers, rouettes, perches d'Avallan et autres objets servant à la construction et navigation d'un train.

F.

FACTEUR. — Non d'un commis employé à une exploitation de bois ou aux flottages à bûches perdues et en train.

FAMEUR. — Indication de la fin d'une courue d'eau ou d'une éclusée sur l'Yonne.

FAUSSE NAGE ou NEIGE.— Bûche d'environ 3 à 4 pouces de diamètre (81 à 108 millim.), qu'on pose sur la tête d'un coupon de labourage et sur laquelle s'appuie la neige formant une courbure ou plastron sur lequel la perche d'Avallan vient aboutir pour diriger le train. (Voir figure n° 6.)

FERMURE. — Fort chantier où l'on fixe à chaque bout une chaîne

(*) Voir figure n° 33.

en rouette avec anneau, appelée coupierre, pour arrêter le train sur la rive. (Voir figure n° 48.)

FERS DE PERCHE. — Anneau en fer à deux branches dont on gante le bout d'une perche d'Avallan pour l'empêcher de s'émousser et que le coup de perche soit plus ferme.

FIL DU BOIS. — C'est le sens du bois dans sa longueur.

FOURÉ. — Portion de bois très-garnie où l'on ne peut entrer.

FOURCHE. — Atelier de fendeur. (V. f. 50.)

FOURCHER. — Brin de bois avec fourches ou chicots, pour porter un fagot ou pour extraire des arbres les branches mortes.

FONDS ou PIÈCES DE FOND. — Petites planches en merrain de 18 à 26 pouces de long (487 à 704 millimètres) pour fermer les tonneaux à leurs deux extrémités.

G.

GALIPIAU. — Réunion de 1 à 8 coupons ou branches, allant d'un port à l'autre pour compléter une part.

GAMIN. — Jeune compagnon qui dirige la queue d'un train.

GAULIS. — Bois de 50 à 70 ans.

GAFFE. — Rouettes de réserve. (Voir *Régipeaux.*)

GARDE-VENTE. — Commis dirigeant une coupe de bois.

GARNISSEURS. — Jeunes gens ou filles chargés d'introduire des bûches à coups de mailloche dans les branches d'un train au fur et à mesure que le flotteur les établit.

GARER. — Mettre un train sur la rive ou à l'ancre par ses prux, lorsqu'il n'y a pas assez d'eau pour le faire couler, ou que le compagnon a besoin de se rendre à terre.

GAUTIER. — Synonyme de vanne. (V. f. 1re.)

GLISSOIRE. — (Voyez *Allingre.*)

GOBILLON. — Bois cassé par le flottage.

GORDS. — Première station sur l'Yonne pour réunir deux parts ensemble et former un train (entre Lucy et Châtel-Censoir).

GOUÉ. — Outil de flotteur, pour rogner ses chantiers, ses rouettes et pour tous autres travaux de flottage. (Voir fig. 33.)

GOURNABLE. — Chevilles employées pour fixer les bordages à la membrure des vaisseaux.

GRAVIER. — Bois à écorce grossière et graveleuse, fort en pied et peu allongé.

GRUME ou BOIS EN GRUME. — Arbre avec son écorce.

H.

HACHE D'ÉQUARRISSEUR ou ÉPAULE-DE-MOUTON.—Instrument de scieur de long pour équarrir et polir son bois. (V. f. 31.)

HOUPPE ou HOUPPIER. — Branches, contour et cime qui couronnent une tige d'arbre.

HOYAU. — Pioche acérée comme une cognée pour déraciner les troncs d'arbres. (V. f. 42.)

J.

JETEURS. — Ouvriers qui jettent ou portent dans le ruisseau les bois mis en coulage.

L.

LABOURAGE. — Tête ou queue de train où s'établit la manœuvre pour sa direction.

LACHEURS. — Ouvriers spéciaux employés à descendre les trains de l'endroit où ils sont garés au port du marchand de bois.

M.

MADRIERS. —Bois de 3 à 4 pouces d'épaisseur (81 à 108 millim.) sur 5 à 8 pouces (135 à 217 millimètres) de large, sciés ou équarris.

MAILLON. — Le gros bout d'nne rouette qu'on ne tord pas.

MALANDRE. — Abreuvoir, roulure ou nœud gâté dans un arbre par la gelée ou l'élagage.

MARTELAGE. — Frapper d'un marteau, avec empreinte, les réserves faites dans une superficie de bois.

Marquer les bois dans les ventes et sur les ports.

MENEURS D'EAU. — Employés chargés de faire ouvrir les vannes et pertuis pour le flottage en train.

MENOT ou MODERNE. — Baliveau de 2 âges ou réserve de 40 ans dans un aménagement à 20 ans.

MÉPLAT. — Grosse planche ou espèce de solive de 4 pouces d'épaisseur (108 millimètres) sur 9 à 10 pouces de largeur (244 à 271 millimètres).

MISE. — Sixième partie d'une branche dont quatre branches, avec deux accolures à chaque bout, forment un coupon de train sur l'Yonne, la Cure et la Loire.

MISE EN ÉTAT. — Tirage, tricage et empilage sur les ports des flottages en train des bois flottés sur les ruisseaux à bûches perdues.

MOULÉE. — Mot générique pour désigner le bois de chauffage.

N.

NEIGE ou NAGE. — Perche ou chantier de bois vert courbé sur l'encoignure d'un coupon de tête, dit de labourage, comme arc-boutant ou plastron où vient aboutir la perche d'Avallan, quand le compagnon s'en sert pour conduire son train. (Voir figure n°s 36 et 37.)

NEZ-BLANC. — Rang de bûches de bois blanc ajustées à la plaine pour orner la proue d'un train.

O.

OFFICIER JUDICIAIRE. — La loi donne ce titre aux gardes assermentés, devant le tribunal de première instance.

OUTRI. — Bois pourri jusque dans le cœur, maladie particulière aux bois blancs qui ne sont pas fendus dans les trois mois de leur coupe.

P.

PALE. — Porte d'étang qui se lève pour en mettre les eaux en coulage.

PANAGE. — Le droit de parcours dans les futaies pour les cochons.

PERCHE D'AVALLAN. — Brin de taillis de 20 à 25 ans, bien droit, de 10 à 18 pieds (3 mèt. 248 mil. à 5 m. 847 mil.) de long sur 3 à 4 pouces (10 à 12 cent.) de diamètre au milieu, dont les conducteurs de train se servent pour les diriger. (Voir figure n° 39.)

PERTUIS. — Grande vanne ou écluse pour retenir les eaux sur les rivières de flottages en train. (Voir fig. 3.)

PESSEAUX. — Synonyme d'échalas.

PLACES VAGUES. — Lieux d'une forêt où il n'y a pas de bois.

PLANÇON. — Tige de saule, de peuplier ou autres essences qui se plantent par bouture, aiguisée du gros bout pour entrer en terre de 4 mètres de long sur 4 centimètres de diamètre.

PIDANCE ou MAILLOCHE.—Pied de charme, orme ou pommier, *avec manche*, de 18 pouces (487 mil.) de long sur 8 pouces (217 mil.) de diamètre, pour enfoncer des bûches dans les mises ou branches d'un train, les serrer davantage et leur donner plus de consistance.

PICOT.—Outil de flotteur pour tirer le bois de l'eau.(Voir f. n° 34.)

PIÉMONTOISE. — Forte pioche à deux tranchants acérés pour déraciner les plus gros arbres. (Voir fig. 43.)

PIÈCE ou SOLIVE. — 72 pouces carrés de bois au pied-de-roi ancien.

PIED CORNIER. — Arbre qu'on laisse en réserve aux angles d'un bois pour en marquer les limites, sans avoir égard à la qualité ni à l'essence.

PIGE. — Jeune brin de coudrier de 9 pieds (3 mètres) de long sur 9 lignes (2 centimètres) de diamètre, pour mesurer les bois en pile.

PILE. — Bois rangé et soutenu par deux roseaux en grillons à chaque extrémité.

PILONS. — Roseaux ou grillons isolés.

Les canards s'empilent sur les rives en grillons. En certaines localités, on façonne les bois en grillons pour qu'ils sèchent promptement, 6 ou 8 pour corde.

PLAINE. — Outil pour arranger les perches d'Avallan et tout ce qui concerne un train. (Voir figure n° 40.)

POULE D'EAU. — Ouvriers qui doivent se tenir à l'eau, quelquefois jusqu'à la ceinture, de novembre à février, pour pousser la queue des flots avec leurs longs crocs. (Voir figure n° 35.)

POINTE DE L'EAU. — Arrivée de la première eau d'un étang de flottage ou d'une éclusée.

PRUX. — Espèce de crémaillère en rouettes qui tient les branches sur l'atelier du flotteur et qu'on lâche à mesure qu'elles s'écoulent en rivière. Quand en route on place des rouettes sur un coupon qui faiblit, cela s'appelle passer des prux.

R.

RAMIER. — Dépôt des tiges et bois abattus par le bûcheron.

RECEPER ou RECEPAGE.—Couper avant l'âge de l'aménagement, même à un an, les bois rabougris, mal venants, incendiés ou mutilés par les voitures et les bestiaux.

REDAN. — Partie d'un arbre irrégulier se terminant en queue de rat, qu'on aura divisée et numérotée même pour en former des morceaux séparés, et par ce produit obtenir un cube plus fort. (V. fig. n. 44.)

RÉCOLER. — Compter les arbres de réserve après l'exploitation d'une superficie de bois.

RÉGAL ou RÉGALAGE. — Après une exploitation, abattre les bois traînants et non réservés, ou curer la vente de toutes marchandises; sur les ruisseaux et rivières, ramasser et déterrer même les canards enfouis dans la vase ou le sable.

RÉGIPEAUX et ROUETTES DE GAFFE.—Chantiers et rouettes placés en réserve sur un train pour en réparer en route les avaries.

REJET. — Les dépenses d'un flot à bûches perdues se comptent de rejet en rejet; c'est d'un ruisseau ou d'un port à un autre.

REMONTAGE. — Ce qu'on paye aux conducteurs des trains en sus de leurs journées pour frayer aux dépenses de leur retour.

RETOQUAGE ou RAPATRONAGE. — C'est réunir un arbre coupé avec son tronc à l'effet de constater le délit de la coupe.

ROBINETTE. — Petit piochot pour biner les jeunes plants. (Voir figure n° 41.)

ROTIES ou ROCHÈS. — Bûches amoncelées sur les rives ou sur un gravier par un temps d'arrêt ou par une grande abondance d'eau.

ROUETTES ou HARTS. — Jeunes brins ou branches de taillis de 7 à 10 ans qu'on tord pour en former des cordes ou liens pour le flottage des trains et l'exploitation des bois. (Voir fig. 47.)

ROUETTE D'ACOULURE. — Rouette tordue et croisée qui se lie sur les chantiers d'une branche de trains. (Voir fig. 51.)

ROUETTAGE. — Exploitation des rouettes dans les taillis.

ROULE. — Bûches déposées sur un port en piles provisoires et sans grillons.

RUELLÉ. — Distance entre les piles de bois.

ROIDE. — Bois sur son roide, c'est-à-dire le dos en l'air ou dressé comme pour en faire un méplat.

S.

SARTAGE. — Culture des céréales dans les forêts.

SCIE. — Pour les travaux forestiers on emploie :

1° La scie appelée filario pour un homme seul. (Voir fig. 27.)
2° La scie à quatre mains. (Voir figure 28.)
3° Le passe-partout. (Voir figure 29.)
4° La scie de long. (Voir figure 30.)

SOLIVE. — (Voir Pièce.)

SUR FEUILLE. — Bois sur feuille, c'est-à-dire bois ou produit d'une coupe répandu sur le sol ou gisant sur le terrain où il a été exploité.

T.

THÉATRE. — Plusieurs grandes piles de bois réunies ensemble dans un chantier, séparées dans le bas par des forains à hauteur d'homme, ainsi que par des bûches qui les couvrent appelées casse-cou.

TIRAGE. — Mettre sur la rive le bois arrivé en flot ou par train.

TRAITE DE BOIS. — Charrois des bois d'une vente.

TRAIN. — Radeau de bois de chauffage, charpente, sciage et autres marchandises flottantes.

TRICAGE. — Mettre séparément le bois de chaque marque.

TRAVERSE. — Bois de hêtre flotté et fendu, appelé, à Paris, très-improprement bois de gravier.

TORDEUSE. — Femme employée à tordre les rouettes pour le flotteur en train.

TORTILLARD et COURSINS. — Bois de chauffage trop court ou de mauvaise qualité.

TROUSSE-BARBE. — Instrument en bois courbé comme une corne de bœuf, pour attacher les coupons et former les trains (peu en usage maintenant) ; supprimé sur l'Yonne par le système de couplage actuel inventé en 1796 par Robin de Surgy (Nièvre).

U.

USTENSILES. — Prix donné au conducteur pour l'arrangement d'un train jusqu'au jour de son départ.

V.

VANNE. — Porte établie sur un ruisseau pour ramasser les eaux et les faire servir au flottage des bois. (Voir figure n° 1.)

VENTE. — Superficie de bois en exploitation, ou synonyme de coupe et exploitation de bois.

VIDANGE. — Nettoyer les ventes de tous produits.

VOLIS. — Partie d'un arbre rompu et tombé à terre.

VOIE DE BOIS. — 2 stères mesure métrique ou la cinquième partie d'un décastère.

VOIE DE CHARBON. — 2 hect. du poids de 50 kilog. environ.

CODE FORESTIER.

(

C

va

No

ons

Arti

r, et

ons

. I

l'É

2. C

3. (

jora

4. I

com

CODE FORESTIER.

A Paris, le 21 mai 1827.

CHARLES, par la grâce de Dieu, roi de France et de Navarre, à tous présents et à venir, salut.

Nous avons proposé, les chambres ont adopté, nous avons ordonné et ordonnons ce qui suit :

TITRE PREMIER.

DU RÉGIME FORESTIER.

Article premier. — Sont soumis au régime forestier, et seront administrés conformément aux dispositions de la présente loi,

1. Les bois et forêts qui font partie du domaine de l'État;

2. Ceux qui font partie du domaine de la couronne;

3. Ceux qui sont possédés à titre d'apanages et de majorats réversibles à l'État;

4. Les bois et forêts des communes et des sections de commune ;

5. Ceux des établissements publics ;

6. Les bois et forêts dans lesquels l'État, la couronne, les communes ou les établissements publics ont des droits de propriété indivis avec des particuliers.

Art. 2. — Les particuliers exercent sur leurs bois tous les droits résultant de la propriété, sauf les restrictions qui seront spécifiées dans la présente loi.

TITRE II.

DE L'ADMINISTRATION FORESTIÈRE.

Art. 3. — Nul ne peut exercer un emploi forestier, s'il n'est âgé de vingt-cinq ans accomplis ; néanmoins les élèves sortant de l'école forestière pourront obtenir des dispenses d'âge.

Art. 4.—Les emplois del'administration forestière sont incompatibles avec toutes autres fonctions, soit administratives, soit judiciaires.

Art. 5. — Les agents et préposés de l'administration forestière ne pourront entrer en fonctions qu'après avoir prêté serment devant le tribunal de première instance de leur résidence, et avoir fait enregistrer leur commission et l'acte de prestation de leur serment au greffe des tribunaux dans le ressort desquels ils devront exercer leurs fonctions.

Dans le cas d'un changement de résidence qui les placerait dans un autre ressort en la même qualité, il n'y aura pas lieu à une autre prestation de serment.

Art. 6. — Les gardes sont responsables des délits, dégâts, abus et abroutissements qui ont lieu dans leurs triages, et passibles des amendes et indemnités encourues par les délinquants, lorsqu'ils n'ont pas dûment constaté les délits.

Art. 7. — L'empreinte de tous les marteaux dont les agents et les gardes forestiers font usage, tant pour la marque des bois de délit et des chablis que pour les opérations de balivage et de martelage, est déposée au greffe des tribunaux ; savoir :

Celle des marteaux particuliers dont les agents et gardes sont pourvus, au greffe des tribunaux de première instance dans le ressort desquels ils exercent leurs fonctions ;

Celle du marteau royal uniforme, aux greffes des tribunaux de première instance et des cours royales.

TITRE III.

DES BOIS ET FORÊTS QUI FONT PARTIE DU DOMAINE DE L'ÉTAT.

—

SECTION Ire.

DE LA DÉLIMITATION ET DU BORNAGE

Art. 8. — La séparation entre les bois et forêts de l'État et les propriétés riveraines pourra être requise, soit par l'administration forestière, soit par les propriétaires riverains.

Art. 9. — L'action en séparation sera intentée,

soit par l'État, soit par les propriétaires riverains, dans les formes ordinaires.

Toutefois il sera sursis à statuer sur les actions partielles, si l'administration forestière offre d'y faire droit dans le délai de six mois, en procédant à la délimitation générale de la forêt.

Art. 10. — Lorsqu'il y aura lieu d'opérer la délimitation générale et le bornage d'une forêt de l'État, cette opération sera annoncée deux mois d'avance par un arrêté du préfet, qui sera publié et affiché dans les communes limitrophes, et signifié au domicile des propriétaires riverains ou à celui de leurs fermiers, gardes ou agents.

Après ce délai, les agents de l'administration forestière procéderont à la délimitation en présence ou en l'absence des propriétaires riverains.

Art. 11. — Le procès-verbal de la délimitation sera immédiatement déposé au secrétariat de la préfecture, et par extrait au secrétariat de la sous-préfecture, en ce qui concerne chaque arrondissement : il en sera donné avis par un arrêté du préfet, publié et affiché dans les communes limitrophes; les intéressés pourront en prendre connaissance, et former leur opposition dans le délai d'une année, à dater du jour où l'arrêté aura été publié.

Dans le même délai, le gouvernement déclarera s'il approuve ou s'il refuse d'homologuer ce procès-verbal en tout ou en partie.

Sa déclaration sera rendue publique de la même manière que le procès-verbal de délimitation.

Art. 12. — Si, à l'expiration de ce délai, il n'a été élevé aucune réclamation par les propriétaires riverains contre le procès-verbal de délimitation, et si le gouvernement n'a pas déclaré son refus d'homologuer, l'opération sera définitive.

Les agents de l'administration forestière procéderont, dans le mois suivant, au bornage, en présence des parties intéressées, ou elles dûment appelées par un arrêté du préfet, ainsi qu'il est prescrit par l'article 10.

Art. 13. — En cas de contestations élevées, soit pendant les opérations, soit par suite d'oppositions formées par les riverains en vertu de l'article 11, elles seront portées par les parties intéressées devant les tribunaux compétents, et il sera sursis à l'abornement jusqu'après leur décision.

Il y aura également lieu au recours devant les tribunaux de la part des propriétaires riverains, si, dans le cas prévu par l'article 12, les agents forestiers se refusaient à procéder au bornage.

Art. 14. — Lorsque la séparation ou délimitation sera effectuée par un simple bornage, elle sera faite à frais communs.

Lorsqu'elle sera effectuée par des fossés de clôture, ils seront exécutés aux frais de la partie requérante, et pris en entier sur son terrain.

SECTION II.

DE L'AMÉNAGEMENT.

Art. 15. — Tous les bois et forêts du domaine de l'État sont assujettis à un aménagement réglé par des ordonnances royales.

Art. 16. — Il ne pourra être fait dans les bois de l'État aucune coupe extraordinaire quelconque, ni aucune coupe de quarts en réserve ou de massifs réservés par l'aménagement pour croître en futaie, sans une ordonnance spéciale du roi, à peine de nullité des ventes; sauf le recours des adjudicataires, s'il y a lieu, contre les fonctionnaires ou agents qui auraient ordonné ou autorisé ces coupes.

Cette ordonnance spéciale sera insérée au Bulletin des lois.

SECTION III.

DES ADJUDICATIONS DES COUPES.

Art. 17. — Aucune vente ordinaire ou extraordinaire ne pourra avoir lieu dans les bois de l'État que par voie d'adjudication publique, laquelle devra être annoncée, au moins quinze jours d'avance, par des affiches apposées dans le chef-lieu du département, dans le lieu de la vente, dans la commune de la situation des bois et dans les communes environnantes.

Art. 18. — Toute vente faite autrement que par adjudication publique sera considérée comme vente clandestine, et déclarée nulle. Les fonctionnaires et agents qui auraient ordonné ou effectué la vente seront condamnés solidairement à une amende de trois mille francs au moins et de six mille francs au plus, et l'acquéreur sera puni d'une amende égale à la valeur des bois vendus.

Art. 19. — Sera de même annulée, quoique faite par adjudication publique, toute vente qui n'aura point été précédée des publications et affiches prescrites par l'article 17, ou qui aura été effectuée dans d'autres lieux ou à un autre jour que ceux qui auront été indiqués par les affiches ou les procès-verbaux de remise de vente.

Les fonctionnaires ou agents qui auraient contrevenu à ces dispositions seront condamnés solidairement à une amende de mille à trois mille francs ; et une amende pareille sera prononcée contre les adjudicataires, en cas de complicité.

Art. 20. — Toutes les contestations qui pourront s'élever, pendant les opérations d'adjudication, sur la validité des enchères ou sur la solvabilité des enchérisseurs et des cautions, seront décidées immédiatement par le fonctionnaire qui présidera la séance d'adjudication.

Art. 21. — Ne pourront prendre part aux ventes, ni par eux-mêmes, ni par personnes interposées, directement ou indirectement, soit comme parties principales, soit comme associés ou cautions :

1° Les agents et gardes forestiers et les agents forestiers de la marine dans toute l'étendue du royaume; les fonctionnaires chargés de présider ou de concourir aux ventes, et les receveurs du produit des coupes, dans toute l'étendue du territoire où ils exercent leurs fonctions;

En cas de contravention, ils seront punis d'une amende qui ne pourra excéder le quart ni être moindre du douzième du montant de l'adjudication, et ils seront, en outre, passibles de l'emprisonnement et de l'interdiction qui sont prononcés par l'article 175 du code pénal;

2° Les parents et alliés en ligne directe, les frères et beaux-frères, oncles et neveux des agents et gardes forestiers et des agents forestiers de la marine, dans toute l'étendue du territoire pour lequel ces agents ou gardes sont commissionnés;

En cas de contravention, ils seront punis d'une amende égale à celle qui est prononcée por le paragraphe précédent :

3° Les conseillers de préfecture, les juges, officiers du ministère public et greffiers des tribunaux de première instance, dans tout l'arrondissement de leur ressort;

En cas de contravention, ils seront passibles de tous dommages-intérêts, s'il y a lieu.

Toute adjudication qui serait faite en contravention aux dispositions du présent article, sera déclarée nulle.

Art. 22. — Toute association secrète ou manœuvre

entre les marchands de bois ou autre, tendant à nuire aux enchères, à les troubler ou à obtenir les bois à plus bas prix, donnera lieu à l'application des peines portées par l'article 412 du code pénal, indépendamment de tous dommages-intérêts; et si l'adjudication a été faite au profit de l'association secrète ou des auteurs desdites manœuvres, elle sera déclarée nulle.

Art. 23. — Aucune déclaration de command ne sera admise, si elle n'est faite immédiatement après l'adjudication et séance tenante.

Art. 24. — Faute, par l'adjudicataire, de fournir les cautions exigées par le cahier des charges dans le délai prescrit, il sera déclaré déchu de l'adjudication par un arrêté du préfet, et il sera procédé, dans les formes ci-dessus prescrites, à une nouvelle adjudication de la coupe à sa folle enchère.

L'adjudicataire déchu sera tenu, par corps, de la différence entre son prix et celui de la revente, sans pouvoir réclamer l'excédant, s'il y en a.

Art. 25. — Toute personne capable et reconnue solvable sera admise, jusqu'à l'heure de midi du lendemain de l'adjudication, à faire une offre de surenchère, qui ne pourra être moindre du cinquième du montant de l'adjudication.

Dès qu'une pareille offre aura été faite, l'adjudicataire et les surenchérisseurs pourront faire de semblables déclarations de simple surenchère jusqu'à l'heure de midi du surlendemain de l'adjudication, heure à laquelle le plus offrant restera définitivement adjudicataire.

Toutes déclarations de surenchère devront être faites au secrétariat qui sera indiqué par le cahier des charges, et dans les délais ci-dessus fixés ; le tout sous peine de nullité.

Le secrétaire commis à l'effet de recevoir ces déclarations sera tenu de les consigner immédiatement sur un registre à ce destiné, d'y faire mention expresse du jour et de l'heure précise où il les aura reçues, et d'en donner communication à l'adjudicataire et aux surenchérisseurs, dès qu'il en sera requis ; le tout sous peine de trois cents francs d'amende, sans préjudice de plus fortes peines en cas de collusion.

En conséquence, il n'y aura lieu à aucune signification des déclarations de surenchère, soit par l'administration, soit par les adjudicataires et surenchérisseurs.

Art. 26. — Toutes contestations au sujet de la validité des surenchères seront portées devant les conseils de préfecture.

Art. 27. — Les adjudicataires et surenchérisseurs sont tenus, au moment de l'adjudication ou de leurs déclarations de surenchère, d'élire domicile dans le lieu où l'adjudication aura été faite ; faute par eux de le faire, tous actes postérieurs leur seront valablement signifiés au secrétariat de la sous-préfecture.

Art. 28. — Tout procès-verbal d'adjudication emporte exécution parée et contrainte par corps contre les adjudicataires, leurs associés et cautions, tant pour le payement du prix principal de l'adjudication que pour accessoires et frais.

Les cautions sont, en outre, contraignables, solidairement et par les mêmes voies, au payement des dommages, restitutions et amendes qu'aurait encourus l'adjudicataire.

SECTION IV.

DES EXPLOITATIONS.

Art. 29. — Après l'adjudication, il ne pourra être fait aucun changement à l'assiette des coupes; et il n'y sera ajouté aucun arbre ou portion de bois, sous quelque prétexte que ce soit, à peine, contre l'adjudicataire, d'une amende égale au triple de la valeur des bois non compris dans l'adjudication, et sans préjudice de la restitution de ces mêmes bois ou de leur valeur.

Si les bois sont de meilleure nature ou qualité, ou plus âgés que ceux de la vente, il payera l'amende comme pour bois coupé en délit, et une somme double à titre de dommages-intérêts.

Les agents forestiers qui auraient permis ou toléré ces additions ou changements seront punis de pareille amende, sauf l'application, s'il y a lieu, de l'article 207 de la présente loi.

Art. 30. — Les adjudicataires ne pourront commencer l'exploitation de leurs coupes, avant d'avoir obtenu, par écrit, de l'agent forestier local, le permis d'exploiter, à peine d'être poursuivis comme délinquants pour les bois qu'ils auraient coupés.

Art. 31. — Chaque adjudicataire sera tenu d'avoir un facteur ou garde-vente, qui sera agréé par l'agent forestier local et assermenté devant le juge de paix.

Ce garde-vente sera autorisé à dresser des procès-verbaux, tant dans la vente qu'à l'ouïe de la cognée. Ses procès-verbaux seront soumis aux mêmes formalités que ceux des gardes forestiers, et feront foi jusqu'à preuve contraire.

L'espace appelé *l'ouïe de la cognée* est fixé à la distance de deux cent cinquante mètres, à partir des limites de la coupe.

Art. 32. — Tout adjudicataire sera tenu, sous peine de cent francs d'amende, de déposer chez l'agent forestier local et au greffe du tribunal de l'arrondissement l'empreinte du marteau destiné à marquer les arbres et bois de sa vente.

L'adjudicataire et ses associés ne pourront avoir plus d'un marteau pour la même vente, ni en marquer d'autres bois que ceux qui proviendront de cette vente, sous peine de cinq cents francs d'amende.

Art. 33. — L'adjudicataire sera tenu de respecter tous les arbres marqués ou désignés pour demeurer en réserve, quelle que soit leur qualification, lors même que le nombre en excéderait celui qui est porté au procès-verbal de martelage, et sans que l'on puisse admettre, en compensation d'arbres coupés en contravention, d'autres arbres non réservés que l'adjudicataire aurait laissés sur pied.

Art. 34. — Les amendes encourues par les adjudicataires, en vertu de l'article précédent, pour abatage ou déficit d'arbres réservés, seront du tiers en sus de celles qui sont déterminées par l'article 192, toutes les fois que l'essence et la circonférence des arbres pourront être constatées.

Si, à raison de l'enlèvement des arbres et de leurs souches, ou de toute autre circonstance, il y a impossibilité de constater l'essence et la dimension des arbres, l'amende ne pourra être moindre de cinquante francs, ni excéder deux cents francs.

Dans tous les cas, il y aura lieu à la restitution des arbres, ou, s'ils ne peuvent être représentés, de leur valeur, qui sera estimée à une somme égale à l'amende encourue.

Sans préjudice des dommages-intérêts.

Art. 35. — Les adjudicataires ne pourront effectuer aucune coupe ni enlèvement de bois avant le lever ni après le coucher du soleil, à peine de cent francs d'amende.

Art. 36. — Il leur est interdit, à moins que le procès-verbal d'adjudication n'en contienne l'autorisation expresse, de peler ou d'écorcer sur pied aucun des bois de leurs ventes, sous peine de cinquante à cinq cents francs d'amende; et il y aura lieu à la saisie des écorces et bois écorcés, comme garantie des dommages-intérêts, dont le montant ne pourra être inférieur à la valeur des arbres indûment pelés ou écorcés.

Art. 37. — Toute contravention aux clauses et

conditions du cahier des charges, relativement au mode d'abatage des arbres et au nettoiement des coupes, sera punie d'une amende qui ne pourra être moindre de cinquante francs ni excéder cinq cents francs, sans préjudice des dommages-intérêts.

Art. 38. — Les agents forestiers indiqueront, par écrit, aux adjudicataires, les lieux où il pourra être établi des fosses ou fourneaux pour charbon, des loges ou des ateliers; il n'en pourra être placé ailleurs, sous peine, contre l'adjudicataire, d'une amende de cinquante francs pour chaque fosse ou fourneau, loge ou atelier établi en contravention à cette disposition.

Art. 39. — La traite des bois se fera par les chemins désignés au cahier des charges, sous peine, contre ceux qui en pratiqueraient de nouveaux, d'une amende dont le minimum sera de cinquante francs et le maximum de deux cents francs, outre les dommages-intérêts.

Art. 40. — La coupe des bois et la vidange des ventes seront faites dans les délais fixés par le cahier des charges, à moins que les adjudicataires n'aient obtenu de l'administration forestière une prorogation de délai; à peine d'une amende de cinquante à cinq cents francs, et, en outre, des dommages-intérêts dont le montant ne pourra être inférieur à la valeur estimative des bois restés sur pied ou gisant sur les coupes.

Il y aura lieu à la saisie de ces bois, à titre de garantie pour les dommages-intérêts.

Art. 41. — A défaut, par les adjudicataires, d'exécuter, dans les délais fixés par le cahier des charges, les travaux que ce cahier leur impose, tant pour relever et faire façonner les ramiers et pour nettoyer les coupes des épines, ronces et arbustes nuisibles, selon le mode prescrit à cet effet, que pour les réparations des chemins de vidange, fossés, repiquement de places à charbon et autres ouvrages à leur charge, ces travaux seront exécutés à leurs frais, à la diligence des agents forestiers, et sur l'autorisation du préfet, qui arrêtera ensuite le mémoire des frais et le rendra exécutoire contre les adjudicataires pour le payement.

Art. 42. — Il est défendu à tous adjudicataires, leurs facteurs et ouvriers, d'allumer du feu ailleurs que dans leurs loges ou ateliers, à peine d'une amende de dix à cent francs, sans préjudice de la réparation du dommage qui pourrait résulter de cette contravention.

Art. 43.—Les adjudicataires ne pourront déposer, dans leurs ventes, d'autres bois que ceux qui en proviendront, sous peine d'une amende de cent à mille francs.

Art. 44. — Si, dans le cours de l'exploitation ou de la vidange, il était dressé des procès-verbaux de délits ou vices d'exploitation, il pourra y être donné suite sans attendre l'époque du récolement.

Néanmoins, en cas d'insuffisance d'un premier procès-verbal sur lequel il ne sera pas intervenu de jugement, les agents forestiers pourront, lors du récolement, constater par un nouveau procès-verbal les délits et contraventions.

Art. 45. — Les adjudicataires, à dater du permis d'exploiter, et jusqu'à ce qu'ils aient obtenu leur décharge, sont responsables de tout délit forestier commis dans leurs ventes et à l'ouïe de la cognée, si leurs facteurs ou gardes-vente n'en font leurs rapports, lesquels doivent être remis à l'agent forestier dans le délai de cinq jours.

Art. 46. — Les adjudicataires et leurs cautions seront responsables et contraignables par corps au payement des amendes et restitutions encourues pour délits et contraventions commis, soit dans la vente, soit à l'ouïe de la cognée, par les facteurs, gardes-vente, ouvriers, bûcherons, voituriers et tous autres employés par les adjudicataires.

SECTION V.

DES RÉARPENTAGES ET RÉCOLEMENTS.

Art. 47. — Il sera procédé au réarpentage et au récolement de chaque vente, dans les trois mois qui suivront le jour de l'expiration des délais accordés pour la vidange des coupes.

Ces trois mois écoulés, les adjudicataires pourront mettre en demeure l'administration par acte extrajudiciaire signifié à l'agent forestier local; et si, dans le mois après la signification de cet acte, l'administration n'a pas procédé au réarpentage et au récolement, l'adjudicataire demeurera libéré.

Art. 48. — L'adjudicataire ou son cessionnaire sera tenu d'assister au récolement; et il lui sera, à cet effet, signifié, au moins dix jours d'avance, un acte contenant l'indication des jours où se feront le réarpentage et le récolement : faute par lui de se trouver sur les lieux ou de s'y faire représenter, les procès-verbaux de réarpentage et de récolement seront réputés contradictoires.

Art. 49. — Les adjudicataires auront le droit d'appeler un arpenteur de leur choix pour assister aux opérations du réarpentage : à défaut par eux d'user de ce droit, les procès-verbaux de réarpentage n'en seront pas moins réputés contradictoires.

Art. 50.— Dans le délai d'un mois après la clôture des opérations, l'administration et l'adjudicataire pourront requérir l'annulation du procès-verbal pour défaut de forme ou pour fausse énonciation.

Ils se pourvoiront, à cet effet, devant le conseil de préfecture, qui statuera.

En cas d'annulation du procès-verbal, l'administration pourra, dans le mois qui suivra, y faire suppléer par un nouveau procès-verbal.

Art. 51. — A l'expiration des délais fixés par l'article 50, et si l'administration n'a élevé aucune contestation, le préfet délivrera à l'adjudicataire la décharge d'exploitation.

Art. 52. — Les arpenteurs seront passibles de tous dommages-intérêts par suite des erreurs qu'ils auront commises, lorsqu'il en résultera une différence d'un vingtième de l'étendue de la coupe ;

Sans préjudice de l'application, s'il y a lieu, des dispositions de l'article 207.

SECTION VI.

DES ADJUDICATIONS DE GLANDÉE, PANAGE ET PAISSON.

Art. 53. — Les formalités prescrites par la section III du présent titre, pour les adjudications des coupes de bois, seront observées pour les adjudications de glandée, panage et paisson.

Toutefois, dans les cas prévus par les articles 18 et 19, l'amende infligée aux fonctionnaires et agents sera de cent francs au moins et de mille francs au plus, et celle qui aura été encourue par l'acquéreur sera égale au montant du prix de la vente.

Art. 54. — Les adjudicataires ne pourront introduire dans les forêts un plus grand nombre de porcs que celui qui sera déterminé par l'acte d'adjudication, sous peine d'une amende double de celle qui est prononcée par l'article 199.

Art. 55. — Les adjudicataires seront tenus de faire marquer les porcs d'un fer chaud, sous peine d'une amende de trois francs par chaque porc qui ne serait point marqué.

Ils devront déposer l'empreinte de cette marque au greffe du tribunal, et le fer servant à la marque, au bureau de l'agent forestier local, sous peine de cinquante francs d'amende.

Art. 56. — Si les porcs sont trouvés hors des cantons désignés par l'acte d'adjudication, ou des chemins indiqués pour s'y rendre, il y aura lieu, contre l'adjudicataire, aux peines prononcées par l'article 199. En cas de récidive, outre l'amende encourue par l'adjudicataire, le pâtre sera condamné à un emprisonnement de cinq à quinze jours.

Art. 57. — Il est défendu aux adjudicataires d'abattre, de ramasser ou d'emporter des glands, faînes ou autres fruits, semences ou productions des forêts, sous peine d'une amende double de celle qui est prononcée par l'article 144.

SECTION VII.

DES AFFECTATIONS A TITRE PARTICULIER DANS LES BOIS DE L'ÉTAT.

Art. 58. — Les affectations de coupes de bois ou délivrances, soit par stère, soit par pied d'arbre, qui ont été concédées à des communes, à des établissements industriels ou à des particuliers, nonobstant les prohibitions établies par les lois et les ordonnances alors existantes, continueront d'être exécutées jusqu'à l'expiration du terme fixé par les actes de concession, s'il ne s'étend pas au delà du 1er septembre 1837.

Les affectations faites au préjudice des mêmes prohibitions, soit à perpétuité, soit sans indication de terme, ou à des termes plus éloignés que le 1er septembre 1837, cesseront, à cette époque, d'avoir aucun effet.

Les concessionnaires de ces dernières affectations qui prétendraient que leur titre n'est pas atteint par les prohibitions ci-dessus rappelées, et qu'il leur confère des droits irrévocables, devront, pour y faire statuer, se pourvoir devant les tribunaux dans l'année qui suivra la promulgation de la présente loi, sous peine de déchéance.

Si leur prétention est rejetée, ils jouiront néanmoins des effets de la concession jusqu'au terme fixé par le second paragraphe du présent article.

Dans le cas où leur titre serait reconnu valable par les tribunaux, le gouvernement, quelles que soient la nature et la durée de l'affectation, aura la faculté d'en affranchir les forêts de l'État, moyennant un cantonnement qui sera réglé de gré à gré, ou, en cas de contestation, par les tribunaux, pour tout le temps que devait durer la concession. L'action en cantonnement ne pourra pas être exercée par les concessionnaires.

Art. 59. — Les affectations faites pour le service d'une usine cesseront en entier, de plein droit et sans retour, si le roulement de l'usine est arrêté pendant deux années consécutives, sauf les cas d'une force majeure dûment constatée.

Art. 60. — A l'avenir, il ne sera fait dans les bois de l'État aucune affectation ou concession de la nature de celles dont il est question dans les deux articles précédents.

SECTION VIII.

DES DROITS D'USAGE DANS LES BOIS DE L'ÉTAT.

Art. 61. — Ne seront admis à exercer un droit d'usage quelconque dans les bois de l'État que ceux dont les droits auront été, au jour de la promulgation de la présente loi, reconnus fondés, soit par des actes du gouvernement, soit par des jugements ou arrêts définitifs, ou seront reconnus tels par suite d'instances administratives ou judiciaires actuellement engagées ou qui seraient intentées devant les tribunaux dans le délai de deux ans, à dater du jour de la promulgation de la présente loi, par des usagers actuellement en jouissance.

Art. 62. — Il ne sera plus fait, à l'avenir, dans les forêts de l'État, aucune concession de droits d'usage, de quelque nature et sous quelque prétexte que ce puisse être.

Art. 63. — Le gouvernement pourra affranchir les forêts de l'État de tout droit d'usage en bois, moyennant un cantonnement qui sera réglé de gré à gré, et, en cas de contestation, par les tribunaux.

L'action en affranchissement d'usage par voie de cantonnement n'appartiendra qu'au gouvernement, et non aux usagers.

Art. 64. — Quant aux autres droits d'usage quelconques et aux pâturage, panage et glandée dans les mêmes forêts, ils ne pourront être convertis en cantonnement; mais ils pourront être rachetés moyennant des indemnités qui seront réglées de gré à gré, ou, en cas de contestation, par les tribunaux.

Néanmoins le rachat ne pourra être requis par l'administration dans les lieux où l'exercice du droit de pâturage est devenu d'une absolue nécessité pour les habitants d'une ou de plusieurs communes. Si cette nécessité est contestée par l'administration forestière, les parties se pourvoiront devant le conseil de préfecture, qui, après une enquête *de commodo et incommodo*, statuera, sauf le recours au conseil d'état.

Art. 65. — Dans toutes les forêts de l'État qui ne seront point affranchies au moyen du cantonnement ou de l'indemnité, conformément aux articles 63 et 64 ci-dessus, l'exercice des droits d'usage pourra toujours être réduit par l'administration, suivant l'état et la possibilité des forêts, et n'aura lieu que conformément aux dispositions contenues aux articles suivants.

En cas de contestation sur la possibilité et l'état des forêts, il y aura lieu à recours au conseil de préfecture.

Art. 66. — La durée de la glandée et du panage ne pourra excéder trois mois.

L'époque de l'ouverture en sera fixée, chaque année, par l'administration forestière.

Art. 67. — Quel que soit l'âge ou l'essence des bois, les usagers ne pourront exercer leurs droits de pâturage et de panage que dans les cantons qui auront été déclarés défensables par l'administration forestière, sauf le recours au conseil de préfecture, et ce, nonobstant toutes possessions contraires.

Art. 68. — L'administration forestière fixera, d'après les droits des usagers, le nombre des porcs qui pourront être mis en panage et des bestiaux qui pourront être admis au pâturage.

Art. 69. — Chaque année, avant le 1er mars pour le pâturage, et un mois avant l'époque fixée par l'administration forestière pour l'ouverture de la glandée et du panage, les agents forestiers feront connaître aux communes et aux particuliers jouissant des droits d'usage les cantons déclarés défensables, et le nombre des bestiaux qui seront admis au pâturage et au panage.

Les maires seront tenus d'en faire la publication dans les communes usagères.

Art. 70. — Les usagers ne pourront jouir de leurs droits de pâturage et de panage que pour les bestiaux à leur propre usage, et non pour ceux dont ils font commerce, à peine d'une amende double de celle qui est prononcée par l'article 199.

Art. 71. — Les chemins par lesquels les bestiaux devront passer pour aller au pâturage ou au panage et en revenir seront désignés par les agents forestiers.

Si ces chemins traversent des taillis ou des recrus de futaies non défensables, il pourra être fait, à frais communs entre les usagers et l'administration, et d'après l'indication des agents forestiers, des fossés suffisamment larges et profonds, ou toute autre clôture, pour empêcher les bestiaux de s'introduire dans les bois.

Art. 72. — Le troupeau de chaque commune ou section de commune devra être conduit par un ou plusieurs pâtres communs, choisis par l'autorité municipale : en conséquence, les habitants des communes usagères ne pourront ni conduire eux-mêmes ni faire conduire leurs bestiaux à garde séparée, sous peine de deux francs d'amende par tête de bétail.

Les porcs ou bestiaux de chaque commune ou section de commune usagère formeront un troupeau particulier et sans mélange de bestiaux d'une autre commune ou section, sous peine d'une amende de cinq à dix francs contre le pâtre, et d'un emprisonnement de cinq à dix jours en cas de récidive.

Les communes et sections de commune seront responsables des condamnations pécuniaires qui pourront être prononcées contre lesdits pâtres ou gardiens, tant pour les délits et contraventions prévus par le présent titre que pour tous autres délits forestiers commis par eux pendant le temps de leur service et dans les limites du parcours.

Art. 73. — Les porcs et bestiaux seront marqués d'une marque spéciale.

Cette marque devra être différente pour chaque commune ou section de commune usagère.

Il y aura lieu, par chaque tête de porc ou de bétail non marqué, à une amende de trois francs.

Art. 74. — L'usager sera tenu de déposer l'empreinte de la marque au greffe du tribunal de première instance, et le fer servant à la marque, au bureau de l'agent forestier local; le tout sous peine de cinquante francs d'amende.

Art. 75. — Les usagers mettront des clochettes au cou de tous les animaux admis au pâturage, sous peine de deux francs d'amende par chaque bête qui serait trouvée sans clochette dans les forêts.

Art. 76. — Lorsque les porcs et bestiaux des usagers seront trouvés hors des cantons déclarés défensables ou désignés pour le panage, ou hors des chemins indiqués pour s'y rendre, il y aura lieu contre le pâtre à une amende de trois à trente francs. En cas de récidive, le pâtre pourra être condamné, en outre, à un emprisonnement de cinq à quinze jours.

Art. 77. — Si les usagers introduisent au pâturage un plus grand nombre de bestiaux ou au panage un plus grand nombre de porcs que celui qui aura été fixé par l'administration conformément à l'article 68, il y aura lieu, pour l'excédant, à l'application des peines prononcées par l'article 199.

Art. 78. — Il est défendu à tous usagers, nonobstant tous titres et possessions contraires, de conduire ou faire conduire des chèvres, brebis ou moutons dans les forêts ou sur les terrains qui en dépendent, à peine, contre les propriétaires, d'une amende qui sera double de celle qui est prononcée par l'article 199, et contre les pâtres ou bergers, de quinze francs d'amende. En cas de récidive, le pâtre sera condamné, outre l'amende, à un emprisonnement de cinq à quinze jours.

Ceux qui prétendraient avoir joui du pacage ci-dessus, en vertu de titres valables ou d'une possession équivalente à titre, pourront, s'il y a lieu, réclamer une indemnité, qui sera réglée de gré à gré, ou, en cas de contestation, par les tribunaux.

Le pacage des moutons pourra néanmoins être autorisé, dans certaines localités, par des ordonnances du roi.

Art. 79. — Les usagers qui ont droit à des livraisons de bois, de quelque nature que ce soit, ne pourront prendre ces bois qu'après que la délivrance leur en aura été faite par les agents forestiers, sous les peines portées par le titre XII pour les bois coupés en délit.

Art. 80. — Ceux qui n'ont d'autre droit que celui de prendre le bois mort, sec et gisant, ne pourront, pour l'exercice de ce droit, se servir de crochets ou ferrements d'aucune espèce, sous peine de trois francs d'amende.

Art. 81. — Si les bois de chauffage se délivrent par coupe, l'exploitation en sera faite, aux frais des usagers, par un entrepreneur spécial nommé par eux et agréé par l'administration forestière.

Aucun bois ne sera partagé sur pied ni abattu par les usagers individuellement, et les lots ne pourront être faits qu'après l'entière exploitation de la coupe, à peine de confiscation de la portion de bois abattu afférente à chacun des contrevenants.

Les fonctionnaires ou agents qui auraient permis ou toléré la contravention seront passibles d'une amende de cinquante francs, et demeureront, en outre, personnellement responsables, et sans aucun recours, de la mauvaise exploitation et de tous les délits qui pourraient avoir été commis.

Art. 82. — Les entrepreneurs de l'exploitation des coupes délivrées aux usagers se conformeront à tout ce qui est prescrit aux adjudicataires pour l'usance et la vidange des ventes ; ils seront soumis à la même responsabilité et passibles des mêmes peines en cas de délits ou contraventions.

Les usagers ou communes usagères seront garants solidaires des condamnations prononcées contre lesdits entrepreneurs.

Art. 83. — Il est interdit aux usagers de vendre ou d'échanger les bois qui leur sont délivrés, et de les employer à aucune autre destination que celle pour laquelle le droit d'usage a été accordé.

S'il s'agit de bois de chauffage, la contravention donnera lieu à une amende de 10 à 100 fr.

S'il s'agit de bois à bâtir ou de tout autre bois non destiné au chauffage, il y aura lieu à une amende double de la valeur des bois, sans que cette amende puisse être au-dessous de 50 fr.

Art. 84. — L'emploi des bois de construction devra être fait dans un délai de deux ans, lequel, néanmoins, pourra être prorogé par l'administration forestière. Ce délai expiré, elle pourra disposer des arbres non employés.

Art. 85. — Les défenses prononcées part l'art. 57

sont applicables à tous usagers quelconques, et sous les mêmes peines.

TITRE IV.

DES BOIS ET FORÊTS QUI FONT PARTIE DU DOMAINE DE LA COURONNE.

Art. 86. — Les bois et forêts qui font partie du domaine de la couronne sont exclusivement régis et administrés par le ministre de la maison du roi, conformément aux dispositions de la loi du 8 novembre 1814.

Art. 87. — Les agents et gardes des forêts de la couronne sont en tout assimilés aux agents et gardes de l'administration forestière, tant pour l'exercice de leurs fonctions que pour la poursuite des délits et contraventions.

Art. 88. — Toutes les dispositions de la présente loi, qui sont applicables aux bois et forêts du domaine de l'État, le sont également aux bois et forêts qui font partie du domaine de la couronne, sauf les exceptions qui résultent de l'art. 86 ci-dessus.

TITRE V.

DES BOIS ET FORÊTS QUI SONT POSSÉDÉS A TITRE D'APANAGE OU DE MAJORATS RÉVERSIBLES A L'ÉTAT.

Art. 89. — Les bois et forêts qui sont possédés par les princes à titre d'apanage, ou par des particuliers à titre de majorats réversibles à l'État, sont soumis au régime forestier, quant à la propriété du sol et à l'aménagement des bois. En conséquence, les agents de l'administration forestière y seront chargés de toutes les opérations relatives à la délimitation, au bornage et à l'aménagement, conformément aux dispositions des sections I et II du titre III de la présente loi. Les articles 60 et 62 sont également applicables à ces bois et forêts.

L'administration forestière y fera faire les visites et opérations qu'elle jugera nécessaires pour s'assurer que l'exploitation est conforme à l'aménagement, et que les autres dispositions du présent titre sont exécutées.

TITRE VI.

DES BOIS DES COMMUNES ET DES ÉTABLISSEMENTS PUBLICS.

Art. 90. — Sont soumis au régime forestier, d'après l'art. 1er de la présente loi, les bois, taillis ou futaies appartenant aux communes et aux établissements publics, qui auront été reconnus susceptibles d'aménagement ou d'une exploitation régulière par l'autorité administrative, sur la proposition de l'administration forestière et d'après l'avis des conseils municipaux ou des administrateurs des établissements publics.

Il sera procédé, dans les mêmes formes, à tout changement qui pourrait être demandé, soit de l'aménagement, soit du mode d'exploitation.

En conséquence, toutes les dispositions des six premières sections du titre III leur sont applicables, sauf les modifications et exceptions portées au présent titre.

Lorsqu'il s'agira de la conversion en bois et de l'aménagement de terrains en pâturage, la proposition de l'administration forestière sera communiquée au maire ou aux administrateurs des établissements publics. Le conseil municipal ou ces administrateurs seront appelés à en délibérer; en cas de contestation, il sera statué par le conseil de préfecture, sauf le pourvoi au conseil d'état.

Art. 91. — Les communes et établissements publics ne peuvent faire aucun défrichement de leurs bois sans une autorisation expresse et spéciale du gouvernement; ceux qui l'auraient ordonné ou effectué sans cette autorisation seront passibles des peines portées au titre XV contre les particuliers pour les contraventions de même nature.

Art. 92. — La propriété des bois communaux ne peut jamais donner lieu à partage entre les habitants.

Mais, lorsque deux ou plusieurs communes possèdent un bois par individis, chacune conserve le droit d'en provoquer le partage.

Art. 93. — Un quart des bois appartenant aux communes et aux établissements publics sera toujours mis en réserve, lorsque ces communes ou établissements posséderont au moins 10 hectares de bois réunis ou divisés.

Cette disposition n'est pas applicable aux bois peuplés totalement en arbres résineux.

Art. 94. — Les communes et établissements publics entretiendront, pour la conservation de leurs bois, le nombre de gardes particuliers qui sera déterminé par le maire et les administrateurs des établissements, sauf l'approbation du préfet, sur l'avis de l'administration forestière.

Art. 95. — Le choix de ces gardes sera fait, pour les communes, par le maire, sauf l'approbation du conseil municipal; et, pour les établissements publics, par les administrateurs de ces établissements.

Ces choix doivent être agréés par l'administration forestière qui délivre aux gardes leurs commissions.

En cas de dissentiment, le préfet prononcera.

Art. 96. — A défaut, par les communes ou établissements publics, de faire choix d'un garde dans le mois de la vacance de l'emploi, le préfet y pourvoira sur la demande de l'administration forestière.

Art. 97.—Si l'administration forestière et les communes, ou établissements publics jugent convenable de confier à un même individu la garde d'un canton de bois appartenant à des communes ou établissements publics, et d'un canton de bois de l'État, la nomination du garde appartient à cette administration seule. Son salaire sera payé proportionnellement par chacune des parties intéressées.

Art. 98. — L'administration forestière peut suspendre de leurs fonctions les gardes des bois des communes et des établissements publics; s'il y a lieu à destitution, le préfet la prononcera, après avoir pris l'avis du conseil municipal ou des administrateurs des établissements propriétaires, ainsi que de l'administration forestière.

Le salaire de ces gardes est réglé par le préfet sur la proposition du conseil municipal ou des établissements propriétaires.

Art. 99. — Les gardes des bois des communes et des établissements publics sont en tout assimilés aux gardes des bois de l'État, et soumis à l'autorité des mêmes agents ; ils prêtent serment dans les mêmes formes, et leurs procès-verbaux font également foi en justice pour constater les délits et contraventions commis même dans des bois soumis au régime forestier autres que ceux dont la garde leur est confiée.

Art. 100. — Les ventes des coupes, tant ordinaires qu'extraordinaires, seront faites à la diligence des agents forestiers, dans les mêmes formes que pour les bois de l'État, et en présence du maire ou d'un adjoint pour les bois des communes, et d'un des administrateurs pour ceux des établissements publics, sans, toutefois, que l'absence des maires ou administrateurs dûment appelés entraîne la nullité des opérations.

Toute vente ou coupe effectuée par l'ordre des maires des communes ou des administrateurs des établissements publics, en contravention au présent article, donnera lieu contre eux à une amende qui ne pourra être au-dessous de 300 fr., ni excéder 6,000 fr., sans préjudice des dommages-intérêts qui pourraient être dus aux communes ou établissements propriétaires.

Les ventes ainsi effectuées seront déclarées nulles.

Art. 101. — Les incapacités et défenses prononcées par l'art. 21 sont applicables aux maires, adjoints et receveurs des communes, ainsi qu'aux administrateurs et receveurs des établissements publics, pour les ventes des bois des communes et établissements dont l'administration leur est confiée.

En cas de contravention, ils seront passibles des peines prononcées par le paragraphe premier de l'article précité, sans préjudice des dommages-intérêts, s'il y a lieu; et les ventes seront déclarées nulles.

Art. 102. — Lors des adjudications des coupes ordinaires et extraordinaires des bois des établissements publics, il sera fait réserve en faveur de ces établissements, et suivant les formes qui seront prescrites par l'autorité administrative, de la quantité de bois, tant de chauffage que de construction, nécessaire pour leur propre usage.

Les bois ainsi délivrés ne pourront être employés qu'à la destination pour laquelle ils auront été réservés, et ne pourront être vendus ni échangés sans l'autorisation du préfet. Les administrateurs qui auraient consenti de pareilles ventes ou échanges seront passibles d'une amende égale à la valeur de ces bois, et de la restitution, au profit de l'établissement public, de ces mêmes bois ou de leur valeur. Les ventes ou échanges seront, en outre, déclarés nuls.

Art. 103.—Les coupes des bois communaux, destinées à être partagées en nature pour l'affouage des habitants, ne pourront avoir lieu qu'après que la délivrance en aura été préalablement faite par les agents forestiers, et en suivant les formes prescrites par l'article 81 pour l'exploitation des coupes affouagères délivrées aux communes dans les bois de l'État; le tout sous les peines portées par ledit article.

Art. 104. — Les actes relatifs aux coupes et arbres délivrés en nature en exécution des deux articles précédents seront visés pour timbre et enregistrés en débet, et il n'y aura lieu à la perception des droits que dans le cas de poursuites devant les tribunaux.

Art. 105. — S'il n'y a titre ou usage contraire, le partage des bois d'affouage se fera par feu, c'est-à-dire par chef de famille ou de maison ayant domicile réel et fixe dans la commune; s'il y a également titre ou usage contraire, la valeur des arbres délivrés pour constructions ou réparations sera estimée à dire d'experts et payée à la commune.

Art. 106.—Pour indemniser le gouvernement des frais d'administration des bois des communes ou établissements publics, il sera ajouté annuellement à la contribution foncière établie sur ces bois une somme équivalente à ces frais. Le montant de cette somme sera réglé, chaque année, par la loi de finances; elle sera répartie au marc le franc de ladite contribution, et perçue de la même manière.

Art. 107. — Moyennant les perceptions ordonnées par l'article précédent, toutes les opérations de conservation et de régie dans les bois des communes et des établissements publics seront faites par les agents et préposés de l'administration forestière, sans aucuns frais.

Les poursuites, dans l'intérêt des communes et des établissements publics, pour délits ou contraventions commis dans leurs bois, et la perception des restitutions et dommages-intérêts prononcés en leur faveur, seront effectuées sans frais par les agents du gouvernement, en même temps que celles qui ont pour objet le recouvrement des amendes dans l'intérêt de l'État.

En conséquence, il n'y aura lieu à exiger à l'avenir des communes et établissements publics ni aucun droit de vacation, d'arpentage, de réarpentage, de décime, de prélèvement quelconque, pour les agents et préposés de l'administration forestière, ni le remboursement soit des frais des instances dans lesquelles l'administration succomberait, soit de ceux qui tomberaient en non-valeur par l'insolvabilité des condamnés.

Art. 108. — Le salaire des gardes particuliers restera à la charge des communes et des établissements publics.

Art. 109. — Les coupes ordinaires et extraordinaires sont principalement affectées au payement des frais de garde, de la contribution foncière et des sommes qui reviennent au trésor en exécution de l'article 106.

Si les coupes sont délivrées en nature par l'affouage, et que les communes n'aient pas d'autres ressources, il sera distrait une portion suffisante des coupes pour être vendue aux enchères avant toute distribution, et le prix en être employé au payement desdites charges.

Art. 110. — Dans aucun cas et sous aucun prétexte, les habitants des communes et les administrateurs ou employés des établissements publics ne peuvent introduire ni faire introduire, dans les bois appartenant à ces communes ou établissements publics, des chèvres, brebis ou moutons, sous les peines prononcées par l'art. 199 contre ceux qui auraient introduit ou permis d'introduire ces animaux, et par l'art. 78 contre les pâtres ou gardiens.

Cette prohibition n'aura son exécution que dans deux ans, à compter du jour de la publication de la présente loi, dans les bois où, nonobstant les dispositions de l'ordonnance de 1669, le pâturage des moutons a été toléré jusqu'à présent.

Toutefois, le pacage des brebis ou moutons pourra être autorisé, dans certaines localités, par des ordonnances spéciales de Sa Majesté.

Art. 111.—La faculté accordée au gouvernement par l'art. 63 d'affranchir les forêts de l'État de tous droits d'usage en bois est applicable, sous les mêmes conditions, aux communes et aux établissements publics, pour les bois qui leur appartiennent.

Art. 112. — Toutes les dispositions de la huitième section du titre III, sur l'exercice des droits d'usage dans les bois de l'État, sont applicables à la jouissance des communes et des établissements publics dans leurs propres bois, ainsi qu'aux droits d'usage dont ces mêmes bois pourraient être grevés, sauf les modifications résultant du présent titre, et à l'exception des articles 61, 73, 74, 83 et 84.

TITRE VII.

DES BOIS ET FORÊTS INDIVIS QUI SONT SOUMIS AU RÉGIME FORESTIER.

Art. 113. — Toutes les dispositions de la présente loi relatives à la conservation et à la régie des bois qui font partie du domaine de l'État, ainsi qu'à la poursuite des délits et contraventions commis dans ces bois, sont applicables aux bois indivis mentionnés à l'art. 1er, paragraphe 6 de la présente loi, sauf les modifications portées par le titre VI pour les bois des communes et des établissements publics.

Art. 114. — Aucune coupe ordinaire ou extraordinaire, exploitation ou vente, ne pourra être faite par les possesseurs copropriétaires, sous peine d'une amende égale à la valeur de la totalité des bois abattus ou vendus ; toutes ventes ainsi faites seront déclarées nulles.

Art. 115. — Les frais de délimitation, d'arpentage et de garde seront supportés par le domaine et les copropriétaires, chacun dans la proportion de ses droits.

L'administration forestière nommera les gardes, réglera leur salaire, et aura seule le droit de les révoquer.

Art. 116. — Les copropriétaires auront, dans les restitutions et dommages-intérêts, la même part que dans le produit des ventes, chacun dans la proportion de ses droits.

TITRE VIII.

DES BOIS DES PARTICULIERS.

Art. 117.—Les propriétaires qui voudraient avoir, pour la conservation de leurs bois, des gardes particuliers, devront les faire agréer par le sous-préfet de l'arrondissement; sauf le recours au préfet, en cas de refus.

Ces gardes ne pourront exercer leurs fonctions qu'après avoir prêté serment devant le tribunal de première instance.

Art. 118. — Les particuliers jouiront, de la même manière que le gouvernement, et sous les conditions déterminées par l'art. 63, de la faculté d'affranchir leurs forêts de tous droits d'usage en bois.

Art. 119. — Les droits de pâturage, parcours, panage et glandée dans les bois des particuliers, ne pourront être exercés que dans les parties de bois déclarées défensables par l'administration forestière, et suivant l'état et la possibilité des forêts, reconnus et constatés par la même administration.

Les chemins par lesquels les bestiaux devront passer pour aller au pâturage et pour en revenir seron désignés par le propriétaire.

Art. 120.—Toutes les dispositions contenues dans

les art. 64, 66, paragraphe premier, 70, 72, 73, 75, 76, 78, paragraphes 1 et 2, 79, 80, 83 et 85 de la présente loi, sont applicables à l'exercice des droits d'usage dans les bois des particuliers, lesquels y exercent, à cet effet, les mêmes droits et la même surveillance que les agents du gouvernement dans les forêts soumises au régime forestier.

Art. 121. — En cas de contestation entre le propriétaire et l'usager, il sera statué par les tribunaux.

TITRE IX.

AFFECTATIONS SPÉCIALES DES BOIS A DES SERVICES PUBLICS.

SECTION PREMIÈRE.

DES BOIS DESTINÉS AU SERVICE DE LA MARINE.

Art. 122. — Dans tous les bois soumis au régime forestier, lorsque des coupes devront y avoir lieu, le département de la marine pourra faire choisir et marteler par ses agents les arbres propres aux constructions navales parmi ceux qui n'auront pas été marqués en réserve par les agents forestiers.

Art. 123. — Les arbres ainsi marqués seront compris dans les adjudications et livrés par les adjudicataires à la marine aux conditions qui seront indiquées ci-après.

Art. 124.—Pendant dix ans, à compter de la promulgation de la présente loi, le département de la marine exercera le droit de choix et de martelage sur les bois des particuliers, futaies, arbres de réserve, avenues, lisières et arbres épars.

Ce droit ne pourra être exercé que sur les arbres en essence de chêne, qui seront destinés à être coupés, et dont la circonférence, mesurée à un mètre du sol, sera de 15 décimètres au moins.

Les arbres qui existeront dans les lieux clos attenant aux habitations, et qui ne sont point aménagés en coupes réglées, ne seront point assujettis au martelage.

Art. 125. — Tous les propriétaires seront tenus, sauf l'exception énoncée en l'article précédent, et hors le cas de besoins personnels pour réparations et constructions, de faire, six mois d'avance, à la sous-préfecture, la déclaration des arbres qu'ils ont l'intention d'abattre, et les lieux où ils sont situés.

Le défaut de déclaration sera puni d'une amende de 18 fr. par mètre de tour pour chaque arbre susceptible d'être déclaré.

Art. 126. — Les particuliers pourront disposer librement des arbres déclarés, si la marine ne les a pas fait marquer pour son service dans les six mois, à compter du jour de l'enregistrement de la déclaration à la sous-préfecture.

Les agents de la marine seront tenus, à peine de nullité de leur opération, de dresser des procès-verbaux de martelage des arbres dans les bois de l'État, des communes, des établissements publics et des particuliers, de faire viser ces procès-verbaux par le maire, dans la huitaine, et d'en déposer immédiatement une expédition à la mairie de la commune où le martelage aura eu lieu.

Aussitôt après ce dépôt, les adjudicataires, communes, établissements ou propriétaires, pourront disposer des bois qui n'auront pas été marqués.

Art. 127. — Les adjudicataires des bois soumis au régime forestier, les maires des communes, ainsi que les administrateurs des établissements publics pour les exploitations faites sans adjudication, et les particuliers, traiteront de gré à gré du prix de leurs bois avec la marine.

En cas de contestation, le prix sera réglé par experts nommés contradictoirement, et, s'il y a partage entre les experts, il en sera nommé un d'office par le président du tribunal de première instance, à la requête de la partie la plus diligente; les frais de l'expertise seront supportés en commun.

Art. 128. — Les adjudicataires des bois soumis au régime forestier, les maires des communes, ainsi que les administrateurs des établissements publics, pour les exploitations faites sans adjudication, et les particuliers, pourront disposer librement des arbres marqués pour la marine, si, dans les trois mois après qu'ils en auront fait notifier à la sous-préfecture l'abatage, la marine n'a pas pris livraison de la totalité des arbres marqués appartenant au même propriétaire, et n'en a pas acquitté le prix.

Art. 129. — La marine aura, jusqu'à l'abatage des arbres, la faculté d'annuler les martelages opérés pour son service; mais, conformément à l'article précédent, elle devra prendre tous les arbres marqués qui auront été abattus, ou les abandonner en totalité.

Art. 130. — Lorsque les propriétaires de bois n'auront pas fait abattre les arbres déclarés, dans le délai d'un an, à dater du jour de la déclaration, elle sera considérée comme non avenue, et ils seront tenus d'en faire une nouvelle.

Art. 131. — Ceux qui, dans les cas de besoins personnels pour réparations ou constructions, voudront faire abattre des arbres sujets à déclaration, ne pourront procéder à l'abatage qu'après avoir fait préalablement constater ces besoins par le maire de la commune.

Tout propriétaire, convaincu d'avoir, sans motifs valables, donné, en tout ou en partie, à ses arbres une destination autre que celle qui aura été énoncée dans le procès-verbal constatant les besoins personnels, sera passible de l'amende portée par l'art. 125 pour défaut de déclaration.

Art. 132. — Le gouvernement déterminera les formalités à remplir, tant pour les déclarations de volonté d'abattre que pour constater, soit les besoins, dans le cas prévu par l'art. précédent, soit les martelages et les abatages. Ces formalités seront remplies sans frais.

Art. 133. — Les arbres qui auront été marqués pour le service de la marine dans les bois soumis au régime forestier, comme sur toute propriété privée, ne pourront être distraits de leur destination, sous peine d'une amende de 45 fr. par mètre de tour de chaque arbre, sauf, néanmoins, les cas prévus par les art. 126 et 128. Les arbres marqués pour le service de la marine ne pourront être équarris avant la livraison, ni détériorés par ses agents avec des haches, scies, sondes ou autres instruments, à peine de la même amende.

Art. 134. — Les délits et contraventions concernant le service de la marine seront constatés, dans tous les bois, par procès-verbaux, soit des agents et gardes forestiers, soit des maîtres, contre-maîtres et aides-contre-maîtres, feront foi en justice comme ceux des gardes forestiers, pourvu qu'ils soient dressés et affirmés dans les mêmes formes et dans les mêmes délais.

135. — Les dispositions du présent titre ne sont applicables qu'aux localités où le droit de martelage sera jugé indispensable pour le service de la marine et pourra être utilement exercé par elle.

Le gouvernement fera dresser et publier l'état des départements, arrondissements et cantons qui ne seront pas soumis à l'exercice de ce droit.

La même publicité sera donnée au rétablissement de cet exercice dans les localités exceptées, lorsque le gouvernement jugera ce rétablissement nécessaire.

SECTION II.

DES BOIS DESTINÉS AU SERVICE DES PONTS ET CHAUSSÉES POUR LES TRAVAUX DU RHIN.

Art. 136. — Dans tous les cas où les travaux d'endigage ou de fascinage sur le Rhin exigeront une prompte fourniture de bois ou oseraies, le préfet, en constatant l'urgence, pourra en requérir la délivrance, d'abord dans les bois de l'État ; en cas d'insuffisance de ces bois, dans ceux des communes et des établissements publics, et subsidiairement enfin dans ceux des particuliers; le tout à la distance de cinq kilomètres des bords du fleuve.

Art. 137. — En conséquence, tous particuliers propriétaires de bois taillis ou autres, dans les îles, sur les rives et à une distance de cinq kilomètres des bords du fleuve, seront tenus de faire, trois mois d'avance, à la sous-préfecture, une déclaration des coupes qu'ils se proposeront d'exploiter.

Si, dans le délai de trois mois, les bois ne sont pas requis, le propriétaire pourra en disposer librement.

Art. 138. — Tout propriétaire qui, hors le cas d'urgence, effectuerait la coupe de ses bois sans avoir fait la déclaration prescrite par l'article précédent, sera condamné à une amende d'un franc par are de bois ainsi exploité.

L'amende sera de quatre francs par are contre

tout propriétaire qui, après que la réquisition de ses bois lui aura été notifiée, les détournerait de la destination pour laquelle ils auraient été requis.

Art. 139. — Dans les bois soumis au régime forestier, l'exploitation des bois requis sera faite par les entrepreneurs des travaux des ponts et chaussées, d'après les indications et sous la surveillance des agents forestiers. Ces entrepreneurs seront, dans ce cas, soumis aux mêmes obligations et à la même responsabilité que les adjudicataires des coupes des bois de l'État.

Art. 140. — Dans les bois des particuliers, l'exploitation des bois requis sera faite également, et sous la même responsabilité, par les entrepreneurs des travaux, si mieux n'aime le propriétaire faire exploiter lui-même; ce qu'il devra déclarer aussitôt que la réquisition lui aura été notifiée.

A défaut, par le propriétaire, d'effectuer l'exploitation dans le délai fixé par la réquisition, il y sera procédé à ses frais, sur l'autorisation du préfet.

Art. 141. — Le prix des bois et oseraies requis en exécution de l'article 136 sera payé par les entrepreneurs des travaux à l'État et aux communes ou établissements publics, comme aux particuliers, dans le délai de trois mois après l'abatage constaté, et d'après le même mode d'expertise déterminé par l'article 127 de la présente loi pour les arbres marqués par la marine.

Les communes et les particuliers seront indemnisés, de gré à gré ou à dire d'experts, du tort qui pourrait être résulté pour eux de coupes exécutées hors des saisons convenables.

Art. 142. — Le gouvernement déterminera les formalités qui devront être observées pour la réquisition des bois, les déclarations et notifications, en conséquence de ce qui est prescrit par les articles précédents.

Art. 143. — Les contraventions et délits en cette matière seront constatés par procès-verbaux des agents ou gardes forestiers, des conducteurs des ponts et chaussées et des officiers de police assermentés, qui devront observer, à cet égard, les formalités et délais prescrits au titre XI, section Ire, pour les procès-verbaux dressés par les gardes de l'administration forestière.

TITRE X.

POLICE ET CONSERVATION DES BOIS ET FORÊTS.

SECTION PREMIÈRE.

DISPOSITIONS APPLICABLES A TOUS LES BOIS ET FORÊTS EN GÉNÉRAL.

Art. 144. — Toute extraction ou enlèvement non autorisé de pierres, sable, minerai, terre ou gazon, tourbe, bruyères, genêts, herbages, feuilles vertes ou mortes, engrais existant sur le sol des forêts, glands, faînes et autres fruits ou semences des bois et forêts, donnera lieu à des amendes qui seront fixées ainsi qu'il suit :

Par charretée ou tombereau, de 10 à 30 fr., pour chaque bête attelée ;

Par chaque charge de bête de somme, de 5 à 15 fr.;

Par chaque charge d'homme, de 2 à 6 fr.

Art. 145. — Il n'est point dérogé au droit conféré à l'administration des ponts et chaussées, d'indiquer les lieux où doivent être faites les extractions de matériaux pour les travaux publics ; néanmoins les entrepreneurs seront tenus envers l'État, les communes et établissements publics, comme envers les particuliers, de payer toutes les indemnités de droit, et d'observer toutes les formes prescrites par les lois et règlements en cette matière.

Art. 146. — Quiconque sera trouvé dans les bois et forêts, hors des routes et chemins ordinaires, avec serpes, cognées, haches, scies et autres instruments de même nature, sera condamné à une amende de 10 fr. et à la confiscation desdits instruments.

Art. 147. — Ceux dont les voitures, bestiaux, animaux de charge ou de monture, seront trouvés dans les forêts hors des routes et chemins ordinaires, seront condamnés, savoir :

Par chaque voiture, à une amende de 10 fr. pour les bois de 10 ans et au-dessus, et de 20 fr. pour les bois au-dessous de cet âge ;

Par chaque tête ou espèce de bestiaux non attelés, aux amendes fixées pour délit de pâturage par l'article 199 ;

Le tout sans préjudice des dommages-intérêts.

Art. 148. — Il est défendu de porter ou allumer du feu dans l'intérieur et à la distance de 200 mètres des bois et forêts, sous peine d'une amende de 20 à 100 fr.; sans préjudice, en cas d'incendie, des peines portées par le code pénal, et de tous dommages-intérêts, s'il y a lieu.

Art. 149. — Tous usagers qui, en cas d'incendie, refuseront de porter des secours dans les bois soumis à leur droit d'usage, seront traduits en police correctionnelle, privés de ce droit pendant un an au moins et cinq ans au plus, et condamnés, en outre, aux peines portées en l'art. 475 du code pénal.

Art. 150. — Les propriétaires riverains des bois et forêts ne peuvent se prévaloir de l'art. 672 du code civil pour l'élagage des lisières desdits bois et forêts, si ces arbres de lisière ont plus de trente ans.

Tout élagage qui serait exécuté sans l'autorisation des propriétaires des bois et forêts donnera lieu à l'application des peines portées par l'art. 196.

SECTION II.

DISPOSITIONS SPÉCIALES APPLICABLES SEULEMENT AUX BOIS ET FORÊTS SOUMIS AU RÉGIME FORESTIER.

Art. 151. — Aucun four à chaux ou à plâtre, soit temporaire, soit permanent, aucune briqueterie et tuilerie, ne pourront être établis dans l'intérieur et à moins d'un kilomètre des forêts, sans l'autorisation du gouvernement, à peine d'une amende de 100 à 500 fr., et de démolition des établissements.

Art. 152. — Il ne pourra être établi sans l'autorisation du gouvernement, sous quelque prétexte que ce soit, aucune maison sur perches, loge, baraque ou hangar, dans l'enceinte et à moins d'un kilomètre des bois et forêts, sous peine de 50 fr. d'amende, et de la démolition dans le mois, à dater du jour du jugement qui l'aura ordonnée.

Art. 153. — Aucune construction de maisons ou fermes ne pourra être effectuée, sans l'autorisation du gouvernement, à la distance de 500 mètres des bois et forêts soumis au régime forestier, sous peine de démolition.

Il sera statué, dans le délai de six mois, sur les demandes en autorisation ; passé ce délai, la construction pourra être effectuée.

Il n'y aura point lieu à ordonner la démolition des maisons ou fermes actuellement existantes ; ces maisons ou fermes pourront être réparées, reconstruites et augmentées sans autorisation.

Sont exceptés des dispositions du paragraphe premier du présent article les bois et forêts appartenant aux communes, et qui sont d'une contenance au-dessous de 250 hectares.

Art. 154. — Nul individu, habitant les maisons ou fermes actuellement existantes dans le rayon ci-dessus fixé, ou dont la construction y aura été autorisée en vertu de l'article précédent, ne pourra établir dans lesdites maisons ou fermes aucun atelier à façonner le bois, aucun chantier ou magasin pour faire le commerce de bois, sans la permission spéciale du gouvernement, sous peine de 50 fr. d'amende et de la confiscation des bois.

Lorsque les individus qui auront obtenu cette permission auront subi une condamnation pour délits forestiers, le gouvernement pourra leur retirer ladite permission.

Art. 155.—Aucune usine à scier le bois ne pourra être établie dans l'enceinte et à moins de 2 kilomètres de distance des bois et forêts qu'avec l'autorisation du gouvernement, sous peine d'une amende de 100 à 500 fr., et de la démolition dans le mois, à dater du jugement qui l'aura ordonnée.

Art. 156. — Sont exceptées des dispositions des trois articles précédents les maisons et usines qui font partie de villes, villages ou hameaux formant une population agglomérée, bien qu'elles se trouvent dans les distances ci-dessus fixées des bois et forêts.

Art. 157. — Les usines, hangars et autres établissements autorisés en vertu des articles 151, 152, 154 et 155, seront soumis aux visites des agents et gardes forestiers, qui pourront y faire toutes perquisitions sans l'assistance d'un officier public, pourvu qu'ils se présentent au nombre de deux au moins, ou que l'agent ou garde forestier soit accompagné de deux témoins domiciliés dans la commune.

Art. 158.—Aucun arbre, bille ou tronce ne pourra être reçu dans les scieries dont il est fait mention en l'article 155, sans avoir été préalablement reconnu par le garde forestier du canton et marqué de son marteau; ce qui devra avoir lieu dans les cinq jours de la déclaration qui en aura été faite, sous peine, contre les exploitants desdites scieries, d'une amende de 50 à 300 fr. En cas de récidive, l'amende sera double, et la suppression de l'usine pourra être ordonnée par le tribunal.

TITRE XI.

DES POURSUITES EN RÉPARATION DE DÉLITS ET CONTRAVENTIONS.

SECTION PREMIÈRE.

DES POURSUITES EXERCÉES AU NOM DE L'ADMINISTRATION FORESTIÈRE.

Art. 159. — L'administration forestière est chargée, tant dans l'intérêt de l'État que dans celui des autres propriétaires de bois et de forêts soumis au régime forestier, des poursuites en réparation de tous délits et contraventions commis dans ces bois et forêts, sauf l'exception mentionnée en l'article 87.

Elle est également chargée de la poursuite en réparation des délits et contraventions spécifiés aux articles 134, 143 et 219.

Les actions et poursuites seront exercées par les agents forestiers au nom de l'administration forestière, sans préjudice du droit qui appartient au ministère public.

Art. 160. — Les agents, arpenteurs et gardes forestiers recherchent et constatent par procès-verbaux les délits et contraventions ; savoir, les agents et arpenteurs, dans toute l'étendue du territoire pour lequel ils sont commissionnés ; et les gardes dans l'arrondissement du tribunal près duquel ils sont assermentés.

Art. 161. — Les gardes sont autorisés à saisir les bestiaux trouvés en délit, et les instruments, voitures et attelages des délinquants, et à les mettre en séquestre. Ils suivront les objets enlevés par les délinquants jusque dans les lieux où ils auront été transportés, et les mettront également en séquestre.

Ils ne pourront néanmoins s'introduire dans les maisons, bâtiments, cours adjacentes et enclos, si ce n'est en présence, soit du juge du pays ou de son suppléant, soit du maire du lieu ou de son adjoint, soit du commissaire de police.

Art. 162.—Les fonctionnaires dénommés en l'article précédent ne pourront se refuser à accompagner sur-le-champ les gardes, lorsqu'ils en seront requis par eux pour assister à des perquisitions.

Ils seront tenus, en outre, de signer le procès-verbal du séquestre ou de la perquisition faite en leur présence ; sauf au garde, en cas de refus de leur part, à en faire mention au procès-verbal.

Art. 163. — Les gardes arrêteront et conduiront

devant le juge de paix ou devant le maire tout inconnu qu'ils auront surpris en flagrant délit.

Art. 164. — Les agents et les gardes de l'administration des forêts ont le droit de requérir directement la force publique pour la répression des délits et contraventions en matière forestière, ainsi que pour la recherche et la saisie des bois coupés en délit, vendus ou achetés en fraude.

Art. 165. — Les gardes écriront eux-mêmes leurs procès-verbaux; il les signeront, et les affirmeront, au plus tard, le lendemain de la clôture desdits procès-verbaux, par-devant le juge de paix du canton ou l'un de ses suppléants, ou par-devant le maire ou l'adjoint, soit de la commune de leur résidence, soit de celle où le délit a été commis ou constaté, le tout sous peine de nullité.

Toutefois, si, par suite d'un empêchement quelconque, le procès-verbal est seulement signé par le garde, mais non écrit en entier de sa main, l'officier public qui en recevra l'affirmation devra lui en donner préalablement lecture, et faire ensuite mention de cette formalité; le tout sous peine de nullité du procès-verbal.

Art. 166. — Les procès-verbaux que les agents forestiers, les gardes généraux et les gardes à cheval dresseront, soit isolément, soit avec le concours d'un garde, ne seront point soumis à l'affirmation.

Art. 167. — Dans les cas où le procès-verbal portera saisie, il en sera fait, aussitôt après l'affirmation, une expédition qui sera déposée dans les vingt-quatre heures au greffe de la justice de paix, pour qu'il en puisse être donné communication à ceux qui réclameraient les objets saisis.

Art. 168. — Les juges de paix pourront donner mainlevée provisoire des objets saisis, à la charge du payement des frais de séquestre, et moyennant une bonne et valable caution.

En cas de contestation sur la solvabilité de la caution, il sera statué par le juge de paix.

Art. 169. — Si les bestiaux saisis ne sont pas réclamés dans les cinq jours qui suivront le séquestre, ou s'il n'est pas fourni bonne et valable caution, le juge de paix en ordonnera la vente à l'enchère, au marché le plus voisin. Il y sera procédé à la diligence du receveur des domaines, qui la fera publier vingt-quatre heures d'avance.

Les frais de séquestre et de vente seront taxés par le juge de paix, et prélevés sur le produit de la vente; le surplus restera déposé entre les mains du receveur des domaines, jusqu'à ce qu'il ait été statué en dernier ressort sur le procès-verbal.

Si la réclamation n'a lieu qu'après la vente des bestiaux saisis, le propriétaire n'aura droit qu'à la restitution du produit net de la vente, tous frais déduits, dans le cas où cette restitution serait ordonnée par le jugement.

Art. 170. — Les procès-verbaux seront, sous peine de nullité, enregistrés dans les quatre jours qui suivront celui de l'affirmation, ou celui de la clôture du procès-verbal, s'il n'est pas sujet à l'affirmation.

L'enregistrement s'en fera en débet, lorsque les délits en contravention intéresseront l'État, le domaine de la couronne ou les communes et les établissements publics.

Art. 171. — Toutes les actions et poursuites exercées au nom de l'administration générale des forêts, et à la requête de ses agents, en réparation de délits ou contraventions en matière forestière, sont portées devant les tribunaux correctionnels, lesquels sont seuls compétents pour en connaître.

Art. 172. — L'acte de citation doit, à peine de nullité, contenir la copie du procès-verbal et l'acte d'affirmation.

Art. 173. — Les gardes de l'administration forestière pourront, dans les actions et poursuites exercées en son nom, faire toutes citations et significations d'exploits, sans pouvoir procéder aux saisies-exécutions.

Leurs rétributions pour les actes de ce genre seront taxées comme pour les actes faits par les huissiers et les juges de paix.

Art. 174. — Les agents forestiers ont le droit d'exposer l'affaire devant le tribunal, et sont entendus à l'appui de leurs conclusions.

Art. 175. — Les délits ou contraventions en matière forestière seront prouvés, soit par procès-verbaux, soit par témoins à défaut de procès-verbaux ou en cas d'insuffisance de ces actes.

Art. 176. — Les procès-verbaux, revêtus de toutes les formalités prescrites par les articles 165 et 170, et qui sont dressés et signés par deux agents ou gardes forestiers, font preuve, jusqu'à inscription de faux, des faits matériels relatifs aux délits et contraventions qu'ils constatent, quelles que soient les condamnations auxquelles ces délits et contraventions peuvent donner lieu.

Il ne sera, en conséquence, admis aucune preuve outre ou contre le contenu de ces procès-verbaux, à moins qu'il n'existe une cause légale de récusation contre l'un des signataires.

Art. 177. — Les procès-verbaux, revêtus de toutes les formalités prescrites, mais qui ne seront dressés et signés que par un seul agent ou garde, feront de même preuve suffisante jusqu'à inscription de faux, mais seulement lorsque le délit ou la contravention n'entraînera pas une condamnation de plus de 100 fr., tant pour amende que pour dommages-intérêts.

Lorsqu'un de ces procès-verbaux constatera à la fois, contre divers individus, des délits ou contraventions distincts et séparés, il n'en fera pas moins foi, aux termes du présent article, pour chaque délit ou contravention qui n'entraînerait pas une condamnation de plus de 100 fr., tant pour amende que pour dommages-intérêts, quelle que soit la quotité à laquelle pourraient s'élever toutes les condamnations réunies.

Art. 178. — Les procès-verbaux qui, d'après les dispositions qui précèdent, ne font point foi et preuve suffisante jusqu'à inscription de faux, peuvent être corroborés et combattus par toutes les preuves légales, conformément à l'art. 154 du code d'instruction criminelle.

Art. 179. — Le prévenu qui voudra s'inscrire en faux contre le procès-verbal sera tenu d'en faire, par écrit et en personne, ou par un fondé de pouvoirs spécial par acte notarié, la déclaration au greffe du tribunal, avant l'audience indiquée par la citation.

Cette déclaration sera reçue par le greffier du tribunal; elle sera signée par le prévenu ou son fondé de pouvoirs, et, dans le cas où il ne saurait ou ne pourrait signer, il en sera fait mention expresse.

Au jour indiqué pour l'audience, le tribunal donnera acte de la déclaration, et fixera un délai de trois jours au moins et de huit jours au plus, pendant lequel le prévenu sera tenu de faire au greffe le dépôt des moyens de faux, et des noms, qualités et demeures des témoins qu'il voudra faire entendre.

A l'expiration de ce délai, et sans qu'il soit besoin d'une citation nouvelle, le tribunal admettra les moyens de faux, s'ils sont de nature à détruire l'effet du procès-verbal, et il sera procédé sur le faux conformément aux lois.

Dans le cas contraire, ou faute, par le prévenu, d'avoir rempli toutes les formalités ci-dessus prescrites, le tribunal déclarera qu'il n'y a lieu à admettre les moyens de faux, et ordonnera qu'il soit passé outre au jugement.

Art. 180. — Le prévenu contre lequel aura été rendu un jugement par défaut sera encore admissible à faire sa déclaration d'inscription de faux pendant le délai qui lui est accordé par la loi pour se présenter à l'audience sur l'opposition par lui formée.

Art. 181. — Lorsqu'un procès-verbal sera rédigé contre plusieurs prévenus, et qu'un ou quelques-uns d'entre eux seulement s'inscriront en faux, le procès-verbal continuera de faire foi à l'égard des autres, à moins que le fait sur lequel portera l'inscription de faux ne soit indivisible et commun aux autres prévenus.

Art. 182. — Si, dans une instance en réparation de délit ou contravention, le prévenu excipe d'un droit de propriété ou autre droit réel, le tribunal saisi de la plainte statuera sur l'incident, en se conformant aux règles suivantes :

L'exception préjudicielle ne sera admise qu'autant qu'elle sera fondée, soit sur un titre apparent, soit sur des faits de possession équivalents, personnels au prévenu et par lui articulés avec précision, et si le titre produit, ou les faits articulés sont de nature, dans le cas où ils seraient reconnus par l'autorité compétente, à ôter au fait qui sert de base aux poursuites tout caractère de délit ou de contravention.

Dans le cas de renvoi à fins civiles, le jugement fixera un bref délai dans lequel la partie qui aura élevé la question préjudicielle devra saisir les juges compétents de la connaissance du litige et justifier de ses diligences; sinon, il sera passé outre. Toutefois, en cas de condamnation, il sera sursis à l'exécution du jugement, sous le rapport de l'emprisonnement s'il était prononcé; et le montant des amendes, restitutions et dommages-intérêts, sera versé à la caisse des dépôts et consignations, pour être remis à qui il sera ordonné par le tribunal qui statuera sur le fond du droit.

Art. 183. — Les agents de l'administration des forêts peuvent, en son nom, interjeter appel des jugements, et se pourvoir contre les arrêts et jugements en dernier ressort; mais ils ne peuvent se désister de leurs appels sans autorisation spéciale.

Art. 184. — Le droit, attribué à l'administration des forêts et à ses agents, de se pourvoir contre les jugements et arrêts par appel ou par recours en cassation, est indépendant de la même faculté qui est accordée par la loi au ministère public, lequel peut toujours en user, même lorsque l'administration ou ses agents auraient acquiescé aux jugements et arrêts.

Art. 185. — Les actions, en réparation des délits et contraventions en matière forestière, se prescrivent par trois mois, à compter du jour où les délits et contraventions ont été constatés, lorsque les prévenus sont désignés dans les procès-verbaux. Dans le cas contraire, le délai de prescription est de six mois, à compter du même jour.

Sans préjudice, à l'égard des adjudicataires et entrepreneurs des coupes, des dispositions contenues aux articles 45, 47, 50, 51 et 82 de la présente loi.

Art. 186. — Les dispositions de l'article précédent ne sont point applicables aux contraventions, délits et malversations commis par des agents, préposés ou gardes de l'administration forestière dans l'exercice de leurs fonctions; les délais de prescription, à l'égard de ces préposés et de leurs complices, seront les mêmes qui seront déterminés par le code d'instruction criminelle.

Art. 187. — Les dispositions du code d'instruction criminelle sur la poursuite des délits et contraventions, sur les citations et délais, sur les défauts, oppositions, jugements, appels et recours en cassation, sont et demeurent applicables à la poursuite des délits et contraventions spécifiés par la présente loi, sauf les modifications qui résultent du présent titre.

SECTION II.

DES POURSUITES EXERCÉES AU NOM ET DANS L'INTÉRÊT DES PARTICULIERS.

Art. 188. — Les procès-verbaux dressés par les gardes des bois et forêts des particuliers feront foi jusqu'à preuve contraire.

Art. 189. — Les dispositions contenues aux articles 161, 162, 163, 165, 167, 168, 169, 170, paragraphe premier, 172, 175, 182, 185 et 187, ci-dessus, sont applicables aux poursuites exercées, au nom et dans l'intérêt des particuliers, pour délits et contraventions commis dans les bois et forêts qui leur appartiennent.

Toutefois, dans les cas prévus par l'art. 169, lorsqu'il y aura lieu à effectuer la vente des bestiaux saisis, le produit net de la vente sera versé à la caisse des dépôts et consignations.

Art. 190. — Il n'est rien changé aux dispositions du code d'instruction criminelle relativement à la compétence des tribunaux, pour statuer sur les délits et contraventions commis dans les bois et forêts qui appartiennent aux particuliers.

Art. 191. — Les procès-verbaux dressés par les gardes des bois des particuliers seront, dans le délai d'un mois, à dater de l'affirmation, remis au procureur du roi ou au juge de paix, suivant leur compétence respective.

TITRE XII.

DES PEINES ET CONDAMNATIONS POUR TOUS LES BOIS ET FORÊTS EN GÉNÉRAL.

Art. 192. — La coupe ou l'enlèvement d'arbres ayant deux décimètres de tour et au-dessus donnera lieu à des amendes qui seront déterminées dans les proportions suivantes, d'après l'essence et la circonférence de ces arbres.

Les arbres sont dvisés en deux classes.

La première comprend les chênes, hêtres, charmes, ormes, frênes, érables, platanes, pins, sapins, mélèzes, châtaigniers, noyers, aliziers, sorbiers, cormiers, merisiers et autres arbres fruitiers.

La seconde se compose des aunes, tilleuls, bouleaux, trembles, peupliers, saules, et de toutes les espèces non comprises dans la première classe.

Si les arbres de la première classe ont deux décimètres de tour, l'amende sera de 1 franc par chacun de ces deux décimètres, et s'accroîtra ensuite progressivement de 10 cent. par chacun des autres décimètres.

Si les arbres de la seconde classe ont deux décimètres de tour, l'amende sera de 50 cent. par chacun de ces deux décimètres, et s'accroîtra ensuite progressivement de 5 cent. par chacun des autres décimètres;

Le tout conformément au tableau annexé à la présente loi.

La circonférence sera mesurée à un mètre du sol.

Art. 193. — Si les arbres auxquels s'applique le tarif établi par l'article précédent ont été enlevés et façonnés, le tour en sera mesuré sur la souche ; et, si la souche a été également enlevée, le tour sera calculé dans la proportion d'un cinquième en sus de la dimension totale des quatre faces de l'arbre équarri.

Lorsque l'arbre et la souche auront disparu, l'amende sera calculée suivant la grosseur de l'arbre arbitrée par le tribunal d'après les documents du procès.

Art. 194. — L'amende, pour coupe ou enlèvement de bois qui n'auront pas deux décimètres de tour, sera, pour chaque charretée, de 10 fr. par bête attelée, de 5 fr. par chaque charge de bête de somme, et de 2 fr. par fagot, fouée ou charge d'homme.

S'il s'agit d'arbres semés ou plantés dans les forêts depuis moins de cinq ans, la peine sera d'une amende de 3 fr. par chaque arbre, quelle qu'en soit la grosseur, et, en outre, d'un emprisonnement de six à quinze jours.

Art. 195. — Quiconque arrachera des plants dans les bois et forêts sera puni d'une amende qui ne pourra être moindre de 10 fr., ni excéder 300 fr., et, si le délit a été commis dans un semis ou plantation exécutés de main d'homme, il sera prononcé, en outre, un emprisonnement de quinze jours à un mois.

Art. 196. — Ceux qui, dans les bois et forêts, auront éhouppé, écorcé ou mutilé des arbres, ou qui en auront coupé les principales branches, seront punis comme s'ils les avaient abattus par le pied.

Art. 197. — Quiconque enlèvera des chablis et bois de délit sera condamné aux mêmes amendes et restitutions que s'il les avait abattus sur pied.

Art. 198. — Dans les cas d'enlèvement frauduleux de bois et d'autres productions du sol des forêts, il y aura toujours lieu, outre les amendes, à la restitution des objets enlevés on de leur valeur, et, de plus, selon les circonstances, à des dommages-intérêts.

Les scies, haches, serpes, cognées et autres instruments de même nature dont les délinquants et leurs complices seront trouvés munis seront confisqués.

Art. 199. — Les propriétaires d'animaux trouvés de jour en délit dans les bois de dix ans et au-dessus seront condamnés à une amende de

1 fr. pour un cochon ;

2 fr. pour une bête à laine ;

3 fr. pour un cheval ou autre bête de somme ;

4 fr. pour une chèvre ;

5 fr. pour un bœuf, une vache ou un veau.

L'amende sera double si les bois ont moins de dix

ans ; sans préjudice, s'il y a lieu, des dommages-intérêts.

Art. 200. — Dans le cas de récidive, la peine sera toujours doublée.

Il y a récidive lorsque, dans les douze mois précédents, il a été rendu contre le délinquant ou contrevenant un premier jugement pour délit ou contravention en matière forestière.

Art. 201. — Les peines seront également doublées, lorsque les délits ou contraventions auront été commis la nuit, ou que les délinquants auront fait usage de la scie pour couper les arbres sur pied.

Art. 202. — Dans tous les cas où il y aura lieu à adjuger des dommages-intérêts, ils ne pourront être inférieurs à l'amende simple prononcée par le jugement.

Art. 203. — Les tribunaux ne pourront appliquer aux matières réglées par le présent code les dispositions de l'art. 463 du code pénal.

Art. 204. — Les restitutions et dommages-intérêts appartiennent au propriétaire ; les amendes et confiscations appartiennent toujours à l'État.

Art. 205. — Dans tous les cas où les ventes et adjudications seront déclarés nulles pour cause de fraude ou collusion, l'acquéreur ou adjudicataire, indépendamment des amendes et dommages-intérêts prononcés contre lui, sera condamné à restituer les bois déjà exploités, ou en payer la valeur sur le pied du prix d'adjudication ou de vente.

Art. 206. — Les maris, pères, mères et tuteurs,

et en général tous maîtres et commettants, seront civilement responsables des délits et contraventions commis par leurs femmes, enfants mineurs et pupilles, demeurant avec eux et non mariés, ouvriers, voituriers et autres subordonnés, sauf tout recours de droit.

Cette responsabilité sera réglée conformément au paragraphe dernier de l'article 1384 du code civil, et s'étendra aux restitutions, dommages-intérêts et frais; sans pouvoir toutefois donner lieu à la contrainte par corps, si ce n'est dans le cas prévu par l'article 46.

207. — Les peines que la présente loi prononce, dans certains cas spéciaux, contre des fonctionnaires ou contre des agents et préposés de l'administration forestière, sont indépendantes des poursuites et peines dont ces fonctionnaires, agents ou préposés seraient passibles d'ailleurs pour malversation, concussion ou abus de pouvoir.

Il en est de même quant aux poursuites qui pourraient être dirigées, aux termes des articles 179 et 180 du code pénal, contre tous délinquants ou contrevenants, pour fait de tentative de corruption envers des fonctionnaires publics et des agents et préposés de l'administration forestière.

208. — Il y aura lieu à l'application des dispositions du même code dans tous les cas non spécifiés par la présente loi.

TITRE XIII.

DE L'EXÉCUTION DES JUGEMENTS.

SECTION PREMIÈRE.

DE L'EXÉCUTION DES JUGEMENTS RENDUS A LA REQUÊTE DE L'ADMINISTRATION FORESTIÈRE OU DU MINISTÈRE PUBLIC.

209. — Les jugements rendus à la requête de l'administration forestière, ou sur la poursuite du ministère public, seront signifiés par simple extrait qui contiendra le nom des parties et le dispositif du jugement.

Cette signification fera courir les délais de l'opposition et de l'appel des jugements par défaut.

210. — Le recouvrement de toutes les amendes forestières est confié aux receveurs de l'enregistrement et des domaines.

Ces receveurs sont également chargés du recouvrement des restitutions, frais et dommages-intérêts résultant des jugements rendus pour délits et contraventions dans les bois soumis au régime forestier.

211. — Les jugements portant condamnation à des amendes, restitutions, dommages-intérêts et frais, sont exécutoires par la voie de la contrainte par corps, et l'exécution pourra en être poursuivie cinq jours après un simple commandement fait aux condamnés.

En conséquence, et sur la demande du receveur

de l'enregistrement et des domaines, le procureur du roi adressera les réquisitions nécessaires aux agents de la force publique chargés de l'exécution des mandements de justice.

212. — Les individus contre lesquels la contrainte par corps aura été prononcée pour raison des amendes et autres condamnations et réparations pécuniaires, subiront l'effet de cette contrainte, jusqu'à ce qu'ils aient payé le montant desdites condamnations, ou fourni une caution admise par le receveur des domaines, ou, en cas de contestation de sa part, déclarée bonne et valable par le tribunal de l'arrondissement.

213. — Néanmoins les condamnés qui justifieraient de leur insolvabilité suivant le mode prescrit par l'article 420 du code d'instruction criminelle seront mis en liberté après avoir subi quinze jours de détention, lorsque l'amende et les autres condamnations pécuniaires n'excéderont pas quinze francs.

La détention ne cessera qu'au bout d'un mois, lorsque ces condamnations s'élèveront ensemble de quinze à cinquante francs.

Elle ne durera que deux mois, quelle que soit la quotité desdites condamnations.

En cas de récidive, la durée de la détention sera double de ce qu'elle eût été sans cette circonstance.

214. — Dans tous les cas, la détention employée comme moyen de contrainte est indépendante de la peine d'emprisonnement prononcée contre les condamnés pour tous les cas où la loi l'inflige.

SECTION II.

DE L'EXÉCUTION DES JUGEMENTS RENDUS DANS L'INTÉRÊT DES PARTICULIERS.

215. — Les jugements contenant des condamnations en faveur des particuliers, pour réparation des délits ou contraventions commis dans leurs bois, seront, à leur diligence, signifiés et exécutés suivant les mêmes formes et voies de contrainte que les jugements rendus à la requête de l'administration forestière.

Le recouvrement des amendes prononcées par les mêmes jugements sera opéré par les receveurs de l'enregistrement et des domaines.

216. — Toutefois les propriétaires seront tenus de pourvoir à la consignation d'aliments prescrite par le code de procédure civile, lorsque la détention aura lieu à leur requête et dans leur intérêt.

217. — La mise en liberté des condamnés ainsi détenus à la requête et dans l'intérêt des particuliers ne pourra être accordée, en vertu des articles 212 et 213, qu'autant que la validité des cautions ou l'insolvabilité des condamnés aura été, en cas de contestation de la part desdits propriétaires, jugée contradictoirement entre eux.

TITRE XIV.

DISPOSITION GÉNÉRALE.

218. — Sont et demeurent abrogés, pour l'avenir, toutes lois, ordonnances, édits et déclarations, arrêts du conseil, arrêtés et décrets, et tous règlements intervenus, à quelque époque que ce soit, sur les matières réglées par le présent code, en tout ce qui concerne les forêts.

Mais les droits acquis antérieurement au présent code seront jugés, en cas de contestation, d'après les lois, ordonnances, édits et déclarations, arrêts du conseil, arrêtés, décrets et règlements ci-dessus mentionnés.

TITRE XV.

DISPOSITIONS TRANSITOIRES.

219. — Pendant vingt ans, à dater de la promulgation de la présente loi, aucun particulier ne pourra arracher ni défricher ses bois qu'après en avoir fait préalablement la déclaration à la sous-préfecture, au moins six mois d'avance, durant lesquels l'administration pourra faire signifier au propriétaire son opposition au défrichement. Dans les six mois à dater de cette signification, il sera statué sur l'opposition par le préfet, sauf le recours au ministre des finances,

Si, dans les six mois après la signification de l'opposition, la décision du ministre n'a pas été rendue signifiée au propriétaire des bois, le défrichement en pourra être effectué.

220. — En cas de contravention à l'article précédent, le propriétaire sera condamné à une amende calculée à raison de 500 francs au moins et de 1,500 francs au plus par hectare de bois défriché, et, en outre, à rétablir les lieux en nature de bois dans le délai qui sera fixé par le jugement, et qui ne pourra excéder trois années.

221. — Faute, par le propriétaire, d'effectuer la plantation ou le semis dans le délai prescrit par le jugement, il y sera pourvu à ses frais par l'administration forestière, sur l'autorisation préalable du préfet, qui arrêtera le mémoire des travaux faits et le rendra exécutoire contre le propriétaire.

222. — Les dispositions des trois articles qui précèdent sont applicables aux semis et plantations exécutés, par suite de jugements, en remplacement de bois défrichés.

223. — Seront exceptés des dispositions de l'article 219,

1° Les jeunes bois, pendant les vingt premières années après leurs semis ou plantation, sauf le cas prévu en l'article précédent;

2° Les parcs ou jardins clos et attenant aux habitations;

3° Les bois non clos, d'une étendue au-dessous de quatre hectares, lorsqu'ils ne feront point partie d'un autre bois qui compléterait une contenance de quatre hectares, ou qu'ils ne seront pas situés sur le sommet ou la pente d'une montagne.

224. — Les actions ayant pour objet des défrichements commis en contravention à l'article 219 se prescriront par deux ans, à dater de l'époque où le défrichement aura été consommé.

225. — Les semis et plantations de bois sur le sommet et le penchant des montagnes et sur les dunes seront exempts de tout impôt pendant vingt ans.

TARIF DES AMENDES A PRONONCER PAR ARBRE, D'APRÈS SA GROSSEUR ET SON ESSENCE.

Art. 192.

ARBRES DE PREMIÈRE CLASSE.					ARBRES DE SECONDE CLASSE.				
Circonférence.	Amende par décimètre.		Amende par arbre.		Circonférence.	Amende par décimètre.		Amende par arbre.	
décimètres.	fr.	c.	fr.	c.	décimètres.	fr.	c.	fr.	c.
1	»	»	»	»	1	»	»	»	»
2	1	00	2	00	2	0	50	1	00
3	1	10	3	30	3	0	55	1	65
4	1	20	4	80	4	0	60	2	40
5	1	30	6	50	5	0	65	3	25
6	1	40	8	40	6	0	70	4	20
7	1	50	10	50	7	0	75	5	25
8	1	60	12	80	8	0	80	6	40
9	1	70	15	30	9	0	85	7	65
10	1	80	18	00	10	0	90	9	00
11	1	90	20	90	11	0	95	10	45
12	2	00	24	00	12	1	00	12	00
13	2	10	27	30	13	1	05	13	05
14	2	20	30	80	14	1	10	15	40
15	2	30	34	50	15	1	15	17	25
16	2	40	38	40	16	1	20	19	20
17	2	50	42	50	17	1	25	21	25
18	2	60	46	80	18	1	30	23	40
19	2	70	51	30	19	1	35	25	65
20	2	80	56	00	20	1	40	28	00
21	2	90	60	90	21	1	45	30	45
22	3	00	66	00	22	1	50	33	50
23	3	10	71	30	23	1	55	35	65
24	3	20	76	80	24	1	60	38	40
25	3	30	82	50	25	1	65	41	25
26	3	40	88	40	26	1	70	44	20
27	3	50	94	50	27	1	75	47	25
28	3	60	100	80	28	1	80	50	40
29	3	70	107	30	29	1	85	53	65
30	3	80	114	00	30	1	90	57	50
31	3	90	120	90	31	1	95	60	45
32	4	00	128	00	32	2	00	64	00

EXTRAIT DE L'ORDONNANCE

DE LOUIS XIV,

CONCERNANT LE COMMERCE DES BOIS,

DU MOIS D'AOUT 1669.

Donné à Saint-Germain-en-Laye, au mois d'août, 1669.

Louis, par la grâce de Dieu, roi de France et de Navarre, à tous présents et à venir, salut.

Quoique le désordre qui s'était glissé dans les eaux et forêts de notre royaume fût si universel et si invétéré que le remède en paraissait presque impossible, néanmoins le ciel a tellement favorisé l'application de huit années que nous avons données au rétablissement de cette noble et précieuse partie de notre domaine, que nous la voyons aujourd'hui en état de refleurir plus que jamais, et de produire avec abondance au public tous les avantages qu'il en peut espérer, soit pour les commodités de la vie privée, soit pour les nécessités de la guerre, ou enfin pour l'ornement de la paix et l'accroissement du commerce par les voyages de long cours dans toutes les parties du monde. Mais comme il ne suffit pas d'avoir rétabli l'ordre et la discipline, si, par de bons et sages règlements, on ne l'assure pour en faire passer le fruit à la postérité, nous avons estimé qu'il était de notre justice, pour consommer un ouvrage si utile et si nécessaire, de nous faire rapporter toutes les ordonnances, tant anciennes que nouvelles, qui concernent la matière, afin que, les ayant conférées avec les avis qui nous ont été envoyés des provinces par les commissaires départis pour la réformation des eaux et forêts, nous puissions sur le tout former un corps de lois claires, précises et certaines, qui dissipent toute l'obscurité des précédentes, et ne laissent plus de prétextes ou d'excuse à ceux qui pourront tomber en faute.

Titre XI. — *Arpenteurs.*

Art. 1er. Sera par nous choisi et commis un arpenteur, homme d'expérience et de probité reconnue, en chacun département pour être à la suite du grand maître, pendant qu'il fera ses visites, adjudications et réformations; et par ses ordres faire tous les arpentages, mesures et récolements ordinaires ou de réformation; et deux autres en chacun bailliage ou maîtrise.

Art. 3. Feront de toutes les assiettes des ventes un plan figuré, sur lequel ils désigneront les pieds corniers avec leurs témoins, les arbres de lisière ou de paroi, leur nombre, qualité, et toutes les marques qui y auront été faites, la distance de pieds corniers en pieds corniers, l'emprunt tant de la droite ligne que de l'angle, et des circonstances nécessaires pour servir à la reconnaissance ou conservation de tous les arbres réservés lors du récolement.

Art. 4. Feront tous les arpentages et mesures qui écherront en leur détroit, tant pour nos bois, fonds et domaines, que pour ceux tenus en grurie, grairie, tiers et danger, apanage, engagement, usufruit, et par indivis, même pour ceux des ecclésiastiques, communautés et gens de mainmorte, ensemble pour tout ce qui sera ordonné par autorité de justice pour quelque cause que ce soit, préférablement à tous autres arpenteurs, à peine de nullité; laissant aux particuliers la liberté de s'en servir en tous actes, mesures et délivrances volontaires, ou d'autres mesureurs à leur choix, ainsi que bon leur semblera.

Art. 5. Sera tenu l'arpenteur du grand maître de le suivre lorsqu'il lui sera ordonné, et de faire par ses ordres toutes assiettes de ventes, arpentages, mesurages, récolements, plans, figures, assiettes et reconnaisance de bornes, lisières ou fossés, et généralement tous actes de sa profession, et d'en tenir bon et fidèle registre, dont il mettra le double avec autant de plans et figures ès mains du grand maître et au greffe de la maîtrise, huit jours après la consommation de l'ouvrage, et en retirera décharge, à peine d'interdiction pour la première fois, et de privation en récidive.

Art. 7. Seront tenus de visiter, chacune année, tous les fossés, bornes et arbres de lisières, séparant et fermant nos forêts et bois dans lesquels nous avons intérêt, pour connaître s'il y a quelque chose de rempli, changé, coupé, arraché ou transporté; et, s'il est besoin, feront les assiettes, remises et remplacements de bornes qui auront été arrachées ou transportées, ou qui manqueront, suivant les ordres des grands maîtres et jugements des officiers, et marqueront tous les alignements des fossés à faire et à relever, dont ils feront procès-verbal sur leur registre signé du sergent de la garde, et en mettront autant, trois jours après la visite, au greffe de la maîtrise, à peine d'interdiction pour la première fois, et de punition en récidive.

Art. 8. Si aucun des arpenteurs avait, par connivence, faveur ou corruption, celé un transport ou arrachement de bornes, souffert ou fait lui-même un changement de pieds corniers, il sera dès la premiere fois privé de sa commission, condamné à l'amende de cinq cents livres, et banni pour toujours de nos forêts, sans que les officiers puissent modérer ou différer la condamnation, à peine de perte de leurs offices.

Titre XV. — *De l'assiette, balivage, martelage, et vente de bois.*

Art. 6. L'arpenteur fera, en présence du sergent de la garde, les tranchées et layes nécessaires pour le mesurage; marquera de son marteau, le plus près de terre que faire se pourra, dans les angles, tel nombre de pieds corniers, arbres de lisière et paroi qu'il estimera convenable, avec désignation du côté sur lequel il aura fait des faces pour imprimer son marteau, le nôtre, et celui du grand maître; fera mention s'il a emprunté quelques arbres pour servir de pieds corniers, de leurs âge, qualité, nature et grosseur, et de leur distance des uns aux autres par perches et pieds; comme aussi observera les noms des ventes où il les aura prises, s'il y a des places vides, avec leurs contenances; et sera tenu de se servir au moins de l'un des pieds corniers de l'ancienne vente; dressera les plans et figures de la pièce qu'il aura assise; et de tout fera son procès-verbal, qui sera signé des sergents et gardes, et en mettra une expédition au greffe de la maîtrise, trois jours après l'avoir fait, qui sera paraphé du maître et de notre procureur, avec mention du jour qu'elle aura été apportée, et une autre expédition en sera par lui incessamment envoyée au grand maître.

Art. 7. Défendons aux arpenteurs et sergents à garde de faire les routes plus larges de trois pieds pour passer les porte-perches et les marchands qui iront visiter les ventes, à peine de cent livres d'amende, et de la restitution du double de la valeur du bois abattu.

Art. 8. Les bois abattus dans les layes et tranchées ne pourront être enlevés, mais demeureront au profit de l'adjudicataire, et lui appartiendront sans que les arpenteurs ni les sergents y puissent prétendre aucune part; leur faisant défense de les enlever, à peine de cent livres d'amende et d'interdiction; et aux riverains, sous quelque prétexte que ce soit, à peine de punition exemplaire.

Art. 9. Les arbres de lisière et de paroi seront marqués de notre marteau et de celui de l'arpenteur sur une face, à la différence des pieds corniers, qui le seront sur chaque face qui regardera la vente.

Art. 10. Ne pourront, les arpenteurs, mesurer plus grande ni moindre quantité, dans chacun triage, que celle qui leur aura été prescrite par le grand maître pour l'assiette, sous prétexte de rendre la figure plus régulière, ou pour quelque autre considération que ce puisse être; en sorte que le plus ou le moins ne puisse excéder un arpent sur vingt, et ainsi à proportion, à peine d'interdiction et d'amende arbitraire, qui sera réglée par le grand-maître ; et, s'il tombait jusqu'à trois fois dans cette erreur, il sera interdit et déclaré incapable de faire la fonction d'arpenteur.

Art. 11. Le procès-verbal de l'arpenteur étant au greffe, il en sera délivré autant au garde marteau pour le martelage qui se fera en la présence des officiers de la maîtrise, et sera, à cet effet, notre marteau délivré au garde-marteau par ceux qui en auront la clef, qui se transportera avec les officiers aux triages où les ventes auront été assises, et, par leur avis, il fera choix de dix arbres en chacun arpent de futaie ou haut recru, des plus vifs, et de la plus belle venue de chêne, s'il se peut, brin de bois, et de grosseur compétente, qu'il marquera pour baliveaux de notre marteau, avec les pieds corniers tournants et arbres de lisière; et incontinent après le martelage, sera le marteau remis et enfermé dans sa boîte.

Art. 12. Lorsque les adjudications des coupes de nos bois taillis seront faites, tous les baliveaux anciens et modernes qui s'y trouveront seront réservés avec ceux de l'âge; et, s'il se trouvait que les baliveaux, pour leurs quantité et grosseur, empêchassent par l'ombrage ou autrement le taillis de pousser et de croître, les grands maîtres en dresseront leurs procès-verbaux, qu'ils enverront, avec leurs avis en notre conseil, ès mains du contrôleur général de nos finances, pour y être par nous pourvu, ainsi qu'il appartiendra.

Art. 13. Ne sera donné aucun bois par forme de remplage sous prétexte de places vides et de chemins qui se seront rencontrés dans les ventes ; mais l'adjudication en sera faite en l'état qu'elles se trouveront, à peine de restitution du quadruple contre les marchands qui auront obtenu le remplage, et de trois mille livres d'amende, avec privation de charge contre les officiers qui l'auront donné.

Art. 14. Les ventes ne pourront être changées en tout ou en partie, sous quelque prétexte que ce soit, après l'adjudication, sous peine de punition exemplaire contre les officiers, et perte de leurs charges, et de restitution du quadruple du prix des ventes changées, et d'amende contre les marchands, sans que cette peine puisse être modérée sous quelque prétexte que ce soit.

Art. 15. Révoquons les droits de cire et de greffe, mais les ventes de ces bois seront faites à l'avenir, à la charge de payer seulement le sou pour livre par les adjudicataires, du prix principal de leur adjudication, ès mains du receveur particulier ou général des bois, s'il y en a, ou du domaine, pour, sur la somme à laquelle il reviendra, être les officiers des maîtrises et gruries payés de leurs droits, journées et taxations, suivant les états qui en seront arrêtés par les grands maîtres, sur lesquels et les quittances des officiers, les sommes y contenues seront passées et allouées en la dépense des comptes des receveurs.

Art. 16. Si le fonds du sou pour livre n'est suffisant, le grand maître pourra prendre le supplément sur le fonds des ventes, sans que les officiers puissent recevoir aucune chose que par les mains des receveurs, à peine de restitution du quadruple, et d'interdiction de leurs charges.

Art. 17. Les jours pour les adjudications des ventes ayant été indiqués par les grands maîtres aux officiers des maîtrises, ils en feront faire les publications, et notre procureur sera tenu d'envoyer incessamment des billets proclamatoires aux lieux ordinaires, contenant le nombre d'arpents, la situation, la qualité, les réserves, le jour, le lieu, l'heure et par-devant qui les ventes se feront.

Art. 19. Il y aura au moins huitaine franche entre la dernière publication et l'adjudication.

Art. 20. Seront toutes personnes reçues à mettre leurs enchères; si toutefois un enchérisseur était notoirement insolvable, les receveurs de nos bois ou du domaine pourront lui demander les noms de ses cautions; et, s'il n'en a point, à l'audience, le receveur en donnera avis au grand maître, pour y pourvoir ainsi qu'il avisera bon être.

Art. 21. Ne pourront, à l'avenir, aucuns ecclésiastiques, gentilshommes, gouverneurs des villes et places, capitaines des châteaux et maisons royales, leurs lieutenants et officiers, magistrats de police et de finance, faisant fonctions de juges ou de nos procureurs dans nos justices, se rendre adjudicataires, directement ou par association, des ventes qui se feront de nos bois, pour le tout ou partie, ni en prendre des rétrocessions, ou se rendre pleiges et cautions des adjudicataires, sous leur nom ou sous celui d'aucunes personnes interposées, à peine de confiscation des ventes, ou du prix pour lequel elles auront été faites, et d'être déchus de leurs priviléges, déclarés roturiers et imposés à la taille, et de privations de charges contre nos officiers qui auront fait ou consenti l'adjudication, ou souffert l'exploitation, même de plus grandes peines s'il y échet.

Art. 22. Défendons pareillement aux officiers de nos forêts et chasses, tant ceux des maîtrises où se feront les ventes, que tous autres de quelque département qu'ils soient, sans distinction, et à leurs enfants, gendres, frères, beaux-frères, oncles, neveux et cousins-germains, de prendre part aux adjudications, soit comme parties principales, associés, pleiges ou cautions, à peine contre les officiers adjudicataires de confiscation des ventes et privations de leurs charges, d'amende arbitraire, et d'être bannis du ressort de la maîtrise où ils feront leur résidence, et contre leurs parents et alliés, de pareille peine de confiscation et d'amende arbitraire.

Art. 23. Les marchands adjudicataires, ni autres particuliers, de quelque qualité que ce soit, ne pourront faire aucunes associations secrètes, ni empêcher par voies indirectes les enchères sur nos bois; et, où ils se trouveraient convaincus de monopole ou complot concerté entre eux par parole ou par écrit de ne point enchérir les uns sur les autres, voulons que, outre la confiscation des ventes, ils soient condamnés en une amende arbitraire, qui ne pourra être au-dessous de mille livres, et bannis des forêts.

Art. 24. L'adjudicataire ne pourra avoir plus de trois associés, lesquels il sera tenu de nommer au greffe de la maîtrise dans la huitaine de l'adjudication, ensemble y mettre une expédition du traité de leur association, et d'y faire, lui et ses associés, leur submission de satisfaire à toutes les charges de l'adjudication, à peine de mille livres d'amende contre lui, et de déchéance de la société contre les associés.

Art. 25. Il sera libre aux marchands de renoncer à leurs enchères au greffe de la maîtrise dans le lendemain midi du jour de l'adjudication, en le faisant signifier dans cet intervalle au précédent enchérisseur au domicile par lui élu, et au receveur auquel ils payeront comptant leurs folles enchères.

Art. 26. Au cas qu'il y ait révocation d'enchères, les précédents enchérisseurs seront graduellement et successivement subrogés aux lieux et places de ceux qui auront révoqué leurs enchères; et toutes personnes qui enchériront seront tenues d'élire domicile au lieu où les adjudications seront faites, tant pour la validité des actes qui doivent suivre l'adjudication, que pour l'exécution de leurs enchères, révocations et adjudications, tiercement et demi-tiercement, et de tous autres actes qu'il sera nécessaire de faire, et, à faute d'en élire, assignations leur seront faites au greffe de la maîtrise, qui seront réputés valables.

Art. 27. Si le marchand adjudicataire se désistait de son enchère et renonçait à la vente, il sera arrêté jusqu'à ce qu'il ait payé ou donné bonne caution de la folle enchère, et la vente retournera au précédent enchérisseur, et succesivement de l'un à l'autre, ainsi qu'il a été ci-devant prescrit.

Art. 28. Les adjudications seront signées sur-le-champ par le marchand, grand maître, ou celui qui aurait fait l'adjudication, ensemble par le maître particulier, notre procureur, et les autres officiers de la maîtrise, sur le registre du greffier, immédiatement au bas de l'acte, et sans qu'il soit laissé aucun blanc entre la fin du texte de l'adjudication et les signatures; et sera chacun des feuillets sur lesquels seront employées les réceptions d'enchères et adjudication paraphé par le grand maître.

Art. 29. Les marchands adjudicataires seront tenus, dans la huitaine du jour de l'adjudication, avant de commencer l'usance des ventes, de donner bonne et suffisante caution, et certificateur, qui seront reçus par le receveur; et, à son refus, par le maître et notre procureur, lesquels s'obligeront solidairement de payer ès mains du receveur de nos bois, s'il y en a, ou du domaine, le prix principal en deux payements égaux, qui seront faits dans les temps portés par le cahier des charges, et outre de satisfaire aux autres charges, clauses et conditions y mentionnées.

Art. 30. Le receveur sera tenu, la huitaine passée, de faire signifier incessamment, et dans le jour, à celui qui était le pénultième enchérisseur, qu'il est substitué au lieu et place de l'adjudicataire qui aura manqué de donner caution, et que dès ce moment l'adjudication est à sa charge.

Art. 31. Toutes personnes non prohibées pourront enchérir, tiercer et doubler les ventes pour tous les triages en général, ou chacun en particulier, ainsi qu'ils auront été adjugés dans le lendemain midi du jour de l'adjudication : après lequel temps il n'y aura plus de lieu aux tiercement et doublement, sous quelque prétexte et pour quelque considération que ce puisse être.

Art. 32. Les tiercements et doublements seront faits au greffe, dans le temps ci-dessus préfini, et signifiés le même jour aux marchands adjudicataires et receveurs, en parlant à leurs personnes ou domiciles, s'il en a été élu, sinon au greffe de la maîtrise, par exploit qui contiendra ponctuellement l'heure en laquelle il aura été donné, et le nom de ceux à qui les sergents auront parlé, à peine de nullité de l'exploit.

Art. 33. Le tiercement est une enchère qui augmente du tiers le prix de la vente, et fait le quart sur le total; et le demi-tiercement une autre enchère sur le tiercement, qui est de la moitié du tiers; en sorte que, si le prix de l'adjudication est de quinze cents livres, le tiercement sera de cinq cents livres, et le demi-tiercement de deux cent cinquante livres.

Art. 34. Enjoignons aux greffiers de marquer le jour et l'heure précise dans les actes qu'ils dresseront et délivreront sur les adjudications, tiercements et doublements, à peine de trois cents livres d'amende, et de tous dépens, dommages et intérêts pour la première fois, et pour la seconde de pareille peine, et de privation de leurs charges.

Art. 35. Le demi-tiercement ne sera reçu que sur le tiercement; mais on pourra d'une seule enchère faire les tiercement et demi-tiercement, ce qui s'appelle doublement, lequel étant signifié en la forme ci-dessus prescrite à l'adjudicataire, il sera reçu à y mettre une simple enchère, et sur cette enchère l'adjudicataire et le tierceur et doubleur seront reçus à enchérir l'un sur l'autre entre eux seulement, et la vente demeurera au dernier enchérisseur, sans plus revenir; ce qui sera fait par-devant le grand maître, ou le commissaire qui aurait fait l'adjudication, s'ils sont sur les lieux, sinon par-devant les officiers de la maîtrise.

Art. 36. Après que les marchands auront fourni leurs cautions et certificateurs, le receveur leur donnera ses certificats pour les représenter, et faire registrer au greffe sans frais, dont une expédition sera mise ès mains des gardes-marteau, auxquels et aux officiers nous défendons de souffrir qu'aucunes coupes soient commencées, qu'ils n'aient vu et fait registrer le certificat du receveur, à peine d'en répondre en leurs propres et privés noms.

Art. 37. L'adjudicataire des bois de futaie dans nos forêts, dans lesquelles ils s'emploient en ouvrages, sera tenu d'avoir un marteau, dont il mettra l'empreinte au greffe, pour marquer le bois qu'il vendra en pied, sans qu'il puisse en débiter de cette qualité, qu'ils n'aient cette marque, et d'avoir lui, ses facteurs ou gardes-vente, un registre, dans lequel seront écrits les noms, surnoms et domiciles de ceux auxquels ils vendront du bois, la quantité et le prix, à peine de cent livres d'amende, et de confiscation ; sans que plusieurs associés puissent avoir plus d'un marteau, ni marquer d'autres bois que ceux de leurs ventes, à peine d'être punis comme faussaires.

Art. 38. Si néanmoins un marchand avait plusieurs ventes, et que pour la distance des lieux il fût obligé d'y tenir différents registres, en ce cas il pourra avoir autant de marteaux que de registres, et de même marque, pourvu qu'il en ait fait faire procès-verbal et empreinte, comme il est dit ci-dessus.

Art. 40. Les bois tant de futaie que taillis seront coupés et abattus dans le quinzième d'avril, et le temps des vidanges réglé par le grand maître, suivant la possibilité des forêts, à peine d'amende arbitraire, et de confiscation des marchandises contre les adjudicataires, sans que les officiers puissent accorder aucune prorogation pour coupes et vidanges, sous pareille peine d'amende arbitraire, et de privation de leurs charges.

Art. 41. Si toutefois les marchands étaient obligés par de justes considérations de demander quelque prorogation de délai, pour couper et vider les ventes, ils se pourvoiront en notre conseil, pour, au rapport du contrôleur général de nos finances, leur être par nous pourvu de ce qu'il appartiendra sur les avis des grands maîtres.

Art. 42. Les futaies seront coupées le plus bas que faire se pourra, et les taillis abattus à la cognée à fleur de terre, sans les écuisser, ni éclater, en sorte que les brins des cépées n'excèdent la superficie de la terre, s'il est possible, et que tous les anciens nœuds recouverts, et causés par les précédentes coupes, ne paraissent aucunement.

Art. 43. Les arbres seront abattus en sorte qu'ils tombent dans les ventes, sans endommager les arbres retenus, à peine de nos dommages et intérêts contre le marchand ; et s'il arrivait que les arbres abattus demeurassent encroués, les marchands ne pourront faire abattre l'arbre sur lequel celui qui sera tombé se trouvera encroué, sans la permission du grand maître ou des officiers, après avoir pourvu à notre indemnité.

Art. 44. Les bois de cépées ne seront abattus et coupés à la serpe ou à la scie, mais seulement à la cognée, à peine, contre les marchands qui les exploiteront, de cent livres d'amende et de confiscation de leurs marchandises et outils des ouvriers.

Art. 45. Enjoignons aux adjudicataires de faire couper, receper et ravaler le plus près de terre que faire se pourra, toutes les souches et estocs de bois pillés et rabougris étant dans les ventes ; et aux officiers d'y avoir l'œil et tenir la main, à peine de suspension de leurs charges.

Art. 46. Si, pendant l'usance des ventes, aucuns des arbres réservés et marqués étaient arrachés ou abattus par les vents et orages, ou par autre accident, les marchands ou leurs facteurs les laisseront sur la place, et en donneront incessamment avis au sergent à garde, qui sera tenu d'en avertir le garde-marteau, pour se transporter ensemble sur les lieux, afin d'en dresser leurs procès-verbaux, qu'ils présenteront aussitôt aux officiers de la maîtrise pour en marquer d'autres, le tout sans frais.

Art. 47. Les temps des coupes des bois et vidanges désignés par les adjudications étant expirés, s'il se trouve des bois dans les ventes sur pied et abattus, ils seront confisqués à notre profit, et le gisant incessamment transporté hors de la forêt.

Art. 48. Ne pourront les marchands adjudicataires retenir dans leurs ventes d'autres bois que ceux qui en proviendront, à peine d'être punis comme s'ils avaient volé les bois ainsi retirés contre notre prohibition.

Art. 49. Nul marchand ou autre personne ne pourra faire travailler nuitamment, ni les jours de fêtes, dans les ventes en coupe, ni y prendre et enlever du bois, sur peine de cent livres d'amende.

Art. 50. Avant que de faire exploiter les ventes, les marchands pourront faire procéder au souchetage par-devant le maître particulier, en présence du garde-marteau et du sergent à garde, par deux experts, desquels l'un sera nommé par notre procureur de la maîtrise, et l'autre de leur part, dont il sera dressé procès-verbal sans frais ni droits, à peine de concussion ; à la réserve des journées des soucheteurs, qui seront taxées par le maître, et payées par le sergent collecteur des amendes ; dans lequel procès-verbal seront employés le nombre des souches qui auront été trouvées, leurs qualité et grosseur, et demeurera au greffe de la maîtrise, pour y avoir recours, et s'en servir lors du récolement.

Art. 51. Les marchands demeureront responsables de tous les délits qui se feront à l'ouïe de la cognée aux environs de leurs ventes, estimés, pour les bois de cinquante ans et au-dessus, à cinquante perches; et à vingt-cinq perches, pour ceux depuis cinquante ans et au-dessous, si les marchands ou leurs facteurs n'en font leur rapport.

Art. 52. Le transport, passage, voiture ou flottage des bois, tant par terre que par eau, ne pourra être empêché ou arrêté sous quelque prétexte de droits de travers, péages, pontonnages ou autres, par quelque particulier que ce soit, à peine de répondre de tous les dépens, dommages et intérêts des marchands, sauf à ceux qui prétendent avoir titre pour lever aucun droits, de se pourvoir par-devant le grand maître, qui y pourvoira ainsi qu'il appartiendra.

Titre XVII. — *Vente des chablis et menus marchés.*

Art. 1er. S'il se trouve quelques arbres qui aient été abattus, arrachés ou rompus par l'impétuosité des vents, ou par quelques autres accidents, le sergent à garde dressera procès-verbal, sur son registre, de leurs qualité, nature et grosseur, et du lieu où il les aura trouvés, et observera si, en tombant, ils en ont rompu ou touché d'autres par leur chute; duquel il sera tenu de mettre une expédition sous son seing au greffe de la maîtrise, trois jours après, dont il retirera décharge du greffier, à peine de cinquante livres d'amende.

ART. 2. Le garde-marteau et le sergent à garde veilleront à la conservation des bois chablis, et empêcheront qu'ils ne soient pris, enlevés ou ébranchés, par les usagers et autres, sous prétexte de coutume et usage, quels qu'ils puissent être; et, en cas qu'il s'en rencontre de coupés par troncs, ou ébranchés, ils en feront leur rapport, de même que s'ils avaient été abattus sur pied, et les officiers les condamneront au pied le tour, à peine d'amende arbitraire, et d'en répondre en leurs noms.

ART. 3. Aussitôt que les officiers auront été avertis, ils se transporteront sur les lieux, accompagnés du garde-marteau et du sergent, avec son procès-verbal, pour voir les arbres chablis, et reconnaître si le rapport du sergent est fidèle; lesquels seront marqués de notre marteau, à peine d'amende arbitraire, et d'en répondre en leurs privés noms.

ART. 4. Les arbres chablis ne pourront être réservés ni façonnés sous prétexte de les aménager ou débiter en autre temps pour notre profit; mais seront vendus incessamment en l'état qu'ils se trouveront, et l'adjudication faite en l'auditoire de la justice des eaux et forêts par le grand maître ou par les officiers de la maîtrise, à l'extinction des feux, après deux publications faites à l'audience ou marchés du lieu, et aux prônes des messes par les curés de la paroisse du siége de la maîtrise, et des villes et villages des environs de la forêt; et pour cet effet billets proclamatoires seront envoyés et affiches mises, ainsi qu'il a été prescrit pour les ventes ordinaires; et le temps de vidange ne sera que d'un mois pour le plus, à peine de nullité et de confiscation des bois vendus.

ART. 5. Défendons au garde-marteau de marquer, et aux officiers de vendre aucuns arbres en estant, sous prétexte qu'ils auraient été fourchés ou ébranchés par la chute des chablis; mais voulons qu'ils soient conservés, à peine d'amende arbitraire.

ART. 6. Incontinent après la vente des chablis, et l'adjudication des menus marchés, il en sera dressé un état pour être délivré dans la huitaine par le greffier au receveur des bois, s'il y en a, ou du domaine, qui en doit faire la recette.

ART. 7. Les vacations des officiers et du greffier, tant pour les reconnaissance et martelage que pour l'adjudication des chablis et arbres de délit, seront taxées par les grands maîtres lorsqu'ils seront sur les lieux, selon le travail et à proportion du temps, à prendre sur les amendes et deniers dont le sergent collecteur fait le recouvrement : auquel effet ils représenteront leurs procès-verbaux, ordonnances et autres actes; et seront les deniers du prix des bois chablis payés au receveur, et par lui au receveur général, et compris dans son état de recouvrement, ainsi que le prix principal de nos bois.

Titre XXIV. — *Des bois appartenant aux ecclésiastiques et gens de mainmorte.*

Art. 5. Nos lettres ne seront octroyées pour vente de futaies, ou baliveaux réservés, qu'en cas d'incendies, ruines, démolitions, pertes et accidents extraordinaires, arrivés par forfait, guerre ou cas fortuit, et non par le fait ou faute des bénéficiers et administrateurs, qui, pour y parvenir, feront leurs remontrances au grand maître, lequel informera des causes et de la nécessité, visitera les lieux en présence de notre procureur en la maîtrise, fera priser par expert les réparations nécessaires, et enverra au conseil ès mains du contrôleur général de nos finances son procès-verbal, qui contiendra au vrai la valeur, l'état et qualité des bois qu'on demandera permission de couper; ensemble le nombre et la qualité de ce qui en restera au bénéfice ou à la communauté, et son avis, lequel sera joint avec le procès-verbal aux lettres sous le contre-scel.

Titre XXV. — *Des bois, prés, marais, landes, pâtis, pêcheries, et autres biens appartenant aux communautés et habitants des paroisses.*

Art. 1er. Tous les bois dépendants des paroisses et communautés d'habitants seront arpentés, figurés et bornés dans six mois, à la diligence des syndics, et les procès-verbaux et figures incessamment portés aux greffes des maîtrises. A quoi nous enjoignons à nos procureurs de tenir exactement la main.

Art. 2. Le quart des bois communs sera réservé pour croître en futaie dans les meilleurs fonds et lieux plus commodes, par triage et désignation du grand maître, ou des officiers de la maîtrise par son ordre.

Art. 3. Ce qui restera, la réserve étant faite, sera réglé en coupes ordinaires de taillis, au moins de dix ans, avec marque et retenue de seize baliveaux de l'âge du bois en chacun arpent, des plus beaux brins de chêne, hêtre, ou autres de la meilleure essence, outre et par-dessus les anciens, modernes et fruitiers.

Titre XXVI. — *Des bois appartenant aux particuliers.*

Art. 1er. Enjoignons à tous nos sujets, sans exception ni différence, de régler la coupe de leurs bois taillis aux moins à dix années (*), avec réserve de seize baliveaux en chacun arpent, et seront tenus d'en réserver aussi dix des ventes ordinaires de futaie, pour en disposer néanmoins à leur profit, après l'âge de quarante ans pour les taillis, et de vingt-

(*) Il n'y a aujourd'hui que la coupe au furetage qui soit permise ainsi.

six ans pour la futaie ; et qu'au surplus ils observent en l'exploitation ce qui est prescrit pour l'usance de nos bois, aux peines portées par les ordonnances.

ART. 2. Permettons aux grands maîtres et aux autres officiers des eaux et forêts la visite et inspection dans les bois des particuliers, pour y faire observer la présente ordonnance, et réprimer les contraventions, sans qu'ils y exercent autre juridiction, prennent connaissance des ventes, garde, police et délits ordinaires, s'ils n'en sont requis par les propriétaires.

ART. 3. Ne pourront ceux qui possèdent des bois de haute futaie, assis à dix lieues de la mer, et deux des rivières navigables, les vendre ou faire exploiter, qu'ils n'en aient, six mois auparavant, donné avis au contrôleur général des finances, et au grand maître, à peine de trois mille livres d'amende, et de confiscation des bois coupés ou vendus.

ART. 4. Les possesseurs des bois joignant nos forêts à titre de propriété ou d'usufruit seront tenus de déclarer au greffe de la maîtrise le nombre et la qualité qu'ils en voudront vendre chacune année, à peine d'amende arbitraire et de confiscation.

ART. 5. Sera libre à tous nos sujets de faire punir les délinquants en leurs bois, garennes, étangs et rivières, même pour la chasse et pour la pêche, des mêmes peines et réparations ordonnées par ces présentes pour nos eaux et forêts, chasses et pêcheries ; et, à cet effet se pourvoir, si bon leur semble, par-devant le grand maître, et les officiers de la maîtrise, auxquels, en tant que besoin serait, nous attribuons toutes connaissance et juridiction.

TITRE XXVII. — *De la police et conservation des forêts, eaux et rivières.*

ART. 2. Tous arbres de réserve et baliveaux sur taillis seront, à l'avenir, réputés faire partie du fonds de nos bois et forêts, sans que les douairières, donataires, engagistes, usufruitiers, et leurs receveurs ou fermiers y puissent rien prétendre, ni aux amendes qui en proviendront.

ART. 3. Les grands maîtres faisant leurs visites seront tenus de faire mention, dans leurs procès-verbaux, de toutes les places vides non aliénées ni données à titre de cens ou d'afféage, qu'ils auront trouvées dans l'enclos et aux reins de nos forêts, pour être pourvu, sur leurs avis, à la semence et au repeuplement, et à ce qui sera convenable à l'état et au bien de nos affaires.

ART. 4. Tous les riverains possédant bois joignant nos forêts et buissons seront tenus de les séparer des nôtres par des fossés ayant quatre pieds de largeur et cinq pieds de profondeur, qu'ils entretiendront en cet état, à peine de réunion.

Art. 5. Nos officiers des maîtrises, faisant leurs visites, feront mention, dans leurs procès-verbaux, de l'état des bornes et fossés entre nous et les riverains, et réparer les entreprises et changements qu'ils reconnaîtront y avoir été faits depuis leur dernière visite; même feront mention, dans leur procès-verbal de visite suivante, du rétablissement des choses dans leur premier état, et les jugements qu'ils auront rendus contre les coupables, à peine d'en demeurer responsables solidairement en leurs privés noms.

Art. 6. Défendons à toutes personnes de planter bois à cent perches de nos forêts sans notre permission expresse, à peine de cinq cents livres d'amende et de confiscation de leurs bois, qui seront arrachés ou coupés.

Art. 11. Faisons très-expresses défenses d'arracher aucuns plants de chênes, charmes, ou autres bois dans nos forêts, sans notre permission et attache du grand maître, à peine de punition exemplaire et de cinq cents livres d'amende.

Art. 12. Défendons à toutes personnes d'enlever, dans l'étendue et aux reins de nos forêts, sables, terres, marnes ou argiles, ni d'y faire de la chaux à cent perches de distance, sans notre permission expresse, et aux officiers de le souffrir, sur peine de cinq cents livres d'amende et de confiscation des chevaux et harnais.

Art. 13. Ne sera faite aucune délivrance de taillis ou menus bois, vert ou sec, de telle qualité ou valeur qu'ils puissent être, aux poudriers et salpêtriers, auxquels et aux commissaires des poudres et salpêtres, faisons très-expresses inhibitions et défenses d'en prendre sous aucun prétexte, à peine de cinq cents livres d'amende pour la première fois, du double et de punition exemplaire en récidive, nonobstant édits, déclarations, arrêts, permissions et concessions contraires.

Art. 19. Défendons aux marchands ventiers, usagers, et à toutes autres personnes de faire cendres dans nos forêts, ni dans celles des ecclésiastiques ou communautés, aux usufruitiers et à nos officiers de le souffrir, à peine d'amende arbitraire, et de confiscation des bois vendus, ouvrages et outils, et privation de charges contre les officiers, s'il n'y a lettres patentes vérifiées sur l'avis des grands maîtres.

Art. 20. Les marchés qui se feront en vertu des lettres patentes seront enregistrés au greffe des maîtrises, et ne pourront les cendres être faites qu'aux places et endroits désignés aux marchands par les grands maîtres ou officiers.

Art. 21. Faisons défenses à toutes autres personnes de tenir ateliers de cendres, ni en faire ailleurs que dans les ventes, ou en faire transporter que les tonneaux ne soient marqués du marteau du marchand, sur peine d'amende arbitraire et de confiscation.

Art. 22. Défendons à toutes personnes de charmer ou brûler les arbres, ni d'en enlever l'écorce, sous peine de punition corporelle, et seront les fosses à charbon placées aux endroits les plus vides et les plus éloignés des arbres et du recru, et les marchands tenus de les repeupler et ressemer, s'il est jugé à propos par le grand maître, avant qu'ils puissent obtenir leur congé de cour, à peine d'amende arbitraire.

Art. 25. Les cercliers, vanniers, tourneurs, sabotiers et autres de pareille condition, ne pourront tenir ateliers dans la distance de demi-lieue de nos forêts, à peine de confiscation de leurs marchandises et de cent livres d'amende.

Art. 26. Défendons à tous marchands adjudicataires de nos bois, ou ceux des particuliers joignant nos forêts, et même aux propriétaires qui les feront user, d'en donner aux bûcherons et aux autres ouvriers pour leurs salaires, à peine de répondre de tous les délits qui se commettront dans nos forêts pendant les usances et récolement des ventes, et aux bûcherons et autres ouvriers travaillant dans nos forêts, d'emporter, sortant des ateliers, aucun bois scié, fendu ou d'autre nature, à peine de cinquante livres d'amende pour la première fois, et de punition en récidive.

Art. 27. Faisons défenses aux usagers et à tous autres d'abattre la glandée, faîne et autres fruits des arbres, les amasser ni emporter, ni ceux qui seront tombés, sous prétexte d'usages ou autrement, à peine de cent livres d'amende.

Art. 28. Et à tous marchands de peler les bois de leurs ventes étant debout et sur pied, sur peine de cinq cents livres d'amende et de confiscation.

Art. 29. Ne pourront les marchands ni leurs associés tenir aucuns ateliers et loges, ni faire ouvrer bois ailleurs que dans les ventes, sur peine de cent livres d'amende et de confiscation.

Art. 30. Ceux qui habitent les maisons situées dans nos forêts et sur leurs rives ne pourront y faire commerce, ni tenir ateliers de bois, ni en faire plus grand amas que ce qui est nécessaire pour leur chauffage, à peine de confiscation, d'amende arbitraire et de démolition de leurs maisons.

Art. 31. Ne pourront, les sergents à garde, ni autres officiers de nos forêts, tenir taverne ni exercer aucun métier où l'on emploie du bois, à peine de destitution et de cinquante livres d'amende, outre la confiscation des bois qui se trouveront en leurs maisons.

Art. 32. Faisons aussi défenses à toutes personnes de porter et allumer feu, en quelque saison que ce soit, dans nos forêts, landes et bruyères, et celles des communautés et particuliers, à peine de punition corporelle et d'amende arbitraire, outre les réparations des dommages que l'incendie pourrait avoir causés, dont les communautés et autres qui ont choisi les gardes demeureront civilement responsables.

Art. 33. Abrogeons les permissions et droits de feu, loges et toutes délivrances d'arbres, perches, mort-bois, sec ou vert en estant, sans qu'il soit permis à aucuns usagers, de telle condition qu'ils soient, d'en prendre ou faire couper, et d'en enlever autre que gisant, nonobstant tous titres, arrêts et priviléges contraires, qui demeureront nuls et révoqués, à peine contre les contrevenants d'amende, restitution, dommages et intérêts, et de privation de droit d'usage.

Art. 34. Les usagers et autres personnes trouvés de nuit dans les forêts hors les routes et grands chemins, avec serpes, haches, scies ou cognées, seront emprisonnés, et condamnés, pour la première fois, en six livres d'amende, vingt livres pour la seconde, et pour la troisième bannis de la forêt.

Art. 40. Ne seront tirés terres, sables et autres matériaux à six toises près des rivières navigables, à peine de cent livres d'amende.

Art. 41. Déclarons la propriété de tous les fleuves et rivières portant bateaux de leur fonds, sans artifices et ouvrages de main dans notre royaume et terres de notre obéissance, faire partie du domaine de notre couronne, nonobstant tous titres et possessions contraires, sauf les droits de pêche, moulins, bacs et autres usages que les particuliers peuvent y avoir par titres et possessions valables, auxquels ils seront maintenus.

Art. 43. Ceux qui ont fait bâtir des moulins, écluses, vannes, gords et autres édifices dans l'étendue des fleuves et rivières navigables et flottables, sans en avoir obtenu la permission de nous ou de nos prédécesseurs, seront tenus de les démolir, sinon le seront à leurs frais et dépens.

Art. 44. Défendons à toutes personnes de détourner l'eau des rivières navigables et flottables, ou d'en affaiblir et altérer le cours par tranchées, fossés et canaux, à peine, contre les contrevenants, d'être punis comme usurpateurs, et les choses réparées à leurs dépens.

Titre XXVIII. — *Des routes et chemins royaux ès forêts et marchepieds des rivières.*

Art. 7. Les propriétaires des héritages aboutissant aux rivières navigables laisseront le long des bords vingt-quatre pieds au moins de place en largeur pour chemin royal et trait des chevaux, sans qu'ils puissent planter arbres ni tenir clôture ou haie plus près de trente pieds du côté que les bateaux se tirent, et dix pieds de l'autre bord, à peine de cinq cents livres d'amende, confiscation des arbres, et d'être les contrevenants contraints à réparer et remettre les chemins en état à leurs frais.

Titre XXXII. — *Peines, amendes, restitutions, dommages, intérêts et confiscations.*

Art. 1er. L'amende ordinaire pour délits commis depuis le lever jusqu'au coucher du soleil, sans feu et sans scie, par personnes privées n'ayant charges, usages, ateliers ou commerce dans nos forêts, bois et garennes, sera, la première fois, de quatre livres pour chacun pied de tour de chêne et de tous arbres fruitiers indistinctement, même du châtaignier; cinquante sous pour chacun pied de tour de saule, hêtre, orme, tillot, sapin, charme et frêne, et trente sous pour pied d'arbre de toute autre espèce, vert, en étant, sec ou abattu, et sera le tout pris et mesuré à demi-pied près de terre.

Art. 2. Ceux qui auront éhouppé, ébranché et déshonoré des arbres, payeront la même amende au pied le tour que s'ils les avaient abattus par le pied.

Art. 3. Pour chacune charretée de merrain, bois carré de sciage ou de charpenterie, l'amende sera de quatre-vingts livres; pour la charretée de bois de chauffage, quinze livres; pour la somme ou charge de cheval ou bourrique, quatre livres, et pour le fagot ou fouée, vingt sous.

Art. 4. Pour étalons, baliveaux, parois, arbres de lisière, et autres arbres de réserve, cinquante livres; pour pied cornier, marqué de notre marteau, abattu, cent livres; et deux cents livres pour pied cornier arraché et déplacé: réduisons néanmoins l'amende pour baliveaux de l'âge du taillis au dessous de vingt ans, à dix livres.

Art. 5. Si les délits se trouvent avoir été commis depuis le coucher jusqu'au lever du soleil, par scie ou par feu, soit par les officiers des forêts ou des chasses, arpenteurs, layeurs, gardes, usagers, coutumiers, pâtres, paissonniers, marchands ventiers et leurs facteurs, gardes-vente, bûcherons, charbonniers, charretiers, maîtres de forges, fourneaux, tuiliers, briquetiers, et tous autres employés à l'exploitation des forêts et les ateliers des bois en provenant, l'amende sera double.

Art. 6. Voulons que toutes les personnes ci-dessus soient privées, en cas de récidive, savoir: les officiers de leurs charges, les marchands de leurs ventes et les usagers de leurs droits et coutumes, et que tous soient bannis à perpétuité des forêts, sans qu'ils puissent espérer aucune lettre de pardon, rétablissement, commutation et rappel de ban, que nous défendons à notre amé et féal chancelier de sceller, et à tous juges d'entériner, nonobstant commandements ou jussions contraires; déclarant dès à présent nulles et de nuls effet et valeur toutes celles qui pourraient être obtenues.

Art. 7. Demeureront les marchands, maîtres de forges, fermiers, usagers, riverains et autres occupant les maisons, fermes et autres héritages dans l'enclos, et à deux lieues de nos forêts, responsables civilement de leurs commis, charretiers, pâtres et domestiques.

Art. 8. Et d'autant que les amendes au pied le tour ont été réglées selon les valeur et état des bois de l'année 1518, depuis laquelle ils sont montés à beaucoup plus haut prix, ordonnons que, conformément à l'ordonnance faite par Henri III, en l'année 1588, et aux arrêts et règlements des mois de septembre 1601, juin 1602 et octobre 1623, les restitutions, dommages et intérêts seront adjugés de tous délits, au moins à pareille somme que portera l'amende.

ART. 9. Outre l'amende, restitution, dommages et intérêts, il y aura toujours confiscation de chevaux, bourriques et harnais qui se trouveront chargés de bois de délit, et des scies, haches, serpes, cognées, et autres outils dont les particuliers coupables et complices seront trouvés saisis.

ART. 10. Les bestiaux trouvés en délits ou hors des lieux des routes et chemins désignés seront pareillement confisqués; et où les bêtes ne pourraient être saisies, les propriétaires seront condamnés en l'amende, qui sera de vingt livres pour chacun cheval, bœuf ou vache; cent sous pour chacun veau, et trois livres pour mouton ou brebis; le double pour la seconde fois; et pour la troisième, le quadruple de l'amende; bannissement des forêts contre les pâtres et autres gardes et conducteurs, desquels en tout cas les maîtres, pères, chefs de famille, propriétaires, fermiers et locataires des maisons y résidant demeureront civilement responsables.

ART. 12. Toutes personnes privées, coupant ou amassant de jour des herbages, glands ou faînes, de tels nature et âge que ce soit, et les emportant des forêts, boqueteaux, garennes et buissons, seront condamnées pour la première fois à l'amende, savoir : pour faix à col, cent sous; pour charge de cheval ou bourrique, vingt livres, et pour harnais, quarante livres : le double pour la seconde; et la troisième, bannissement des forêts, même du ressort de la maîtrise; et en tous cas confiscation des chevaux, bourriques et harnais qui se trouveront chargés.

ART. 23. Lorsqu'il y aura eu appel des condamnations d'amende, les collecteurs préposés dans les maîtrises en feront le recouvrement après que l'appel aura été jugé, soit que les amendes aient été augmentées ou modérées au siége de la table de marbre ou ailleurs; défendons à tous autres de s'immiscer en les recette et collecte, à peine de mille livres d'amende.

ART. 25. Les amendes ne pourront être prescrites que par dix ans, nonobstant tous usages et coutumes contraires.

ART. 26. S'il arrivait que les officiers fussent convaincus d'avoir commis supposition ou fraude dans leurs rapports et procédures, ils seront condamnés au quadruple, privés de leurs charges, bannis des forêts, et punis corporellement comme fauteurs et prévaricateurs, et les gardes qui auront fait le rapport, envoyés aux galères perpétuelles, sans aucune modération.

PAGES.

28
29
30
42
45
47
48
49
63
93
93
97
113
115
120
145
149
150
166
178
180
181
184
190
192
203
205
208
203
225
229
237

ERRATA.

PREMIER VOLUME.

PAGES.	LIGNES.	
23	17	après *les revenus*, ajoutez *de la France*.
29	4	au lieu de *au*, lisez *et*.
30	22	au lieu de *dix*, lisez *douze*.
42	14	au lieu de *Lions*, lisez *Lyons*.
45	11	au lieu de 1786, lisez 1789.
47	12	au lieu de *n'est*, lisez *ne soit*.
48	1	après *foyers*, ajoutez *grands*.
49	16	au lieu de *outes* lisez *toutes*.
63	25	au lieu de *t. II*, lisez *t. I*[er], *page* 438.
93	18	après *cœur*, ajoutez *cette essence*.
93	21	au lieu de *il*, lisez *elle*.
97	6	après *charronnage*, ajoutez *cette essence*.
113	22	après *convient*, ajoutez *et*.
115	27	après *commence à*, ajoutez *se*.
120	26	au lieu de *t. II*, lisez *t. I*[er], *page* 438.
145	8	après *peu*, ajoutez *et*,
149	18	au lieu de *souvent*, lisez *quelquefois*.
150	13	au lieu de *Gildea*, lisez *Gilead*.
166	17	au lieu de *adopterait*, lisez *adapterait*.
178	7	au lieu de *en résumé*, lisez *or*,
180	18	après *kilogramme*, ajoutez *par hectare*.
181	9	après *seulement*, ajoutez *par hectare*.
184	3	après *essartage*, ajoutez *comme*.
190	18	au lieu de *et*, lisez *ou*.
192	30	après *arbres*, ajoutez *qui ne viennent*.
203	»	erreurs *sur la composition et la valeur des rouettes*, rectifiées *t. II*, *page* 90.
205	11	au lieu de *le*, lisez *les*.
208	6	au lieu de *par eux-mêmes*, lisez *sous leur surveillance immédiate*.
208	26	au lieu de *Rapaces*, lisez *Râpe-traces*.
225	4	au lieu de *cout*, lisez *court*.
229	30	au lieu de *sont plus*, lisez *ne sont plus*.
237	7	après *se fixer*, ajoutez *au surplus*.

PAGES.	LIGNES.	
238	2	de la note, au lieu de *le riche*, lisez *ce riche*.
245	23	au lieu de *il y a plus*, lisez *il y a beaucoup*.
248	6	au lieu de *bois blanc*, lisez *il*.
250	14	au lieu de *surtout*, lisez *notamment*.
253	7	au lieu de *se gâte*, lisez *qu'elle gâte*.
276	13	au lieu de 83, lisez 88.
287	16	au lieu de *en abandonnant*, lisez *en les abandonnant*.
289	30	le mot *d'abord* à supprimer.
296	8	après *se ruer*, ajoutez *sur les jeunes pousses*.
319	3	au lieu de 761 *f.* 61 *c.*, lisez 769 *f.* 61 *c.*
324	1	lisez *Préjugés à l'égard de l'influence de la lune sur les bois*.
328	21	après *abandonnée*, ajoutez *fait invasion et*.
329	16	au lieu de *par*, lisez *à cause*.
330	19	au lieu de *à l'abattre*, lisez *qu'à abattre tout ce qui peut nuire aux renaissances*.
358	11	au lieu de *décimètres*, lisez *centimètres*.
383	15	au lieu de *froid*, lisez *poids*.
391	5	au lieu de *nord*, lisez *sud*.
449	7	au lieu de *qu'en*, lisez *qu'on*.
463	19	au lieu de 30, lisez 80.

SECOND VOLUME.

14	6	au lieu de *grosseur*, lisez *dimensions*.
22	13	au lieu de *graine*, lisez *grume*.
91	25	au lieu de *rouettes flottées*, lisez *rouettes à flotter*.
134	23	au lieu de *on obtenait*, lisez *ce qui donnait*.
136	14	au lieu de *banne prisée*, lisez *valeur*.
166	5	au lieu de *millimètres*, lisez *millistères*.
215	6	au lieu de *on s'oppose*, lisez *s'expose*.
219	13	au lieu de *rapaces*, lisez *râpe-traces*.
240	8	au lieu de *enclaves*, lisez *enclavés*.
250	1	au lieu de *à bûche*, lisez *bûche à bûche*.
273	6	au lieu de *Beillé*, lisez *Beille*.
279	2	au lieu de *Beillé*, lisez *Beille*.
384	12	au lieu de *est*, lisez *sont*.
393	26	supprimer le mot *sur*.

TABLE DES MATIÈRES.

CHAPITRE Ier. — De l'exploitation de bois en France. 1

Considérations générales. 1

SECTION Ire. — Sur les moyens d'exploiter les bois sans l'intermédiaire d'un marchand et d'en tirer tout le produit possible. 6

SECTION II. — De l'estimation des produits d'une exploitation et de leur valeur d'après leurs nature et dimensions. 14

SECTION III. — Pour apprécier et se fixer sur une exploitation industrielle. 16

SECTION IV. — Lattes. 17

SECTION V. — Planches. 21

SECTION VI. — Sciage, chêne, échantillon. 23

— Sciage, chêne, entrevous. 25

— Sciage, hêtre et charme. 26

— Sciage, bois blanc. 27

SECTION VII. — Bois de charronnage, de menuiserie et pour placages. 28

SECTION VIII. — Équarrissage. 30

SECTION IX. — Sciages mécaniques et à bras. 34

— Sciage à bras. 35

— Sciage en bois dur. 36

— Sciage en bois blanc. 37

SECTION X. — Échalas et treillages en châtaignier. 46

Pages.
SECTION XI. — Échalas en cœur de chêne. 48
SECTION XII. — Échalas communs. 49
SECTION XIII. — Cercles. 51
SECTION XIV. — Charpentes. 53
— Prix de Paris et hors barrière de la charpente en chêne. 54
SECTION XV. — Merrain. 55
— Façon auxerroise. 55
— Façon mâconnaise et haute Bourgogne, 228 à 230 litres. 58
— Façon bordelaise. 60
— Touraine et Vouvray. 63
— Mâconnais. 63
— Nantais et Anjou. 64
SECTION XVI. Sabotage. 68
SECTION XVII. — Perches à flotter, appelées chantiers pour le flottage des trains ou radeaux et perches à houblons. 71
— Perches à houblons. 74
SECTION XVIII. — Perches d'Avallan et bâtons pour diriger les trains et bateaux. 76
SECTION XIX. — Écorces. 77
SECTION XX. — Planches à bateaux. 81
SECTION XXI. — Roulons en orme. 83
SECTION XXII. — Moulée ou bois de chauffage. 84
SECTION XXIII. — Coupe et façon des rouettes ou harts pour le flottage en train ou radeau, et le liage des produits forestiers. 90
— Instructions préliminaires. 91
— Coupe et façon. 91
— Voiture. 91

CHAPITR

Pages.

SECTION XXIV. — Bourrées, fagots et cotrets. 93

SECTION XXV. — Fagots. 95

SECTION XXVI. — Cotrets et cotrillons. 96

SECTION XXVII. — Rais et bois de charronnage. 99

SECTION XXVIII.—Souches et souchons. 100

SECTION XXIX. —Copeaux. 103

SECTION XXX. — Empilage des bois. 104

SECTION XXXI.— Du martelage des bois pour le flottage à bûches perdues. 108

SECTION XXXII. — Raclerie, vasellerie, boissellerie, pilots, étaux de boucherie. 110

SECTION XXXIII. — Exemples d'exploitations de bois. 113

— Premier exemple. 113

— 2e exemple, produit d'une exploitation de première classe avec industrie. 114

— 3e exemple. 115

— 4e exemple. Exploitation à l'écorce, fin d'avril à fin de juillet. 117

— 5e exemple. Exploitation à l'écorce. 118

— 6e exemple. 120

— Résumé des produits d'un bois de première classe. 121

CHAPITRE II.— Charbonnage, charbon et houille. 126

SECTION Ire. — Façon et dimension des cordes à charbon.—Berry et Nivernais, Bourgogne (Yonne et Aube), Normandie, Brie, Marne, Canal de Briare, Loire et Allier, Seine, Saône. 127

SECTION II. — Dépense et produit d'une corde de charbonnage de 64 pieds cubes ou 2 stères 370 millistères. 131

Pages.
SECTION III. — Voiture. 132
SECTION IV. — Mesurage des charbons. 133
— Sur la rivière d'Yonne et sur la Seine. 133
— Canal de Briare. 134
— Loire et Allier. 136
— Haute-Marne. 140
— Saône. 140
SECTION V. — De la dessiccation du charbonnage par le feu. 142
SECTION VI. — Cuisson du charbon. 144
SECTION VII. — Clauses et conditions à imposer aux ouvriers pour la fabrication du charbonnage et des charbons. 152
De la houille. 161
CHAPITRE III. — Instructions sur le cubage des bois en grume et équarris. 165
SECTION Ire. — Désignation des mesures. 165
SECTION II. — Désignation des diverses qualités de bois. 167
SECTION III. — Du mode de mesurage. 168
SECTION IV. — Des moyens de faciliter la réduction des bois en leur carré. 170
SECTION V. — Du cubage des bois en grume. 173
SECTION VI. — Du mesurage à la toise et à la demi-toise. 175
SECTION VII. — Du mesurage au pied plein. 177
Instructions préliminaires. 177
SECTION VIII. — Du cubage métrique et au stère. 179
Conclusion. 181
SECTION IX. — Exemple d'une addition de toisé. 186
CHAPITRE IV. — Des diverses mesures de bois de chauffage et à charbon, leurs rapports et capa-

Pages.

cités cubiques, au pied-de-roi ancien et au mètre. 187
— Premier exemple. 189
— 2e exemple. 190
— Tableau des différentes hauteurs à donner à la membrure d'après la longueur de la bûche. 193
— Moyen facile de convertir en stères, sans membrure, une quantité quelconque de bois de chauffage. 197

CHAPITRE V. — Mesures agraires le plus en usage en France. 199
Moyens de convertir toutes les anciennes mesures agraires en nouvelles. 206

CHAPITRE VI. — De la vente des superficies de bois, de la coalition des marchands contre les vendeurs, et des conditions de vente. 215
Observations préliminaires. 215
SECTION Ire. — Modèle d'un sous-seing de vente de superficies de bois et des principaux produits forestiers. 227
— Art. 1er. Désignation des bois. 227
— Art. 2. Epoque de la coupe. 228
— Art. 3. Vidange. 229
— Art. 4. Mode de coupe. 229
— Art. 5. Réserves. 230
— Art. 6. Cuisson des charbons. 231
— Art. 7. Nettoyages. 232
— Art. 8. Coupe à l'écorce. 232
— Art. 9. Renaissances ou première feuille d'une coupe à l'écorce. 233
— Art. 10. Fossés et rigoles. 234

Pages.

— Art 11. Pots-de-vin et réserves particulières. 235
— Art. 12. Prix, payements. 236
— Art. 13. Récolement. 236

CHAPITRE VII. — Du flottage sur les ruisseaux. 240

CHAPITRE VIII. — Du flottage en trains ou radeaux. 280
Détail sur la construction d'un train. 299
Mise en œuvre d'un train et arrangement de terrain. 300
Rouettes placées par le flotteur et autres employés à la confection d'un train, quand le premier coupon est sur l'atelier de construction. 311
Rouettes placées quand les coupons sont à l'eau pour former les parts. 312
Perches. 314
Fers. Id.
Conduite des trains. 315
Flottage des bois en grume, de sciage, équarris et autres d'industrie. 327
Description d'un pertuis. 336
Éclusées sur l'Yonne, temps de la courue des eaux calculé sur une éclusée ordinaire du mois de mai. 340
Résumé des trains de bois de chauffage arrivés à Paris de 1796 à 1834 inclusivement. 342

CHAPITRE IX. — Des défrichements. 347
Du mode de défrichement. 389
Quinconces et allées. 402
Plein bois. 403
Fente des troncs ou culées, empilage. 406
Résumé de la dépense d'un défrichement. Id.

N° I. — Tarif pour la réduction des bois en grume au pied ancien. 409

Pages.

N° II. — Tarif pour le cubage à la toise et demi-toise. 412 *bis*.

N° III. — Tarif pour le cubage au pied plein et ancien. 412 *ter*.

N° IV. — Tarif métrique pour les bois en grume. 413

N° V. — Tarif métrique pour les bois équarris. 419

NOTA. Sur les moyens de suppléer à l'insuffisance des tarifs anciens et *métriques*. 447

N° VI. — Conversion des pièces ou solives en décistères. 450

N° VII. — Conversion des lignes, pouces, pieds et toises en mètres. 451

N° VIII. — Dénomination et valeur des mesures métriques le plus en usage dans le commerce et nos besoins journaliers ainsi que leur rapport avec les anciennes. 457

Le mètre. Id.

Figure du décimètre. Id.

Mesures de solidité. 459

Mesure de capacité. 460

SECTION Ire. — Pour les liquides. 460

SECTION II. — Pour les grains. 463

Poids décimaux et métriques. 465

Mesures linéaires. 466

Mesures itinéraires. 468

Mesures agraires. 469

N°s IX à XII. — Mesures de la conversion de diverses cordes en stères. 470

N° XIII. — Conversion des décistères en anciennes pièces ou solives. 472

Pages.

Description des figures d'instruments de culture, flottage et d'exploitation forestière. 473

Vocabulaire forestier. 477

Code forestier. 491

Extrait de l'ordonnance de 1669. 565

Errata. 583

FIN DE LA TABLE DES MATIÈRES.

www.ingramcontent.com/pod-product-compliance
Lightning Source LLC
LaVergne TN
LVHW010118230826
846091LV00001BA/77